E-Book inside.

Mit folgendem persönlichen Code erhalten Sie die E-Book-Ausgabe dieses Buches zum kostenlosen Download.

9r65p-6x3l2-
01800-141jf

Registrieren Sie sich unter
www.hanser-fachbuch.de/ebookinside
und nutzen Sie das E-Book auf Ihrem Rechner*, Tablet-PC und E-Book-Reader.

* Systemvoraussetzungen:
Internet-Verbindung und Adobe® Reader®

Pautsch/Steininger

Lean Project Management

Peter Pautsch
Siegfried Steininger

LEAN PROJECT MANAGEMENT

Projekte exzellent umsetzen

HANSER

Bibliografische Information der Deutschen Nationalbibliothek

Die Deutsche Nationalbibliothek verzeichnet diese Publikation in der Deutschen Nationalbibliografie; detaillierte bibliografische Daten sind im Internet über <http://dnb.d-nb.de> abrufbar.

http://www.hanser-fachbuch.de

Lektorat: Lisa Hoffmann-Bäuml
Herstellung: Thomas Gerhardy
Satz: Kösel Media GmbH, Krugzell
Umschlaggestaltung: Stephan Rönigk
Druck & Bindung: Friedrich Pustet, Regensburg
Printed in Germany

ISBN 978-3-446-44044-9
E-Book-ISBN 978-3-446-44113-2

Vorwort

Einige Weltunternehmen arbeiten derzeit an der Entwicklung und Implementierung von Lean-Project-Management-Konzepten, dies unter dem Siegel der Verschwiegenheit. Auch mittelständische Unternehmen haben wir kennengelernt, die auf Lean schwören und längst Lean-Project-Management-Konzepte implementiert haben. Glückwunsch!

Es gibt hervorragende Projektmanager. Sie leiten hervorragende Projekte, Vorzeigeprojekte. Wir haben die Chuzpe, zu sagen: Es geht noch besser. Es gibt hervorragende Projektmanager; diese leiten mit derselben Professionalität Projekte, die allerdings nicht ganz so gut laufen. Sie kennen die Gründe, wir auch. Gibt es Möglichkeiten, auch diese Projekte erfolgreicher zu managen? Ja, es gibt sie und die Lean-Philosophie ist der Schlüssel.

Wir wollen, dass es der Traum eines jeden jungen Menschen ist, Projekte zu managen. Es gibt kaum Aufgabenstellungen, die weniger spannend, herausfordernd und dynamisch sind, wie das Projektmanagement. Wir verstehen, dass junge Menschen Projektmanagement als reiner Managementlehre und „Werkzeugkasten“ wenig abgewinnen können. Sie wollen sich auch mit Inhalten beschäftigen.

Lean Project Management ist eine „Geheimwaffe“. Warum? Lean Project Management hebt die bisherigen Grenzen zwischen Technik und Wirtschaft, Technik und Politik, Bürokratie und Innovation und vieles mehr auf. Angesporнt durch diese Erkenntnis haben wir uns mit Begeisterung an die Arbeit gemacht. Jetzt, nach Abschluss der Arbeiten, ist uns klar: Die Mühe hat sich gelohnt. Wer immer dieses Fachbuch beurteilen wird, wir als Autoren haben einen völlig neuen Blick auf viele Aspekte der Projektwelt gewonnen, einem Feld, in dem wir uns seit Jahrzehnten bewegen.

Für wen haben wir dieses Buch geschrieben? Dieses Buch ist kein Lehrbuch für Projektmanagement. Das „klassische“ Projektmanagement ist bei voller Anerkennung der Fortschritte, die mit dieser Methodik in der Projektwelt erzielt wurden, etwas „in die Jahre gekommen“. Deshalb soll dieses Buch für Entwicklungen offenen und innovativen Projektmanagern Impulse geben. Alle Informationen, die Ihnen als professioneller Projektmanager bereits bekannt sind, können Sie überlesen. Das Buch soll auch Begeisterung für die Lean-Philosophie bei denjenigen erzeugen, die über Projekte und Projektmanagement entscheiden. Schließlich soll das Buch der interessierten Öffentlichkeit Einblicke in die Projektwelt geben. Wir haben bewusst keine theoretische Darstellung angestrebt, sondern eine mit vielen Beispielen aus der Praxis angereicherte Argumentation. Die Beispiele zeigen, wie vielschichtig die Projektwelt ist. Eine entscheidende Erkenntnis aus der Sicht von Lean ist, dass das „One-size-fits-all-Prinzip" in der Projektwelt keinesfalls gilt.

Unser besonderer Dank gilt denen, die durch ihre Unterstützung dieses Buch überhaupt möglich gemacht haben, allen voran Frau Lisa Hoffmann-Bäuml für die redaktionelle Unterstützung und die guten Ratschläge für die Gestaltung. Zu diesem Buch haben Jan-Emanuel Brandt, Nadine Czirr, Philipp Eisbacher, Dr. Martin Philipp und Björn Schotte mit der Darstellung von Praxisfällen beigetragen. Diese Praxisfälle haben wir explizit unter Namensnennung der Gastautoren dargestellt. Luisa Steininger hat uns die Abbildungen in Kapitel 1 und 4 erstellt. Man sieht, dass es auch eine Welt der Darstellung jenseits der Präsentationssoftware gibt.

Das Interesse an Innovation, die Suche nach neuen Lösungen gedeiht insbesondere in einem Umfeld, das hierfür offen ist und täglich Ansporn gibt. Die Technische Hochschule Nürnberg und die Dornier Consulting GmbH sind ein hervorragender Nährboden für diese Orientierung.

Überlingen/Friedrichshafen, Frühjahr 2014

Peter Pautsch
Siegfried Steininger

Inhalt

1 Erste Impulse für das Projektmanagement

1.1 Kapitelübersicht

Das Fachbuch hat neun Kapitel. In Kapitel 1 werden erste Impulse in Richtung Lean gegeben. Danach erfolgt ein näherer Einblick in die Projektwelt. Wie mit Lean Project Management[1] Fortschritte erzielt werden können, stellt das Kapitel 3 dar. Die Grundlagen des Lean Project Management werden im Kapitel „Modell“ erarbeitet, gefolgt von den zwölf Prinzipien des Lean Project Management. Lean Project Management ist in der Praxis bereits verbreitet. Dies wird beispielhaft an drei Produkten vorgestellt. Die nächsten zwei Kapitel konzentrieren sich auf die Implementierung des Lean Project Management in Projekten (Leitfaden) sowie in Unternehmen und Organisationen (Implementierung). Das Fachbuch schließt mit Perspektiven für die Zukunft ab.

Der Leser wird zunächst mit einer Welt konfrontiert, die auf den ersten Blick so gar nichts mit Projektmanagement zu tun hat – Expeditionen zum Himalaja. Abgesehen davon, dass eine Expedition ein „Projekt“ ist, geht es uns vor allem darum, die unterschiedlichen Wege aufzuzeigen, die zu dem gleichen Ziel führen können. Der Leser soll dafür sensibilisiert werden, dass es nicht alleine auf das Ziel ankommt, sondern auch darauf, wie das Ziel erreicht wird, welche Ressourcen hierfür erforderlich sind, und vor allem, wo unnötig Ressourcen verschwendet werden.

Die Darstellung der Projektwelt soll zu einem besseren Verständnis für Erfolg und Misserfolg in Projekten führen. Die entscheidende Frage ist, unter welchen Bedingungen Projekte beherrschbar sind und unter welchen Bedingungen schwierig zu bewältigen.

Im Kapitel „Optimierung mit Lean“ wird der Leser im Rahmen einer Metapher in die Welt der Astrophysik und der Weltraumfahrt versetzt. Es geht nicht um das Management von Raumfahrtprojekten, sondern diese sollen dem Leser zu einem besseren Verständnis zur Wirkungsweise des Projektmanagements an sich, der Ursachen von Problemen und „Abweichungen vom Projektkurs“ verhelfen und die Philosophie und Wirkungsweise des Lean Project Management aufzeigen.

---

[1] In diesem Fachbuch wird der englische Begriff Lean Project Management verwendet. Lean ist als Fachbegriff auch in der deutschen Sprache eingeführt. Die Vermischung deutscher und englischer Begriffe ist unpassend, weshalb auf die englische Bezeichnung ausgewichen wurde.

Eine der entscheidenden Erkenntnisse des Lean Project Management ist der Zuschnitt von Projekten auf die Erzielung von Werten. Es werden nicht Ziele verfolgt, sondern im Kern die Werte des Projektergebnisses in den Mittelpunkt gestellt. Dies betrifft sowohl die „Baugesetze" der Projekte als auch die Positionierung aller Projektbeteiligten sowie alle Möglichkeiten der Vermeidung von Ressourcenverschwendung oder Ähnlichem.

Es kann und wird kein Standard-Lean-Project-Management geben, welches in den verschiedensten Projektarten eingesetzt werden kann. Was grundsätzlich immer anwendbar ist, sind die Lean-Project-Management-Prinzipien. Diese geben den Rahmen für die jeweils individuelle Ausprägung vor. Im nachfolgenden Kapitel werden drei Lean-Project-Management-Produkte vorgestellt, Lean Product Development, Scrum und Lean PPP (Lean Public Private Partnership).

Dem Leser wird anschließend ein Leitfaden in die Hand gegeben, der die Grundlage für die Implementierung in der täglichen Projektpraxis schaffen soll. Der Leitfaden gibt Empfehlungen z.B. für große und kleine Projekte, Vorzeige- und Sanierungsprojekte und andere Gegebenheiten.

Dann erfolgt ein Wechsel der Blickrichtung. Es wird nun die Frage gestellt, in welchen Organisationsformen Lean Project Management implementiert werden kann. Die drei Organisationsformen sind die Matrixorganisation, die fraktale Organisation sowie die Organisation für Spezialfälle. Bei der Matrixorganisation steht das Management der Veränderung im Fokus (wegen häufig anzutreffender Diseconomies of Scale). Bei der fraktalen Organisation ist dies das Management des Werts, und bei der Organisation für Spezialfälle konzentriert sich die Betrachtung darauf, wie das Management der Partner implementiert werden kann.

Abschließend werden Perspektiven für die Weiterentwicklung des Projektmanagements, die Potenziale des Lean Project Management und die notwendige Behandlung des Lean Portfolio Management aufgezeigt.

Eine Übersicht über die Kapitel und deren Inhalte sind Bild 1.1 zu entnehmen.

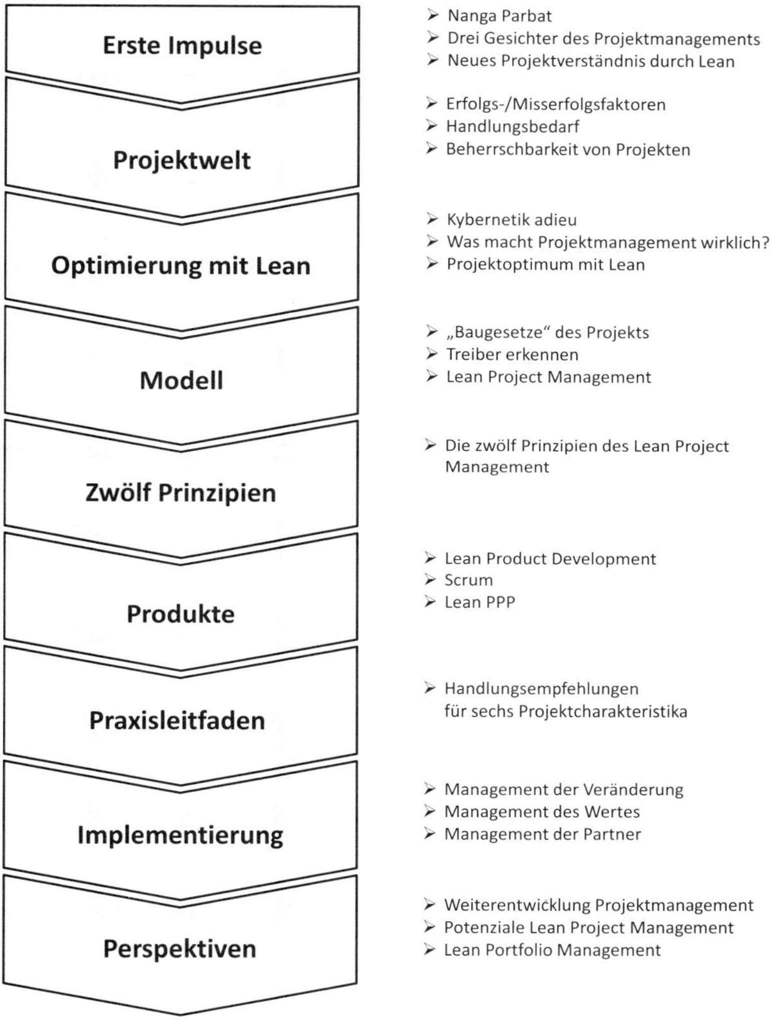

Bild 1.1 Kapitelübersicht

1.2 Mit „Lean“ Geschichte schreiben: Nanga Parbat

Der Nanga Parbat zählt mit einer Gipfelhöhe von 8125 Metern zwar zu den sogenannten „kleinen Achttausendern“, die Südseite des Berges, die Rupal-Wand, gilt mit rund 4500 Metern als die höchste Steilwand der Erde. Der Himalaja mit den schnell wechselnden Wetterbedingungen und die aus der Sicht der Bergsteiger als besonders schwierig geltende Rupal-Flanke stellen eine außerordentliche Herausforderung für die Planung und Durchführung einer Expedition dar, welche die Gipfelbesteigung über diese Route zum Ziel hat. Im Folgenden wird gezeigt, dass man selbst auf unerwartetem Gebiet mit „Lean“ Geschichte schreiben kann.

Es werden zwei Expeditionen einander gegenübergestellt, die das gleiche Ziel hatten, die Gipfelbesteigung von Süden her, sich aber im Hinblick auf das „Projektmanagement“ extrem unterschieden haben. Die Besteigung eines Achttausenders genügt der klassischen Definition eines Projekts: „Ein Projekt ist ein zeitlich begrenztes Vorhaben mit dem Ziel, ein einmaliges Produkt, eine Dienstleistung oder ein Ergebnis zu schaffen“ ([1], S. 5). Somit ist ein Vergleich der beiden Expeditionen aus der Sicht des Projektmanagements legitim und führt möglicherweise zu interessanten Erkenntnissen.

Die erste Expedition (die Beschreibung beruht auf der Quelle [2]), die hier betrachtet werden soll, ist die sogenannte „Siegi-Löw-Gedächtnisexpedition“, die von Karl Maria Herrligkoffer geleitet wurde. Herrligkoffer war ein erfahrener Expeditionsleiter, der insgesamt acht Expeditionen zu diesem Berg geführt hatte. Die Expedition begann am 8. April 1970 in München. Die Ausrüstung und ein Teil der Mannschaft fuhren mit Lkw über eine Strecke von 7500 Kilometern in die Region des Nanga Parbat, wo die Expeditionsteilnehmer am 10. Mai ankamen.

Die Ausrüstung bestand aus acht Tonnen Material mit insgesamt 320 Gepäckstücken. Darunter Lebensmittel, Bergsteigerausrüstung und Zelte sowie medizinische Ausstattung. Soweit möglich, benutzte die Expedition Lastwagen. Auf der letzten Etappe verwendete man wegen des schwierigen Terrains Esel und Pferde.

Die Expedition hatte 18 Teilnehmer, unterstützt von 15 Sherpas. Neben dem Basislager wurden insgesamt fünf Hochlager errichtet, die zur Akklimatisierung und der Versorgung für die Bergsteiger mit der notwendigen Nahrung und Ausrüstung, die für den Gipfelsturm vorgesehen waren, dienten. Zwischen den Hochlagern wurden Seilaufzüge für den Materialtransport eingerichtet.

Der Aufstieg zum Gipfel im Juni verzögerte sich zunächst durch Schlechtwetterperioden und die Erkrankung vieler Teilnehmer. Am 27. Juni 1970 erreichten schließlich Reinhold und Günther Messner den Gipfel. Einen Tag später erreichten Felix Kuen und Peter Scholz ebenfalls den Gipfel. Während der Abstieg für Kuen und Scholz problemlos verlief, kam Günther Messner beim Abstieg über die Diamir-Flanke des Nanga Parbat ums Leben.

Die zweite Expedition (Beschreibung beruht auf Quelle [3]) fand im Jahre 1978 statt. Nach mehreren Anläufen startete Reinhold Messner am 12. Juni von Rawalpindi zum Nanga Parbat. Aus rechtlichen Gründen musste die Expedition von einem Offizier und einer Ärztin begleitet werden, die jedoch im Basislager auf 4000 Meter am Fuße des Berges blieben. Nach einer Akklimatisierungsphase im Basislager von zehn Tagen startete Messner am 6. August zu seinem Alleingang auf den Gipfel, den er am 9. August um 16 Uhr erreichte. Danach wurde er von schlechtem Wetter überrascht, erreichte aber nach einem bis an die physischen Grenzen gehenden Abstieg am 11. August wieder das Basislager.

Die Ausrüstung von Reinhold Messner während der Gipfelbesteigung bestand aus einem Rucksack mit 15 Kilogramm, welcher die notwendige Bergsteigerausrüstung, ein Zelt und Lebensmittel enthielt. Messners Überlegungen zur Ausrüstung sind bemerkenswert: „Wenn ich 20 Tage rechne, komme ich nie hoch, dann hätte ich nämlich 30 Kilogramm zu tragen, und um so viel zu schleppen, bräuchte ich nicht 20, sondern 30 Tage. Irgendwo um 15 Kilogramm liegt für mich die Grenze in dieser Höhe" ([3], S. 140 f.).

Mit dieser Überlegung schrieb Reinhold Messner Berggeschichte.

Der Vergleich beider Expeditionen aus der Sicht des Projektmanagements führt zu interessanten Erkenntnissen:

1. Beide Projekte hatten das gleiche Ziel: Ausgewählte Mitglieder des Expeditionsteams auf den Gipfel zu bringen und eine gesunde Rückkehr zu ermöglichen. Wenngleich es zu dem tragischen Tod von Günther Messner kam, wurde auch bei der ersten Expedition das Ziel erreicht.
2. Die Ressourcen, die zur Erreichung des Ziels eingesetzt wurden, haben sich extrem unterschieden. Während die Herrligkoffer-Expedition acht Tonnen Ausrüstung und insgesamt 33 Bergsteiger und Helfer benötigte, führte Reinhold Messner die Expedition nur mit dem vorgeschriebenen Begleitpersonal (einem Armee-Offizier und einer Ärztin) und die Gipfelbesteigung im Alleingang durch und benötigte nur eine Ausrüstung von 15 Kilogramm plus das Versorgungsmaterial im Basislager.
3. Wenn man die Anreise in den Himalaja außer Acht lässt, benötigte die Herrligkoffer-Expedition insgesamt 49 Tage bis zur Erreichung des Gipfels. Messner hingegen benötigte hierfür nur 13 Tage. Wettervorhersagen im Himalaja sind schwierig, ein Wetterumschwung kommt oft unerwartet und ohne Vorwarnung. Je länger eine Expedition dauert, desto wahrscheinlicher ist, dass diese von einem Wetterumschwung mit orkanartigem Sturm und starkem Schneefall betroffen wird.
4. Die Herrligkoffer-Expedition wurde zum Zeitpunkt der Durchführung nach dem „Stand der Technik" des Bergsteigens in der Himalaja-Region durchgeführt. Die Vorgehensweise von Reinhold Messner hingegen war revolutionär. Messner bestieg den Nanga Parbat in einer Art und Weise, wie dies z. B. in den Alpen üblich war. Diese Form des Bergsteigens im Himalaja einzusetzen war bis zu Messners Alleingang in der Fachwelt des Bergsteigens nicht akzeptiert und wurde als „sportive Form des Selbstmordes" angesehen.
5. Die Beschaffung der erforderlichen finanziellen Mittel sowie die Planung und Organisation der Expedition von Karl Maria Herrligkoffer waren aufwendig und nahmen viele Monate in Anspruch. Für Reinhold Messner hingegen stellte sich diese Aufgabe weit weniger umfangreich dar.

Der Vergleich der beiden so unterschiedlichen Expeditionen ist ein Paradebeispiel für das Potenzial des Lean Project Management. So wenig wie Reinhold Messner sich der von ihm angewendeten Prinzipien des Lean Management bewusst ist, so zeigt dieses Beispiel, dass Lean Management eine Philosophie darstellt, die unabhängig von der Kultur und der zu bewältigenden Aufgabe ist. Dies lässt sich auch recht eindrucksvoll am Beispiel der Polarexpeditionen von Roald Amundsen und Robert Falcon Scott zeigen (vgl. [4], S. 8 f.). Wie zeigt sich die Lean-Philosophie in der Messner-Expedition:

- Das Ziel bzw. die Vision ist klar definiert: Den Gipfel über die Rupal-Wand im Alleingang erreichen und lebend zum Basislager zurückkehren.
- Die Ressourcen sind auf das unbedingt Nötige zu reduzieren: Nur das beschaffen und transportieren, was für die Besteigung des Gipfels über die Rupal-Wand unbedingt erforderlich ist.
- Unnötige Wartezeiten werden eliminiert: Warten, bis das Wetter besser wird. Warten, bis die benötigte Ausrüstung vom Basislager über die verschiedenen Hochlager bis zum Startpunkt des Gipfelsturms gebracht wird. Warten, bis das Gipfelteam im obersten Hochlager bereitsteht.
- Gesamtdauer wird minimiert: Durch eine möglichst kurze Gesamtdauer die Wahrscheinlichkeit von Störungen wie Wetterverschlechterung oder Krankheit verringern.
- Sogenannte Trade-offs werden eingesetzt: Dies ist ein Begriff aus dem Lean Product Development. Es handelt sich dabei um die Beschreibung der Leistungsgrenzen im Rahmen eines vorgegebenen Entwicklungsansatzes. Messners Überlegungen bezüglich Ausrüstungsgewicht und Dauer des Aufstiegs, die zuvor im Originalzitat wiedergegeben wurden, beinhalten genau diesen Ansatz.
- Nicht wertschöpfende Aktivitäten beseitigen: Alles, was für den Gipfelaufstieg nicht nötig war, hat Messner aus seiner Ausrüstung eliminiert. Der Inhalt seines Rucksacks bestand aus genau dem, was für den Aufstieg und ein Biwak notwendig war. Beim Abstieg ließ er sein Zelt zurück, da es für die letzte Etappe zum Basislager nicht mehr benötigt wurde.
- Freiheitsgrade ausschöpfen: Abkehr von bisheriger Art und Weise des Vorgehens bei einer Himalaja-Expedition.

Hat also Lean Management das Potenzial, das Projektmanagement zu „revolutionieren"? Müssen die als Stand der Technik anerkannten Methoden und Instrumente des Projektmanagements „über Bord geworfen werden“, um einer gänzlich neuen, „schlanken“ Form des Projektmanagements Platz zu machen?

Den Leser erwartet also eine spannende Reise durch die entscheidenden Aspekte des Projektmanagements. Wir werden aufzeigen, warum der anerkannte Stand der Technik im Projektmanagement eine wesentliche Grundlage darstellt und wie die Prinzipien und die Philosophie des Lean Management einen entscheidenden Schritt zur Innovation sein können.

1.3 Lean als Problemlösung für Projekte?

Lean Project Management hört sich für die meisten wie ein Versprechen an: Entlastung von Bürokratie, weniger Personal, einfachere Prozesse, reduzierte Kosten und vieles mehr. Die Welt der Projekte, zumal der Großprojekte, ist durch enorme Herausforderungen gekennzeichnet. Lean Project Management ist einer der Hoffnungsträger für die Sicherstellung von Projekterfolgen, nicht mehr nur Lean Management oder Project Management, sondern „Lean Project Management“.

Es dauert zumeist Jahre, bis ein Projekt so weit vorbereitet ist, dass es Realität werden kann. Realität bedeutet hier, dass dieses ausgeschrieben oder im Fall eines internen Entwicklungsprojekts dessen Umsetzung entschieden, budgetiert und der interne Projektauftrag gegeben wird. Die Vorbereitungen für ein Projekt dauern, verglichen mit der eigentlichen Projektumsetzung, meist sehr lang, mitunter viel zu lang. Entsprechend hoch sind die Mittel und Ressourcen, die bereits für diese Vorphase eines Projekts eingesetzt werden. Im eigentlichen Projekt soll dann verlorenes Terrain wiedergutgemacht werden. Jedes Projekt, das in die Umsetzung geht, steht schon aus diesem Grund von Beginn an unter einem enormen Druck, der sich infolge knapper Budgetierung, enger Zeitfenster und knapper Ressourcen wellenartig durch alle Projektphasen zieht. Viele erhoffen sich, dass durch Lean Project Management etwas von diesem Druck herausgenommen werden kann.

Im Projektgeschäft ist das professionelle Projektmanagement eine Schlüsselaufgabe, sollte es zumindest sein. Die Wirklichkeit in den Projekten sieht teils etwas anders aus. Bereits in den Angeboten entscheidet sich der Stellenwert des Projektmanagements. Das Projektmanagement wird in Angeboten größerer und großer Projekte zumeist als eigene Aufgabenstellung herausgestellt, und dessen Kosten werden explizit ausgewiesen. In Verhandlungen ist dann häufig beobachtbar, dass am ehesten und vielfach zu leichtfertig an dieser Schraube gedreht, also an diesem Posten gespart wird. Die Konsequenz ist klar. Das Projekt ist von Anfang an im Projektmanagement minderausgestattet, die Projektverantwortlichen reagieren mit „Design to Cost“. Der Sachverhalt ist bekannt, das Problem nicht neu. Lean Project Management, so wird gehofft, eigne sich dazu, von vornherein die Kosten und den Ressourcenbedarf so entscheidend zu verringern, dass dieses Problem erst gar nicht auftritt.

Im Projekt selbst ist das Projektmanagement nicht selten ein „ungeliebtes Kind“. Auch zertifizierte Projektmanager, die es besser wissen müssten, stöhnen bisweilen über die vom Projektleiter oder dem Project Management Office geforderten Beiträge (laufende Bewertungen, Maßnahmen, Berichterstattung). Der „klassische“ Ingenieur fühlt sich durch die Zuarbeiten zum Projektmanagement und die Kontrolle durch dieses ohnehin eher von der eigentlichen, aus seiner Sicht interessanteren inhaltlichen Arbeit abgehalten. Der Begriff „Lean Project Management“ trifft auch hier auf ein positives Umfeld. Wenn Projektmanagement schon nicht zu vermeiden ist, soll es sich doch wenigstens auf das Wesentliche konzentrieren.

Betrachtet man die letzten Jahrzehnte, so gab es Zeiten, in welchen das Projektmanagement Konjunktur hatte und in dieses investiert wurde; es gab aber auch Phasen des Bedeutungsverlustes in der Praxis. Ab Mitte der 1990er-Jahre bekam das Thema Projektmanagement wieder starken Aufwind. Heutige Vorstände und Geschäftsleiter von Unternehmen, in welchen häufig Projekte durchgeführt werden, sind von der Notwendigkeit eines professionellen Projektmanagements überzeugt. Projektmanagement hat auf der Unternehmensebene eine beachtliche „management attention“ erhalten. Viele Konzerne und mittelständische Unternehmen verfügen heute über qualifizierte Projektmanagementleitlinien, die auch gelebt werden. Zertifizierte Projektmanagementkenntnisse und -erfahrungen sind Voraussetzung für die Besetzung von herausragenden Projektleitungsfunktionen. Projektleiterpositionen in Großprojekten sind Sprungbrett für weitergehende Karrieren im Unternehmen. Personalabteilungen fördern unternehmensweit die Projektmanagementzertifizierung ihrer Mitarbeiter und bieten eigene Trainingsangebote im Projektmanagement an. Die Investition in das Projektmanagement rechnet sich allerdings nicht immer. Weiterhin werden Projekte zeitlich wie budgetär überzogen, Margen nicht erreicht, und so mancher Topmanager sieht sich gezwungen, beim Kunden Projekte in Schieflage zu retten. Ist der Return on Investment nicht voll gegeben, so verspricht „Lean Project Management“ zumindest, Aufwand und Ertrag besser ins Gleichgewicht zu bringen.

Trotz dieses Bedeutungszuwachses des Projektmanagements ist Vorständen und Geschäftsführern von Unternehmen mit überwiegendem Projektportfolio allerdings auch klar, dass die Unternehmensorganisationen inzwischen sehr komplex wurden. „Lean“ stellt sich auch aus dieser Sicht als hoffnungsvolles Versprechen dar.

1.4 Die drei Gesichter des Projektmanagements

Die entscheidende Frage lautet: Ist Lean Project Management tatsächlich die oder zumindest eine entscheidende Lösung für vielerlei Probleme mit und in Projekten, oder handelt es sich nur um ein hohles Versprechen, eine Mode wie viele andere? Eine schlüssige Antwort auf diese Frage zu geben ist Gegenstand dieses Buches. Dass Lean Management in der Produktion und darüber hinaus sinnvoll ist, wurde durch die Praxis bewiesen (vgl. [4]). Auch die Notwendigkeit eines gezielten Projektmanagements in Projekten jedweder Größenordnung steht außer Zweifel. Wenn man also diese zwei bewährten Lösungen verbindet, müsste sich ein Mehr an positiver Wirkung erzielen lassen. Ist dies tatsächlich der Fall? Wie groß ist das Plus? Hält also Lean Project Management, was sich viele von diesem Ansatz versprechen, oder reichen die Wirkungen noch weit darüber hinaus?

Die folgenden Überlegungen sollen in die Welt des Lean Project Management einführen und erkennen lassen, wo die Vorteile und Grenzen dieses Ansatzes liegen. Es handelt sich dabei um einen Themenaufriss. Die eigentlichen Analysen erfolgen ab Kapitel 3.

Im Kern beschäftigen wir uns hier mit Projekten. Projekte sind eindeutig definiert. In Projekten werden Ressourcen für eine begrenzte Zeitspanne zusammengefasst, um ein Ziel zu erreichen. Dieses Ziel kann darin liegen, dass ein neuer Flugzeugtyp, ein neues Fahrzeugmodell oder ein neues Medikament entwickelt und zur Produktreife gebracht wird. Es kann auch darin liegen, dass eine neue Autobahn, das weltgrößte Gebäude oder eine Wohnanlage ausgeschrieben, geplant und gebaut wird. Projekte gibt es in allen Branchen. Sie sind nicht auf die Wirtschaft begrenzt. Projekte gibt es im Militär (z.B. Feldzüge), im zivilen Sicherheitsbereich (z.B. Aufbau einer Sicherheitsorganisation), im Sport (z.B. Olympiaden), in der Entwicklungshilfe (z.B. Hilfseinsätze) und zahlreichen anderen Bereichen. Wenngleich wir uns im Folgenden nicht mit historischen Projekten beschäftigen, sei der Hinweis gestattet, dass es Projekte unterschiedlichster Größenordnung und Komplexität zu allen Zeiten gab. Die Projekte der Antike, des Mittelalters und der Neuzeit standen – gemessen an den jeweils vorhandenen Möglichkeiten der Zeit – unseren heutigen Projekten in nichts nach. Heute neigen wir dazu, nahezu alles, für das es einen Anfang und ein Ende gibt, in Projekte zu fassen (teilweise zu pressen). Deshalb hat Projektmanagement Konjunktur.

Doch was bedeutet nun Projektmanagement und welchen Zusatznutzen bringt das Wörtchen „Lean"?

„Klassisches" Projektmanagement

Wer sich erstmals mit Projektmanagement beschäftigt, stößt rasch auf Begriffe wie diese: Projekt-Charter, Projektstrukturplan, Zeitplan, Kostenplan, Qualitätsmanagement, Risikomanagement. Auf einen einfachen Nenner gebracht ist Projektmanagement die Art und Weise, wie Projekte definiert, geplant, organisiert, durchgeführt, gesteuert und abgeschlossen werden. Hierfür hat sich eine Methodik herausgebildet, die so weit von Branchenspezifika abstrahiert ist, dass sie grundsätzlich bei allen Projekten angewendet werden kann.

Einige Organisationen haben sich das Verdienst erworben, Methodik und Regeln des Projektmanagements zu systematisieren und weiterzuentwickeln. Allen voran seien zu erwähnen:

- das US-amerikanische Project Management Institute (PMI) (vgl. [1]),
- die europäische International Project Management Association (IPMA) (vgl. [34]),
- das Cabinet Office der britischen Regierung (vgl. [33]).

Wenn im Folgenden von Projektmanagement bzw. Methoden des Projektmanagements im engeren Sinn gesprochen wird, sind die von diesen Organisationen systematisierten und allgemein mehr oder minder anerkannten Regeln und Methoden gemeint. ■

Wer diese oder vergleichbare Methoden und Regeln in seinen Projekten konsequent anwendet, fährt bereits sehr gut. Es sei deshalb schon an dieser Stelle ausdrücklich hervorgehoben: Im Projektmanagement (im eigentlichen Sinn), wir nennen es hier auch das „klassische" Projektmanagement, existiert kein genuines Methodenproblem. Projektmanagement war und ist keine „rocket science". Die Methodik kommt aus der Praxis und findet dort ihre Anwendung. Unter Anwendung solcher Projektmanagementmethoden sind Raketen zum Mond geflogen, riesige Staudämme errichtet oder eine Vielzahl von Weltbankprojekten zum gewünschten Ergebnis geführt worden.

Dennoch: Ist aus Sicht von Lean Management diese generelle Aussage nicht doch etwas zu relativieren? Die Antwort lautet: Ja. Hierfür sind unter anderem folgende Argumente ausschlaggebend:

Die genannten Methoden und Regeln werden in den Projekten nur selten wirklich konsequent und umfassend angewendet. Eine Spielart der Inkonsequenz hört sich sogar „lean" an; indem nämlich in den Projekten das Zeit-, Kosten- und Qualitätsmanagement in den Vordergrund gestellt und alle anderen Ansätze nur am Rande berücksichtigt oder überhaupt vernachlässigt werden.

Die Methodik und Regeln sind auf das Management der Projekte selbst zugeschnitten. Solange Projekte von innen heraus gesteuert werden können, ist dies der adäquate Ansatz. Wir müssen allerdings fragen: Wo ist dies in dieser Konsequenz noch der Fall? Vieles lässt sich eben nicht von innen heraus steuern. Damit werden in den Projekten entscheidende Projektkoordinaten von vornherein ausgeblendet. Stakeholder-Management als Blick und Griff nach außen greift in all diesen Fällen zu kurz. Dies ist vor allem der Fall, wenn sich die Stakeholder nicht steuern lassen.

Das „klassische" Projektmanagement unterstellt, dass Projekte in einem wohlstrukturierten, stabilen Umfeld durchgeführt werden. Verträge, Auftraggeber, Nutznießer von Projekten, Budgets etc. sind klar umrissen. Wenn das Projekt einmal mobilisiert ist, kann es in diesem Rahmen – kleinere Korrekturen ausgenommen – abgewickelt werden. Projekte heute sind hingegen durch eine enorme Umgebungsdynamik gekennzeichnet. Die Auftraggeberseite ist häufig bereits eine in sich schwach strukturierte, amorphe Gruppe, Auftraggeber sind immer weniger Nutznießer von Projektergebnissen, Projekte werden in (relativ instabilen) Projektgesellschaften abgewickelt usw. Hierfür fehlen im „klassischen" Projektmanagement die methodischen Konzepte. Eine Anreicherung des „klassischen" Projektmanagements um Lean-Ideen und -Werkzeuge (vgl. [35], [36]) ist möglich und führt zu Verbesserungen auf der operativen Ebene, eine grundlegende Innovation wird damit aber nicht erreicht.

Im Lean Management geht man davon aus, dass die detaillierte Planung einzelner Projektarbeitspakete nicht möglich ist. Gerade bei Projekten der Produktentwicklung trifft dies zu. Die Entwicklung eines Verkehrsflugzeuges oder eines innovativen Fahrzeuges stellt eine enorm komplexe Aufgabe dar, deren einzelne Komponenten eine außerordentliche Varianz in der technischen Konzeption und der eingesetzten Technologie beinhalten. Davon auszugehen, dass sich der Entwicklungsprozess vor Beginn des Projekts bis ins Detail planen lässt, ist eine Illusion.

Im Lean Product Development wird deshalb dieser Tatsache Rechnung getragen und eine Methodik angewendet, welche die besonders kritischen Projektphasen an den Anfang stellt. Damit werden die „kritischen" und risikobehafteten Aufgaben zu Beginn bewältigt und technische Basisentscheidungen getroffen, sodass danach eine schnelle und ohne „Umwege" verlaufende Abfolge der nächsten Entwicklungsschritte erfolgen kann.

Damit wird von vornherein die Tatsache akzeptiert, dass zwar das Endergebnis des Projekts funktional beschrieben werden kann, der Weg zu diesem Endergebnis jedoch viele unterschiedliche Richtungen nehmen kann, die zu Beginn des Projekts in deren Verlauf definitiv nicht beschrieben und damit spezifiziert werden können. Das Problem der Varianten der möglichen Wege zum Ziel wird deshalb sofort zu Beginn des Projekts in Angriff genommen und in der Problem- bzw. Risikodimension so schnell wie möglich reduziert.

Es gibt mindestens zwei weitere Projektmanagementvarianten. Für diese wird allerdings nicht explizit der Begriff „Projektmanagement" genutzt. Und diese werden vielfach auch nicht explizit als solche wahrgenommen:

- Projektmanagement als Steuerung von inhaltlichen Entwicklungen (Systementwicklung, Produktentwicklung usw.) und
- Projektmanagement als Business-Modell (Contracting, Systemintegration, Public-Private Partnership usw.).

Beide beeinflussen sehr wesentlich die Projektstruktur, -verläufe und -erfolge.

Inhaltliche Projektsteuerungsverfahren

Formalisierte Modelle für die Steuerung inhaltlicher System- und Produktentwicklungen sind in allen Branchen von Bedeutung, in welchen entweder große und wichtige Auftraggeber zur Standardisierung von Leistungen und Qualitätssicherung beitragen wollen oder wo inhaltliche Momente eine besondere Methodik erforderlich machen. Es kann auch beides zutreffen. Beispiel für den ersten Fall sind öffentliche Monopolauftraggeber wie z. B. die Verteidigungsministerien; für den zweiten Fall gibt die IT-Entwicklung anschauliche Beispiele.

Die Verteidigungsressorts der wichtigsten Industrienationen und Militärmächte haben für ihre Beschaffungsvorgänge formalisierte Steuerungsmodelle für die Produkt- und Systementwicklung verbindlich gemacht und diese kontinuierlich weiterentwickelt. In Deutschland gilt heute z. B. das V-Modell XT.

Es gibt verschiedene Spielarten der Steuerung von System- und Produktentwicklungen mit und ohne „klassischem" Projektmanagement. Die beiden Extrempole sind:

„Klassische" Projektmanagementmethoden und Methoden für die Steuerung von System- und Produktentwicklungen werden parallel angewendet. Diese Parallelität wird in einigen Fällen in Ausschreibungen sogar explizit gefordert. Werden beide Projektmanagementprinzipien im gleichen Projekt durchgängig angewendet, hat dies in einigen Fällen interessante Wechselwirkungen zur Folge, die von gegenseitiger Unterstützung bis zu Paralyse führen können. Die Realität im einzelnen Projekt oder innerhalb des Projektportfolios eines Unternehmens kann hier differenziert sein.

Das folgende Projektbeispiel beschreibt ein Beratungsprojekt von Dornier Consulting bei einem Industrieunternehmen, das die Unterstützung der Entwicklung einer Software mit der Scrum-Methodik beinhaltete. Die Erfahrungen aus diesem Projekt verdeutlichen, dass der gleichzeitige Einsatz unterschiedlicher Methoden zu Konflikten führen kann.

Praxisbeispiel: Gleichzeitige Anwendung von Scrum und „klassischem" Projektmanagement

Nadine Czirr

Project Manager, Dornier Consulting Engineering & Services GmbH

An diesem Projekt sind im Industrieunternehmen zwei große Abteilungen beteiligt: Entwicklung und Produktmanagement. Der Entwicklungsbereich wendete die Scrum-Methodik an und gliederte sich in fünf Scrum-Teams und einen Product Owner. Der Bereich des Produktmanagements hingegen arbeitete nach dem klassischen Projektmanagementverfahren. Hierdurch kam es zu erheblichen Konflikten.

Meetings zu gleichen Sachverhalten wurden sowohl für das Scrum-Team (Daily Scrums, Scrum of Scrums, Plannings und Reviews) als auch für das klassische Projektmanagementteam (Teilprojektleiter Regelkommunikation und technische Regelkommunikation) abgehalten. Somit wurden in diesen Meetings Informationen doppelt präsentiert, der Zeitaufwand war deutlich höher. Teilweise wurden bereits getroffene Entscheidungen revidiert und neu gefällt.

Die Zusammenlegung der Meetings war nicht möglich, da unterschiedliche Herangehensweisen genutzt wurden. Während man im klassischen Projektmanagement Statusreporte und Meilensteinpläne besprach, wurden in den Scrum of Scrums die Bearbeitung der Storys und übergreifende Probleme diskutiert. Auch bei der Erstellung von Projekt- bzw. Scrum-Unterlagen kam es zu redundanten Dokumenten.

Die unterschiedlichen Herangehensweisen von Projektmanagement und Scrum führten zu weiteren Konflikten. Die Entscheidungsträger im klassischen Projektmanagement erwarteten eine klar strukturierte Planung, welche im Scrum durch die agile, flexible Herangehensweise nicht üblich ist. Auf Änderungen soll im Scrum kurzfristig eingegangen werden, ohne die im Projektmanagement üblichen Änderungsanträge. Die schnelle Reaktion auf Veränderungen steht bei Scrum im Vordergrund. Zudem wurde die Scrum-Methodik eher als Controlling-Instrument verwendet. Das Daily Scrum nutzten die Verantwortlichen als Kontrolle zum Abarbeiten von Aufgaben. Das eigenverantwortliche Arbeiten im Scrum-Team war nur bedingt möglich, da entscheidungsbefugte Personen, welche nicht Teil des Scrum-Teams waren, Änderungen während des laufenden Sprints vornahmen. Arbeiten nach der Scrum-Methodik war innerhalb des Projekts nur sehr eingeschränkt möglich, da kontinuierlich Anforderungen aus dem klassischen Projektmanagement erfüllt werden mussten.

Eine Kombination beider Methoden wäre denkbar, wenn das klassische Projektmanagement beispielsweise als Rahmenwerk verwendet würde. So stellt das Product Backlog die Anforderungen an das Produkt dar, welche auch im klassischen Projektmanagement (Lastenheft) vorhanden sein müssen. Auch die Einrichtung eines Projekthauses führt sowohl im klassischen als auch im agilen Projektmanagement zu Erfolg. Die Abwicklung des Projekts sollte jedoch in reiner Scrum-Methodik erfolgen.

Eine Vermischung der beiden Konzepte in dieser Phase ist nicht zu empfehlen, da weder die Vorteile von Scrum noch die vom klassischen Projektmanagement komplett ausgeschöpft werden können. ■

Es gibt eine wachsende Gemeinde von Projektmanagementpuristen im Kreis der System- und Produktentwickler, die eigene Wege gehen, allen voran die wachsende Scrum-Community. Diese wird von der Überzeugung getragen, dass zunächst und in erster Linie dieses dynamische Konzept zum Projekterfolg führt, „klassisches" Projektmanagement eher hinderlich ist.

In Megaprojekten kommt man nicht umhin, gleichzeitig mehrere Referenzmodelle für das Projektmanagement parallel anzuwenden, wobei diese durch die Ausschreibung vorgegeben sind und/oder vom Bieter im Angebot vorgeschlagen werden. Was tatsächlich zur Anwendung kommt, hängt von einer Vielzahl von Faktoren ab, nicht zuletzt von Vorlieben, guten Erfahrungen oder auch Zufällen auf der einen oder anderen Seite.

Die Philosophie des Lean Management hat die Projektmanagementszene insbesondere in der Entwicklung von Software maßgeblich beeinflusst. Der Grund hierfür war die Unzufriedenheit mit dem sogenannten Wasserfallmodell, welches eine Sequenz von Spezifikation, Entwicklung und Test vorsieht. Die meisten nach dieser Methodik durchgeführten Projekte haben zur Unzufriedenheit sowohl aufseiten des entwickelnden Unternehmens als auch des Kunden geführt. Die besten Ideen kommen den Entwicklern oft in einer späten Projektphase, in welcher Änderungen des Produkts sehr kostenintensiv sind, die „Stimme des Kunden" wird im Verlauf des Projekts oft nicht gehört, was in einem wenig akzeptierten Produkt mündet, und das sequenzielle Abarbeiten von Entwicklung und Test führt zu Warteschlangen im Projektablauf und ständigen (oft ungeplanten) Iterationen von Entwicklung und Test.

Projektmanagement als Business-Modell

Großprojekte bringen eine weitere Dynamik in das Thema Projektmanagement. Projektmanagement wird zum Business-Modell. In der Bauwirtschaft, der Luft- und Raumfahrt, aber auch in vielen anderen Branchen hat sich seit den 1960er-Jahren zunehmend das Generalunternehmermodell für große und Megaprojekte als Standard der Projektbearbeitung durchgesetzt. Der Generalunternehmer übernimmt das Gesamtprojekt und damit das Projektrisiko, steht für den Projekterfolg gerade, ist aber nicht notwendig Spezialist in allen Gewerken. Im Extrem ist der Generalunternehmer nur Generalist, und seine eigentliche Leistung besteht ausschließlich aus „Projektmanagement". Damit hat das Projektmanagement eine neue, unternehmerische Dimension bekommen, die sowohl in der Akquisitions- als auch der Planungs- und Durchführungsphase Konsequenzen nach sich zog. Das Projektmanagement ist nicht mehr nur für die technische Realisierung, sondern auch für die marketingmäßige wie auch betriebswirtschaftliche Abwicklung verantwortlich.

In den Folgejahren kamen Vorfinanzierungs-, Betreiber- und Transfermodelle hinzu. Diese Modelle sind unter BOT-Konzepten (bzw. allgemein BOx-Konzepten) bekannt geworden. B steht für „Build", O für „Operate" (Betreiberschaft) und T für „Transfer", d.h. die spätere Übergabe des Projekts an den Konzessionsgeber; x steht dafür, dass auch andere Varianten möglich sind.

Der Auftragnehmer führt heute Großprojekte in der Regel in einem Konsortium oder einer Projektgesellschaft durch, erhält für sein Projekt eine Konzession oder einen anderen exklusiven Rechtstitel, erzielt in der Projektphase Einnahmen aus dem Betrieb der Infrastruktur oder Anlage und übergibt diese nach einer vereinbarten Laufzeit an den Auftraggeber. Im öffentlichen Infrastrukturbereich ist das aktuell am weitesten gehende Modell eines Risk Sharing das Public-Private-Partnership-Konzept. Hier übernimmt die öffentliche Hand gemeinsam mit einem privaten Unternehmen die Erstellung und den Betrieb einer Aufgabenstellung. Da sich keine Seite für immer bindet, sind auch diese Aufgabenstellungen meist in Projekten organisiert.

Das Projektmanagement bewegt sich hier in einer komplexen Projektkonstellation und wird durch die unterschiedlichen Interessen der Beteiligten nicht selten „aus der Bahn geworfen". Nach den Prinzipien des Lean Project Management gibt es aus dem Einwirken der unterschiedlichen Kräfte auf den Projektverlauf nur einen einzigen sinnvollen Weg: Sich die einwirkenden Kräfte im positiven Sinne zunutze machen und nicht gegen, sondern mit den Kräften das Projektziel erreichen. Vor allem kommt es auf den Wert des Projektergebnisses an, der nicht einfach nur zum Beginn des Projekts definiert wird, sondern sich im Verlauf des Projekts verändert und gemeinsam mit dem Kunden bzw. Nutzer des Projektergebnisses definiert wird. Damit wird auch die „klassische" Definition der Erfolgskriterien für ein Projekt infrage gestellt.

Verantwortliche Manager, Kunden und Projektleiter sind oft vom Ergebnis eines Projekts enttäuscht. Terminüberschreitung, Budgetüberschreitung und eine Leistung, die der Kunde so nicht gewollt hat. Und dies, obwohl das Projektmanagement nach anerkannten Regeln und Standards durchgeführt wurde. Dem Leser sind ohne Zweifel mehrere öffentliche Infrastrukturprojekte bekannt, die genauso verlaufen sind, von den Projekten im eigenen Unternehmen ganz zu schweigen.

Wir werden in den folgenden Kapiteln zeigen, dass die vorgenannten drei Gesichter des Projektmanagements trotz „Lean" keineswegs „zum alten Eisen" gehören. Auch werden wir Lean Management kritisch betrachten. Nur allzu oft musste der Begriff „Lean" für Personalabbau und „Gesundschrumpfen" von Unternehmen herhalten. Die Verfasser haben viele Unternehmen angetroffen, die auf den ersten Blick „schlank" waren. Bei genauem Hinsehen stellte sich dann heraus, dass lediglich die sichtbaren Elemente des Lean Management umgesetzt wurden, während die viel wichtigeren nicht sichtbaren Elemente schlicht nicht vorhanden waren. Lean ist deshalb oft das Etikett einer Verpackung, deren Inhalt enttäuscht.

Lean Project Management greift die Praxisprobleme des Projektmanagements auf und zeigt Wege, wie durch die Kombination beider Welten ein Schritt in Richtung eines effektiveren und effizienteren Lean Project Management getan werden kann.

> Lean ist ein Optimierungskonzept für das Projektmanagement. Dahinter steht keine abgeschlossene Methode, sondern eine spezielle Philosophie und ein Mindset, das möglichst alle Projektbereiche durchdringen sollte.

1.5 Neues Projektverständnis durch Lean

Projektmanager müssen den Gegenstand ihres Handelns, das jeweilige Projekt und dessen Dynamik, in all seinen Facetten verstehen. „Verstehen" heißt, dass sie

a) genaue Vorstellungen über die rechtlichen, wirtschaftlichen, technischen, organisatorischen und kulturellen Voraussetzungen und Verflechtungen ihres Projekts haben. Sie müssen

b) wissen, welche Bestimmungsmomente es für Erfolg und Misserfolg in ihrem Projekt gibt, und befähigt sein, das Projekt entsprechend auszurichten. Hierzu gehört auch das Erkennen aller Drohpotenziale für das Projekt. Des Weiteren ist zu erwarten, dass Projektmanager

c) über ein Verständnis ihres Repertoires von Reaktionsmöglichkeiten verfügen, welches sie befähigt, jederzeit Optimierungspotenziale zu erkennen sowie Projekte, die aus dem Lot geraten sind, wieder ins Gleichgewicht zu bringen. Dann ist

d) zu erwarten, dass Projektmanager ein Verständnis mitbringen, jederzeit die richtigen Aktionen zu setzen, sei es einen Stakeholder bzw. Projektbeteiligten/Interessenträger zu einer besseren Mitwirkung im Projekt zu motivieren, ein Projektteam zu integrieren oder andere Maßnahmen zu setzen. Ein Projektmanager muss des Weiteren viel Weitblick mitbringen; hier geht es um die richtige Vision des Projekts, die Projektstrategie, oder auch nur darum, nicht bei jedem „Gegenwind umzufallen". Schließlich muss

e) der Projektmanager die Erwartungen an ihn, seine Rolle und Funktion im Projekt und seine Machtpotenziale richtig erkennen können.

Wer schon einmal in der Situation war, für ein Projekt den richtigen Projektmanager und dessen Team zu finden bzw. zu rekrutieren, weiß, wovon die Rede ist. Gefunden wird meist nur die zweitbeste Lösung, wenn man so will die „gefühlte" zweitbeste Lösung, weil in der Realität meist nur die drittbeste Lösung gefunden wird. Und jeder weiß, wie rasch in Projekten „Stars" zu „Ausgemusterten" werden können.

Wir gehen davon aus, dass ein Projektmanager **alle** genannten Punkte a) bis e) zumindest durchschnittlich erfüllen muss, um überhaupt in der Liga akzeptierter Projektmanager spielen zu können. Nehmen wir des Weiteren an, dass er damit das Projekt und seine Dynamik zu 60 % versteht, was schon viel ist. Woher wird dieses Verstehen gespeist?

Die Aufteilung dieser 60% ist in etwa wie folgt: Rund 10% des Projektverständnisses werden von Allgemeinwissen gespeist. Weitere 10% kommen aus Spezialausbildungen (Recht, Betriebswirtschaft, Physik, Ingenieurwissenschaften usw.). 30% sind erfahrungsvermittelt. Spezielles Projektmanagementwissen trägt schließlich zu mageren 10% bei. Die erste Frage lautet, warum der Beitrag des speziell erworbenen Projektmanagementwissens so niedrig angenommen wird. Die Antwort ist einfach. Das heutige Verständnis von Projektmanagement blendet einen beachtlichen Teil des notwendigen Projektverständnisses aus.

Die noch entscheidendere Frage ist, warum 40% des notwendigen Projektverständnisses überhaupt nicht vorhanden sind. Auch hierzu gibt es eine einfache Antwort. Projekte laufen zu einem erheblichen Teil anders, als man denkt. Welches Projektverständnis bringt der heutige Durchschnittsprojektmanager in das Projekt mit, wie ist im Kern sein Projektverständnis? Dieses lässt sich wie folgt zusammenfassen.

Das Projekt ist im Kern ein Gewerk. Ein Unternehmen bietet dieses Gewerk zu einem bestimmten Preis an. In diesem Preis hinterlegt sind die notwendigen Ressourcen sowie damit verbundenen Kosten plus Marge und Overhead. Die Projektlaufzeit ist ein bestimmender Faktor für den Ressourceneinsatz und die damit verbundenen Kosten. Im Gewerk ist eine definierte Leistung zu erbringen. Hierzu wird eine spezielle Projektorganisation aufgebaut, die das Projekt in mehreren Dimensionen (wo, was, wie, wer usw.) näher plant, dann entsprechend aufsetzt und schließlich in einer vorgesehenen Zeitspanne unter Einhaltung der Prozesse, Budgets und Qualitätsstandards umsetzt. Projektergebnisse werden an zuständige Stellen, allen voran dem Auftraggeber und den Vorgesetzten im Unternehmen berichtet. Soweit eigene Ressourcen nicht reichen, wird auf Fremdressourcen zurückgegriffen, die zu steuern und deren Leistungen abzunehmen sind. Gleichermaßen sind die Eigenleistungen auf Übereinstimmung mit dem Kundenvertrag zu prüfen. Fremdressourcen sind zu beaufschlagen. Sollten in einem Projekt größere Risiken bestehen oder auftreten, sind diese möglichst zu minimieren, wie auch Kundenprobleme sowie Probleme im Projekt vernünftig zu lösen sind. Wenn es in einem Projekt richtig schwierig wird, wird „eskaliert". Ist der Kunde einmal zutiefst unzufrieden und kommt man als Projektmanager keinen Schritt mehr weiter, tritt eine diplomatische Regel in Kraft: Man sendet den Vorgesetzten, der dann mit dem Kunden die Koordinaten neu bestimmt, bis es wieder läuft.

Verallgemeinert heißt dies: Das Projekt ist also eine zeitlich befristete Leistungsorganisation mit eigenen Strukturen und Prozessen, die durch geregelte Anpassung nach innen und außen zum Projekterfolg führt. Wesentlicher Beitrag des Projektmanagements ist es, Organisation, Prozesse und Kommunikation zu garantieren und den Wagen am Rollen zu halten.

Betrachtet man Projekte in der Praxis, so fragt man sich: Gleichen moderne Projekte in einem bestimmten Grad nicht auch mittelalterlichen Karawanen, bestehend aus einem bunt zusammengewürfelten Haufen von „Abenteurern", „Händlern", „Handwerkern", „Missionaren" und „Gefolgsleuten", die im Schutz und unter Anleitung der bezahlten Begleitung die Strapazen des gefährlichen Weges mit ungewissem Verlauf und einigen Ausfällen auf sich nehmen? Erscheinen Projektmanager in diesem Projektverständnis nicht mehr als

- Mädchen für alles, denn als
- Projektkapitäne, die ihr Schiff sicher durch mit Klippen besetztes Gewässer lenken?

Weder die mehr oder minder bürokratisch-systemtheoretisch orientierten Vorstellungen über das Projekt und seine Dynamik (vorherrschend in allen drei der genannten Gesichter des Projektmanagements) noch an mittelalterlichen Karawanen orientierte Vorstellungen zu Projekten (Eindruck bei Krisenprojekten) helfen wirklich entscheidend weiter, um die restlichen 40 % zu erklären.

Entscheidend ist vielmehr, ein pragmatisch-realistisches Bild moderner Projekte zu gewinnen. Erst wenn tatsächlich richtig bestimmt ist, was Projekte entstehen lässt, was sie treibt und was diese zu Erfolg (und Misserfolg) führt, ermöglicht aus Sicht von Lean Project Management, positiv Einfluss zu nehmen.

Hilfreich ist hier die ganzheitliche Sichtweise des Lean Project Management. Diese hat stets den gesamten Wertschöpfungsprozess im Fokus. Keine Phase, auch nicht die der Anbahnung eines Projekts, wird außer Acht gelassen, und es wird besonderes Augenmerk auf den Wert des Projektergebnisses gelenkt.

Folgende Schlüsselthesen ermöglichen, zu einem realistischeren Projektmanagementverständnis zu kommen:

- Das Projektmanagement muss die Historie des Projekts sowie die voraussehbaren kurz- und mittelfristigen Entwicklungen auf dem Radar haben.
- Professionelles Lean Project Management schlägt den Bogen des Projekts weiter als bisheriges Projektmanagement, und zwar über alle Projektbeteiligten hinweg.
- In jedem Teilraum des Projekts herrschen spezielle Bedingungen, und es gibt ein Spiel der Kräfte innerhalb und zwischen den Teilräumen.
- Trotz größerer Volatilität in der Struktur der Projektbeteiligten erhöht sich das Ausmaß der Zusammenarbeit.

These 1: Das Projektmanagement muss die Historie des Projekts sowie die voraussehbaren kurz- und mittelfristigen Entwicklungen auf dem Radar haben

Wenn man bei lang laufenden Projekten nach drei oder vier Jahren den Kundenvertrag liest und mit dem tatsächlichen Projektverlauf vergleicht, wird man häufig wesentliche Divergenzen zwischen Vertrag und Projektwirklichkeit feststellen. Dies ist selbst bei Verträgen zu beobachten, die korrekterweise stets angepasst wurden. Gründe können sein, dass Änderungen in der Leistung im Kundenvertrag nicht eingepflegt oder – aus welchen Gründen auch immer – bestimmte Passagen in der ursprünglichen Fassung belassen wurden. Es kann sogar sein, dass dies bewusst geschehen ist, um etwa das Kundenverhältnis oder den Projektverlauf zum Zeitpunkt X nicht zu stören.

Es gibt bei Rechtsabteilungen auf Auftraggeber- und Auftragnehmerseite Realitätsfanatiker. Diese würden folgenden Satz nie unterschreiben: Eine Divergenz ist nicht weiter problematisch, wenn hieraus nicht zu einem späteren Zeitpunkt bei der einen oder anderen Vertragspartei unangemessene Rechtsansprüche geltend gemacht werden. Ist eine Projektmannschaft auf Kunden- und Auftragnehmerseite stabil und gut zusammengeschweißt, treten solche Rechtsansprüche eher nicht auf. Jeder weiß, was Sache ist und warum dieses oder jenes der Fall ist. Nun ist aber bei Langläufern eher die Regel, dass Projektmannschaften oder Teile derselben zwei- bis dreimal oder öfter wechseln. Es kann zudem sein, dass ein Unternehmen einen neuen Gesellschafter erhält usw. Wird dann der Vertrag neu interpretiert, kommt es zu den genannten unangemessenen Rechtsansprüchen, die im besten Fall einvernehmlich beseitigt, weitaus häufiger aber zu „Claims“ oder lang dauernden Rechtsauseinandersetzungen führen. Das Vertragsbeispiel ist noch ein relativ einfacher Fall, an dem gezeigt werden kann, dass stets die Projekthistorie auf dem Radar sein muss. Es existiert zumindest ein Ankerpunkt, das schriftliche Dokument, an dem man sich reiben kann.

Schwieriger ist es bei Langläufern im Fall projektwirksamer technischer, organisatorischer oder kultureller Änderungen. Selbst die minutiöse Projektdokumentation (soweit überhaupt lückenlos betrieben) hilft hier häufig nicht weiter. Wenn der Kunde ein Projekt einstellt, weil eine andere „Politik“ angesagt ist oder die Öffentlichkeit plötzlichen im dritten Projektjahr beginnt, über Sinn und Unsinn eines Projekts zu diskutieren, dessen Ausgangssituation eine andere war, ist es immer wichtig, auch wirklich die Historie zu kennen, um angemessen darauf reagieren zu können.

Auf einen einfachen Nenner gebracht soll die Projekthistorie über alle Projektphasen verfolgt werden:

- Vorphase:
  - Projektentwicklung (bis zu 20 Jahren),
  - Ausschreibung, Angebot und Vertragsabschluss (bis zu drei Jahren).
- Bearbeitungsphase:
  - Projektmobilisierung (bis zu einem Jahr),
  - Planung (bis zu drei Jahren),
  - Ausführung (bis zu fünf Jahren oder länger).
- Abnahme- und Projektschließung (bis zu zwei Jahren und länger).
- Nachphase (bis zu 25 Jahren und länger)
  - gegebenenfalls Betrieb,
  - gegebenenfalls Weiterentwicklung (nächste Generation),
  - gegebenenfalls Transfer,
  - Instandhaltung.

So wie die Vergangenheit des Projekts systematisch zu registrieren ist, trifft dies auf die zu erwartende kurz- und mittelfristige Entwicklung des Projekts zu. Es kommt darauf an, sensibel Projektveränderungen zu registrieren, um nicht zum falschen Zeitpunkt auf dem falschen Fuß erwischt zu werden. Genau diese, oft für das Projektmanagement fatale Situation wird im Lean Project Management durch zwei elementare Prinzipien verhindert:

> Im Lean Project Management gelten zwei elementare Prinzipien: die Ausrichtung auf den Wert des Projektergebnisses und die Identifizierung des Wertstroms in der Projekthistorie. Beide Prinzipien sind eng miteinander verbunden und bestimmen den Verlauf eines Projekts.

Der Wert des Ergebnisses des Projekts, also z.B. ein Produkt, eine Dienstleistung oder eine veränderte Organisation im Rahmen eines Reorganisationsprojekts, steht am Anfang aller Aktivitäten im Rahmen des Projekts. Dieser kann im Verlauf des Projekts eine Veränderung erfahren. Zum Beispiel in Softwareentwicklungsprojekten äußert sich der Kunde oft nur sehr vage über das zu erstellende Produkt. Erst im Verlauf der Entwicklung und im Dialog mit dem Softwarehaus entsteht das eigentliche Produkt. Die damit einhergehende Veränderung des Werts wird vom Projektteam und vor allem dem Projektleiter aufmerksam registriert und dokumentiert, sodass kein Mitglied des Entwicklerteams sowie des Kunden bzw. Nutzers Unklarheit über den Wert hat.

Das Bewusstsein des Werts des Projektergebnisses alleine würde jedoch den Projekterfolg noch nicht garantieren. Auch die Dokumentation und Kommunikation würde dies nicht alleine bewirken. Der Weg zum Ziel ist die entscheidende zweite Komponente. Wird das Projektergebnis im Sinne Wert für den Kunden festgelegt, der Weg dorthin aber nicht im Sinne der Lean-Prinzipien gesteuert, wäre ein Budgetüberzug möglicherweise vorprogrammiert.

Vielmehr kommt es darauf an, unter dem Blickwinkel Wert alle Aktivitäten daraufhin zu beleuchten, ob diese zum Wert beitragen und damit notwendig sind, oder ob diese keinen Wertbeitrag leisten, somit Verschwendung darstellen und umgehend zu eliminieren sind. In der Praxis bedeutet dies z.B., dass ein projektiertes Arbeitspaket im Sinne der Ausgangsdefinition des Werts sinnvoll erschien, nun aber nach einer Veränderung der Wertdefinition als Verschwendung anzusehen ist. Nur der ständige Abgleich des (sich verändernden) Werts mit dem Leistungserstellungsprozess im Hinblick auf Verschwendung garantiert eine „schlanke" Projektabwicklung.

These 2: Professionelles Lean Project Management schlägt den Bogen des Projekts weiter als bisheriges Projektmanagement, und zwar über alle Projektbeteiligten hinweg

Es gibt einen bekannten Ausdruck bei Projektmanagern und -mitarbeitern: „Der Kunde stört nur." Dieser Satz ist meist eher scherzhaft gemeint, drückt aber ein bestimmtes Projektverständnis aus. Generationen von Projektmanagern verfolgten und verfolgen das Ziel, möglichst alle Informationen dem Kunden vorzuenthalten, die ihn im Projektverlauf interessieren und damit verunsichern könnten. Sie bewirken das Gegenteil von dem, was sie bezwecken. Beabsichtigt ist, mögliche Störungen, Lernprozesse etc. des Kunden zu minimieren, um beim Kunden nicht vorzeitig Misstrauen zu erzeugen. Tatsächlich lässt sich nachweisen, dass Offenheit und Transparenz im Projektgeschehen das Vertrauen erhöhen, weshalb (allerdings noch wenige) Unternehmen zu einer „open book“-Projektkultur übergegangen sind, mit erheblichem Erfolg. Der Kunde, der mitdenkt, identifiziert sich mit dem projektführenden Unternehmen, und im Fall von unverschuldeten Problemen im Projekt wirkt er an der Problemlösung konstruktiv mit. Es versteht sich von selbst, dass diese Projektmanagementkultur erhebliche Änderungen im Habitus der Projektbeteiligten erfordert.

Die Realität der Projekte ist nicht mehr so einfach wie soeben dargestellt. Der „Kunde“ wird meist nicht mehr von einer Einzelperson vertreten, sondern einer Gruppe von Kundenvertretern, wobei nicht einmal mehr in allen Fällen sichergestellt ist, dass der „Ansprechpartner“ beim Kunden, gegebenenfalls im Kundenvertrag als Kundenverantwortlicher benannt, in der Praxis wirklich der Projektleiter auf Kundenseite bzw. Primus inter Pares („Erster unter Gleichen“) ist oder als solcher auftritt. Es gibt die verschiedensten Varianten. Bei großen und insbesondere internationalen Projekten setzt der „Kunde“ darüber hinaus häufig ein extern rekrutiertes eigenes Projektmanagement auf Kundenseite ein, das zusätzliche Dynamik bringt und meist traditionelle Muster des Projektmanagements zementiert.

Eine weitere Komplexitätssteigerung auf Kundenseite bringt die Matrixorganisation. Diese hat die Funktion Einkauf aufgewertet, die heute eigene Akzente setzt und nicht mehr notwendig den verlängerten Arm der Fachorganisation darstellt. Bei Großeinkäufen sind zudem alle Funktionsbereiche zumindest beratend beteiligt. Besteht eine hochgradig institutionalisierte, auch fachlich ausgerichtete Einkaufsorganisationen, entsteht gegebenenfalls eine weitere Trennlinie in der Kundenorganisation. Neben dieser Einkaufsorganisation, die mehr oder minder eigenständig einkauft, gibt es den eigentlichen Nutzer des Produkts oder der Dienstleistung. Hier entsteht die Gefahr, dass nach weitgehender Entwicklung eines Produkts neues Störfeuer vom eigentlichen Nutznießer kommt, bis hin zur Ablehnung eines (fast) fertigen Produkts. Die Einkaufsorganisation des Kunden reproduziert nämlich gegenüber dem operativen Nutzer des Produkts dieselbe Zurückhaltung in der Zusammenarbeit. Es besteht also auch hier die klare Empfehlung, den eigentlichen „Beneficiary“ im Projektverlauf nicht zu vergessen.

Hinzu kommen zusätzlich Organisationen mit engem Bezug zum Projekt und mit zum Teil erheblicher Bedeutung für das Projekt, wobei deren Zusammensetzung vom jeweiligen Projekttyp abhängig ist:

Direkte Projektunterstützer

- Finanzierungsgesellschaften
- Management- und Fachunterstützer (Interimsmanager, Planer/Designer, Projektmanager),
- Risk-Sharing-Partner, Konsortialpartner, Lieferanten (gemeinsame Großprojekte, System- und Komponentenlieferungen).

Drittparteien

- Politik und Öffentlichkeit,
- Konzessionsgeber,
- Genehmigungsbehörden,
- ...

Bisherige Abbildungen des Projektmanagements sind flächenhaft und verdeutlichen das Innen-/Außenverhältnis im Projekt sowie die unterschiedlichen Interessen der Projektbeteiligten. Für die Abbildung des Lean Project Management empfiehlt sich hingegen eine Darstellung in Projekträumen. Sowohl der „Kunde" als auch die wesentlichen direkten Projektunterstützer sowie Drittparteien werden hier als Teil des Projekts, nicht nur als externer „Stakeholder" betrachtet. Dies wird in Bild 1.2 näher skizziert.

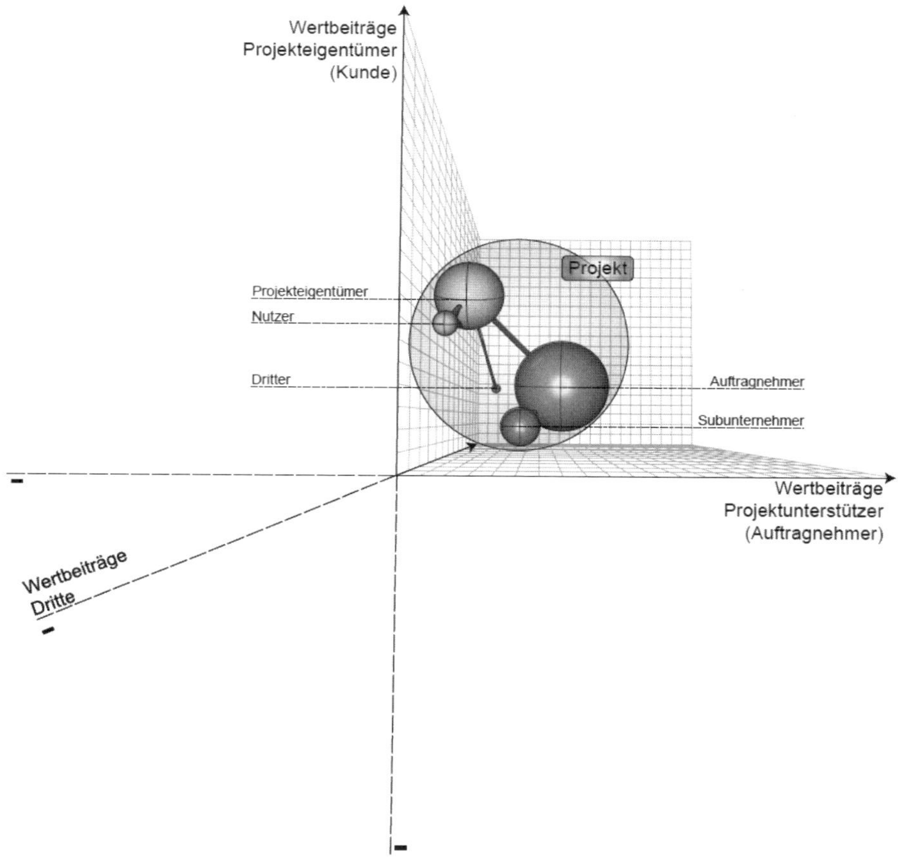

Bild 1.2 Projekträume

Im Lean Project Management ist nicht nur die Kommunikation mit dem Kunden eine wesentliche Komponente, sondern auch die Integration des Kunden und des Nutzers in den Prozess der Erstellung des Projektergebnisses.

Beide Interessenten, der Kunde und der Nutzer des Projektergebnisses, sind für den Wert dessen, was im Projekt entsteht, von entscheidender Bedeutung. Wenn dies nicht nur ein Lippenbekenntnis sein soll, müssen mehrere Prinzipien des Lean Project Management beachtet werden. Dies betrifft einerseits die Vertretung „der Stimme des Kunden/Nutzers“ im Projekt und die Gestaltung des Weges zum Projektergebnis, andererseits den Auftragnehmer und seine Partner und schließlich Dritte. Das Projekt umfasst also nicht nur, was aufseiten eines Auftragnehmers bearbeitet wird, sondern auch alle Wertbeiträge aller Beteiligten im so definierten tatsächlichen Projektraum.

These 3: In jedem Teilraum des Projekts herrschen spezielle Bedingungen, und es gibt ein Spiel der Kräfte innerhalb und zwischen den Teilräumen

Obwohl der Bogen der Projektbeteiligten beim Lean Project Management weit gespannt ist, heißt dies nicht, dass alle am gleichen Strang ziehen. Der Risk-Sharing-Partner, der für Teile eines Gesamtprodukts das Entwicklungs- und Lieferrisiko übernimmt, kann Projektinteressen verfolgen, die dem OEM (Original Equipment Manufacturer) entgegenstehen. Ideal wäre, wenn das Projektmanagement sicherstellen könnte, dass alle an einem Strang ziehen würden.

> Im Lean Project Management ist der Gedanke eines durchgängigen Wertstroms ein wesentlicher Aspekt. Die Grenzen des Wertstroms bzw. des Projekts hören nicht an den Unternehmensgrenzen auf, sondern gehen über diese hinaus. Dies gilt vor allem für die Projektbeteiligten, welche bedeutende Bestandteile des Werts liefern. Was nützt ein schlankes Projektmanagement, wenn auf der Seite der Lieferanten oder des Kunden nach konventionellen Regeln und Methoden gearbeitet wird? Die Integration des Lieferanten in den Wertstrom ist deshalb eines der Prinzipien des Lean Project Management. ■

Wie können diese Bedingungen und das Spiel der Kräfte charakterisiert werden? Dies ist anhand folgender Schlüsselkategorien darstellbar (vgl. Bild 1.3).

Wie rational wird in Projekten gehandelt? Rationalität ist ein wesentlicher Faktor eines erfolgreichen Projekts. Die entscheidende Frage ist allerdings, in welchem Sinne rational gehandelt wird. Ist auch „Politik“ innerhalb eines Projekts rational? „Politik“ gibt es in jedem Projekt. Manchmal „tobt der Bär“. Teils ist die „Politik“ in Projekten produktiv, teils destruktiv. Positiv ist „Politik“ zu werten, wenn diese auf die optimale Realisierung des Werts des Projektergebnisses gerichtet ist. In allen anderen Fällen ist „Politik“ schädlich für das Projektergebnis. Wenn es in konkreten Projekten nicht gelingt, die schädlichen Teile der „Politik“ zu neutralisieren bzw. zu eliminieren, ist eine Schieflage vorprogrammiert. Für Lean Project Management ist deshalb „Politik“ eine wesentliche Betrachtungs- und Handlungsdimension.

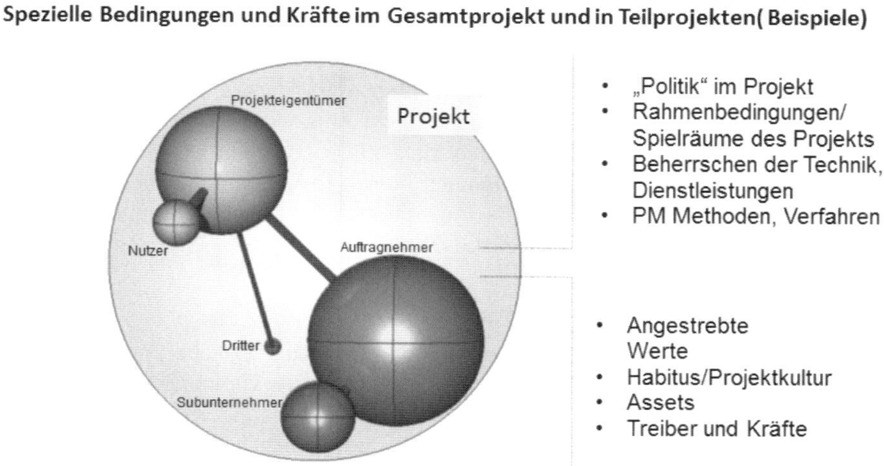

Bild 1.3 Spiel der Kräfte

In den meisten Projekten gibt es enorme Freiheitsgrade der eingesetzten Technologien, der Organisation usw. Werden diese tatsächlich gesehen und genutzt? Man muss sagen: Teils ja, teils nein, in Summe eher nicht. Wir haben im Projektmanagement und an den Schaltstellen von Projekten mehr „Herrligkoffers“ als „Messners“. Die Ausschöpfung von Freiheitsgraden ist kein Selbstzweck. Wo dies jedoch zu verbesserten Projektergebnissen führt, ist sie ein „Muss“. Für Lean Project Management gehört deshalb die Sichtbarmachung und Ausschöpfung von Freiheitsgraden zum Standardrepertoire.

Es gibt Projekte, in welchen Innovation Programm ist (F&E-Projekte, neue Produkte). Projekte dieser Art sind ergebnisoffen, es existiert jedoch die Zuversicht, Verfahrenskompetenz und nicht zuletzt Fähigkeit, existierende und neue Technologie oder Inhalte so zu verknüpfen, dass am Ende ein brauchbares Ergebnis erzielt wird. In den anderen Projekten bedeutet Beherrschen von Techniken und Dienstleistungen, dass nur solche Techniken und Dienstleistungen in Projekten berücksichtigt werden, die zum Wert des Projektergebnisses beitragen. Fatal ist es, wenn in Projekten Techniken und Dienstleistungen eingesetzt werden, die einem positiven Projektergebnis entgegenstehen. Dies ist häufiger der Fall, als man gemeinhin annimmt. Deshalb ist im Lean Project Management der enge Bezug zu den Projektinhalten so bedeutend.

> Ein Projekt steht und fällt mit den eingesetzten Projektmanagementmethoden und inhaltlichen Verfahren. ■

Der Vorteil standardisierter Konzepte liegt darin, dass das Rad nicht immer neu erfunden wird. Wesentliche Nachteile bestehen bei schablonenhafter und gegebenenfalls wenig engagierter Anwendung. Diese Voraussetzungen sind in vielen Projekten anzutreffen. Ersteres hat mit den professionellen Standards, und beides häufig mit Überforderung zu tun. Projektmanagement in heutigen Projekten fordert alles ab. Zum professionellen Niveau gehören auch intellektuelle Fähigkeiten sowie Flexibilität. Wo diese nicht vorhanden sind, also 08/15-Anwendungen im Vordergrund stehen, sind Teile des Projekterfolgs bereits von Anfang an verspielt. Der Anwender von Projektmanagementmethoden und inhaltlichen Verfahren im Projekt muss also klar erkennen, wo die Anwendung der Schablone reicht und wo innovativ vorzugehen ist. Der Lean Project Manager bringt von vornherein die Offenheit hierfür in seinem Grundverständnis des Projektmanagements mit. Sie ist Teil seines Habitus. Was bedeutet in diesem Zusammenhang Habitus des Projektmanagements?

Habitus des Projektmanagements

Nehmen wir als Beispiel ein Unternehmen, das bevorzugt Projekte der öffentlichen Hand durchführt. Es ist sehr lange, zum Teil Jahre dauernde Vorlauffristen bis zur Ausschreibung gewohnt. Die Ausschreibung wie die Angebotslegung verlaufen auf eigenen Bahnen. Bei größeren Projekten sind nach der Grundsatzentscheidung für die Auftragserteilung an einen Auftragnehmer noch Schleifen mit Oberbehörden oder Gerichten zu erwarten. Wenn dann endlich der Auftrag erteilt ist, ist bereits enorm viel Zeit vergangen, die gegebenenfalls nicht mehr einzuholen ist. Hierdurch kann ein enormes Projektrisiko entstehen (Projektstrafen). Die auftraggeberseitige Betreuung des Projektverlaufs ist durch bürokratische Regeln geprägt. Kommt es zu einem Regierungswechsel, kann bei Großprojekten ein mehrmonatiger Projektstillstand die Folge sein und/oder zu veränderten Rahmenbedingungen führen. Kundenseitige Projektentscheidungen sind nicht per Knopfdruck zu erwarten.

Ein Projektmanagement, das auf diese Kundengruppe ausgerichtet und unter solchen Bedingungen langjährig aktiv ist, entwickelt einen eigenen Habitus, wie es Projekte leitet und bearbeitet. Am besten merkt man diese Besonderheiten, wenn ein solches Unternehmen ein privatwirtschaftliches Kundenprojekt übernimmt. Gleiches gilt, wenn ein ausschließlich im privatwirtschaftlichen Bereich tätiges Unternehmen erstmals einen öffentlichen Auftrag übernimmt. Auch dieses Unternehmen hat einen eigenen Habitus des Projektmanagements und der Projektarbeit entwickelt. Bezogen auf alle Projektbeteiligten bedeutet dies, dass in einem Projekt verschiedene Organisationen und Personen aufeinandertreffen, die nicht notwendig identische Vorstellungen zum Projektmanagement und zur Projektarbeit haben müssen. Treffen mehrere solcher unterschiedlicher Vorstellungen aufeinander, entstehen interessante Konstellationen.

> Der Funktion des Projektleiters kommt deshalb im Lean Project Management eine besondere Bedeutung zu. Die denkbare Spannbreite reicht von der eher projektverwaltenden Tätigkeit bis hin zum echten Manager, welcher nicht nur über Kompetenzen, sondern auch über Macht verfügt. Auf der anderen Seite ist auch eine Projektleitung möglich, welche sich nicht auf eine Person konzentriert und auch keine direkte Macht benötigt. Die Lösungen zur Besetzung der Projektleiterfunktion sind im Lean Project Management erstaunlich flexibel und werden den jeweiligen Anforderungen der konkreten Aufgabenstellung angepasst. ■

Assets für das Projektmanagement

Die Projektbeteiligten in den unterschiedlichen Projekträumen verfügen über spezielle Assets. Diese können

- ökonomisch bedingt sein. Der eine Projektbeteiligte baut – gemessen am Bedarf – eine überproportional große Projektmanagementorganisation auf, indem er überdurchschnittlich hohe Mittel einsetzt. Der andere verzichtet weitgehend auf solche Ressourcen, gibt also nichts für Projektmanagement aus. Diese können
- auch technischer Natur sein. So finden wir bei unterschiedlichen Projektbeteiligten alles von Hightech bis zum „Beil". Eine weitere wichtige Gruppe von Assets ist
- kultureller Natur. Das hohe Ansehen westlicher Unternehmen z. B. in der arabischen Welt, das diesen zu interessanten Projekten verhilft, ist wesentlich von der Technologie, aber auch von der Flexibilität, Zuverlässigkeit, Schnelligkeit usw. geprägt, die die westliche Kultur und Zivilisation prägt.

Das „klassische" Projektmanagement hat den Anspruch, die Grundlage eines vollständigen Bezugsrahmens, der die zu berücksichtigenden Aspekte bzw. Aufgaben beinhaltet, zu liefern. Es geht davon aus, dass auf der Grundlage dieses Projektmanagementrahmens, sofern dieser ernst genommen und vollständig abgearbeitet wird, kein wichtiger Prozessbestandteil außer Acht gelassen und damit übersehen wird.

Das Projektmanagement in dieser Form setzt sich mit dem Inhalt des Projekts nur insofern auseinander, als die einzelnen Arbeitspakete und Aktivitäten im Projekt z. B. terminiert, budgetiert und bezüglich der beinhalteten Risiken bewertet werden. Ob aus Sicht des Werts und des Wertstroms ein Arbeitspaket möglicherweise in einer viel zu späten Phase des Projekts in Angriff genommen wird oder durch die Abfolge der Arbeitspakete Wartezeiten bei einem Team entstehen, ist nicht Gegenstand der Projektmanagementnomenklatur. So ist die Auslastungsplanung des Projektteams Gegenstand der Planung im „klassischen" Projektmanagement. Sprechen aber fachlich-inhaltliche Momente für eine andere Arbeitspaketreihenfolge, ist dies von der Projektleitung in der Ressourcenplanung zu akzeptieren. Systematische inhaltliche Verfahren, die zu Argumenten einer andersartigen Ressourcenplanung im Projekt beitragen, hat der „klassische" Projektmanager nicht (es sei denn, er versteht etwas von den Projektinhalten, was allerdings nichts mit der Methodik des Projektmanagements zu tun hat).

> Im Lean Project Management wird Einfluss auf die Methodik der inhaltlichen Bearbeitung der Arbeitspakete genommen. Das heißt, Lean Project Management setzt sich auch inhaltlich mit der Projektaufgabe auseinander. Diese inhaltliche Auseinandersetzung ist auf die jeweilige Projektaufgabe zugeschnitten und unterscheidet sich damit je nach Art des Projekts.

Spiel der Kräfte im Projekt

Projekte von heute sind nicht mehr mit den technischen Projekten der 1960er- und 1970er-Jahre vergleichbar. Waren in jener Zeit die wesentlichen Koordinaten für die Projekte und das Projektmanagement bestimmt, ging es im Wesentlichen an die Arbeit. „Politik" hatte im Projekt keine tragende Bedeutung. Heute ist dies anders. Es gibt ein laufendes Gezerre um Einflussmöglichkeiten und Realisierung von Vorteilen. Was hat sich geändert? Liegt der Grund darin, dass heute alle Projektbeteiligten in ihrer jeweiligen Organisation unter deutlich stärkerem Handlungs- und Erwartungsdruck stehen und deshalb im Projekt versuchen, Spielräume zu eröffnen und ihrer Organisation Vorteile zu verschaffen? Oder hat es strukturelle Gründe, etwa dergestalt, dass das Spiel der Kräfte bereits in den Projekten angelegt ist? Dies soll das folgende Beispiel verdeutlichen.

Es werden wegen des Preises als entscheidendem Kriterium für die Auswahl eines Auftragnehmers Angebote abgegeben, deren Preis für die Erstellung der Leistung nicht auskömmlich ist. Der Bieter des Dumpingpreises geht allerdings davon aus, dass fehlende Budgets durch „Claims" geholt werden. Auf der Kundenseite wird dann die Gegenstrategie verfolgt: Vom ersten Tag des Projekts steht der Auftragnehmer unter Beobachtung, und jede Schwäche in der Leistungserfüllung führt zu „Gegenclaims". Projektmanagement wird unter dieser Voraussetzung zum „Claim Management".

Mit dem Spiel der Kräfte verschieben sich Einflusssphären im Projekt. Dies wird in Bild 1.4 in Form der Verschiebung der Wertbeiträge durch die Beteiligten im Projektraum dargestellt.

Das Spiel der Kräfte kann zum Projekt positiv beitragen, es kann sich aber auch negativ auswirken. In Bild 1.4, einer Prinzipskizze, wurde das Vorzeigeprojekt in Bild 1.2 (alle Projektbeteiligten mit deutlich positiven Wertbeiträgen für das Projektergebnis) aufgegriffen. Mit Wirksamwerden von in Bild 1.3 dargestellten Kräften haben sich die Projektkonstellation und der Wertbeitrag des Projekts geändert. Die Änderung betrifft alle Beteiligten. Trugen im Vorzeigeprojekt noch alle Projektbeteiligten positiv zum Wertbeitrag des Projekts bei, hat sich dies nun teilweise verschlechtert, und insbesondere aufseiten des Subunternehmers und Dritter sind nun negative Wertbeiträge zu verzeichnen. Diese resultieren aus Schwierigkeiten oder Problemen, die den Wertbeitrag des Projekts insgesamt reduzieren. Die Gründe können beim Auftraggeber, Auftragnehmer oder auch an anderer Stelle liegen. Wichtig ist zu verstehen, dass sich mit den Kräfteveränderungen das „synergistische" Zusammenwirken der Projektbeteiligten anders als zu Beginn entwickelt hat und sich dadurch der gesamte Wertbeitrag dieses Projekts negativ verändern kann. Der Lean Project Manager hat wegen seines gesamthaften (holistischen) Ansatzes solche Bedingungen und Veränderungen in der Projektkonstellation auf dem Radar. Darüber hinaus hat er ein anderes Verhältnis zu Fehlern und Problemen.

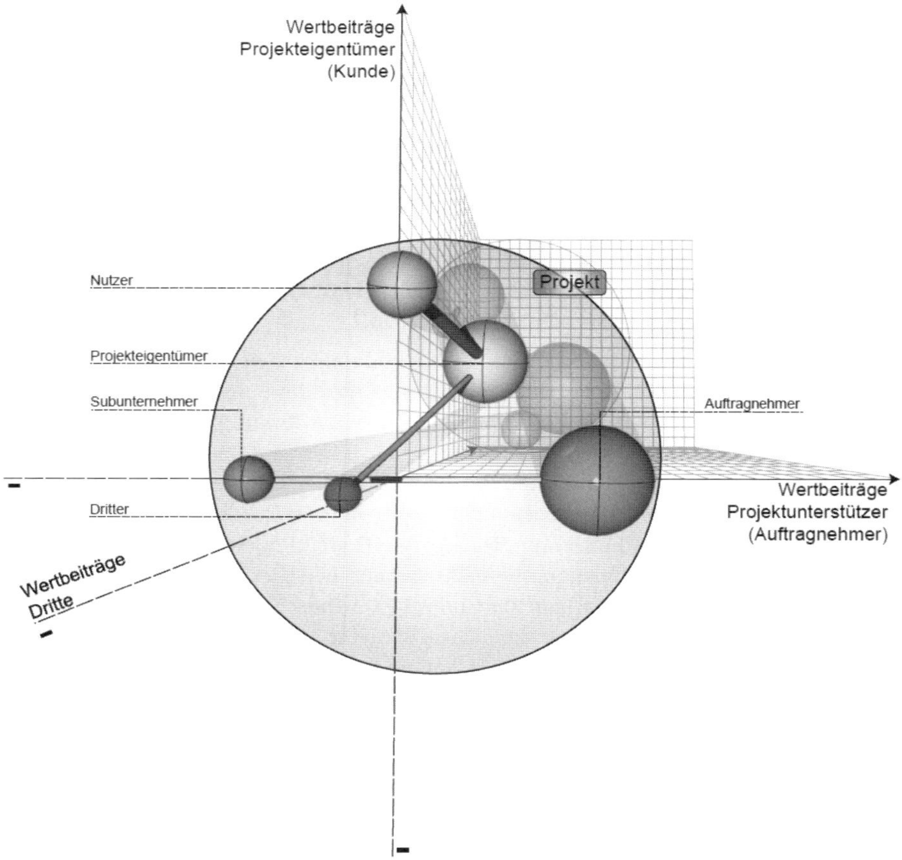

Bild 1.4 Verschiebung der Wertbeiträge

Im Lean Project Management ist die Projektkultur eine der Säulen der Prinzipien. Die Projektkultur im Lean Project Management erfordert, dass Fehler und Probleme als positiv zu betrachtender Auslöser für die Erarbeitung von Verbesserungen gesehen werden, die letztlich dazu führen müssen, dass diese Fehler oder Probleme nicht mehr auftreten. Diese Fehlerkultur ist ein nicht sichtbarer Bestandteil des Lean Management, dessen Innovationspotenzial aber nicht unterschätzt werden sollte.

Die Lean-Konzepte Gemba (gehe an den Ort des Geschehens) und Hansei (Selbstreflexion) sind tägliche Praxis in Lean-Unternehmen und integraler Bestandteil der Unternehmenskultur.

Bezogen auf die Zusammenarbeit mit anderen Projektbeteiligten (Kunde, Projektunterstützer, Dritte) steht damit die Frage der Projektkultur an wichtiger Stelle. Entweder ist die Zusammenarbeit durch konfliktgeladenes Claim Management geprägt, in welchem am Ende des Projekts alle Partner suboptimale Projektergebnisse erzielen, oder die Zusammenarbeit ist durch eine Lean-Kultur geprägt, die „Reibungsverluste" der Partner weitgehend vermeidet und somit zu einem positiven Projektergebnis für alle Beteiligten führt. Inwieweit diese Projektkultur durchsetzbar ist, ist z. B. eine Frage der Macht- und Interessenverhältnisse der Projektpartner.

These 4: Trotz größerer Volatilität in der Struktur der Projektbeteiligten erhöht sich das Ausmaß der Zusammenarbeit

Trotz oder vielleicht wegen des Spiels der Kräfte im Projekt, aber auch wegen der zunehmend risikoreicheren Projekte suchen viele Projektbeteiligte den Schulterschluss. So kooperieren im Projekt A zwei Unternehmen bestens, während sie beim Angebot für Projekt B stärkste Konkurrenten sind. Es entstehen „Ehen" auf Zeit, wobei Konkurrenz und Kooperation zum gleichen Zeitpunkt möglich sind. Es entsteht auch bei Auftraggeberorganisationen eine Projektzusammenarbeit auf Zeit. Dies ist unter anderem der Fall, wenn supranationale Einrichtungen (EU, NATO etc.) Projekte aufsetzen. Ein typisches Beispiel ist die Abnahmegarantie mehrerer europäischer Länder als Basis für die Entwicklung des militärischen Transportflugzeugs Airbus A400M. Das Risiko für Entwicklung und Vermarktung trägt der Konzern; ohne die Mindestabnahme europäischer Staaten wäre das Projekt nicht zustande gekommen.

Solche komplexen Strukturen sind für jedes Projekt, unabhängig von der Form und der Art des Projektmanagements, eine Herausforderung. Das „klassische" Projektmanagement hat im Hinblick auf die damit verbundenen Probleme nur wenig zu bieten. Lean Project Management kann, bedingt durch den erweiterten Blick auf das Projekt, Ansatzpunkte zum besseren Umgang mit volatilen Projektstrukturen bieten.

Dieses Einleitungskapitel hatte das Ziel, dem Leser einen ersten Einblick in die Welt des Lean Project Management zu geben. Lean Project Management ist kein abgeschlossenes methodisches Gerüst. Es ist vielmehr ein Mindset für die umfassende Betrachtung und Optimierung von Projekten. Im Kern geht es darum, Projekte auf die tatsächlichen Werte, die mit dem Projekt erzielt werden sollen, auszurichten und Projektdetails in allen Phasen zu prüfen, ob sie dieses Kriterium erfüllen.

2 Projektwelt in der Praxis

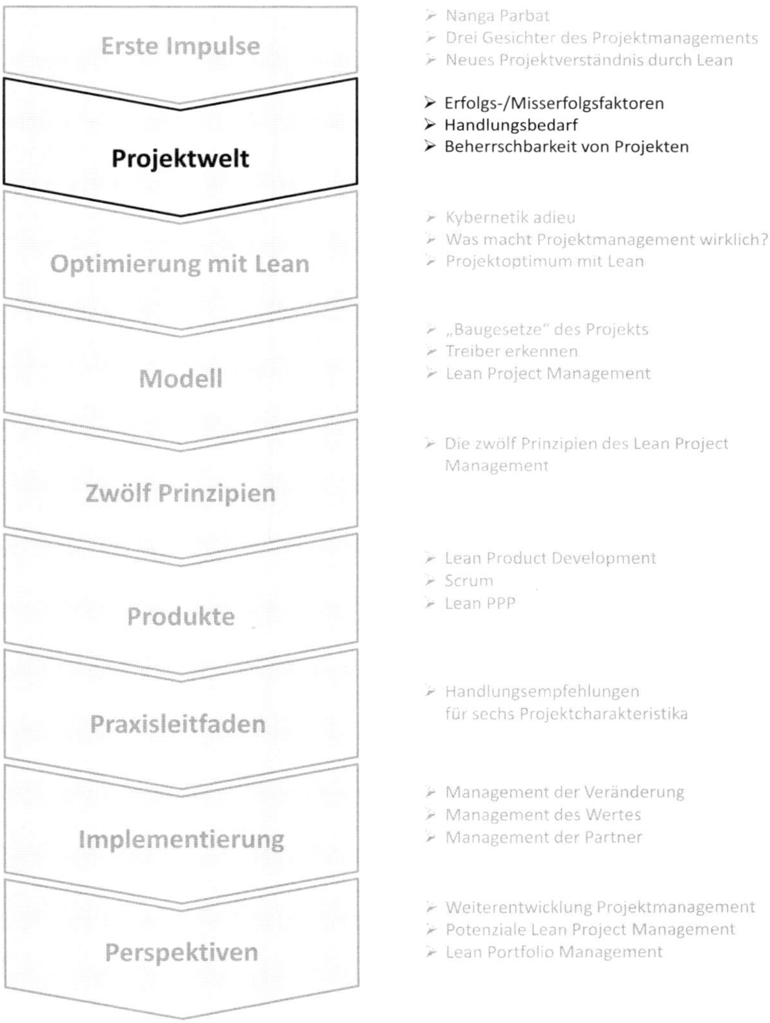

Bild 2.1 Kapitelübersicht

In den folgenden Ausführungen soll ein Blick auf die empirische Seite der Erfolgs- bzw. Misserfolgsfaktoren im Projektmanagement geworfen werden. Es soll dabei hauptsächlich um die Frage gehen, inwieweit die folgende Analyse zu Erkenntnissen führt, die für die Gestaltung des Projektmanagements hilfreich sein können.

Beginnen wir mit einer ganz einfachen Form von Empirie. Gibt man auf der Homepage von Amazon, dem wohl größten Online-Buchhändler, das Stichwort „Projektmanagement" ein, erhält man die unglaubliche Zahl von 17 429 Ergebnissen. Hieraus lassen sich interessante Schlussfolgerungen ziehen. Einerseits scheint das Thema von hohem Interesse zu sein, was bedeutet, dass in der Unternehmenspraxis das Projekt inzwischen eine Organisationsform ist, die überall eingesetzt wird, nicht nur, um spezielle Aufgaben zu bewältigen, sondern auch als generelle Praxis für die Gestaltung von wichtigen Prozessen wie die Produktentwicklung oder z. B. die Erschließung neuer Märkte.

Auf der anderen Seite gibt es anerkannte Standards für das Projektmanagement, wie diese z. B. von der Deutschen Gesellschaft für Projektmanagement (GPM) oder dem Project Management Institute (PMI) in den USA entwickelt wurden. Anscheinend ist es aber dennoch nicht gut um das Projektmanagement in der Praxis bestellt. Projektmanager, Unternehmen und Organisationen scheinen die Flut der Veröffentlichungen aufzunehmen. Sie suchen nach Lösungen für Probleme, die in der Praxis immer wieder auftreten. Projektmanagementstandards sind keine Garantie für den Erfolg.

Als die Verfasser dem Verlag dieses Fachbuches den Vorschlag zum vorliegenden Titel gemacht haben, hätte angesichts der hohen Zahl von Konkurrenzprodukten und der möglicherweise geringen Erfolgsaussichten auf akzeptable Verkaufszahlen sofort eine Absage erteilt werden müssen. Genau das Gegenteil war der Fall.

Nehmen wir diese „Empirie light" zum Anlass, um tiefer gehend die Frage nach den Praxisproblemen zu stellen und hierbei Erkenntnisse über Ansatzpunkte zur Verbesserung zu identifizieren. Hierzu wird zunächst ein konkretes Beispiel herangezogen. Nachfolgend wird der Blickwinkel der Projektmanagementgemeinde eingenommen. Schließlich wird eine Erklärung für die bekannten Phänomene von Projekten in der Praxis geliefert.

2.1 Projektbeispiel ohne Lean

Die dargestellte Expedition von Messner für die Ersteigung des Nanga Parbat über die Rupal-Wand war erfolgreich und damit ein Positiv-Beispiel. Das folgende Beispiel aus der Welt großer IT-Projekte ist als schwierig zu bezeichnen. Es wurde gewählt, um zu tiefer gehenden Einsichten bezüglich der Erfolgs- bzw. Misserfolgsfaktoren von Projekten zu gelangen. Wenngleich Projekte im Ausland eine eigene Dynamik haben, sind die Erfahrungen aus diesem Beispiel überall anzutreffen.

Dieses Projekt wurde von der Regierung eines asiatischen Landes entwickelt. Gegenstand ist ein landesweites IT-System. Aus Gründen der Anonymität wird auf weitere

Details verzichtet. Zur weiteren Anonymisierung erfolgten Änderungen des Projekts, die jedoch keinen Einfluss auf das Prinzip haben.

Das Projekt war rund zehn Jahre im Gespräch, bevor die Entscheidung getroffen wurde, es zu realisieren. Dies ist ein guter Schnitt. Das zuständige Ministerium richtete für dieses Thema ein Sonderteam ein. In mehreren Studien prüfte das Ministerium, ob das Projekt machbar ist und wie das Projekt finanziert und ausgeschrieben werden soll.

Die erste Ausschreibung vor rund fünf Jahren scheiterte. Ausgeschrieben wurden die Entwicklung des Systems und der Betrieb. Es gab nur einen Bieter, dessen Angebot zudem nicht zufriedenstellte. Dieser Bieter hatte alle risikoreicheren Punkte durch „Weichmacher“ entschärft. Die anderen möglichen Bieter zogen von vornherein vor, auf die Abgabe eines Angebots zu verzichten. Ihnen war das Projekt zu riskant. Das Projekt wurde zu diesem Zeitpunkt als Public-Private-Partnership-Modell (PPP-Modell) ausgeschrieben. Der private Bieter soll eine Konzession für den Bau und Betrieb des Systems für 25 Jahre erhalten, aus dem Betrieb die Rückflüsse generieren und dann die entwickelte und laufend modernisierte Infrastruktur an die Regierung übertragen.

Mit dem Scheitern der Ausschreibung wurde deutlich, dass das Ministerium und deren Berater zu diesem Zeitpunkt ein wirklichkeitsfremdes Verhältnis zu den Wertbeiträgen dieses Projekts entwickelt hatten. Man unterstellte, dass die Bieter ein über die Lieferung der Leistung hinausgehendes Eigeninteresse am langfristigen Betrieb einschließlich der Finanzierung des Systems hätten. Die Bieter wären – sozusagen als Kunde auf Zeit – damit über die lange Laufzeit mit im Boot gesessen. Diese hätten für sich aber keinen realen Wertzuwachs verzeichnet; geblieben wären die Investitionsrisiken über diese lange Zeitspanne (in einer politisch angespannten Region).

Es stellt sich die Frage, warum sich in den zahlreichen Gesprächen mit interessierten Unternehmen diese Erkenntnis nicht durchsetzen konnte. Hierfür sind drei Gründe zu nennen: Das Ministerium und deren Berater ließen sich vom schönen Schein einer IT-Infrastrukturentwicklung mit Finanzierung ohne Risiko und Kapitalaufwand leiten. Vorgespräche mit möglichen Bietern fanden auf höchster Management- und auf Expertenebene statt. In diesen Gesprächen wollte sich keiner der Bieter die Blöße geben, als Erster das Problem offen und direkt anzusprechen. Dies stand deshalb bei keinem Gespräch im Vordergrund. Und die Gespräche der technischen Vertriebsexperten konzentrierten sich fast ausschließlich auf Themen der technischen Voraussetzungen und Realisierung des Systems. In Summe waren also beide Seiten an diesem Desaster und der damit einhergehenden zweijährigen Verzögerung beteiligt.

Das Ministerium hatte aus der gescheiterten Ausschreibung gelernt. Bei der erneuten Ausschreibung vor rund drei Jahren wurde für die Leistungserbringung dann nicht mehr der PPP-Partner, sondern der Generalunternehmer gesucht, der das System liefert. Hinzu kam, dass der Generalunternehmer des Weiteren die Konzepte des Change Management „mitzuliefern“ hat. Letzteres stellte für alle Bieter Neuland dar. Insgesamt haben sich zwölf Unternehmen für das Projekt beworben. Die Bewertung der Angebote dauerte rund ein Jahr; ein weiteres Jahr verging, bis der Vertrag unterschrieben war. Das Projekt läuft nach einer halbjährigen, holprigen Anlaufphase nun seit etwa einem halben Jahr auf Hochtouren.

Lean Project Management war zum Zeitpunkt der Projektentwicklung kein tragendes Konzept. Während der Implementierung des Auftrags und Projekts wurde aufseiten des Generalunternehmers in vielen Gesprächen und Planungsrunden „Lean“ angesprochen, allerdings nur auf oberflächlicher Ebene ohne tatsächliche Kenntnis von Konzept und Philosophie des Lean Management. Ein Projekt kann nicht zurückgedreht werden. Man kann sich dennoch fragen: Sind die Weichen aus Sicht eines Lean Project Management richtig gestellt? Falls nicht, gibt es noch Möglichkeiten, Weichen in diese Richtung zu stellen? Hierauf wird in dieser Projektbeschreibung noch näher eingegangen.

Vorab seien noch die wesentlichen Projektdaten dargestellt:

- Investitionsvolumen aufseiten der Regierung ist 700 Millionen Euro (inklusive Vertragsvolumen für Beauftragung des Generalunternehmers).
- Vertragswert des Kontraktes mit dem Generalunternehmer ist 350 Millionen Euro.
- Leistungen des Generalunternehmers werden in lokaler Währung fakturiert.
- Projektlaufzeit ist fünf Jahre; ein halbes Jahr vor Ende der Laufzeit des Projekts soll der Betrieb mit diesem System aufgenommen werden.

Der Projektaufbau ist vergleichsweise einfach, weil eine Reihe ansonsten relevanter Organisationen und Institutionen in diesem Fall nicht von Bedeutung ist. Allerdings darf die Komplexität im Projekt nicht unterschätzt werden. Die Tücke liegt im Detail.

Der Projektaufbau ist aufseiten des Auftraggebers durch ein zentralistisches Verständnis von Zuständigkeit geprägt. Obwohl das Projekt, genauer das System und die Organisation, in einer nachgeordneten Behörde realisiert werden soll, hat das zuständige Ministerium das Projekt unter marginaler Einbindung dieser Behörde entwickelt und ausgeschrieben und ist auch während der Durchführungsphase im Außen- wie Innenverhältnis in der Führungsposition. Das Ministerium finanziert das Projekt aus einem gesamtstaatlichen Sonderfonds. Das neue System soll die Fähigkeiten des Landes schlagartig nach vorne bringen und die nachgeordnete Behörde von einer „mittelalterlichen“ zu einer modernen Leistungsorganisation katapultieren.

Eigentlicher landesweiter Anwender des neuen Systems wird also die nachgeordnete Behörde mit rund 10 000 Mitarbeitern sein. Immerhin 1000 Mitarbeiter sind mit der Einführung des neuen Systems persönlich konfrontiert. Ihre künftige Tätigkeit wird sich grundlegend ändern und stellt einen Entwicklungsschub von einfacher Verwaltungstätigkeit in Richtung Hightech-Arbeitsplatz dar.

Alle Beteiligten sind stillschweigend davon ausgegangen, dass die nachgeordnete Behörde ohne Wenn und Aber am Erfolg des Projekts mitzuwirken hat und bis zum letzten Glied mitwirken wird. Dies hat sich als Irrtum herausgestellt. Die nachgeordnete Behörde und die tangierten Mitarbeiter haben ein sehr kritisches, um nicht zu sagen destruktives Verhältnis zum Projekt, wobei dies – kulturspezifisch und wegen hochgradig negativer persönlicher Folgen – nicht in dieser Form kommuniziert wird.

Damit wird bereits an dieser Stelle das Schlüsselproblem dieses Projekts deutlich: Der eigentliche Nutznießer und zugleich die größte in das Projekt involvierte Einheit bewegt sich in der Entwicklungs-, Planungs- und Designphase des Projekts, in der die Weichenstellung erfolgt, am Rand des Projektgeschehens. Damit werden so ungefähr alle Konzepte und Prinzipien des Lean Project Management gleichzeitig ignoriert, und zwar von allen Projektbeteiligten.

Aus dem Blickwinkel des Lean Project Management ist zu bemerken, dass hier der Wert des Projektergebnisses über die gesamte Laufzeit quasi die „Geokoordinaten" für die gesamte Projektarbeit vorgibt. Diese Wertdefinition ist im vorliegenden Szenario im Vertrag fixiert. Aus juristischer Sicht ist damit die Wertdefinition im „grünen Bereich". Dennoch sind diese Werte nicht Projektrealität. Die festgeschriebenen Werte werden von den künftigen Nutzern des IT-Systems nicht getragen. Der Auftragnehmer baut sein Projekt nicht auf die Erfüllung dieser Wertbestandteile auf und missachtet die Belange der künftigen Nutzer.

> Der Wert des Projektergebnisses sollte unter den Projektbeteiligten abgestimmt, gegebenenfalls weiterentwickelt und das Projekt danach ausgerichtet werden. Eine solche Wertbeschreibung kann nicht am „Schreibtisch" entstehen.

Der Vertragspartner des Ministeriums und Generalunternehmer ist ein international bekannter und renommierter Industriekonzern aus Nordeuropa. Dieser verfügt über die notwendigen Mittel, um ein solches Projekt finanziell durchzustehen. Zwischen den einzelnen Projektphasen bzw. Meilensteinen sind erhebliche (Vor-)Finanzierungsleistungen erforderlich. Die Zahlungsvereinbarung im Lieferantenvertrag ist: 5 % bei Mobilisierung, weitere Zahlungen sind abhängig von der Abnahme der definierten fünf Meilensteine; 10 % nach Endabnahme des Projekts. Die Vorauszahlung ist seit sieben Monaten überfällig (was nicht atypisch ist).

Der gegenständliche technische Entwicklungsauftrag ist inhaltlich äußerst anspruchsvoll. Das System sowie viele Teilsysteme und Komponenten sind neu zu entwickeln. Hinzu kommt die bereits erwähnte Aufgabe der Organisation des Change Management bei der nachgeordneten Behörde. Der Industriekonzern kennt sich mit besonderen Projekten und bei öffentlichen Kunden aus. Dieses Projekt muss dennoch in großen Teilen als Neuland bezeichnet werden. Im betreffenden Land kann der projektführende Bereich dieses Industriekonzerns bisher nur auf Erfahrungen mit kleineren Projekten bis 20 Millionen Euro bzw. Produktverkäufen zurückgreifen. Angebot und Risikobewertung wurden nach bestem Wissen und Gewissen durchgeführt; allerdings ist in diesem Zusammenhang hervorzuheben, dass beide vom Angebotsteam ohne wirklich tief greifende Landeskenntnis und Kenntnis der ausschreibenden und nachgeordneten Behörde erfolgten. Das Angebotsteam war also auf Annahmen angewiesen, und die eine oder andere Abstraktion musste über Kenntnislücken hinweghelfen. Prinzip war: „Lass uns mal den Auftrag gewinnen; man wird es sich dann schon richten." Das Topmanagement des projektführenden Geschäftsbereichs dieses Industriekonzerns war von dieser Auftragsmöglichkeit begeistert. Der Auftrag würde einen Meilenstein in der weiteren Geschäftsfeldentwicklung und den Einstieg in größere Geschäfte des Geschäftsbereichs in dieser Region darstellen. Das Angebot wurde entsprechend unterstützt und kann in allem als „mutig" bezeichnet werden.

Anders lag und liegt die Bewertung dieses Projekts bei den Zentralbereichen des projektführenden Geschäftsbereichs (Finanzen, Personal etc.) sowie teilweise beim operativen Management. Auch auf dieser Ebene wurde erkannt, dass dieses Thema eine neue Geschäftschance eröffnet; es gab aber gleichzeitig auch erhebliche Skepsis, ob dieses Projekt wirklich „gestemmt" werden könnte. Die sehr positive Einstellung auf Topmanagementebene zu diesem Projekt hatte auf mittlerer Ebene die Folge, dass es nur am Rande kritische Stimmen gab. Zwischenzeitlich ist auch im Topmanagement des Geschäftsbereiches die Euphorie abgeebbt. Grund ist allerdings nicht alleine die Erkenntnis, dass das Projekt erhebliche Risiken birgt („Rette sich, wer kann!"). Es hat auch mit konzerninternen Entwicklungen zu tun.

Die Schwesterbereiche im Konzern gaben zu bedenken, dass ein Misserfolg im Projekt zu Störungen im eigenen Geschäft führen könne, und bauten einen erheblichen Erfolgsdruck auf. Sie setzten durch, dass der projektführende Geschäftsbereich vierteljährlich im Konzern-Board über den Projektstatus zu berichten hat.

Diese Position ist in Projekten, die in großen Unternehmen durchgeführt werden, nicht unüblich und zeigt die Problematik dieser Organisationen auf. In der wissenschaftlichen Literatur ist dieses Phänomen als „Diseconomies of Scale" bekannt. Die vielfältigen Interessen der Unternehmensbereiche und Schwesterbereiche rufen die „Bedenkenträger" auf den Plan, welche einerseits deren Machtposition dokumentieren sollen und andererseits Erfolg versprechende Rückzugspositionen bei eigenem Versagen eröffnen.

Die Projektleitung gibt ihr Bestes, hat jedoch erheblich mit internen Problemen von Diseconomies of Scale zu kämpfen. Zwei Projektleiter haben bereits aufgegeben. Der aktuell dritte Projektleiter ist bereits „angezählt". Die geschilderte Problematik ist eindeutig eine Frage der Unternehmenskultur, aber auch des Stellenwerts und der Stärke der Position der Projektleitung in der Matrixorganisation. Im Lean Project Management hat eine Unternehmenskultur, in welcher das „Blame Game" gespielt wird, keinen Platz. Für eine neue Unternehmenskultur ist ein vom Topmanagement getragenes Change Management erforderlich. Die Position der Projektleitung ist die zweite wesentliche Komponente. Ist es ein Leichtes, den Projektleiter zum reinen „Administrator" und „Projektberichterstatter" gegenüber den unternehmenspolitisch interessierten Abteilungen und Konzernunternehmen zu machen, wird der Projektleiter der Managementaufgabe enthoben und zum „Verwalter" degradiert, der die eigentliche Projektaufgabe – das Management des Projekts entsprechend den Werten – nicht mehr erfüllt.

Aufseiten des Auftragnehmers sind zwei Subunternehmer mit größeren Aufgabenstellungen sowie rund 40 weitere Subunternehmer eingebunden. Bei den beiden Unterauftragnehmern mit größeren Aufgabenstellungen handelt es sich

- um ein lokales Bauunternehmen für den Bau des Rechnenzentrums und regionaler Infrastrukturen, an das vertragsgemäß alle Bauthemen vergeben werden („local content"), und
- um den Anbieter eines entscheidenden Subsystems (als Tier 1).

Das lokale Bauunternehmen hat im Projekt ein garantiertes Auftragsbudget von 40 Millionen Euro. Die Zusammenarbeit mit diesem Unternehmen wurde wegen dessen enger Kontakte in das Ministerium gesucht. Das lokale Bauunternehmen betrachtet seinen

Auftrag im Sinne von „business as usual". Zu bauen sind Gebäude und andere Anlagen, nicht mehr. Eine wie immer geartete Identifizierung mit dem Projektgegenstand ist nicht vorhanden.

Das Auftragsvolumen des (Sub-)Systemlieferanten liegt bei rund 60 Millionen Euro. Das Unternehmen hat in der Region Projekterfahrung. Der Hauptsitz dieses Unternehmens befindet sich in Nordamerika. Es handelt sich um einen Kooperationspartner, mit dem der Generalunternehmer bereits eine Reihe von Aufträgen durchgeführt hat, teils in der Führungsposition, teils als Unterauftragnehmer. Im gegenständlichen Projekt ist dieses Unternehmen bewusst in die zweite Linie zurückgetreten. Der Lead oder eine Konsortiallösung erschienen dem Unternehmen zu riskant. Auch für den (Sub-)Systemlieferanten ist dieses Projekt eher „business as usual" mit deutlicher Distanz zum Kern des Geschehens.

Die Gruppe der weiteren 40 Unternehmen mit kleineren Aufträgen bis maximal zehn Millionen Euro ist äußerst heterogen und reicht von Komponentenlieferanten über Logistikdienstleister, Consulting-Unternehmen bis hin zu Personaldienstleistern. Viele dieser Unternehmen stammen aus dem Herkunftsland des Hauptauftragnehmers. Entweder übernehmen diese Unternehmen Funktionen im Projekt, die nicht im geschäftlichen Fokus des Hauptauftragnehmers liegen (z.B. Logistik), oder sie füllen vorhandene Lücken (z.B. Consultants, Personaldienstleister). Kumuliert beträgt das Auftragsvolumen dieser 40 Unternehmen rund 80 Millionen Euro. Einige dieser Unternehmen betrachten die Zusammenarbeit mit dem nordeuropäischen Industriekonzern als große Chance.

Die Frage, inwieweit ein gemeinsames Verständnis im Hinblick auf den Wert des Projektergebnisses zwischen Auftraggeber und Lieferanten besteht, kann in vielen Projekten ein Erfolgsfaktor sein. Lieferanten werden wegen deren spezieller Kenntnisse und Erfahrungen oder Produkte, welche für das Projekt von entscheidender Bedeutung sein können, eingesetzt. Gerade in dem geschilderten Szenario wäre eine engere und wertorientierte Zusammenarbeit mit den Lieferanten hilfreich gewesen. Sich die Potenziale des Lieferanten zu erschließen, hätte möglicherweise manchen zusätzlichen Ressourcenaufwand verhindert. Im Lean Project Management ist die Lieferantenintegration eines der Grundprinzipien. ■

Das Verhältnis von Auftraggeber und Generalunternehmer ist distanziert. Dies hat wesentlich mit den unterschiedlichen Kulturen, insbesondere mit der Unerfahrenheit der Leitung des Auftragnehmerprojekts sowie dessen Schlüsselexperten zu tun.

Das Projekt befindet sich in der ersten Phase (Mobilisierung, Planung/Design). Trotz der Größenordnung und Bedeutung des Projekts für beide Seiten steht es – nüchtern betrachtet – bei beiden Organisationen schon jetzt nicht mehr im Mittelpunkt des Interesses. Vertragsbedingt ist das Projektgeschehen Richtung Auftragnehmerseite gerückt. Dort wird im Wesentlichen gearbeitet; ob und wieweit der Kunde die in Entwicklung befindlichen Systeme und Organisationskonzepte benötigt und akzeptiert, sei dahingestellt. Wegen der fehlenden Einbindung der Nutzerseite hat der Auftragnehmer keinen echten Counterpart auf der Kundenseite.

Zusammenfassend ist für den Projektaufbau festzustellen: Das Projekt wurde als Liefergeschäft aufgesetzt, ist aber im Kern eine Art Projektentwicklung mit starkem Organisationsentwicklungscharakter. Das Projektverständnis auf Auftraggeber- wie Auftragnehmerseite, die Ausschreibung, das Angebot und der abgeschlossene Vertrag begründen ein Liefergeschäft. Dieses Projekt ist allerdings nur zum geringeren Teil ein Liefergeschäft. Damit wird deutlich, dass weder Klarheit über den realen Wert des Projektergebnisses noch über den Weg, wie dieses Ziel erreicht werden soll, bestand. Der Auftraggeber lässt sich „sein" System und „seine" Organisation „bauen", muss jedoch selbst am meisten zum Projekterfolg beitragen, was bis jetzt nicht erfolgt.

Es ist nicht gelungen, nicht einmal versucht worden, eine Win-win-Situation zu realisieren. Ein solches Projekt ist hingegen nur im „Schulterschluss" erfolgreich. Alle Beteiligten müssen verstehen, worin in diesem Projekt deren Wertbeiträge und deren Rolle im Wertstrom im Sinne des Gesamtergebnisses des Projekts liegen und wie sie diese am besten realisieren. Die Leistungen des Generalunternehmers sind beschrieben; wie der Auftraggeber und die Nutzer des Systems deren Teil, der mindestens noch einmal so groß ist, bearbeiten, ist nicht einmal definiert.

Wie hätte ein Lean Project Manager dieses Problem gelöst. Die Antwort ist einfach: Dieser hätte zu Beginn des Projekts, d. h. bereits in der Vorphase, eine Vision entwickelt, welche den optimalen Zustand des betreffenden Bereichs oder Einsatzfelds nach Abschluss des Projekts beschreibt und auf dem Wert des Projektergebnisses beruht. Diese Vision wird gemeinsam mit allen am Projekt Beteiligten (Kunde/Nutzer, potenzielle Generalunternehmer) gemeinsam getragen und akzeptiert. Damit ist die „Marschrichtung" für das Projekt vorgegeben, und die geschilderte Situation wird zumindest unwahrscheinlich, wenn nicht gar vollständig ausgeschlossen. ■

Da eine solche Vision nicht existiert, ist dieses Projekt geprägt von einem Geschäftsmodell, das nicht wirklich voll zur Aufgabenstellung passt, mit einem Auftraggeber, der nicht versteht, dass sein Engagement Teil des Projekterfolgs ist, und einem Nutznießer des Projekts, der sich damit nicht identifiziert. Mit diesem Projektaufbau werden alle Beteiligten noch viel Lehrgeld zahlen.

In der laufenden ersten Projektphase werden alle Weichen des künftigen Systems und der Organisation gestellt. Der Kunde erwartet die Lieferung entsprechender Konzepte, Spezifikationen und Implementierungsmodelle. Die Projektleitung des Generalunternehmers steuert diese Phase in klassischer Art, d. h. Erarbeitung von Vorgehensweisen und Plänen durch das Projektteam des Auftragnehmers, dann Präsentation beim Kunden. Die Ergebnisse werden dem Project Management Office (PMO) des Auftraggebers vorgelegt, das diese mehr oder minder in Abstimmung mit dem Ministerium prüft und freigibt bzw. zurückweist. Für den Fortgang der Arbeiten sind der Zeitpunkt der Einreichung und das verbindliche Feedback des Kunden entscheidend. Die Einreichung der Unterlagen erfolgte bislang leicht verspätet. Die Prüfung der Unterlagen dauert etwa dreimal so lange wie vertraglich vorgesehen (einen Monat gegenüber tatsächlich drei Monaten).

Aufseiten des Ministeriums sind 15 Verantwortliche und Experten für dieses Projekt eingesetzt. Die Gruppe der im Ministerium eingesetzten Projektmitarbeiter ist äußerst begrenzt und umfasst im Wesentlichen fünf Personen: Der eigentlich Verantwortliche für das Projekt bekleidet eine Position, die mit der eines Staatssekretärs vergleichbar ist. Er konzentriert sich auf die Richtungsweisungen und strategischen Entscheidungen im Projekt und berichtet dem zuständigen Minister. Operativ verantwortlich für das Projekt ist eine Person auf „Abteilungsleiterebene", dem ein weiterer Verantwortlicher in etwa auf „Referatsleiterebene" zur Seite steht, plus zwei Experten. Hinzu kommt eine größere Anzahl von Angestellten des Ministeriums in unterstützender Funktion, die allerdings mit dem Projektinhalt nur begrenzt zu tun haben. Für den Fortgang des Projekts sind des Weiteren zehn Experten eines international renommierten Consulting-Unternehmens entscheidend, deren Auftrag die genannten typischen PMO-Leistungen plus die Abnahme von Leistungen des Generalunternehmers und die inhaltliche Beratung umfasst. Auf der Auftraggeberseite findet sich also eine Projektorganisation, die dem ganzheitlichen Charakter der Aufgabenstellung im Sinne von Lean nicht entspricht.

Aufseiten der nachgeordneten Behörde läuft aktuell wenig bis nichts. Ein Grund dafür ist, dass sich das Ministerium im ersten Jahr fast ausschließlich auf die Zusammenarbeit mit der Auftragnehmerseite konzentriert hat. Es gibt allerdings auch noch den folgenden Grund: Bei einem Projekt dieser Größenordnung und Komplexität ist „passiver Widerstand" relativ einfach möglich. Die Projektverantwortlichen des Ministeriums wie deren industrieller Vertragspartner laufen bei der nachgeordneten Behörde ins Leere. Die wenigen Kontakte finden auf höchster Ebene statt. Vertreter der nachgeordneten Behörde sind im Projektausschuss vertreten. Dabei muss man wissen, dass die Organisations- und Systemänderung in die Autonomie der Mitarbeiter eingreift. Was hier abstrakt beschrieben wird, hat handfeste Gründe. Diese zu verstehen setzt eine tiefe Kenntnis des betreffenden Landes voraus. Im Lean Management hätte hier das Prinzip „Gemba" zu mehr Verständnis verholfen: „Gehe an den Ort des Geschehens und versuche nicht, die Lösung aus dem Büro zu erahnen."

Die Projektmannschaft des Generalunternehmers vor Ort umfasst heute rund 120 Mitarbeiter; hiervon sind zehn Mitarbeiter im PMO tätig. Rund 70 % der Projektmannschaft sind Experten aus dem Ausland, meist aus dem Herkunftsland des Generalunternehmers. Immerhin 30 % der Mitarbeiter sind lokale Experten. Im Backoffice des Konzerns sind in verschiedenen Bereichen rund 50 weitere Manager oder Experten voll oder teilweise mit projektbezogenen Aufgaben betraut. Hierin nicht enthalten sind Entwicklungsexperten für die Umsetzung der aktuell geplanten technischen Systeme und Komponenten sowie Hard- und Software, die allerdings mehrheitlich erst zu einem späteren Zeitpunkt tätig werden, sowie die „Change Manager" und die meisten Ressourcen der Unterauftragnehmer. Parallel zur Projektmannschaft baut der Geschäftsbereich im Land eine neue Geschäftsorganisation auf, in der weitere 15 Mitarbeiter tätig sind. Die Grenzen zwischen Projekt und neuer Geschäftsorganisation sind teilweise fließend.

Entsprechend Ausschreibung und Vertrag hat sich der Generalunternehmer verpflichtet, die Projektmanagementmethode des PMI zu nutzen. Diese ist auch für die Unterauftragnehmer verbindlich. Eine spezielle Methode für die Entwicklung des technischen Systems und für die Planung und Durchführung des Change Management wurde nicht vorgegeben. Der Hauptauftragnehmer orientiert sich bei der Entwicklung des Systems an einem eigenen Verfahrensansatz. Dieser entspricht einem Wasserfallmodell und ist in etwa vergleichbar mit dem V-Modell. Das methodische Konzept ist noch nicht entschieden. Inwieweit das V-Modell hier der richtige, genauer zielführende Ansatz zur Durchführung der Projektaufgaben ist, ist mit einem Fragezeichen zu versehen. Eine typische Schwäche dieses Ansatzes sind die nur schlecht planbaren Iterationen. Diese sind notwendig, wenn eine Systemkomponente in der Konzeption verändert wird. Dies hat Konsequenzen für die anderen Systemkomponenten, die dann entsprechend verändert werden müssen. Darüber hinaus entstehen Probleme der technischen Machbarkeit oft in späten Projektphasen, was zu erheblichen zusätzlichen Kosten und Zeitverzögerungen führt.

Bild 2.2 verdeutlicht den aktuellen Stand der Umsetzung des Projektmanagements aufseiten des Generalunternehmers.

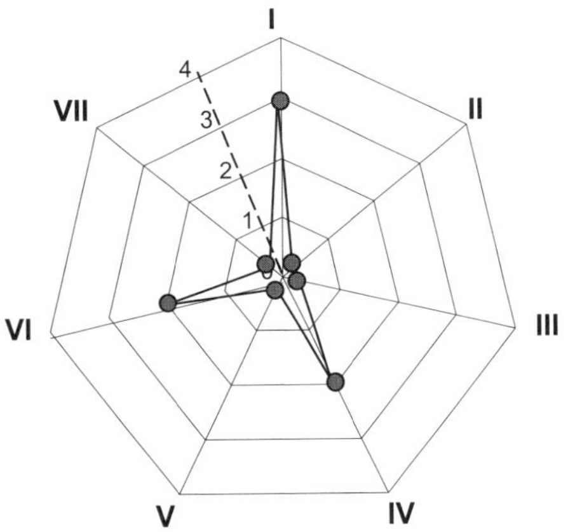

Legende:
I = Integrationsmanagement
II = Inhalts- und Auftragsmanagement
III = Terminmanagement
IV = Kostenmanagement
V = Qualitätsmanagement
VI = Kommunikationsmanagement
VII = Risikomanagement

Skala:
0 = hoch kritisch/Projekt gefährdet
1 = sehr kritisch/substanzielle Defizite/ Risiken
2 = kritisch/größere Defizite/Risiken
3 = nicht kritisch/sporadische Defizite
4 = nicht kritisch/keine Defizite PMI-Erwartungen erreicht

Bild 2.2 Umsetzung des Projektmanagements in der Projektphase I (Generalunternehmer)

Es wird deutlich, dass das Projektmanagement beim Generalunternehmer - gemessen an den PMI-Standards - noch rudimentär ausgeprägt ist. Das Projektmanagement des Generalunternehmers hat zwischenzeitlich die Projektcharter- und Projektmanagementprozesse für das Projekt aufgesetzt und verbindlich gemacht (einschließlich Basispläne). Es hat des Weiteren die Steuerung der laufenden Aktivitäten begonnen und die Überwachung und Steuerung der Projektarbeiten eingeleitet.

Bislang ist zu beobachten, dass sich Ausstattung und eingesetzte Ressourcen des lokalen Unterauftragnehmers sowie die bisherigen Planungsleistungen im Projekt stets am unteren Limit bewegen. Bereits nach einem halben Jahr sind bei den Planungen des ersten Bauobjekts erhebliche Verzögerungen aufgetreten. Der (Sub-)Systemlieferant ist entsprechend Zeitplan erst zu einem späteren Zeitpunkt gefordert. Der bisherige Einsatz im Projekt beschränkte sich auf erste „fact finding missions" im betreffenden Land. Die meisten der kleineren Subunternehmer orientieren sich bei ihrem Projektmanagement pro forma an das PMI.

Geht man von einem hohen Projektmanagementstandard aus, wie dem Projektmanagementplan zugrunde gelegt, befindet sich dieses Projekt bereits in der jetzt laufenden frühen Phase in der Krise. Legt man einen „normalen" Benchmark an das Management eines Großprojekts dieser Art und Größenordnung im betreffenden Land zugrunde, läuft dieses Projekt ebenfalls nicht rund. Es ist aber – verglichen mit anderen Projekten in der Praxis – immer noch schwacher Durchschnitt.

Aus der Sicht des Lean Project Management sind folgende Schwachstellen erkennbar:

- Fehlen einer abgestimmten Definition des Werts und damit Fehlen der Voraussetzung für die Lösung der nachfolgenden Punkte.
- Probleme und Fehler vergleichbarer Projekte des Konzerns wurden nicht berücksichtigt (rudimentäre Lernkurve).
- Analysen möglicher Verschwendung im Projektmanagement sowie in den technischen Arbeitspaketen wurden nicht durchgeführt.
- Kenntnis des realen Bedarfs des Nutzers ist nicht vorhanden (keine direkte Kommunikation mit künftigen Nutzern).
- Kenntnisse über die Organisation der Kundenseite sind nur schwach vorhanden.
- Die Kenntnis der kulturellen Besonderheiten des Landes ging anfangs nicht über Seminarniveau hinaus.
- Sublieferanten wurden bislang nur unzureichend in das Projekt integriert, und partnerschaftliche Zusammenarbeit zu beiderseitigem Nutzen ist nicht vorgesehen.

Im Management dieses Projekts treffen Welten aufeinander. Alle Beteiligten orientieren sich auf andere Art und Weise, und zuallerletzt werden die Prinzipien des Lean Project Management berücksichtigt: Das Ministerium erwartet von allen Beteiligten, dass sie das Projekt entsprechend PMI-Methodenbuch planen und umsetzen, handelt selbst jedoch nicht danach, sondern eher nach Gutdünken. Die PMI-Standards sind ein Instrument, das für die Steuerung des Auftragnehmers eingesetzt wird, nicht für das eigene Vorgehen.

Inhaltliche Direktiven im Projekt werden vonseiten des Ministeriums nicht gegeben, allenfalls die Erkenntnisse seines PMO zur Kenntnis genommen. Die Verantwortlichen des Ministeriums lassen berichten. Die operative Führung des Projekts aufseiten des Ministeriums liegt also faktisch bei dessen PMO. So gesehen nimmt das PMO hier nicht eine administrative bzw. zuarbeitende, sondern eine direktive Rolle wahr.

Das PMO des Ministeriums legt besonderen Wert auf die minutiöse Einhaltung der Projektmanagementprozesse durch den Generalunternehmer und kontrolliert, ob und inwieweit der Projektnehmer diese erfüllt. Selbst berücksichtigt es Elemente dieses Methodengerüsts zunächst und in erster Linie, um die Kontrolle termingerecht durchzuführen. Der Fokus des Handels beim PMO des Ministeriums ist die minutiöse Einhaltung der Vorgaben durch den Generalunternehmer. So gesehen haben auch die Mitarbeiter des Consulting-Unternehmens im PMO des Ministeriums nicht wirklich verstanden, dass das Projekt mehr als ein Liefergeschäft ist.

Die nachgeordnete Behörde hat – wie bereits bekannt – bislang keine Aktivitäten durchgeführt, sich für das Projekt systematisch aufzustellen. Die Führungsmannschaft nimmt ausschließlich an den monatlichen Sitzungen der Steuerungsgruppe im Ministerium teil.

Die Projektleitung aufseiten des Generalunternehmers umfasst einen sehr engen, in sich gut abgestimmten internen Führungszirkel, zu dem der Projektleiter, der Projektcontroller und ein externer Consultant gehören. Zwischen diesen und allen anderen Projektmitarbeitern besteht eine erhebliche Distanz. Der technisch Verantwortliche des Projekts sowie alle weiteren Führungskräfte rangieren auf zweiter oder nachrangiger Ebene.

Allein der Projektleiter hält den – vergleichsweise seltenen – Kontakt zu den Verantwortlichen des Ministeriums, was aus Sicht der Ministerialverantwortlichen nicht kulturtypisch ist. Hauptkommunikationspunkt des Projektleiters mit den Ministerialverantwortlichen ist die monatliche Sitzung des Steuerungsgremiums; weitere Kontakte erfolgen am ehesten mit den genannten Experten des Ministeriums.

Den Kontakt mit dem PMO des Ministeriums hält zunächst und in erster Linie die Leitung des PMO des Generalunternehmers. Das Kunden-PMO übt auf ganzer Linie Druck aus, das PMO des Generalunternehmers befindet sich in ständiger Abwehrhaltung, was in Summe nicht zu einer konstruktiven Zusammenarbeit führt. Zum einen hinkt der Generalunternehmer laufend hinter dem Projektplan her; zum anderen besteht aufseiten des Kunden-PMO ein Missverständnis. Erwartet werden fertige Konzepte; angeboten wurde hingegen die abgestimmte Erarbeitung der Konzepte mit dem Kunden.

Die Projektleitung hat nicht wirklich Durchgriff auf deren Projektmannschaft. Gleiches gilt für die Unterauftragnehmer. Zum einen haben aufseiten des Generalunternehmers verschiedene Führungskräfte und Projektmitarbeiter eigene „Fürstentümer" aufgebaut, zum anderen sind die Schnittstellen zu den Unterauftragnehmern zu schwach gesteuert bzw. neigen manche Unterauftragnehmer zu eigener „Politik".

Der Generalunternehmer verwendet normalerweise eine unternehmenseigene Projektmanagementmethode, hat sich jedoch in seinem Vertrag auf die Methoden von PMI verpflichtet. In der Praxis fließt beides zusammen: eigene Methoden und Templates wie PMI-bezogene. Darüber hinaus führen Projektmitarbeiter zahlreiche „Schatten-Listen". Ein direkter Kundenkontakt des Topmanagements des projektführenden Geschäftsbereichs zum Ministerium existiert nicht; die bisherigen zwei Kundenkontakte sind zur „Problemlösung" vorgesehen gewesen. Ein Kunde dieser Region erwartet häufigere Kontakte des Topmanagements.

„Politik" in Projekten ist ein deutlicher Hinweis darauf, dass nicht in Wertströmen organisiert ist, sondern eigene Wege gegangen werden. Damit entsteht die Gefahr, dass im Wertstrom Leistungen erstellt werden, die zwar den Vorstellungen des einen oder anderen „Fürsten" entsprechen, aber gegebenenfalls nur wenig zum Wert des Projekts beitragen (z. B. Verschwendung, Einsatz suboptimaler IT-Werkzeuge).

Im Projekt fällt insbesondere auf, dass auf staatlicher wie auf privater Seite wesentliche Assets fehlen. Den Nutzern des Projekts fehlt es an grundsätzlichen Personalressourcen für die Durchführung des Projekts:

- an geeigneten Projektmanagern und Experten,
- an Fähigkeiten der Organisation und Mitarbeiter, sich ständig geänderten Herausforderungen anzupassen, und
- an Möglichkeiten, die wesentlichen Nachteile auf Mitarbeiterseite durch das neue System zu neutralisieren.

Auch das Ministerium ist für dieses Projekt in seinem Verantwortungsbereich personell zu schwach aufgestellt und hat nur begrenzte Möglichkeiten, sich intern zu verstärken. Mit den bereits genannten fünf Verantwortlichen bzw. Experten im Ministerium ist dieses Projekt deutlich zu schwach besetzt. Auch das PMO des Ministeriums ist – gemessen an der eigentlichen Aufgabenstellung, Auftragnehmer und nachgeordnete Behörde zu steuern – zu 50% unterbesetzt. Die geringe Personalausstattung und das Machtvakuum auf Auftraggeberseite gegenüber der nachgeordneten Behörde wirken sich auf die Projektbearbeitung deutlich erschwerend aus. Beispiele sind Verzögerungen bei der Freigabe von Designs, Probleme des Zugangs zu Stellen der nachgeordneten Behörde und einige andere.

Der Generalunternehmer führt bereits einen hohen Anteil lokaler Projektmitarbeiter. Weitere qualifizierte lokale Mitarbeiter sind nur schwer zu finden. Auch aufseiten internationaler Mitarbeiter gibt es Grenzen.

Ausgeglichenheit der Ressourcenbelastung (weder Über- noch Unterauslastung) ist ein Prinzip des Lean Project Management. Dieses ist bei allen Projektbeteiligten als Folge eines unangemessenen Projektaufbaus nicht realisiert.

Dieses Projekt bringt zwei Organisationen mit unterschiedlichem Projektinteresse zusammen: das Ministerium und den Generalunternehmer. Das Ministerium hat die Entwicklung des Landes im Auge. Für den Generalunternehmer handelt es sich um ein Flaggschiffprojekt, das zum einen zur Weiterentwicklung des Produkts sowie andererseits zum Aufbau und zur Festigung des Geschäfts im betreffenden Land beiträgt. Für die weiteren Beteiligten ist das Projekt eher eine Geschäftschance, die wahrgenommen wird. Damit wird aufseiten des Generalunternehmers das Lean-Prinzip missachtet, dass alle Aktionen stets darauf ausgerichtet sind, den Wertbeitrag zu erfüllen.

Aus den vorangehenden Ausführungen wird deutlich, wie wichtig es wäre, dieses Projekt an den Prinzipien des Lean Project Management auszurichten. Dieses Projekt ist allerdings kein Sonderfall. Wie die folgenden Abschnitte verdeutlichen, sind Lean-Prinzipien in allen Feldern, in welchen Projekte durchgeführt werden, anzuwenden. In nachfolgenden Abschnitten wird deutlich, dass Patentrezepte des Projektmanagements nur partiell wirken. Es kommt immer darauf an, wie vorhandene Methoden in den Projekten implementiert werden. Es gibt eine weltweit gültige Erkenntnis: Nur ein Teil der Projekte wird tatsächlich erfolgreich abgeschlossen. Was sind die Ursachen und welche Erkenntnisse werden aus der Sicht des Lean Project Management daraus gezogen?

2.2 Bestimmungsfaktoren des Misserfolgs in Projekten

In einer neueren Untersuchung der Deutschen Gesellschaft für Projektmanagement [22] sind interessante Hinweise zu den Bestimmungsfaktoren des Misserfolgs in Projekten zu finden. Die Untersuchung wurde in den Jahren 2012 und 2013 durchgeführt und umfasst einen Stichprobenumfang von 151 Unternehmen verschiedener Branchen. Die Differenzierung der Misserfolgsfaktoren nach Branchen erscheint besonders interessant, da sich die Aufgabenstellungen in den Projekten branchenspezifisch unterscheiden und sich somit auch unterschiedliche Misserfolgsfaktoren ergeben könnten.

Die Zusammensetzung der Stichprobe zeigt Schwerpunkte in den Branchen Beratung (22,8 %), IT/Software (14,7 %) und der Sammelkategorie Sonstige (17,6 %). Deshalb hat auch die Projektart „Projekte für externe Kunden" den höchsten Anteil (47,7 %), gefolgt von den internen IT-Projekten (20,8 %). Damit sind Schlussfolgerungen, welche die Produktentwicklung betreffen (Anteil interne Forschungs- und Entwicklungsprojekte 10,8 %), nur begrenzt möglich.

Die Ergebnisse der Befragung liefern interessante Einblicke in die häufig auftretenden Probleme und vor allem darüber, welche Probleme als schwer lösbar eingestuft werden. Die Liste wird von folgenden Problemen angeführt:

Häufig auftretende Probleme in Projekten

1. Topmanagement nutzt das Projektportfolio-Controlling nicht zur Steuerung der gesamten Unternehmensentwicklung.
2. Der Ressourcenplan ist unvollständig.
3. Das personenbezogene Veränderungsmanagement ist mangelhaft.
4. Die Machbarkeitsanalyse im Projektvorfeld ist mangelhafte/nicht systematisch.
5. Probleme entstehen durch Veränderungen der Anforderungen seitens des Kunden.

Hieraus lassen sich Schlussfolgerungen für die Gestaltung des Projektmanagements ziehen. Die Punkte 1 und 3 in der Rangliste der häufigen Probleme sind eine Frage der Unternehmenskultur. Wenn Projekte als singuläre Ereignisse begriffen werden und das Topmanagement nicht zur Veränderung bereit ist, um eine „Projektkultur" im Unternehmen zu etablieren, fehlt der Projektleitung und dem Team der notwendige Rückhalt, um die erwarteten Projektziele zu erreichen. Eine Lösung dieser Probleme liegt weniger im Projektmanagement selbst, sondern in der Organisation, in welche das Projektmanagement eingebettet ist. Möglicherweise müsste dieser Aspekt in ein ganzheitlich orientiertes Projektmanagement integriert werden.

Der Punkt 4 (mangelnde Machbarkeitsanalyse) liegt vom zeitlichen Ablauf her gesehen vor dem Beginn des entsprechenden Projekts. Dies bedeutet, dass im Vorfeld eines Projekts die Probleme bereits angelegt werden und sich dann innerhalb des Projekts auswirken. Dies spricht für die Integration dieser Phase in das Projektmanagementkonzept.

Der Punkt 5 (Veränderung der Kundenanforderung) ist erstaunlich. Geht man aufgrund der Struktur der Befragten von einem Schwerpunkt im Bereich der IT-Projekte für externe Unternehmen aus, so sind gerade in diesem Projektsegment Änderungen der Kundenanforderungen nicht die Ausnahme, sondern die Regel. Dies würde für das entsprechende Projektmanagement bedeuten, dass Änderungen der Kundenanforderungen im Verlauf des Projekts so in den Prozessen zu berücksichtigen sind, dass diese nicht zu Problemen führen.

Ein weiteres Ergebnis der Untersuchung betrifft den Einfluss von identifizierten Problemen auf den Projekterfolg. Die Rangliste dieser Einflüsse wird von folgenden Positionen angeführt:

1. unklare Projektziele oder mangelnde Dokumentation der Projektziele,
2. Änderungen in der Aufgabenstellung nicht systematisch erkannt/berücksichtigt,
3. mangelhafte/nicht systematische Machbarkeitsanalyse im Projektvorfeld,
4. mangelnde Kommunikation innerhalb des Projektteams,
5. Probleme durch Veränderungen der Anforderungen seitens des Kunden.

Eine klare und gut dokumentierte Formulierung der Projektziele ist zweifellos eine der wichtigsten Aufgaben beim Management eines Projekts. Eine Frage, die sich in diesem Zusammenhang allerdings stellt, ist die Form bzw. die Art und Weise der Zieldefinition und die Kommunikation innerhalb des Projekts. Darüber hinaus ist sicherzustellen, dass diese Arbeitsgrundlage im Verlauf des Projekts nicht „aus dem Auge verloren wird". Änderungen der Kundenanforderungen und/oder im Umfeld des Projekts (technische Entwicklung, Veränderungen des Marktes, Wettbewerberaktivitäten) lassen das ursprüngliche Ziel schnell aus dem Fokus geraten. Möglicherweise ist auch eine Revision der ursprünglichen Zielformulierung zum Projektstart erforderlich.

Ein weiterer Aspekt ist das Wie der Zielformulierung. Diese kann sich zwischen einer sachlich nüchternen Beschreibung und einer emotionalen und mitreißenden Zielbeschreibung bewegen. Für die Motivation der Projektbeteiligten kann dies von ausschlaggebender Bedeutung sein.

Die Positionen 2 (Änderung Aufgabenstellung), 3 (mangelhafte Machbarkeitsanalyse) und 5 (Veränderung Kundenanforderung) sind bereits im Rahmen der vorhergehenden Rangliste besprochen worden. Als neues Problemfeld taucht in der Liste die „Kommunikation im Projektteam" auf. Dies deutet auf die Art der Organisation des Unternehmens hin, in welcher ein Projekt durchgeführt wird, und die Projekt- bzw. Unternehmenskultur. Die diesem Problem zugrunde liegende Kultur kann man am besten als „Silomentalität" beschreiben (im englischen Sprachraum spricht man von Hands-off). In einem Softwareprojekt würde dies bedeuten, dass das fertige Programm von den Entwicklern zu den Testern „über den Zaun geworfen" wird. Es gibt klare Zuständigkeiten für Aufgaben, Arbeitspakete werden kommentarlos an den nächsten Prozessschritt übergeben, es fehlt die ganzheitliche und prozessorientierte Sichtweise sowie die (Mit-)Verantwortlichkeit für das Endprodukt. Auch hier ist wiederum die Unternehmens- und Projektkultur eine mögliche Problemlösung, welche die Grenzen der „Silos" überwindet und eine abteilungs- und funktionsübergreifende Sichtweise zu etablieren vermag. Bei der Frage nach dem Schwierigkeitsgrad der Problemlösung ergab sich folgende Rangliste:

Schwierigkeitsgrad der Problemlösung in Projekten

1. Das Topmanagement nutzt das Projektportfolio-Controlling nicht zur Steuerung der gesamten Unternehmensentwicklung.
2. Es entstehen Komplexitätsprobleme aufgrund zu hoher externer Änderungsdynamik im Projekt.
3. Die Projekte haben nicht genügend Autonomie und ausreichend Entscheidungsbefugnis.
4. Projektarbeit hat keinen hohen Stellenwert im Unternehmen.
5. Es treten Probleme mit der Komplexität aufgrund zu hoher Anzahl projektinterner Parteien auf.

Die Punkte 1 (Projektportfolio) und 4 (Stellenwert Projektarbeit) stehen mit der Unternehmensorganisation und -kultur in Zusammenhang. Es ist verständlich, dass Veränderungen in diesem Bereich von der Unternehmensführung gewünscht sein müssen und den entsprechenden Rückhalt beim Veränderungsmanagement erfordern. Im Rahmen des Projektmanagements lassen sich diese Probleme nicht lösen.

Der Punkt 3 (Autonomie und Entscheidungsbefugnis) setzt an der Arbeitsweise des Projektteams an. Es gibt folgende Hemmnisse, die Projektteams beim Arbeitsfortschritt behindern: Wartezeiten auf Entscheidungen des Managements, Verfügbarkeit von Ressourcen (Arbeitsmittel, Personalkapazität), Wartezeit auf die Fertigstellung vorgelagerter Arbeitsschritte, Vorgaben und deren Überprüfung, welche die inhaltliche Durchführung von Aufgaben betreffen. Abhilfe können die Gewährung von mehr Autonomie bei der Bearbeitung von Aufgaben und ein durchsetzungsstarker Manager sein, welcher die Macht hat, Hindernisse aus dem Weg zu räumen und schnelle Entscheidungen herbeizuführen.

Die Punkte 2 (externe Änderungsdynamik) und 5 (hohe Anzahl projektinterner Parteien) stehen möglicherweise in einem Zusammenhang. Ausgangspunkt der Änderungsdynamik kann einerseits der Kunde (oder der Nutzer) des Projektergebnisses, aber auch der Markt sein, in welchem das Projektergebnis platziert ist. Hierdurch sind nicht nur das Projekt, sondern auch Funktionen des Unternehmens betroffen wie z. B. Marketing und Verkauf, aber auch das Controlling, dessen Sorge der Wirtschaftlichkeit des Projekts gilt. Die verantwortlichen Manager dieser Funktionen haben alle berechtigte Interessen und „reden in das Projekt hinein", was zweifellos die Komplexität der Projektarbeit erhöht. Insofern gibt es in Projekten, die in Unternehmen durchgeführt werden, auch eine Komponente „Politik", die Einfluss auf den Projektverlauf hat.

Auch an dieser Stelle kann die Unternehmenskultur ins Feld geführt werden, die aus dem berechtigten Interesse der Unternehmensfunktionen heraus schließlich zu einem Problem für das Projekt wird. Die entscheidende Frage ist: Wie werden die Teilziele der verschiedenen Funktionen und der Projekte im Unternehmen auf ein gemeinsames Unternehmensziel so aufeinander abgestimmt, dass das Projekt nicht am Ende „zwischen den Fronten zerrieben wird"? Bei der in der klassischen Art und Weise praktizierten Variante des Management by Objectives ist diese Konstellation sehr wahrscheinlich.

Zusammenfassend können aus den Ergebnissen der Befragung folgende Schlussfolgerungen gezogen werden:

- Die Unternehmens- und Projektkultur scheint einen nicht zu vernachlässigenden Einfluss auf den Projekterfolg zu haben. Ein weiterer Hinweis hierauf ist in der empirischen Studie zum Thema „Lean Management" zu finden (vgl. [25]). Hier werden in der Liste der top fünf der Schwierigkeiten bei Verbesserungsprojekten in Unternehmen „Schwierigkeiten, das alte Verhalten abzulegen", an erster Stelle genannt.
- In der Vorphase von Projekten entstehen bereits Probleme, die sich im weiteren Projektverlauf nicht mehr lösen lassen.
- Veränderungen der Anforderungen des Kunden bzw. des Nutzers bringen Projekte häufig „aus dem Gleichgewicht" und führen zu Konflikten mit anderen Unternehmensfunktionen.
- Die Art und Weise der Formulierung und Kommunikation der Projektziele haben Einfluss auf die dauerhafte Berücksichtigung im Rahmen der Projektarbeit.

2.3 Handlungsbedarf durch die hohe Anzahl der gescheiterten Projekte?

In der wissenschaftlichen Literatur gibt es nur sehr wenige quantitative Untersuchungen, welche das Ausmaß des Problems gescheiterter oder mit unbefriedigendem Ergebnis abgeschlossener Projekte beschreiben. Dies mag auch daran liegen, dass bei Unternehmen oder anderen Organisationen wenig Bereitschaft zur Herausgabe von Informationen über den Projektmisserfolg besteht. Viele Projekte werden im Nachhinein „schöngeredet" und erscheinen auf den ersten Blick erfolgreich. Die Grundhaltung, Probleme eher „unter den Teppich zu kehren" als daraus zu lernen und Fehler als Chance zur Verbesserung zu begreifen, ist weitverbreitet.

Eine empirische Untersuchung, die sich auf IT-Projekte bezieht und regelmäßig wiederholt wird, ist der „Standish Group Report" mit dem vielsagenden Titel „Chaos". In dieser Untersuchung werden drei Gruppen von Projekten definiert:

- Erfolgreiche Projekte (Project Success), die innerhalb des Budget- und Zeitrahmens unter Realisierung aller geplanten Funktionalitäten fertiggestellt wurden.
- Abgeschlossene Projekte (Project Challenged), die aber außerhalb des Zeit- und Budgetrahmens und unter Realisierung nicht aller geplanten Funktionalitäten fertiggestellt wurden.
- Fehlgeschlagene Projekte (Impaired/Failed), die nicht fertiggestellt bzw. aufgegeben wurden.

Nach den Daten für das Jahr 2010 ergab sich die in Bild 2.3 dargestellte Verteilung. Nach diesem Ergebnis wurden lediglich 37 % der Projekte wie geplant abgeschlossen. Die übrigen Projekte sind außerhalb des Planungsrahmens oder gar nicht abgeschlossen worden. Diese Zahlen haben zu intensiven Diskussionen in der Fachliteratur geführt. Da Methodik und Datenquellen der Standish Group nicht offengelegt werden, sind einige Zweifel an der Glaubwürdigkeit geäußert worden. Dennoch ist es von Interesse, die Erfolgsfaktoren der planmäßig abgeschlossenen Projekte zu diskutieren.

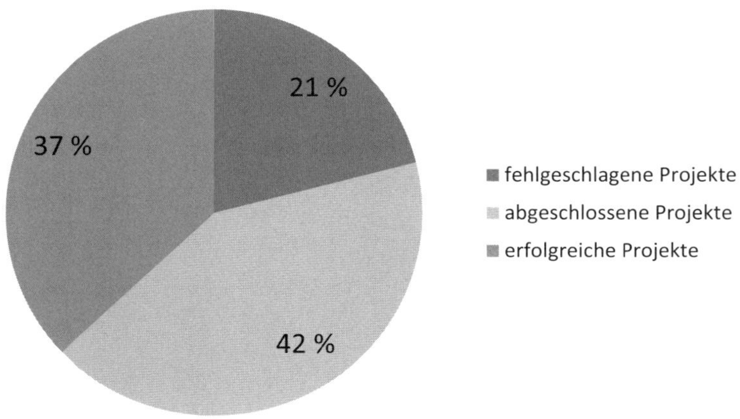

Bild 2.3 Projektergebnisse aus dem Standish Group Chaos Report für das Jahr 2010

Diese Erfolgsfaktoren werden im Rahmen der Untersuchung erfasst und liegen über einen Zeitraum von 1994 bis 2008 vor (vgl. [23]). Die ersten Ränge dieser Liste haben sich im Zeitablauf nur zum Teil verändert.

Erfolgsfaktoren in Projekten

1. Einbeziehung des Nutzers (User Involvement)
2. Unterstützung durch die oberste Managementebene (Executive Management Support)
3. Klare Vision und Ziele (Clear Vision and Objectives)
4. Emotionale Reife (Emotional Maturity)
5. Optimierung (Optimizing Scope/Optimization)

Dieses Ergebnis deckt sich in vielen Punkten mit den Ergebnissen der Untersuchung der Deutschen Gesellschaft für Projektmanagement. Hier wird nicht nur eine klare Definition der Projektziele als Erfolgsfaktor identifiziert, sondern eine Projektvision (Punkt 3 der Rangliste). Das Thema „Vision" wird in den nachfolgenden Kapiteln vertieft behandelt. An dieser Stelle sei angemerkt, dass dieser Aspekt in vielen Projekten in der Praxis vernachlässigt und als „unnötiger Aufwand" abgetan und mit dem Etikett „no frills" (keine Verzierungen) beiseite geschoben wird. Auch dies ist eine Frage der Projektkultur.

Die Einbeziehung des Nutzers (Punkt 1 der Rangliste) wird in gescheiterten Projekten vernachlässigt. In vielen Projekten sind der Kunde, der das Projekt finanziert, und der Nutzer, der nach Fertigstellung mit dem Projektergebnis arbeitet, nicht identisch. Bereits das vorangehende, detailliert beschriebene Projektbeispiel hat verdeutlicht, welcher „Zündstoff" in einem Projekt entsteht, wenn beide Interessenträger nicht angemessen zusammenarbeiten.

Ist die Unterstützung des Projekts durch die oberste Managementebene in der projektdurchführenden Organisation bzw. Unternehmung nicht gegeben, gelingt es nicht, Projekthindernisse schnell und konsequent „aus dem Weg zu räumen". Darüber hinaus sind Veränderungen in der Projektkultur nur möglich, wenn das Topmanagement diese vorbehaltlos unterstützt und sich selbst in den Veränderungsprojekten engagiert. Deshalb steht dieser Erfolgsfaktor auf dem zweiten Rang in der Liste.

Die Position 4 (emotionale Reife) in der Rangliste der Erfolgsfaktoren ist überraschend und taucht erstmals in einer Rangliste des Jahres 2008 auf. Dieser Punkt bezieht sich deutlich auf die Projektkultur. Dies könnte z. B. die Frage betreffen, wie in einem Projekt mit Problemen und Fehlern umgegangen wird (ignorieren und „vertuschen" oder als Chance zur Verbesserung zu sehen), welchen Stellenwert Kritik hat (wird als persönlicher Angriff empfunden oder „Kritik ist ein Geschenk") oder der Führungsstil (der anweisende und kontrollierende Projektleiter oder der Projektleiter als Coach der Teammitglieder). Wir werden diesen Punkt in den folgenden Kapiteln im Detail diskutieren.

Die fünfte Position (Optimierung) bezieht sich auf die Durchführung der Projektarbeiten und das Projektergebnis. Hier wird auf die ständige Verbesserung der Arbeitsweise des

Projektteams und die Optimierung der Leistungsbestandteile des Projekts abgehoben. Auch dieser Aspekt ist im „klassischen“ Projektmanagement zwar vorhanden, jedoch nicht in der ausgeprägten Form, wie im Lean Project Management (Kaizen, kontinuierliche Verbesserung).

In Anbetracht der Kontroverse um die Daten der Standish Group ist ein Vergleich mit anderen quantitativen Untersuchungen lohnenswert. Eine Untersuchung, die methodisch transparenter präsentiert wird und deshalb glaubwürdiger erscheint, ist in Quelle [24] dokumentiert. In diesem Fachartikel werden zunächst alle quantitativen Untersuchungen verglichen. Der Prozentanteil der abgebrochenen IT-Projekte bewegt sich zwischen 9 und 40 %. Darüber hinaus wurden IT-Experten nach der wahrgenommenen Abbruchrate von Projekten befragt. Die meisten Antworten bewegten sich im Rahmen von 11 bis 40 %.

Im Rahmen der genannten Untersuchung wurden in den Jahren 2005 und 2007 Daten erhoben. Es wurden 232 Projektmanager in den IT-Abteilungen von Unternehmen im Jahr 2005 befragt, 2007 waren es 156. Die Projektabbruchquote lag für das Jahr 2005 bei 15,5 % und für 2007 bei 11,5 %. Der Anteil der Projekte, deren Schlüsselkennzahlen (Laufzeit, Budget) nicht den Erwartungen entsprachen, lag bei 16 und 22 %. Damit erscheint die Situation im Projektmanagement für Softwareprojekte zwar weniger dramatisch, aber aus der Sicht der Kunden und des projektdurchführenden Unternehmens im Hinblick auf die Wirtschaftlichkeit dennoch unbefriedigend.

Weitere Erkenntnisse lassen sich aus den Gründen für den Projektabbruch gewinnen.

Gründe für Projektabbrüche

1. Fehlende Einbeziehung des Managements (Senior Management not sufficiently involved)
2. Zu viele Veränderungen der Anforderungen und des Arbeitsumfangs (too many requirements and scope changes)
3. Fehlen der erforderlichen technischen Fähigkeiten (lack of necessary technical skills)
4. Budgetüberzug (over budget)
5. Laufzeit überschritten (over schedule)

Diese Liste ist nach den bisherigen Diskussionen der Ranglisten der Erfolgs- oder Misserfolgsfaktoren nicht überraschend. Die fehlende Unterstützung durch das Topmanagement und die Veränderung der Anforderungen und des Projektinhalts sind hinlänglich diskutiert und bestätigen lediglich die Ergebnisse der anderen Untersuchungen. Die letzten drei Punkte resultieren aus der Erkenntnis, dass Projekte, die im Hinblick auf das Budget, die Laufzeit und die Fähigkeiten des Projektteams als nicht akzeptabel erscheinen, abgebrochen werden. Hier geht es letztlich um die Frage, ob ein Projekt angesichts der bereits investierten Ressourcen weitergeführt werden soll, um doch noch eine Wertschöpfung daraus zu generieren, oder einfach die Investitionen abgeschrieben werden müssen und damit ein weiterer Verlust verhindert werden soll.

Abschließend ist festzustellen, dass sich die diskutierten empirischen Untersuchungen im Ansatz unterscheiden und in Bezug auf die Methodik und quantitativen Ergebnisse nicht unumstritten sind. Die identifizierten Erfolgs- bzw. Misserfolgsfaktoren deuten übereinstimmend auf gleiche oder zumindest ähnliche Probleme in den Projekten hin.

Der Vorteil empirischer Untersuchungen ist, dass aggregierte Aussagen über eine Vielzahl von Projekten getroffen werden, die Schlussfolgerungen zulassen. Eine in die Tiefe gehende Analyse von Problemen in Projekten lässt sich damit nicht durchführen. Darüber hinaus liefern die üblichen Untersuchungen zu Projekten keine Hinweise über Vorhaben oder Angebotsprojekte und auch nicht über gescheiterte Projektentwicklungen. Grund dafür ist, dass die Vorphase im „klassischen" Projektmanagement ausgespart bleibt.

2.4 Beherrschbarkeit von Projekten

Jedes Projekt wird aufgesetzt und durchgeführt, um erfolgreich abgeschlossen zu werden. Jedes abgebrochene Projekt ist ein Projekt zu viel und führt bei allen Projektbeteiligten zu Verlusten, sei es im betriebswirtschaftlichen Sinn, im Ansehen oder in einer anderen Form. Projektmanager gehen an deren Aufgabe mit hoher Seriosität und Professionalität heran, und es wird sich weltweit kein zertifizierter Projektmanager finden lassen, dem ein schlecht laufendes Projekt gleichgültig ist. Wie kommt es also zu Projektabbrüchen oder Problem- oder Krisenprojekten? In welchem Maße sind Projekte wirklich beherrschbar?

Die Antwort ist eindeutig: Projekte sind mit heutigen Methoden und Verfahrensweisen, eingesetzten Ressourcen, mit der Art der Projektentwicklung, der Projektkulturen usw. zu 60 % beherrschbar. Diese 60 % resultieren aus Folgendem:

- 10 % Methoden und Verfahren,
- 10 % Macht und Management,
- 10 % Wissen und Erfahrung,
- 10 % Kommunikation,
- 10 % Kultur,
- 10 % Ressourcen.

Auf eine differenzierte Gewichtung wird an dieser Stelle bewusst verzichtet. Entscheidend ist zu erkennen, dass 40 % des Projekterfolgs mit dem heutigen „Stand der Technik" nicht bestimmt sind. „Nicht bestimmt" bedeutet nicht beherrschbar.

Die Erkenntnis, dass die volle Determinierung realer Abläufe nicht möglich ist, setzt sich in allen Wissenschaften, allen voran in der Physik, durch. Ein Beispiel soll dies verdeutlichen. Aus der Astrophysik ist das Phänomen der „Dunklen Materie" bekannt. Die Bewegung sichtbarer Materie kann mit den hergebrachten Modellen nicht erklärt werden. Deshalb wurde der Begriff der „Dunklen Materie" eingeführt, der eine nicht sichtbare Kraft definiert, deren Gravitation die beobachtbaren Bewegungen der sichtbaren Himmelskörper erklärt. Diese Überlegung soll hier als Metapher dienen.

Die 40 % mit heutigen „Techniken“ nicht beherrschbaren Gegebenheiten in Projekten sind von „Dunkler Materie“ beeinflusst. „Dunkle Materie“ ist in Projekten definitiv vorhanden, weil in der Projektrealität Gegebenheiten eintreten, die mit heutigen Vorstellungen des Projektmanagements nicht beherrscht werden können. In einem solchen Fall ist es angebracht, nach neuen Ansätzen zu suchen, die auch in Richtung der „Dunklen Materie“ in Projekten die Beherrschbarkeit verbessern.

Die Lean-Philosophie stellt einen solchen Erfolg versprechenden Ansatz dar. Wie viel „Dunkle Materie“ lässt sich durch diesen Ansatz beherrschen? Auch hier eine einfache Antwort: 10 %. Lean Project Management erhöht also die Erfolgswahrscheinlichkeit von Projekten um diesen Prozentsatz. Programm dieses Fachbuches ist also, diese 10 % für die Leser zu erschließen. Die Autoren sind überzeugt, dass letztlich nicht die Methode an sich zur Erschließung der 10 % beiträgt, sondern es auf das Bewusstsein, die Offenheit und die Konsequenz im Handeln ankommt.

3 Optimierung mit Lean

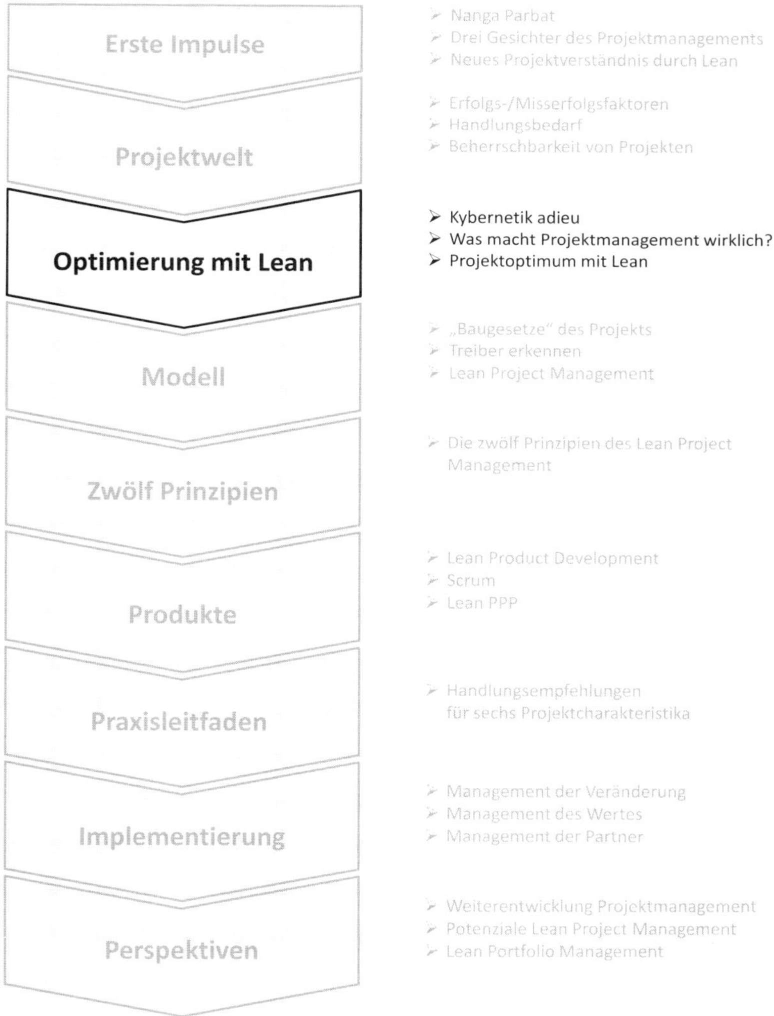

Bild 3.1 Kapitelübersicht

3.1 Kybernetik adieu?

Im letzten Kapitel wurde verdeutlicht, dass das heutige Verständnis des Projektmanagements geeignet ist, viele Projekte zum Erfolg zu führen. Allerdings wird allgemein die Zahl der gescheiterten oder suboptimal abgeschlossenen Projekte als zu hoch betrachtet. Hier setzt die Frage an, ob mit Lean Project Management ein Durchbruch erzielt werden kann. Die folgenden Überlegungen zeigen, wo die Grenzen des „klassischen" Projektmanagements liegen, und zeichnen einen Weg in Richtung Optimierung durch Lean Project Management auf. Für alle Aufgaben des Projektmanagements, die mit Methoden des „klassischen" Projektmanagements beherrschbar sind, ist an diesem Konzept nicht zu rütteln. Lean ist hier allenfalls eine zusätzliche Verbesserungsmöglichkeit. An den Stellen, wo das „klassische" Projektmanagement zu kurz greift, muss ein neuer „theoretischer" Ansatz verfolgt werden. Man muss sich also bis zu einem gewissen Grad vom heutigen Denken verabschieden (deshalb „Kybernetik adieu").

Begibt man sich auf die Suche nach einer Theorie des Projektmanagements, so ist festzustellen, dass verschiedene Ansätze hierzu bestehen. Der am häufigsten genannte Ansatz zu einer Theoriebildung sind die Systemtheorie und die Kybernetik. Dieser „erklärt" recht anschaulich, wie

- die zur Erfüllung einer Aufgabe erforderlichen Aktivitäten geplant und
- die die Zielerreichung gefährdenden Einflüsse erkannt und
- mit entsprechenden „Gegenmaßnahmen" kompensiert werden können.

Wie Bild 3.2 schematisch vorgestellt, kann die Aufgabe des Projektmanagements in einer zielorientierten Planung und Steuerung des Projektablaufs gesehen werden. Das Projekt-Controlling erkennt Abweichungen vom Plan und steuert mit geeigneten Maßnahmen gegen die Wirkungen, welche die Zielerreichung gefährden können.

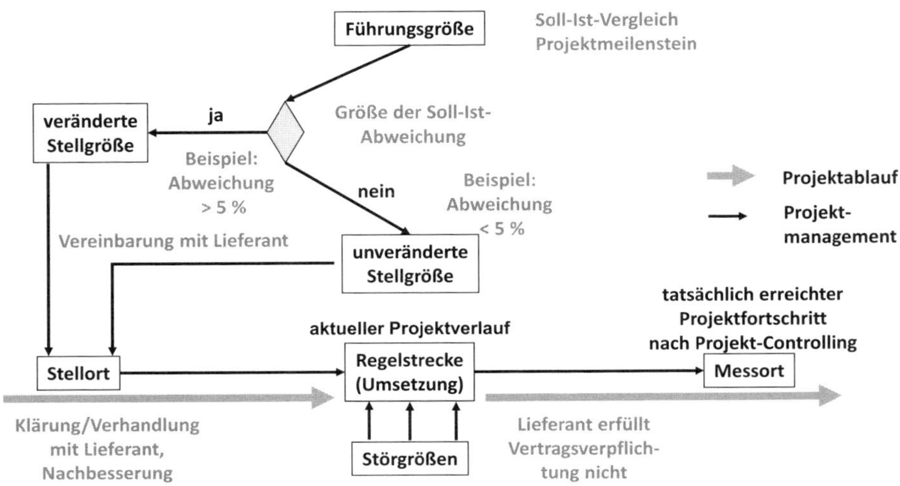

Bild 3.2 „Kybernetik" des Projektmanagements

Hierbei geht es um ein Grundverständnis über Aufgabe und Wirkungsweise des Projektmanagements, welches die möglichen Unterschiede in der Vorgehensweise verdeutlichen und die Philosophie des Lean Project Management näherbringen soll.

Veranschaulicht kann dieser Ansatz beispielsweise durch die Metapher einer Weltraummission werden, bei der ein Raumschiff zu einem festgelegten Zeitpunkt von der Erde aus startet und am Ende der Reise einen Planeten erreichen soll. Für die Reise ist eine Zeitdauer festgelegt, deren Über-, aber auch Unterschreitung zu erheblichen Problemen führen wird. Die Konstellation der Planeten ist nur für ein sehr kurzes Zeitfenster für die geplante Mission günstig, sodass der Erfolg nur durch eine präzise Planung gewährleistet wird.

Auf dem Weg zum Zielgebiet passiert das Raumschiff andere Planeten, deren Gravitationen das Raumschiff aus der Bahn lenken werden. Würde man das Raumschiff dem freien Spiel der Gravitationen überlassen, wäre das Resultat wie in der nachfolgenden Abbildung. Durch die zwei durch die jeweilige Gravitation einwirkenden Kräfte zum Zeitpunkt t_1 und t_2 wird das Raumschiff aus der Bahn gelenkt, verfehlt das Ziel und kann die geplante Aufgabe nicht erfüllen (= misslungenes Projekt). Dies entspricht einem Szenario ohne jegliches Projektmanagement.

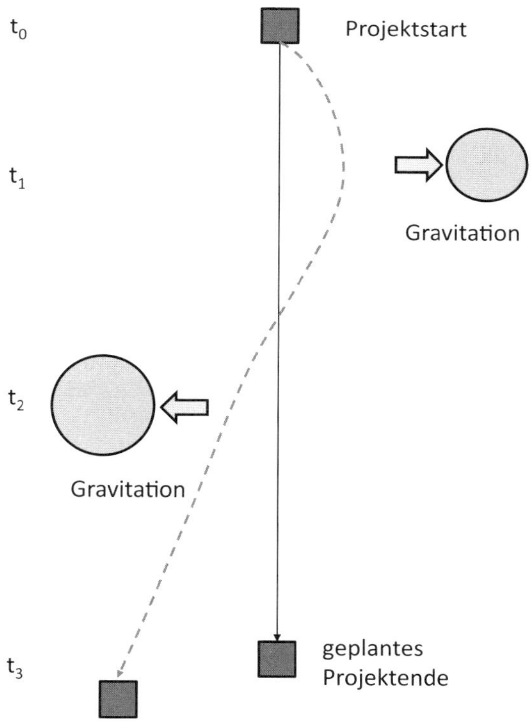

Bild 3.3 Projektverlauf ohne Projektmanagement

Diese Erkenntnis ist trivial. Ein Projekt, welches nicht professionell geplant und gesteuert wird, erreicht das Ziel nicht und verschwendet unnötig Ressourcen. Um zu erklären, warum Lean Project Management denn nun um so viel effizienter ist als das „klassische" Projektmanagement, ist es sinnvoll zu wissen, auf welche Art und Weise Projektmanagement zu einer erfolgreich abgeschlossenen Mission führt.

3.2 Wirkungen des Projektmanagements

Die zuvor geschilderte misslungene Weltraummission lässt sich durch Projektmanagement auf „geordnete Bahnen" führen. Die Wirkungen der zum Zeitpunkt t_1 und t_2 passierten Planeten sind bekannt und werden in der Planung berücksichtigt. Das Raumschiff führt entsprechende Vorräte an Treibstoff mit sich. Die Steuerraketen werden zum richtigen Zeitpunkt gezündet und führen das Raumschiff wieder auf die geplante Bahn zurück. Entsprechend dem kybernetischen Modell sind die Steuerraketen die Stellgröße, welche die Wirkung der Störgrößen (die Planeten links und rechts der geplanten Flugbahn) ausgleicht. Leichte Abweichungen von der Flugbahn können toleriert werden, sodass das tatsächlich erreichte Ziel geringfügig neben dem geplanten liegt.

In Bild 3.4 ist das Ergebnis des erfolgreichen Projektmanagements dargestellt. Die auf die Flugbahn einwirkenden Kräfte werden kompensiert, sodass die ursprüngliche Flugroute schnell wieder erreicht wird.

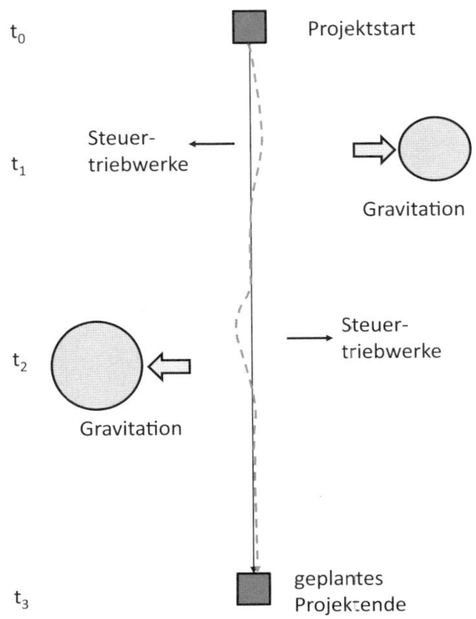

Bild 3.4 Projektverlauf mit Projektmanagement

Auf das Projektmanagement übertragen bedeutet dies, dass eine sorgfältige Planung und ein gründliches Risikomanagement Plan und tatsächlichen Projektverlauf in eine weitgehende Übereinstimmung bringen können. Damit kann eine Hypothese formuliert werden, welche von vielen professionellen und erfahrenen Projektleitern vertreten wird:

> Hypothese: Eine nach den anerkannten Grundsätzen des Projektmanagements durchgeführte Leitung führt zur Erreichung des Projektziels unter Erfüllung der drei Erfolgsfaktoren Kosten, Zeit und Qualität.

Die Nicht-Erreichung des Projektziels und die Nicht-Erfüllung der Erfolgsfaktoren wären demnach immer auf ein mangelhaftes oder zumindest unzureichendes Projektmanagement zurückzuführen. Die Interpretationen der empirischen Untersuchungsergebnisse zu den Misserfolgsfaktoren von Projekten scheinen dieser Auffassung recht zu geben.

> Nach den Prinzipien des Lean Management ist es ein Kardinalfehler, sich mit der ersten und naheliegenden Erklärung der Ursachen von Problemen zufriedenzugeben. Es ist notwendig, die Grundursachen zu identifizieren. Hierzu muss penetrant und mehrfach hinterfragt werden, was denn nun wirklich für die in der Praxis zu beobachtenden Probleme ursächlich verantwortlich ist.

Widmen wir uns zunächst den Voraussetzungen, unter welchen die formulierte Hypothese gültig ist.

- Die für die Planung erforderlichen Grundlagendaten sind zu Beginn des Projekts vorhanden und hinreichend genau spezifiziert (z. B. Dauer einzelner Arbeitspakete).
- Die potenziellen Risiken werden erkannt, und es stehen ausreichend Ressourcen zur Verfügung, um diese zu bewältigen.
- Es gibt eine klare Kunden-Projektmanager-Beziehung, die zu einer hinreichend genauen und übereinstimmenden Beschreibung des Projektergebnisses führt.
- Das Management des Projekts und die inhaltlich-sachliche Projektbearbeitung können getrennt voneinander durchgeführt werden.

Betrachtet man diese Anforderungen im Lichte der Misserfolgsfaktoren, die in Kapitel 2 identifiziert wurden, ist die folgende einfache Aussage nicht richtig: Der Misserfolg sei auf schlechtes Projektmanagement zurückzuführen. Das Projektmanagement hier alleine zum Verantwortlichen zu erklären, wäre nicht nur ungerecht, sondern würde einer Suche nach den Grundursachen im Wege stehen. Deshalb soll anhand von drei Beispielen aufgezeigt werden, warum das Projektmanagement in manchen Fällen geringe Erfolgschancen haben kann und warum möglicherweise gerade wegen eines State-of-the-Art-Projektmanagements der Erfolg ausgeblieben ist.

Es soll aufgezeigt werden, dass es verschiedene Wege zum Ziel gibt. Jeder Weg wirkt sich unterschiedlich auf die Erfolgskennzahlen aus. Die Beispiele sollen zunächst auf die Weltraummission referenzieren, um das Prinzip zu verdeutlichen. Zusätzlich wird ein Beispiel aus der Unternehmenspraxis aufgeführt, um die Relevanz aufzuzeigen.

3.2.1 Beispiel 1: Mit oder gegen Kräfte

In Bild 3.4 zur Wirkung des Projektmanagements wurde unterstellt, dass zur Kompensation der Gravitation eine Gegenkraft in Form von Steuerraketen eingesetzt wird. Hierzu sind umfangreiche Ressourcen in Form von Treibstofftanks und Treibstoff erforderlich. Dies erhöht das Startgewicht und erfordert entsprechende finanzielle Mittel zur Finanzierung der Mission. Dies entspricht dem „klassischen" Projektmanagement. Es setzt Ressourcen zur Erreichung des Ziels ein. Das folgende Vorgehen weicht hiervon grundlegend ab.

In der Raumfahrt ist es gängige Praxis, die Gravitation von Objekten im Weltraum zu nutzen, um diese Kraft zur Beschleunigung des Raumschiffes zu verwenden und damit den erforderlichen Treibstoffvorrat deutlich zu senken. In Bild 3.5 ist dieses Beispiel dargestellt.

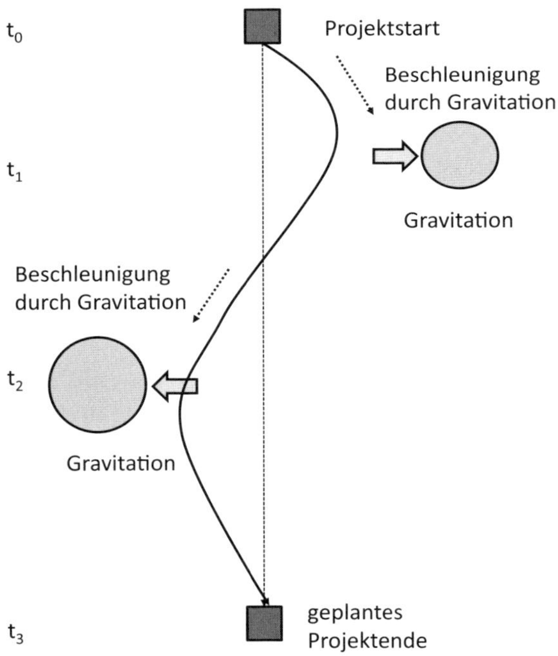

Bild 3.5 Projektverlauf „mit der Gravitation"

Das Raumschiff legt zwar einen längeren Weg zurück, durch die Nutzung der Gravitation zur Beschleunigung des Raumschiffes erhöht sich die Geschwindigkeit, sodass das Ziel dennoch zur vorgesehenen Zeit erreicht wird. Es wird also nicht gegen die einwirkende Kraft, sondern mit der einwirkenden Kraft gearbeitet. Ein Prinzip, das aus den asiatischen Kampfsportarten bekannt ist und ein maßgeblicher Teil asiatischer Kultur ist.

Wenn das moderne Lieferantenmanagement betrachtet wird, so können zwei unterschiedliche Strategien gewählt werden. Die bekannte „Squeeze-Strategie" setzt auf die entgegengesetzten Interessen von Lieferant und Abnehmer. Der Preis und die weiteren Konditionen z. B. eines gelieferten Subsystems sind Gegenstand intensiver Verhandlungen. Der Lieferant möchte einen hohen Preis für das zu liefernde Subsystem erzielen, der Hersteller möchte geringe Einkaufskosten haben. Die Kräfte beider Unternehmen wirken gegeneinander. Dabei wird das eigentliche Ziel aus den Augen verloren: dem Endkunden ein qualitativ hochwertiges Produkt zu liefern. Meist bleibt genau die Qualität dabei auf der Strecke.

Kundenorientierte Hersteller, z. B. in der Automobilindustrie, setzen demgegenüber auf Lieferantenpartnerschaft. Der Lieferant verfügt über umfassendes Wissen über die Konstruktion des Subsystems und hat das Potenzial zur Innovation, welche den Kundennutzen erheblich steigern kann. Nur im Rahmen einer Partnerschaft zwischen Lieferanten und Hersteller kann dieses Potenzial erschlossen werden.

Auch verkürzt sich die Entwicklungszeit komplexer Produkte wie bei Automobilen und Verkehrsflugzeugen dramatisch, wenn die Lieferanten in den Produktentwicklungsprozess integriert sind. So konnte in der Automobilindustrie die Entwicklungszeit eines Pkw von ca. sieben Jahren noch vor 20 Jahren auf ca. drei Jahre nach heutigem Stand verkürzt werden.

> Gelingt es in einem Projekt, aus dem konfliktbeladenen Gegeneinander von Lieferant und Hersteller eine Partnerschaft zu entwickeln, werden Projektressourcen in geringerem Umfang benötigt und Risiken, die im Umfeld des Lieferanten liegen, reduziert.

Es steht außer Zweifel, dass sich Gravitationen in der beschriebenen Art nicht immer so elegant für die Projektziele nutzen lassen wie eben beschrieben. Es gibt Kräfte, die den Projekterfolg nachhaltig gefährden und nur mit „gegensteuernden" Ressourcen zu behandeln sind. Ein solches Beispiel werden wir im nächsten Abschnitt vorstellen.

3.2.2 Beispiel 2: Projekt-Timing

Angenommen, dass im Weltraum auf der geplanten Route eine Kraft existiert, die sich nur mit einer Gegenkraft beherrschen lässt. Es besteht keine Möglichkeit, diese Kraft für die eigene Fortbewegung zu nutzen. Dann kann das Timing eine Strategie sein, das Problem zumindest mit vertretbarem Ressourcenaufwand zu lösen. In Bild 3.6 besteht die Chance, das Objekt in einer frühen Phase des Raumfluges zu passieren. Da sich das Objekt dann noch in einer größeren Entfernung vom Raumschiff befindet, ist nur eine relativ geringe Gegenkraft in Form der Nutzung von Steuertriebwerken erforderlich. Wird hingegen das Objekt auf einem zeitlich später liegenden Teil der Flugroute passiert, ist erheblich mehr Ressourcenverbrauch zu erwarten.

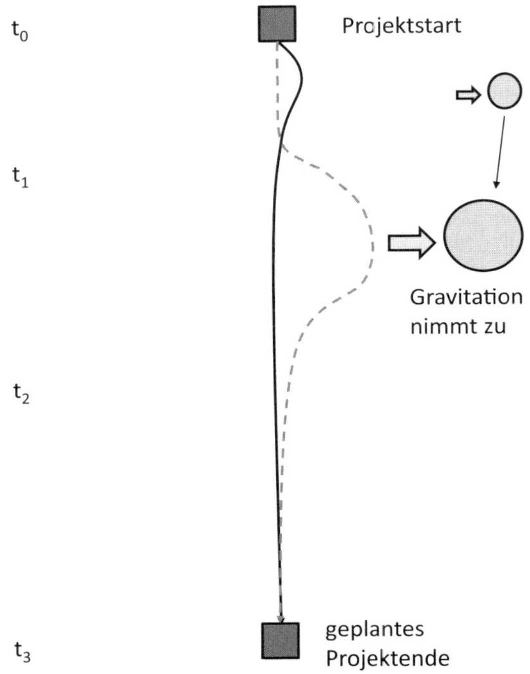

Bild 3.6 Projektverlauf und Timing

Wie kann diese Erkenntnis im Unternehmen genutzt werden? Im Lean Product Development, auf das in einem eigenen Kapitel detaillierter eingegangen wird, ist die Erkenntnis eingeflossen, dass oft sehr früh im Entwicklungsprozess Technologieentscheidungen getroffen werden, die sich im weiteren Verlauf als nicht tragfähig erweisen und revidiert werden müssen. Da der Entwicklungsprozess schon sehr weit fortgeschritten ist und viele bereits fertiggestellte Module und Systeme des Produkts geändert werden müssen, entstehen hohe Kosten, und der Projektabschluss verschiebt sich deutlich in die Zukunft.

Deshalb wird im Lean Product Development so vorgegangen, dass zunächst das geplante Produkt in Subsysteme, Komponenten und Teile zerlegt wird und Ziele hierfür identifiziert werden. Anschließend entwickeln verschiedenen Teams parallel alternative Konzepte für das Produkt bzw. System und jedes Subsystem (Set-Based Concurrent Engineering). Dann werden die besten Konzepte herausgefiltert. Konzepte, die nicht zueinanderpassen oder den Kundenbedürfnissen entsprechen, werden eliminiert.

Mittels dieses Set-Based Concurrent Engineering werden kritische Schritte des Produktentwicklungsprozesses an den Anfang des Projekts gelegt. Damit werden technische Risiken, die sich in keinem Produktentwicklungsprozess vermeiden lassen, in einer Projektphase behandelt, in welcher die Kosten für Änderungen noch relativ gering sind. „Überraschungen" fehlender technischer Machbarkeit in den späteren Projektphasen werden damit erfolgreich eliminiert.

Es spielt eine entscheidende Rolle, wie die Sequenz der Produktentwicklungsschritte angeordnet ist. Der Projekterfolg ist letztlich hiervon abhängig. Für das Projektmanagement bedeutet dies, dass deren Aufgabe von einer administrativen Verwaltung und einer ausschließlich projektmanagementmethodenorientierten Führung des Projekts zu einer inhaltlich-fachlichen Orientierung übergehen muss.

3.2.3 Beispiel 3: Bewegliche Ziele

Einmal angenommen, das Ziel der Raumfahrtmission ist nicht klar erkennbar. Es befindet sich in einer Wolke aus Gas und Staubpartikeln, die eine klare Sicht auf das Ziel nicht zulassen. Es gibt eine ungefähre Vorstellung vom Ziel, aber der genaue Landepunkt des Raumschiffes wird sich erst am Schluss der Mission herausstellen. Je näher das Raumschiff jedoch dem Ziel kommt, desto klarer wird das eigentliche Ziel erkennbar. Wie soll man mit dieser Situation umgehen?

Ein „bewegliches Ziel" ist für jede Art von Projektmanagement eine Herausforderung. Die Antwort auf die gestellte Frage ist einfach: Flexibilität und Anpassungsfähigkeit sowie ein fachlich-inhaltlich engagiertes Projektmanagement. In Bild 3.7 ist diese Situation dargestellt.

Die geschilderte Projektkonstellation kommt in der Unternehmenspraxis häufig vor, wird jedoch unterschiedlich wahrgenommen. Man stelle sich ein Softwareprojekt vor, in welchem ein Unternehmen bei einem Softwarehaus ein maßgeschneidertes Managementinformationssystem bestellt. In der Praxis wird die auftraggebende Abteilung des Unternehmens (meistens die IT) bei den Managern deren Anforderungen sammeln und in Form einer „Wunschliste" als Spezifikation dem Softwarehaus als Grundlage der Erstellung des Angebots vorlegen.

Es werden sich in dieser „Wunschliste" sinnvolle und weniger sinnvolle Anforderungen an die neue Software finden. Diese werden in der Regel in dieser Phase nicht besprochen, sondern das Softwarehaus hat diese als Grundlage für das Angebot und den nachfolgenden Auftrag zu akzeptieren. In der Zusammenarbeit des Kunden mit dem Softwareunternehmen nach Auftragserteilung wird der Kunde „dazulernen" und viele Erkenntnisse über eine sinnvolle Gestaltung der bestellten Software gewinnen. Die Kundenanforderungen werden sich folglich im Projektverlauf ändern. Üblicherweise ist dies dann ein sogenannter Change Request, der zu einem Claim des Auftragnehmers führt.

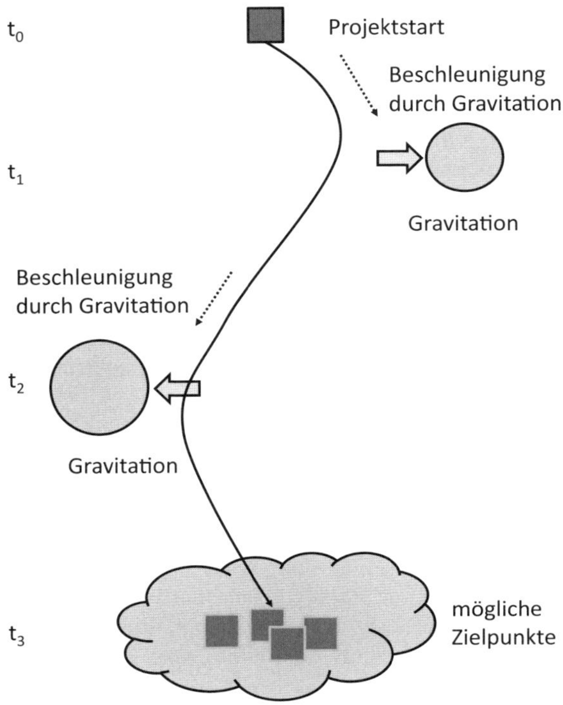

Bild 3.7 Projektverlauf „mit beweglichem Ziel“

Sieht man einmal von den Transaktionskosten der entsprechenden Verhandlungen ab, wird dabei oft das Verhältnis zwischen Kunde und Lieferant auf eine harte Probe gestellt. Demgegenüber wäre es sinnvoll, von vornherein das Fachwissen und das Innovationspotenzial des Lieferanten für sich zu nutzen.

Interessant ist dabei, dass der Wert des Projektergebnisses von dem ursprünglichen bei Projektbeginn festgelegten abweicht und in der Zusammenarbeit zwischen Kunden und Lieferanten entsteht. In einem Fachbeitrag zu diesem Thema wird von „Co-Creation of Value“ gesprochen [25]. Wie dies in der Praxis der Softwareentwicklung umgesetzt werden kann, wird im Kapitel zu Scrum detaillierter vorgestellt.

Es stellt sich an dieser Stelle auch die Frage, welche Kriterien zur Messung des Projekterfolgs herangezogen werden.

> Das sogenannte „eiserne Dreieck“ (Erfüllung der Erfolgsfaktoren: Zeit, Kosten und Qualität) des „klassischen“ Projektmanagements greift bei Weitem zu kurz und muss durch weitere Erfolgsfaktoren, in deren Fokus die Erreichung des zuletzt angestrebten Werts liegt, ergänzt werden.

3.2.4 Beispiel 4: Unterschiedliche Sequenz

Das Raumschiff befindet sich in der Endphase der Mission im Anflug auf das Zielgebiet. Dieses befindet sich wiederum in einer Wolke aus Gas und Staubpartikeln, die eine klare Sicht auf das Ziel nicht erlauben. Es gibt eine ungefähre Vorstellung vom Ziel, aber der genaue Landepunkt des Raumschiffes steht zu diesem Zeitpunkt noch nicht fest. Es werden zwei Varianten zur Bewältigung des Zielanfluges betrachtet. In der ersten Variante wird die Anflugphase schon im Vorhinein geplant und die wahrscheinlichste Position des Zielobjekts als Grundlage verwendet. Im Zielgebiet angekommen stellt sich die Annahme als falsch heraus, und es müssen mehrfach neue Planungen und Revisionen der Planung durchgeführt werden, bis der tatsächliche Zielpunkt wirklich erreicht wird.

In der zweiten Variante werden alle eingehenden Informationen über das Zielgebiet für die Neufestlegung des Kurses in das Zielgebiet genutzt. Die Sensoren des Raumschiffes erlauben immer wieder die Aufnahmen von Daten, die zur Revision der Planung bzw. des Kurses genutzt werden. Dies hat den Vorteil, dass eine Suche im Zielgebiet, d. h. eine umfassende Revision der ursprünglichen Planung, nicht erforderlich ist (Bild 3.8).

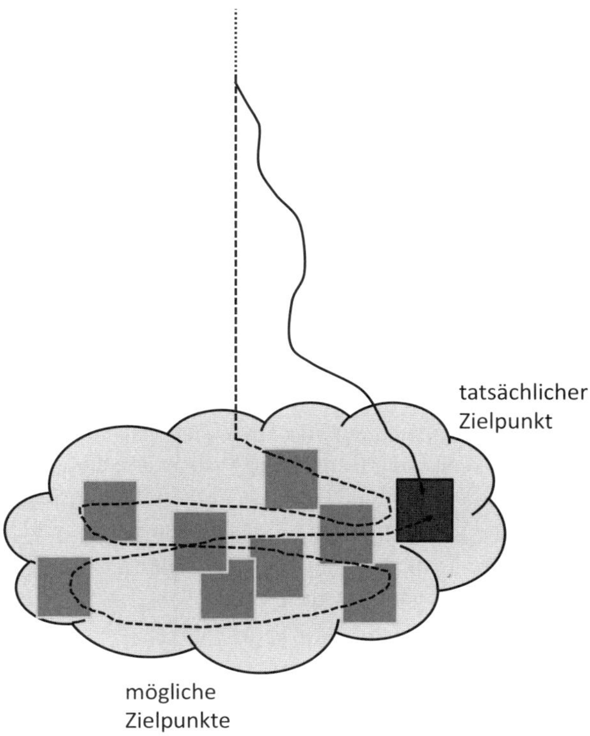

Bild 3.8 Projektverlauf mit unterschiedlicher Sequenz

In der Praxis ist diese Vorgehensweise in der Softwareentwicklung zu finden. Das Softwarepaket wird in funktionsfähigen Modulen entwickelt, die letztlich am Ende jeder Modulentwicklung ausführbar und beim Kunden implementierbar sind. Diese Vorgehensweise hat den Vorteil, dass ein schnelles Feedback des Kunden möglich ist, der angibt, ob die Entwicklung in die richtige Richtung geht. Außerdem werden Fehler relativ schnell erkannt, da unmittelbar nach der Entwicklung des Moduls getestet wird. Ein Fehler kann sich somit nicht durch mehrere Module ziehen.

Bei der klassischen Methode der Softwareentwicklung sind die Prozessschritte sequenziell angeordnet: Erst wird die gesamte Entwicklung durchgeführt, anschließend erfolgt der Test. Die Folge sind häufige und umfangreiche Überarbeitungen in einem zweiten Entwicklungsschritt, um die Fehler zu beseitigen. Darüber hinaus werden mehrere Iterationen bis zur Auslieferungsfähigkeit durchlaufen.

Sequenzielle Anordnung der Prozessschritte im Projektmanagement

- Der Kunde erhält schon in einer frühen Phase des Projekts einen fertigen und funktionsfähigen Bestandteil des Produkts. Dieser repräsentiert einen Teil des Werts des Endergebnisses.
- Der Kunde ist damit in der Lage, zu diesem funktionsfähigen Bestandteil klar Stellung zu beziehen. Erfüllt dieser Bestandteil nicht die Werterwartung, kann der Entwickler noch rechtzeitig reagieren.

3.3 Konsequenzen für das Projektmanagement

Die beschriebenen Beispiele zeigen auf, dass man sich von zu mechanistischen Überlegungen und von der Idee, durch eine einfache Systemvorstellung Projekte zu beherrschen, befreien muss. Im Einzelnen folgt aus den dargestellten Prinzipien:

- Zum einen kann durch hohen Ressourceneinsatz der Erfolg sichergestellt werden, zum anderen kann durch „schlanke“ Nutzung der „Kräfte des Universums“ aus einem scheinbaren Nachteil ein Vorteil erreicht werden.
- Die Abfolge einzelner Arbeitsschritte ist keinesfalls ohne Einfluss auf den Projekterfolg. Werden besonders „kritische“ Aufgabenstellungen in einer frühen Phase des Projekts bearbeitet, werden frühzeitig Risiken mit vergleichsweise geringem Aufwand bewältigt.
- Dass der Kunde bzw. Nutzer eines Projekts die Vorstellung über das Projektergebnis verändert, ist keineswegs eine „Bürde“ oder „Belastung“ für das Projekt und schon gar kein zusätzliches Risiko. Im Gegenteil: Der Wert des Projektergebnisses wird nicht alleine durch die projektdurchführende Organisation „abgeliefert“, sondern

dieser entsteht in der Zusammenarbeit im Rahmen des Projekts. Diese Tatsache anzuerkennen und in positiver Art und Weise zur Erstellung des Projektergebnisses zu nutzen, ist Aufgabe eines modernen Projektmanagements.

- Die Art und Weise der Bearbeitung eines Projekts in fachlich-inhaltlicher Sicht hat in manchen Fällen einen gravierenden Einfluss auf die Erfolgsfaktoren, wie Budget und Zeit. Eine Trennung von reiner administrativer „Verwaltung" des Projekts und der Art und Weise oder der Methodik der inhaltlichen Aufgabenbearbeitung und Abfolge der Arbeitspakete führt in vielen Fällen zum Misserfolg.

Diese vier erkannten Ansatzpunkte zur Erweiterung des Projektmanagements um die Ideen der Lean-Philosophie müssen um weitere Aspekte ergänzt werden, um zu einer umfassenden Integration des Lean Management in das Projektmanagement zu gelangen. Deshalb wird in den folgenden Ausführungen ein Katalog von Ansatzpunkten vorgestellt, der zur Entwicklung der Prinzipien des Lean Project Management führen soll.

Integrierte Projektplanung

Die enge Sicht auf den mehr oder weniger juristisch durch einen Vertrag festgelegten Beginn des Projekts verstellt den Blick auf die Potenziale zur Verbesserung des Projekterfolgs. Die Vor- und Nachphase des Projekts sind integrierter Bestandteil des Projekts. In der Vorphase werden oft gute Chancen für einen Projekterfolg vertan. Es ist deshalb lohnend, diesen Potenzialen größere Aufmerksamkeit zu widmen.

Die Nachphase erscheint vielen Projektmanagern als weniger bedeutend. Das „Aufräumen" und Archivieren sind die wesentlichen Inhalte aus Sicht des „klassischen" Projektmanagements. Die Möglichkeiten, aus den Erfahrungen des Projekts zu lernen, erlangtes Wissen für andere verfügbar zu machen und die Selbstreflexion zu nutzen, um die eigene Leistungsfähigkeit für die nächsten Projekte zu stärken, werden selten genutzt. Zwar liegen diese Ansätze mehr oder weniger innerhalb des klar definierten Umfangs des standardisierten Projektmanagements, die Intensität der Nutzung dieser Phase und die Strukturierung mittels festgelegter Routinen erscheinen jedoch fraglich. Gerade in Unternehmen, in welchen die Projektorganisation eine täglich gelebte Routine ist, muss auf die Nachphase weit höherer Wert als in singulären Projekten außerhalb unternehmerischer Strukturen gelegt werden.

Wert des Projektergebnisses

Der Wert des Projektergebnisses ist für den Kunden bzw. den Nutzer einer der Maßstäbe für die Bewertung des Erfolgs. Das Beispiel der Raumfahrtmission in eine Region mit beweglichen Zielen hat gezeigt, dass diese Situation zwar eine Herausforderung darstellt. Diese ist aber letztlich beherrschbar und bietet die Möglichkeit, den Kunden bzw. Nutzer in die Wertgestaltung mit einzubeziehen. Damit ergibt sich der Vorteil der Steigerung des Erkenntnisgewinns für den Kunden im Projektverlauf zur Erzielung eines höheren Projektwerts.

Demgegenüber erscheint ein Sammeln und Verifizieren von Anforderungen als ein eher „bürokratischer" Prozess. Es kommt bei der Wertdefinition letztlich nicht auf einen Katalog von Produkteigenschaften oder Funktionen z.B. eines Softwarepakets an, sondern auf die hinter diesen Anforderungen stehende Vision des Nutzers über das eigentliche Projektergebnis.

Konzeption des Wertstroms

Am Beispiel der Raumfahrtmission und der Strategien zur Kompensation der Gravitation verschiedener Objekte wurde deutlich, dass einerseits hoher Ressourceneinsatz, andererseits eine Nutzung der Kräfte zum Vorteil einander gegenüberstehen. Es kommt also nicht darauf an, das Ziel irgendwie zu erreichen, sondern möglichst ressourcenschonend zu erreichen.

Management by Objectives ist auch heute noch eine vielfach praktizierte Variante der Unternehmensführung. Ziele werden vereinbart, und der Erfolg eines Managers wird am Grad der Zielerreichung gemessen. Controller kennen den Satz „Sie bekommen, was Sie messen". Manager erreichen die gesetzten Ziele mit einer sehr hohen Eintrittswahrscheinlichkeit. Der Weg der Zielerreichung ist häufig mit einem höheren Ressourcenverbrauch verbunden als notwendig. Deshalb muss auch der Weg systematisch gestaltet werden. Da dies nicht der Fall ist, funktioniert Management by Objectives selten so, wie die Theorie sich das vorstellt.

Dies bedeutet, umgesetzt auf das Projektmanagement, dass ein Projekt, wenn der Weg zum Ziel nicht nach den Grundsätzen des „schlanken" Projektmanagements gesteuert wird, zur Verschwendung von Ressourcen führen kann. Es ist deshalb erforderlich, diesen Weg aktiv inhaltlich und methodisch so zu steuern, dass Verschwendung und unnötiger Ressourcenverbrauch weitestgehend vermieden werden.

Lieferantenintegration

Der Nutzen der Integration der Lieferanten mit hohem Beitrag zum Wert oder der im Projektergebnis enthaltenen Schlüsseltechnologie ist bereits im Beispiel 1 (mit oder gegen Kräfte) vorgestellt worden. Hier könnte durch Veränderung im Lieferantenmanagement ein Vorteil erzielt werden, der sich durch kooperative Gestaltung der Zusammenarbeit ergeben kann. Die Erschließung der speziellen und innovativen Fähigkeiten der Lieferanten zur Erstellung des Projektergebnisses kann dazu führen, dass die kommerziellen Interessen des Lieferanten das Projekt nicht „aus der Bahn werfen", sondern genutzt werden, um das Projekt schneller und effizienter zum Ziel zu bringen.

Projektleitung

Wie in den Beispielen deutlich wurde, kann sich das Projektmanagement in den dargestellten Fällen nicht auf eine verwaltende und kontrollierende Rolle zurückziehen. Vielmehr ist auch eine auf die zu bewältigende Aufgabe bezogene inhaltliche und methodische Kompetenz gefragt. Insofern ist eine strikte Trennung von Inhalt eines Projekts und dem Management zumindest fraglich. Es wäre deshalb zu prüfen, welche Funktion und Qualifikation ein Projektleiter oder besser ein Projektmanager mitbringen muss, um im Lean Project Management zu bestehen.

Methode der Projektdurchführung

Im Beispiel 4 (unterschiedliche Sequenz) konnte deutlich gemacht werden, dass die Methode der Projektdurchführung den Erfolg und das Ergebnis eines Projekts beeinflusst. Ob man das Wasserfallmodell oder Scrum zur Softwareentwicklung nutzt, wird ohne jeden Zweifel Einfluss auf den Erfolg haben. Die Wahl der Methode alleine den Experten zu überlassen, ist deshalb zumindest fraglich. Die Art und Weise des Projektmanagements ist deshalb auch eine Frage der konkreten Aufgabenstellung, die nach angepassten Konzepten verlangt. Der **One-size-fits-all-Ansatz** des standardisierten „klassischen" Projektmanagements ist deshalb zu hinterfragen.

Projektvision

Mit einer technischen Spezifikation eines zu entwickelnden Produkts kann man keine Mitarbeiter motivieren. Mit einer Vision durchaus. Experten des Change Management [12] sind der Auffassung, dass Veränderungen ohne eine Vision nicht möglich sind. Dies gilt nicht nur im Veränderungsmanagement. Gerade in Projekten ist die Motivation der Mitarbeiter nicht zu vernachlässigen. Vor allem dann, wenn das eigentliche Ziel des Projekts „aus dem Auge verloren wird", kann eine starke Vision hilfreich sein. Deshalb ist in jedem Projekt eine Vision zu entwickeln.

Projektkultur

Das Thema „Kultur" muss in einem Projekt in zweierlei Hinsicht gesehen werden. Zum einen geht es um die Frage unterschiedlicher kultureller Hintergründe der Mitarbeiter des Projektteams, zum anderen um die Projektkultur an sich. Hier soll die Projektkultur im Vordergrund stehen, da das Lean Project Management hierzu einen bedeutenden Beitrag liefern kann.

Es wird häufig die Frage aufgeworfen, ob Lean Management ohne den Hintergrund der japanischen bzw. fernöstlichen Kultur überhaupt die volle Wirkung entfalten kann. In einem Fachbuch (vgl. [4]) wird am Beispiel der Polarexpeditionen von Amundsen und Scott nachgewiesen, dass die Lean-Kultur keine Frage der regionalen Herkunft, sondern allein der persönlichen Einstellung und Haltung gegenüber Problemen, Herausforderungen und Fehlern ist.

Die Frage des Erfolgsbeitrags im Hinblick auf unterschiedliche Projektkulturen hin zu betrachten, erscheint deshalb als eine lohnende Sache. Sollte sich herausstellen, dass hier ein wesentlicher Baustein zum Projekterfolg zu sehen ist, stellt sich die Herausforderung der Umsetzung im Projekt. Gerade hier ist eine der größten Barrieren bei der Implementierung der Lean-Philosophie zu sehen.

Visual Management

Ein Projekt ist mit umfangreicher Dokumentation und Präsentationsunterlagen verbunden, welche z. B. den aktuellen Projektstatus dokumentieren. Wie diese Art der Darstellung eines Status oder einer aktuellen Situation erfolgt, ist keine Frage des „Geschmacks" oder der Vorgaben im Rahmen des Qualitätsmanagementsystems eines Unternehmens, sondern der Zweckmäßigkeit und der Frage, welche Zeit erforderlich ist, um die Informationsgrundlagen einer Sache zu erfassen und eine Entscheidung zu treffen.

PowerPoint-Präsentationen verstecken oft mehr Informationen, als diese vermitteln. Das Lean Management beinhaltet das sogenannte Visual Management, welches nach dem Prinzip der Reduzierung bzw. Eliminierung von Verschwendung aufgebaut ist. Ein Sachstand soll schnell erfasst werden, sodass Entscheidungen ohne Zeitverschwendung getroffen werden können.

Ausgeglichenheit der Ressourceninanspruchnahme

Die Projektleiter beklagen oft, dass Teammitglieder einerseits mit Aufgaben extrem überlastet sind und andererseits auf die Fertigstellung vorgelagerter Arbeitspakete warten (müssen). Diese Über- oder Unterauslastungen von Projektmitarbeitern sind nicht immer vermeidbar. Das Ergebnis dieser Situation ist jedoch Verschwendung, die keinen Beitrag zum Wert des Projektergebnisses leistet.

Im Lean Management wird deshalb bei der verwendeten Methodik und in der Planung darauf geachtet, dass diese unerwünschten Situationen möglichst nicht auftreten. Dieser Grundsatz ist zwar für Produktionsprozesse entwickelt worden, lässt sich aber auf die Organisation der Projektarbeit in angepasster Form übertragen. Scrum liefert den Beweis.

Bedarfsgerechte Erstellung der Leistungen

Wird eine Leistung erstellt, bevor diese benötigt wird, entsteht das Risiko, dass sich die Grundlage, auf welcher die Leistung erstellt wurde, geändert hat. Damit wird die Leistung obsolet und muss im schlimmsten Fall noch einmal erstellt werden. Um dies (und die damit verbundene Verschwendung) zu vermeiden, wäre eine zeitaktuelle Erstellung anzustreben. Dieses Prinzip aus dem Lean Management kann, in gewissen Grenzen, auf das Projektmanagement übertragen werden. Der Vorteil wären eine Reduzierung der erforderlichen Ressourcen zur Erstellung des Projektergebnisses und die Vermeidung der Risiken einer Nacharbeit oder Neuerstellung einzelner Aufgabenpakete.

Streben nach Perfektion

Das Lean-Prinzip „Streben nach Perfektion“ beinhaltet die ständige Verbesserung von Prozessen, Abläufen und Standards in Richtung der Vision. Die Vision hat an dieser Stelle zwei Dimensionen. Zum einen das Projekt selbst, d. h., die Projektvision beinhaltet sozusagen den „Kompass“ oder besser die Geokoordinaten, die am Ende des Projekts erreicht werden sollen. Perfektion bedeutet in diesem Zusammenhang, die Projektarbeit so zu gestalten, dass dieser Vision so nahe wie möglich gekommen wird.

Die zweite Dimension betrifft die projektführende Organisation. Gerade da, wo Projekte die Arbeitsorganisation bestimmen, wie z. B. in der Produktentwicklung in der Automobilindustrie oder in der Softwareentwicklung, ist es vorteilhaft, die Erfahrungen aus den Projekten zu nutzen, um die Projektarbeit selbst immer weiter zu perfektionieren. Hier besteht ein weiterer Ansatzpunkt, die Lean-Philosophie für das Projektmanagement zu nutzen.

Zentrale Aspekte

- Integrierte Projektplanung
- Wert des Projektergebnisses (entsteht in der Zusammenarbeit im Rahmen des Projekts)
- Konzeption des Wertstroms (Ressourceneinsatz)
- Lieferantenintegration
- Projektleitung
- Projektdurchführung (Methode; Abfolge der Arbeitsschritte; keine Trennung von reiner administrativer „Verwaltung" des Projekts und der Methodik der inhaltlichen Aufgabenbearbeitung und Abfolge der Arbeitspakete)
- Projektvision
- Projektkultur
- Visual Management
- Ausgeglichenheit der Ressourceninanspruchnahme
- Bedarfsgerechte Erstellung der Leistungen
- Streben nach Perfektion

3.4 Mit Lean Project Management zum Projektoptimum

Die Projektwelt ist speziell. Sie ist herausfordernd, komplex, dynamisch und volatil. Und es fehlen in (fast) jedem Projekt entscheidende Ressourcen: Finanzressourcen, Personalressourcen, Handlungsspielräume und vieles mehr. Lean Project Management ist also in allen Projekten ein Gebot der Stunde. Wie sind unter dieser Voraussetzung Projekte unter Anwendung eines Lean Project Management optimal zu planen und zu organisieren? Objektiv gesehen wird diese Frage niemand abschließend beantworten können. Es gibt jedoch eine Reihe von Ansätzen, die jedes Projekt einen entscheidenden Schritt in Richtung Optimum voranbringen (wo immer dieses dann exakt liegt).

Diese Optimierungsansätze sind in Bild 3.9 dargestellt. In dieser Übersicht wird deutlich, dass das Konzept des Lean Project Management zwei Gestaltungsfelder aufweist: die Kernansatzpunkte der eigentlichen Lean-Philosophie sowie die damit verbundenen Schlüsselthemen der Projektrealisierung.

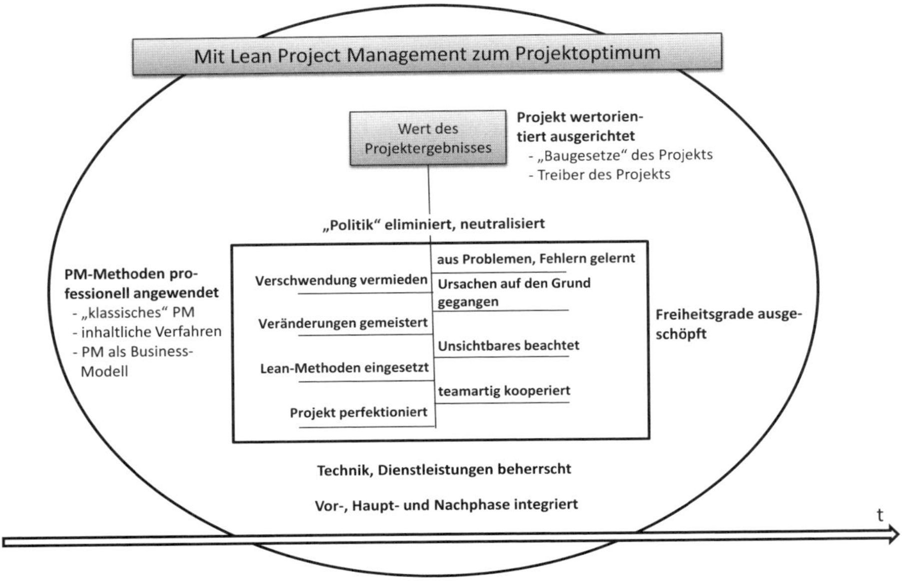

Bild 3.9 Mit Lean Project Management zum Projektoptimum

3.4.1 Lean-Philosophie in Projekten

Im Zentrum der Optimierung von Projekten steht in der Lean-Philosophie die konsequente Ausrichtung des Gesamtprojekts auf die zu realisierenden Werte. Ein Projekt ist mehr oder minder optimal gelaufen, wenn sich die mit diesem Projekt angestrebten Werte tatsächlich realisieren ließen.

Ein Projekt ist niemals Selbstzweck. Es wird entwickelt, aufgesetzt und durchgeführt, um neue Werte zu schaffen. Wer kann aus einer Idee ein Projekt generieren, Projektziele setzen, ist der Nutznießer des Projekterfolgs, kann die erforderlichen finanziellen Ressourcen mobilisieren, schafft es, ein Projekt gegen alle Widerstände zum Erfolg zu führen? Aus Sicht des Lean Project Management entsteht ein stabiles Projekt erst dann, wenn durch das Projekt tatsächlich stabile Werte geschaffen werden. Alle anderen Größen sind abgeleitet. Ein neues Projektthema kann nur derjenige besetzen, dem zugetraut wird, damit ein stabiles Geschäft oder anderweitigen Nutzen zu realisieren. Für die Promotion und Erreichung von Projektzielen findet sich Gefolgschaft, wenn mit einiger Gewissheit erwartet werden kann, dass am Ende ein „Surplus“ entsteht. Finanzinstitutionen oder Fonds stellen für Projekte finanzielle Mittel zur Verfügung, wenn ihre Risikoanalysen in Richtung Wertzuwachs weisen und im notwendigen Umfang Rückflüsse ermöglichen. Wer Projekte entwickelt, aufsetzt und durchführt, ist gut beraten, mit größtmöglicher Objektivität zu bewerten, welche Werte tatsächlich geschaffen werden und wohin die Reise geht. Wer sich dem Lean Project Management verpflichtet sieht, setzt insbesondere an diesem Punkt an.

Stimmt die Gleichung mit dem Wertzuwachs, haben Projekte selbst bei schwierigsten Voraussetzungen eine erhebliche Chance, realisiert zu werden. Hierfür soll das Viaduc de Millau, ein 400-Millionen-Euro-Brückenbauwerk der französischen Nord-Süd-Autobahn A75, etwa 115 Kilometer nördlich von Montpellier und Béziers, als Beispiel dienen. Das Tal des Flusses Tarn stellte ein unter normalen Voraussetzungen unüberwindbares Hindernis für den Autobahnbau dar. Der Status quo war aus mehreren Gründen nicht mehr tragbar: Staus, Unfälle, Behinderung der Regionalentwicklung. Die Lösung war eine politische, ökonomische wie technische Herausforderung und Meisterleistung. Das Vertrauen in die mit dieser Brücke erhofften Entwicklungen bzw. zu schaffenden Werte stellte das Fundament für die politische Akzeptanz, Finanzierung und technische Realisierung des Projekts dar. Hierfür wurden die Konzession für den Bau und Betrieb/Instandhaltung der Brücke an das Unternehmen Compagnie Eiffage du Viaduc de Millau, einem Tochterunternehmen von Eiffage, und die Erhebung einer Maut für die lange Zeitspanne bis 2079 (hic!) vergeben. Die Freigabe der Brücke für den Verkehr erfolgte 2004.

Ob dieses Projekt aus Sicht des Lean Project Management zu 100 % optimal gelaufen ist, sei dahingestellt. Der Stolz aller Beteiligten bei Eröffnung dieses Bauwerks ist allerdings gerechtfertigt. Die eigentliche Jahrhundertleistung bestand darin, dass es den Treibern und allen Mitwirkenden dieses Projekts gelang, über die lange politische Willensbildungs-, Planungs-, Bau-, Realisierungs-, Betriebs- und Finanzierungsphase von knapp 100 Jahren diesem Projekt Sinn zu geben. „Sinn“ ist hier mit „Wert“ gleichzusetzen.

Ähnlich ließe sich für die beiden Brücken über den Großen Belt oder die Europabrücke bei Innsbruck argumentieren, wobei mindestens genauso viele Projektbeispiele aus Industrie, Dienstleistungen oder anderen Bereichen herangezogen werden könnten.

Auch aus Negativ-Erfahrungen lässt sich lernen. Die Lean-Philosophie hat dies sogar zu einem wichtigen Prinzip erhoben. Einer der entscheidenden Optimierungsansätze des Lean Project Management besteht darin, aus Problemen und Fehlern zu lernen. Größere Probleme und fatale Fehler sind in der Produktion eher auf die Anfangsphasen beschränkt. Im Projektgeschäft sind diese hingegen im gesamten Lebenszyklus eines Projekts möglich, weshalb das Lean Project Management eine radikale Kultur des Lernens aus Problemen und Fehlern empfiehlt.

> In einem Projekt sollten aus Sicht des Lean Project Management Probleme und Fehler früherer und des laufenden Projekts konstruktiv und systematisch berücksichtigt sowie deren Beseitigungen konsequent angegangen werden.

Es lässt sich beobachten, dass vor allem dann Problem-, Krisen- und Sanierungsprojekte entstehen, wenn diese Lernkultur fehlt. Das folgende Beispiel, das gleichzeitig gegen mehrere Ansätze des Lean Project Management verstößt, kann dies besonders gut verdeutlichen:

Vor Jahren wurde in Deutschland das Cargolifter-Projekt aus der Taufe gehoben. Die Idee hinter dem Projekt bestand darin, ein Lastenluftschiff auf industrieller Basis zu entwickeln, zu bauen und mit den Luftschiffen Logistikdienste anzubieten. Dieser Typ Luftschiff sollte in der Lage sein, Lasten bis zu 160 Tonnen zu befördern und damit dem Großanlagenbau als globale logistische Problemlösung ohne Nutzung teurer Bodeninfrastruktur zu dienen. Die Macher und Mitwirkenden dieses Projekts waren trotz vielzähliger und seriöser Hinweise auf existierende Probleme und Fehler im Grundansatz von einer geradezu missionarischen „Lernabstinenz" geprägt:

- Die begründete und bereits zu Beginn des Projekts geäußerte Skepsis der Luftfahrtindustrie bezüglich Markt, Entwicklungskonzept und -kosten, Return on Investment, fehlender Flugrechte etc. wurde ignoriert (Problem/Fehleinschätzung: mögliche Partner).
- Der Großanlagenbau, Ölfirmen und andere mögliche Kunden waren bereit, Interessenbekundungen für die Nutzung des künftigen Angebots abzugeben; wirklich verbindliche Vereinbarungen für die Zusammenarbeit konnten nicht erzielt werden (Problem/Fehleinschätzung: Markt).
- Jedem im Projektteam musste die erhebliche bis fast vollständige Zurückhaltung der „großen" Politik gegenüber dem in der Öffentlichkeit sehr bekannten Projekt auffallen. Begrenzte Unterstützung gab es nur im Windschatten der Förderlandschaft der Wiedervereinigung der Bundesrepublik Deutschland (Problem/Fehleinschätzung: politische Unterstützung).
- Bereits beim Projektstart gab es Diskussionen in Fachkreisen und in der Öffentlichkeit beispielsweise zu den noch nicht ausgereiften Technologien und der Unterschätzung der Forschungs- und Entwicklungs-Kosten, zu den fehlenden Kapazitäten und Fähigkeiten im Team, zur niedrigen industriellen Erfahrung, zur Finanzschwäche, zur geringen Risikowahrnehmung oder zum fehlenden Geschäftsmodell (Problem/Fehleinschätzung: Fähigkeiten und Ressourcen).

Die Liste ließe sich fortsetzen. Gemessen an diesen Voraussetzungen ist dem Projektteam und insbesondere dessen Galionsfigur eine beachtliche Marketing-Fähigkeit zu bescheinigen. Immerhin gelang es den Projektverantwortlichen, rund 600 Millionen Euro für dieses Projekt zu mobilisieren. Als sich allerdings die Probleme und Fehleinschätzungen bei den Investoren (Aktien, industrielle Beteiligte, öffentliche Unterstützer) nicht mehr verheimlichen ließen, ist das Kartenhaus rasch in sich zusammengefallen. Das Projekt hatte zu diesem Zeitpunkt einen Reifegrad von vielleicht 10 bis 15 % erreicht. Expertenschätzungen zufolge ist ein solches Projekt durch ein erfahrenes Unternehmen der Luftfahrtindustrie mit einem Projektvolumen von rund zwei Milliarden Euro in zehn bis zwölf Jahren realisierbar, allerdings ohne die Gewissheit, dass für dieses Produkt ein Markt besteht.

Ein Projekt bewegt sich in Richtung Optimum, wenn

- ... **Verschwendung systematisch vermieden** wurde, z. B. dadurch, dass a) Erkenntnisse aus vergleichbaren Projekten systematisch genutzt wurden und das Rad nicht wieder neu erfunden wurde, b) nur die Regularien, Strukturen und Prozesse im Projekt institutionalisiert wurden, die auch zum Projekterfolg beitragen, oder c) projektrelevante Funktionen wie das Einkaufs-, Personal- oder Qualitätsmanagement projektnah (und nicht fern in der Zentrale) eingesetzt wurden.
- ... alle Projektverantwortlichen und -beteiligten eine tiefe Kenntnis und ein umfassendes Projektverständnis erworben haben, indem sie allen **Fragestellungen und Zusammenhängen vor Ort auf den Grund** gingen. „Management by Helicopter" ist genau das Gegenteil von dem, was von einem Lean Project Manager erwartet wird.
- ... sich das Lean Project Management immer auch ein als Change Management verstand und vor diesem Hintergrund alle wesentlichen **Veränderungen meistern konnte**; dies resultiert insbesondere aus der Volatilität von Projekten.
- ... die **Methoden** des Lean Project Management konsequent eingesetzt wurden, wozu insbesondere die Instrumente zählen, die zur präzisen Beschreibung des Werts eines Projektergebnisses zählen.
- ... das Lean Project Management gleichzeitig **sichtbare und unsichtbare Elemente** des Projektumfelds und Projektgeschehens beachtet und sich in beide Richtungen optimiert hat; sichtbar sind alle offiziellen und kommunizierten Projektinhalte, unsichtbar hingegen ist alles, was zunächst nicht als Teil des Projekts erscheint, dieses aber wesentlich beeinflusst.
- ... das Lean Project Management das Projekt **im Team perfektioniert** hat.

3.4.2 Mit der Lean-Philosophie verbundene Ansätze

Jedes Projekt ist genau genommen ein Unikat, sei es aufgrund der Projektkonstellation, der Zusammensetzung der Stakeholder, der zu bearbeitenden Aufgabenstellung, der Zusammensetzung des Projektteams, der Projektumgebung oder anderer Gesichtspunkte. Die Projektverantwortlichen und -beteiligten müssen schon in der Vorphase, zuletzt aber bei Mobilisierung eines Projekts zu einem Konsens finden, wie sie das Projekt aufsetzen, führen und bearbeiten. In einem Projekt treffen 20, 30, 50, 100, 400 oder eine noch größere Zahl von Teammitgliedern unterschiedlicher Provenienz (meist) neu aufeinander. Jedes Teammitglied bringt persönliche und projektspezifische Interessen, aber auch Ansprüche der entsendenden Einheit mit in das Projekt. In vielen Projekten ist bis zuletzt ein erhebliches Maß an „Politik" im Spiel. „Politik" ist Engagement und so eine Triebkraft, die das Projekt voranbringen kann. „Politik" kann aber auch ein klarer Indikator für Interessendivergenzen sein. Handelt es sich dabei um Nebenschauplätze des Projekts, hat dies eher begrenzt Einfluss auf das Projektergebnis. Aber auch Interessendivergenzen in Neubauschauplätzen können sich fallweise in einem Maße aufschaukeln, dass das Projekt maßgeblich gestört wird. Störend sind in diesem Zusammenhang insbesondere „politische" Projektkonstellationen mit vielen „Fürsten" und fehlendem starkem Machtzentrum (Projektleitung). Interessendivergenzen in Hauptthemen, allen voran in der Bewertung der zentralen Wertbeiträge des Projekts, führen fast immer zu projektbedrohenden Konflikten. Ein Projekt befindet sich deshalb in einem optimalen Zustand, wenn es gelingt, **„Politik" produktiv zu steuern, zu eliminieren oder zu neutralisieren**. Beim Lean Project Management ist der professionelle Umgang mit „Politik" deshalb ein Muss.

Selbst kleine Projekte können bereits einen enormen Komplexitätsgrad aufweisen. Die Frage, was Teil des Projekts und was Rahmenbedingung ist, lässt sich nicht immer einfach beantworten, muss aber vom Projektmanagement klar entschieden werden. Integrale Bestandteile des Projekts sind aktiv zu „managen"; **Rahmenbedingungen sind im Projekt zu berücksichtigen, aber durch dieses nicht zu gestalten**. Konfusion in diesem Punkt führt zu beachtlichen Fehlinvestitionen. Ein Beispiel soll dies verdeutlichen.

Seit dem Terroranschlag „9/11" arbeiten weltweit Unternehmen an Projekten für die Entwicklung von Container-Security-Produkten und -Dienstleistungen. Ein technologisch bereits gut beherrschter Ansatz sind sensorbasierte Überwachungsinstrumente im Innern des Containers mit kontinuierlicher Datenverbindung in eine Zentrale und vorauslaufender Information an sicherheitszuständige Stellen bei Grenzübertritten (Grenzstellen an Häfen, Flughäfen und anderswo). Die Kosten für die Nutzung solcher Systeme für Logistikdienstleister sind enorm, weshalb sich diese Systeme in der Praxis nicht durchsetzen.

Dennoch laufen einige dieser Entwicklungsprojekte immer noch. Hintergrund ist ein Webfehler bereits in der Begründung bzw. zu Beginn des Projekts. Die Promotoren dieser Technologie schielen auf eine Exklusiventscheidung der Homeland-Security-Behörde der USA für ihre Technologie. Sie nehmen des Weiteren an, dass diese Entscheidung der Homeland-Security-Behörde zu einer weltweiten Anerkennung der Technologie durch alle zuständigen nationalen Behörden zur Folge hat; einige gehen in ihren Überlegungen und Argumentationen sogar so weit, dass sie das Lobbying für diese Technologie und damit die erwartete Entscheidung für diese Technologie als integralen Teil ihres Projekts betrachten.

Diese Promotoren haben richtig erkannt, dass der Nutzung und Verbreitung dieser Technologie und der darauf aufbauenden Dienstleistung eine behördliche Exklusivregelung vorausgehen muss. Es gibt jedoch weder für die Homeland-Security-Behörde noch andere nationale Behörden einen Grund, eine Exklusiventscheidung für die eine oder andere Technologie zu treffen. Es gibt Alternativen.

Dieses Beispiel stützt also die Erkenntnis, dass alles, was sich durch das Projekt nicht aktiv gestalten lässt, Teil der Rahmenbedingung ist und als solche akzeptiert werden muss.

Das Projekt ist die Organisationsform für zeitlich befristet erstellbare und in sich geschlossene Aufgabenstellungen. Im Kern werden im Projekt **Leistungen zu einem Ganzen integriert.** Die Integration der Leistungen läuft optimal, wenn die notwendigen **Systeme, Technologien und Dienstleistungen beherrscht** werden, die für die erfolgreiche Erledigung der Aufgabenstellung erforderlich sind.

Die bekannten **Methoden des Projektmanagements** sind Bestandteil des Lean Project Management. Je konsequenter diese Methoden in einem Projekt angewendet werden, desto höher ist die Wahrscheinlichkeit für einen Projekterfolg, desto eher bewegt sich das Projekt in Richtung Optimum. Gleichzeitig ist zu beachten, dass sich die Methoden des Projektmanagements und des Lean Management nicht paralysieren.

Abschließend ist festzustellen, dass die dargestellten Optimierungsansätze auf die jeweiligen Bedingungen in der Praxis zuzuschneiden sind. Es gibt im Lean Project Management keine feststehenden und in jedem Fall anwendbaren Werkzeuge. Vielmehr ist es wichtig, im einzelnen Projekt die tatsächlichen Anforderungen an das Management richtig einzuschätzen und die geeigneten Maßnahmen zu setzen. Im nächsten Kapitel wird das Modell des Lean Project Management vorgestellt. Dieses soll helfen, ein neues Verständnis für das Management von Projekten zu entwickeln.

4 Modell Lean Project Management

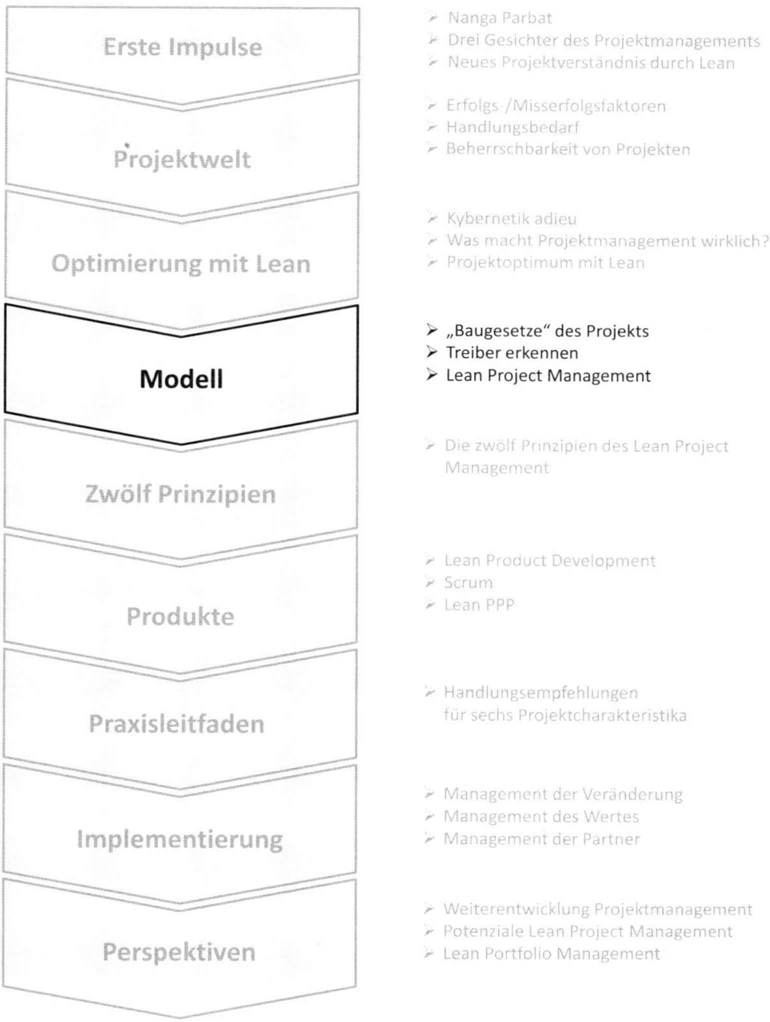

Bild 4.1 Kapitelübersicht

4.1 „Baugesetze“ des Projekts

Projekte bewegen sich nicht im Vakuum. Sie sind vielmehr Teil einer realen Welt mit ihren Strukturen, Erwartungen und teilweise auch Widersprüchen. Lean Project Management ist aufgrund dieser Voraussetzung stets ein Balanceakt, der Lean Project Manager entsprechend der Garant für die Erzielung des Projekt-Optimums. Worin besteht die Balance, wann, wie und womit hat der Lean Project Manager zu jonglieren? Dieser und die folgenden Abschnitte werden verdeutlichen, was der Lean Project Manager alles verstehen muss, damit er seine Aufgabe wirklich optimal erfüllen kann, und wo Lean Project Management besonders erfolgversprechend ist. Es wird systematisch Einblick in die „Baugesetze“ der Projekte und die tatsächlichen Möglichkeiten der Optimierung von Projekten unter Anwendung der Lean-Philosophie gegeben.

4.1.1 Ganzheitliche Betrachtung

Nehmen wir einen Forscher der Medizintechnik, der die schöne Aufgabe hat, in einem Team hervorragender Marketing-Spezialisten, Ärzte und Techniker an einem völlig neuen medizintechnischen Produkt zu arbeiten. Dieses soll weltweit vertrieben werden. Das Projektmanagement für diese Produktentwicklung ist der Lean-Philosophie verpflichtet. Der erwähnte Forscher hat einen direkten Ansprechpartner im Projektmanagement. Beide verstehen es sehr gut, eine gemeinsame und im Sinne des Lean Management optimierte Linie für die Ausrichtung und Durchführung des Forschungsbeitrags im Projekt zu finden. Erfolgsrezept hierfür war das breite und tiefe Verständnis des Projektmanagers für das komplexe Zusammenspiel der unterschiedlichen Themen im Projekt und für die entscheidenden Notwendigkeiten, die sich aus dem Markt ergeben. Wesentlich trug auch die Offenheit und Bereitschaft des Forschers zum Erfolg bei, die Kompetenz des Projektmanagers im Sinne eines Sparringspartners anzuerkennen. Diese ging weit über eine Management- und Methodenkompetenz hinaus.

Was damit gesagt werden soll, ist Folgendes: Jeder Beitrag zu einem Projekt, und sei er noch so klein, hat einen Bezug zum Ganzen. Das Ganze im vorliegenden Fall ist nicht mehr und nicht weniger als ein adäquates Verständnis der Märkte für das neue medizintechnische Produkt in den Schlüsselländern sowie der Chancen des Unternehmens und des entwickelten Produkts auf diesen Märkten und nicht zuletzt die probate Zusammenarbeit der verschiedenen Experten im konkreten Projekt zur Findung des Projekt- und Produktoptimums. Das Ganze ist also immer auch Teil eines jeden einzelnen Bausteins eines Projekts sowie aller Bausteine in Wechselwirkung.

> Jeder Beitrag zu einem Projekt hat einen Bezug zum Ganzen. Das Ganze ist immer auch Teil eines jeden einzelnen Bausteins eines Projekts sowie aller Bausteine in Wechselwirkung.

Diese Erkenntnis klingt selbstverständlich, ist es aber in der Welt der Projekte nicht. Die meisten Verantwortlichen und Mitwirkenden in Projekten haben – wenn überhaupt – nur ein sehr grobes Verständnis des Ganzen und dessen Relevanz für die einzelnen Aktionen im Projekt. Deshalb soll an dieser Stelle der Gedanke noch etwas vertieft werden.

Was ist die bestimmende Klammer für das Bahnentwicklungsprojekt von Khartoum nach Port Sudan? Wir sprechen über 800 Kilometer Bahnstrecke und eine neunstellige Investitionssumme. Die Klammer ist das Tauschgeschäft Öl gegen Infrastruktur. Die Bahnstrecke wird von chinesischer Seite gebaut. Im Gegenzug erfolgt die Finanzierung der Bahnstrecke mit sudanesischem Öl. Für das Projekt bedeutet dies, dass mit dieser Entscheidung chinesische Technologie, Bahnorganisation, Sicherheitsstandards sowie zahlreiche weitere Spezifika der chinesischen Bahnindustrie über Jahrzehnte eingekauft werden. Der Umstieg auf andere Standards ist nicht einfach. Für das Projektmanagement auf sudanesischer Seite bedeutet dies Folgendes: Wollen die sudanesischen Regierungsverantwortlichen und Projektmanager ihre Entscheidungen auf Augenhöhe treffen, ist maßgebend, dass sie in der Lage sind, mit ihren chinesischen Counterparts in allen finanziellen, technischen und organisatorischen Fragen gleichzuziehen, und zwar schon vor Beginn des Projekts und über die gesamte Laufzeit. Der Tauschwert zwischen Bahninfrastruktur und Öl muss der tatsächlichen Investitionssumme für die Bahninfrastruktur entsprechen. Die Investitionssumme ist gleichzeitig das Projektbudget. Von Anfang bis Ende muss die sudanesische Projektmannschaft das Gesamtprojekt und alle Details im Hinblick auf Vertragskonformität und technische, organisatorische sowie operative Leistungsfähigkeit im Auge haben. Sie muss jegliche Abweichung erkennen können, zeitnah Einspruch erheben und gegebenenfalls mit der chinesischen Seite für Abweichungen Lösungen erarbeiten. Die sudanesische Projektmannschaft muss auch alle Vorkehrungen treffen, dass die sudanesische Bahn zum Zeitpunkt der Eröffnung der Bahnstrecke in der Lage ist, diese und den Betrieb zu übernehmen und operativ zu führen. Es handelt sich also nicht um ein chinesisches, sondern ein chinesisch-sudanesisches Projekt mit längerer Laufzeit. Dies muss bis zum „letzten“ Mitarbeiter des sudanesischen Projektmanagements verstanden werden. Entsprechend professionell muss dieses Team aufgestellt sein und handeln.

Dies genau ist die Anforderung an ein Lean Project Management: das Projekt – ausgehend vom Wert dieses Projekts – in seiner Gesamtheit zu sehen, zu organisieren und zu treiben. Für die chinesische Seite trifft dasselbe zu. Das Projekt umfasst also nicht alleine die operativen Bausteine und Vorgänge, die man normalerweise bei Projekten im Auge hat.

Ein Projekt ist aus Sicht des Lean Project Management die Gesamtheit aller Voraussetzungen, Bausteine und Vorgänge zur optimalen Erzielung eines angestrebten Werts. Dabei sind die „Baugesetze“ des Gesamtprojekts bestimmend für alle Teilelemente, so auch für den operativen Projektkern und alle beteiligten Organisationen.

In jedem Projekt gibt es also einen operativen Kern, die engere Projektmannschaft, die alle Projektverantwortlichen und -mitarbeiter umfasst. In der Realität treffen wir bei der Mehrzahl der Projekte bestenfalls mehrere operative Kerne an. Oft sind es gerade die Auftraggeber von Projekten, die ihren operativen Anteil am Gesamtprojekt vergessen, systematisch zu planen und zu implementieren. Was der Kunde tut oder unterlässt, ist also nicht immer richtig. Es ist auch noch wenig verbreitet, dass z.B. die Auftraggeber- und Auftragnehmerorganisation in einem Projekt den Schulterschluss sucht, also mit einer gemeinsamen Projektmannschaft die Aufgabe erfüllt. Der Fall mit zwei operativen Kernmannschaften ist sogar bereits ein Fortschritt gegenüber vielen bisherigen Projekten. Häufig wird überhaupt nur aufseiten der Auftragnehmerorganisation wirklich gearbeitet. Beim Sudan-Beispiel könnte man sich Folgendes vorstellen: Die sudanesische Seite lässt sich das Bahnobjekt optimal verwirklichen und scheitert am Betrieb, weil sie die eigenen Hausaufgaben während des Projekts vernachlässigt hat.

Das Beispiel soll verdeutlichen, dass die projektrelevanten Besonderheiten dieser beteiligten Organisationen integraler Bestandteil des Projekts und als solche im Projektmanagementverständnis zu berücksichtigen sind. Es gibt z.B. Auftraggeber von Projekten, deren Einkaufsabteilung den Preis eines Gebots als das alleine bestimmende Kriterium für die Vergabeentscheidung akzeptiert. In Kenntnis dieses Sachverhalts neigen die Bieter zu extrem abgespeckten Lösungsvarianten und damit konkurrenzfähigen Preisen. Die Auseinandersetzung zwischen überhöhten Qualitätserwartungen (Auftraggeberseite) und lösungsorientierter Kostenoptimierung (Auftragnehmerseite) sind damit vorprogrammiert. Diese bestimmt vom ersten Tag an den Projektverlauf sowie das Projektergebnis mit. Das Ergebnis ist nicht selten negativ: versteckte oder sichtbare Mehrkosten auf Auftraggeberseite und Margenprobleme bis hin zu Insolvenzen auf der Auftragnehmerseite. Wie immer der Projektverlauf und das Projektergebnis von einem solchen Einkaufsmodell beeinflusst werden, das Vergabemodell ist auf jeden Fall integraler Bestandteil des Projekts. Gleiches gilt für alle anderen projektrelevanten Gesichtspunkte.

Die vereinfachten Prinzipskizzen in Kapitel 1 weisen des Weiteren auf die Genehmigungsbehörde als Teil des Projekts hin. Die Genehmigungsbehörde ist im Lean Project Management integraler Teil eines Projekts, da sie über die Regelkonformität (Gesetze, Verordnungen usw.) des Projektergebnisses entscheidet, beispielsweise ob die Brandschutzanlagen eines neuen Flughafens oder die Apothekenausstattung einer neuen Apotheke den öffentlichen Auflagen entsprechen.

Nehmen wir das Beispiel der Genehmigung eines Brandschutzkonzepts und von Brandschutzanlagen für einen neuen Großflughafen, ein für die verantwortliche Genehmigungsbehörde wie den Beantragenden singuläres Ereignis. Das Thema ist komplex und der Flughafen nicht mit einem normalen Gewerbebau vergleichbar. Ein spezielles Regelwerk für den Brandschutz in diesem Sonderfall existiert nicht. Im Sinne des Lean Project Management ist auch die Genehmigungsbehörde Teil des Projekts und der Lösung, weil diese nicht nur – wie bei Standardbauwerken – ihre abschließende Zustimmung gibt, sondern in den verschiedenen Phasen der Planung und des Baus des Großflughafens die Flughafengesellschaft beratend unterstützt und im besten Fall eine hoch professionelle Sparringspartnerin der Flughafengesellschaft ist. Beide, Flughafengesellschaft wie Genehmigungsbehörde, lernen im Projekt und kommen zu einer für alle Seiten vertretbaren abschließenden Lösung. Jeder für seinen Teil und im Rahmen seines Verantwortungsbereichs hat diese Lösung dann zu verantworten. Es gibt allerdings auch die andere mögliche Form der Positionierung einer Genehmigungsbehörde in einem derartigen Großprojekt: Dieses Projekt wie normale Gewerbebauten zu behandeln und eine rein beurteilende Position einzunehmen. Für die Flughafengesellschaft steigt in diesem Fall die Gefahr von Fehlplanungen und -entscheidungen, dies auch dann, wenn umgekehrt die Flughafengesellschaft nicht den Schulterschluss mit der Genehmigungsbehörde sucht.

Selbst bei kleinen Investitionsprojekten, wie einem Apothekenneubau mit einem Investitionsvolumen von rund ein bis zwei Millionen Euro, kann entscheidend sein, in welchem Umfang eine Genehmigungsbehörde kooperiert bzw. sich als Teil der Problemlösung versteht. In einem konkreten Fall sollte die neue Apotheke im Erdgeschoss eines großen Wohngebäudes untergebracht werden. Die Raumhöhe war im hinteren Teil des vorgesehenen Geschäftslokals zu niedrig (betraf Nachtdienstzimmer, Teeküche, Labor, Gänge). Allerdings bestand die Möglichkeit zu einer Ausnahmeregelung für den Fall, dass sich die Angestellten dort nur für begrenzte Zeit des Arbeitstages aufhielten. Wie zum Zeitpunkt des vorgesehenen Vertragsabschlusses und bei Nicht-Vorhandensein einer genehmigungsfähigen Apothekenplanung eine solche Ausnahmegenehmigung erhalten? Zudem zu einem Zeitpunkt, bei dem für die Genehmigungsbehörde noch nicht einmal eine rechtliche Voraussetzung bestand, aktiv zu werden. Die Lösung war wie folgt: Die Genehmigungsbehörde hatte sich bereit erklärt, sich mit dem Thema zu befassen und eine vorläufige, rechtsunverbindliche Empfehlung auszusprechen. Hätte die Behörde eine andere Position eingenommen, wäre dieses Projekt nicht zustande gekommen. Ein kleines mittelständisches Unternehmen wie eine Apotheke kann kein Geschäftslokal übernehmen, das dann gegebenenfalls nicht für diese Zwecke zu nutzen ist. Wie sich die Genehmigungsbehörde bei diesem Projekt auch immer verhielt: Sie war Teil des Erfolgs des Projekts.

Bereits in kleinen Projekten ist die Zahl der involvierten projektbeteiligten Unternehmen und Institution nicht zu unterschätzen. So waren im dargestellten Apothekenprojekt rund 20 Unternehmen und Behörden auf die eine oder andere Weise beteiligt. Alleine für die Genehmigung waren fünf Behörden zuständig. Bei Großprojekten geht die Beteiligung von Unternehmen und Behörden in die Hunderte.

Lean Project Management betrachtet das Projekt stets gesamthaft. Alle Organisationen und Unternehmen, die in ein Projekt eingebunden sind, sind damit auch Teil des Projekts. Wird diese Sichtweise vernachlässigt, ist von vornherein ein suboptimales Ergebnis zu erwarten. Es ist auch in keinem Fall möglich, dass sich z. B. der Projekteigentümer auf eine reine Steuerungsfunktion zurückzieht. Das Lean Project Management beschränkt sich nicht auf ein rein methodenhaftes Vorgehen, sondern berücksichtigt jeweils auch die Anwendungsfelder und Inhalte des Projekts. ■

4.1.2 Organisationen und Unternehmen mit hohem Projektanteil

Projekte gibt es in allen Organisationen und Unternehmen. Felder mit einer weiten Verbreitung von Projekten sind:

- Universitäten, universitäre und staatliche Großforschungseinrichtungen,
- industrielles Projektgeschäft (Luft- und Raumfahrt, Bau, IT usw.),
- industrielle Forschung und Entwicklung (insbesondere Produktentwicklung),
- Innovations- und Reorganisationsprojekte in Organisationen aller Art,
- dienstleistungsorientiertes Projektgeschäft (Consulting, Engineering, Veranstaltungsmanagement usw.),
- öffentliche Infrastruktur- und technologische Beschaffungsprojekte (militärische, verkehrliche, wirtschaftliche etc. Infrastrukturen),
- supranationale Projekte und nationale Unterstützungs- und Förderprojekte (z. B. ESA, Europäische Union, Weltbank, USAID, EuropeAid, Islamic Development Bank, Asian Development Bank, KfW),
- Großereignisse (sportliche, religiöse usw.),
- militärische Großaktionen (Golfkriege, Afghanistan usw.).

Diese unterschiedlichen Projektwelten folgen eigenen „Baugesetzen“, und die Werte, die in diesen Projektwelten verfolgt werden, sind nur bedingt vergleichbar. Dies hat auch wesentliche Auswirkung auf die Bedeutung von Lean Project Management in diesen Gebieten.

Universitäre Projektwelt

In der universitären Projektwelt und bei den Projekten von staatlichen Großforschungseinrichtungen stellt Projektmanagement eher eine Randerscheinung dar. Projektmanagement wird – allerdings meist eher mit Vorbehalten – akzeptiert, wenn dieses a) von externen Fördereinrichtungen und Finanzierungsträgern ausdrücklich gewünscht wird oder dieses b) eine Begleiterscheinung der Nutzung industrieller Fähigkeiten darstellt.

Staatliche Fördereinrichtungen und Finanzierungsträger fördern Forschungsprojekte und Forschungsinfrastruktur in allen erdenklichen Größenordnungen von minimalen Projektsummen bis zu Milliardenbeträgen. Schon aus Eigenschutz und aufgrund der Erfahrung, dass Forschungsprojekte und die Erstellung von Forschungsinfrastruktur aus dem Ruder laufen können, wird von diesen Förderinstitutionen ab einem bestimmten Budget mit der Finanzierungszusage auch die Einrichtung eines Projektmanagements gefordert, was dann – meist auf Sparflamme – in den Projekten eingerichtet wird.

Die zweite Variante, in der die Forschung in größerem Umfang mit dem Thema Projektmanagement in Kontakt kommt bzw. mit diesem konfrontiert wird, ist die Zusammenarbeit mit der Industrie. Wenn also beispielsweise ein Bauunternehmen ein großes Forschungslabor errichtet oder ein Systementwickler eine wissenschaftliche Großanlage zusammen mit einer Forschungseinrichtung plant und dann integriert und liefert. Beide verwenden standardmäßig Methoden des Projektmanagements.

Im Kern orientieren sich wissenschaftliche Einrichtungen und einzelne Forscher bei der Gestaltung, Ausführung und Steuerung ihrer Projekte an ihren Forschungsfragen und der Art und Weise, wie diese nachgewiesen und getestet werden können. Der „organisatorische“ Projektbeitrag des Projektmanagements wie beispielsweise Ordnung in den Projektabläufen, terminliche Disziplin usw. sind eher nebensächliche Managementgesichtspunkte.

Unter den aktuellen Gegebenheiten der universitären Forschungslandschaft hat es selbst das Lean Project Management nicht einfach. Zwei wesentliche Ansatzpunkte lassen sich dennoch erkennen:

- Die Einreicher von Forschungsanträgen werden z. B. ab einer Größenordnung von einer Million Euro aufgefordert, ihren Forschungsanträgen ein Lean-Project-Management-Konzept zu hinterlegen und in den geförderten Projekten umzusetzen.
- Projekte in Schieflage werden systematisch nach den Gesichtspunkten des Lean Project Management bewertet und in die richtige Bahn zurückgeführt.

Was sich zuletzt auch immer durchsetzen wird, ist es aufseiten des Lean Project Management entscheidend, das vorherrschende Expertenmodell in der Forschungslandschaft zu verstehen und an diesem Punkt anzusetzen.

Industrielle Projektgeschäft

Ein Trendsetter für das Projektmanagement war das industrielle Projektgeschäft, allen voran die Luft- und Raumfahrt, in gewissem Umfang die Verteidigungsindustrie und andere. Die Großprojekte dieser Systemintegratoren erforderten ein systematisches Vorgehen in Projekten. Projekte waren und sind das bevorzugte Geschäftsmodell dieser Branchen. Soweit in diesem Geschäft Produkte existieren, werden diese auch heute noch in nur begrenzter Zahl entwickelt, gefertigt und ausgeliefert. Massenprodukte sind in diesen Branchen nicht vorhanden. Unser heutiges bürokratisch-prozessorientiertes Projektmanagementverständnis ist wesentlich von den ursprünglichen Bedingungen und der Entwicklung in diesen Branchen geprägt. Zum industriellen Projektgeschäft wird auch die Bauindustrie gezählt. Ihre Leistung liegt in der Integration von Gewerken zu einem Gesamtobjekt, sei es im Tiefbau oder im Hochbau. Eine Sonderstellung nimmt die IT-Branche ein. Die IT-Branche programmiert in Projekten beliebig kopierbare Software, die dann in Projekten bei Großanwendern integriert wird. Die IT-Branche konnte sich mit dem Projektmanagement der Pioniere nie richtig anfreunden und gehört heute zu den Innovatoren im Projektmanagement bis hin zur demonstrativen Abkehr von „klassischen“ Projektmanagementmethoden.

Im Projektgeschäft besteht zwischenzeitlich Offenheit für Lean Project Management. Der frühere „Überfluss“ in national oder supranational finanzierten Selbstkostenerstattungspreisprojekten hat sich in mehrere Richtungen verändert. Heute bestimmen im Projektgeschäft Eigenentwicklungen (z. B. Airbus), Werkaufträge/Festpreisprojekte und Risk-Sharing-Partnerschaften das Bild dieser Branche. Alle haben wirtschaftlichen Druck. In dieser Situation ist der Rückgriff auf die bisher in Projekten vergleichsweise ungewohnte Lean-Project-Management-Philosophie ein Hoffnungsträger.

Forschungs- und Entwicklungsbereich, Innovationsaufgaben

Im Produktgeschäft und in der Massenproduktion haben Projekte in größerem Maßstab in den Forschungs- und Entwicklungsbereichen Eingang gefunden. Kernaufgabe ist hier die Produkt- bzw. Modellentwicklung, wie wir sie beispielsweise aus der Automobilindustrie kennen. Das Shareholder-Value-Denken hat sich in diesen Branchen bis in die Entwicklungsbereiche ausgewirkt. Deshalb steht die Produkt- bzw. Modellentwicklung unter einem enormen Erfolgsdruck. Erfolg bedeutet, die besten Designs, am weitesten fortgeschrittenen Technologien und kundenorientiertesten Eigenschaften eines neuen Produkts oder Modells in kürzester Zeit und unter geringsten Kosten zu entwickeln. Toyota hat unter Anwendung der Lean-Philosophie auch in Projekten vorgemacht, wie es geht (Lean Product Development). Die europäische und amerikanische Industrie kann auch heute noch von diesen Erkenntnissen lernen.

Ein weiteres Feld, in dem sich das Projekt als Organisationsform durchgesetzt hat, liegt in der Bewältigung von Innovationsaufgaben, sei es in der Industrie, im Finanzwesen, in öffentlichen Organisationen oder anderswo. Reorganisationsprojekte sind genau genommen ebenfalls Teil dieses Projektfelds, weil jede Reorganisation immer eine Innovation darstellt. Mit dem Projekt als Organisationsform werden in diesen Organisationen und Institutionen Freiheitsspielräume eröffnet. Diese Freiheitsspielräume werden genutzt, um z. B. Organisationen zu verändern (Organisationsentwicklungsprojekte), neue Technologien (Technologieentwicklungsprojekte) oder Qualitätsstandards (Qualitätsentwicklungsprojekte) einzuführen. Werden zwei Unternehmen oder Organisationen zusammengeführt, resultiert daraus ein „Post Merger Integration“-Projekt. Projekte für die Innovation in bestehenden Strukturen, Projekte zur Veränderung verkrusteter Strukturen oder Projekte zur Erreichung höherer Ziele dürfen stets das Gesamtbild nicht aus dem Auge verlieren. Gleichzeitig ist zu beachten, dass das Projekt und/oder das Projektergebnis in den Normalzustand einer Organisation überführt werden muss.

Aus dem Beispiel der Zusammenführung von Daimler und Chrysler zu DaimlerChrysler lässt sich diesbezüglich viel lernen. Diese Zusammenführung war der erste Schritt zur Bildung eines Automobil-Weltkonzerns mit Konzernstandorten in der wirtschaftlich führenden Triade USA, Europa und Japan (Letzteres dokumentierte die Übernahme von Mitsubishi-Anteilen). Dieser Automobil-Weltkonzern sollte

- einen Shareholder-Value im Spitzenbereich erzielen und damit auch unangreifbar gegen (feindliche) Übernahmen werden,
- durch Ausschöpfung von Synergien im Wettbewerb Technologie-, Qualitäts- und Kostenführerschaft erzielen,
- in den Märkten der Triade omnipräsent sein („Heimatmärkte“) sowie weitere Vorteile für die darüber hinausgehenden Märkte erzielen und
- zu den drei größten Automobilkonzernen der Welt aufsteigen.

Zur Erreichung dieser Ziele wurde ein konzernweites Post-Merger-Integration-Programm aufgelegt und durchgeführt, zu dem alle Konzernteile bis hin zu den einzelnen Teams beitrugen und über ihren jeweiligen Positiv-Beitrag zur Konzernintegration periodisch berichteten. Die Zahlen waren vielversprechend. Die Ergebnisse wurden auf Konzernebene konsolidiert. So gesehen hatte dieser Ansatz bereits Elemente einer

Lean-Project-Management-Philosophie, wären die tatsächlichen Post-Merger-Integration-Projekte nicht im „Konzernmorast" stecken geblieben. Im Ergebnis erwies sich die Konzernintegration als mehr Schein als Sein, und die Beendigung des DaimlerChrysler-Abenteuers kostete dem Daimler-Konzern zuletzt einen hohen zweistelligen Milliardenbetrag an Liquidität. Zusammenfassend lässt sich feststellen, dass die Ziele in die damalige Globalisierungsdoktrin passten; der Haupttreiber dieses Coups wurde hierfür als Manager des Jahres gefeiert. Die Ziele müssen allerdings auch zur Innovationsfähigkeit und -bereitschaft des Unterbaus passen. An dieser Stelle wurden die Organisation und die Mitarbeiter des neuen Konzerns eindeutig überfordert. Die Beendigung dieses Abenteuers war so gesehen konsequent und richtig. Was ist aus Sicht des Lean Project Management im Kern schiefgelaufen? Die operativen Post-Merger-Integration-Teams in den einzelnen Konzernbereichen haben den beabsichtigten Wert (Shareholder-Value) nicht wirklich mitgetragen bzw. dieser war nicht ausreichend motivierend. Die Kooperation konzernübergreifender Teams in einzelnen Aufgabenstellungen war eher zur Schau gestellte Loyalität als ein konsequentes Vorantreiben von verbesserter Technologie, Reduzierung von Verschwendung, verbesserter Kapazitätsnutzung oder ähnlichen Vorteilen aus konzernübergreifenden Synergien.

Dienstleistungsprojektgeschäft

Moderne Dienstleistungen eröffnen einen weiteren breiten Blick in die Projektwelt. Consulting-Unternehmen, Engineering-Dienstleister, Marketing-Spezialisten, Architekten, Designer usw. organisieren ihre Leistungen in Projekten, weshalb man hier von Dienstleistungsprojektgeschäft sprechen kann. Jeder Kundenauftrag ist ein Projekt. Jedes Projekt ein in sich geschlossener Geschäftsfall. Insofern handelt es sich auch hier eindeutig um ein Projektgeschäft.

Experten sind die Schlüsselressource dieses Projektgeschäfts. Die Unternehmensgrößen reichen von Ein-Personen-Betrieben (freie Mitarbeiter/Freelancer) bis zu mehreren Zehntausend Mitarbeitern. Die Branche zählt zu den dynamischsten, flexibelsten und mobilsten Geschäftsfeldern.

Abgesehen von der jeweiligen fachlichen Expertise ist die Empathie eine der wesentlichen Fähigkeiten, die in diese Branche mitgebracht werden muss. Der Dienstleister arbeitet immer direkt für einen Kunden und im Sinne des Kundenziels, häufig auch vor Ort in den Büros des Klienten. Empathie ist die Voraussetzung, dass z. B. der Architekt für einen Investor die für ihn geeignetste Immobilie entwirft. Geeignet heißt hier: Wertbeständigkeit, Attraktivität, genehmigungsfähig und vieles mehr. Maßgabe ist die Erwartung des Klienten, nicht der persönliche Gestaltungswille oder die Gestaltungsziele des Architekten. Hat der Klient nur ein verschwommenes Bild von den Zielen und Erwartungen bezüglich seines Objekts, hilft der empathische Architekt dem Klienten auch bei der Definition dieser Ziele und Erwartungen; immer aus dem Blick des Klienten.

Strategieberater achten beim Aufsetzen und der Durchführung ihrer Projekte ganz besonders auf die Kundenorientierung ihres Vorgehens und ihrer Beratungsergebnisse. Insofern agieren diese nahe an den Lean-Prinzipien. Bisweilen verschmelzen in ihren Projekten Eigen- und Kundenbeiträge, indem sie die Projektergebnisse in gemeinsamen

Arbeitsgruppen mit Kundenvertretern zum Erfolg führen. Diese Verschmelzung stellt aus Sicht des Lean Project Management den Idealzustand einer integrierten Projektarbeit dar. Strategieprojekte sind in hohem Maß entscheidungsorientiert, und die erarbeiteten Konzepte beinhalten Überlegungen, die auf Wertströme und nicht auf Inseloptimierungen abzielen. Der bekannte kritische Hinweis, Strategieberater würden zunächst und in erster Linie nur Wissen beim Kunden abholen und dieses dann verbunden mit eigenen Erkenntnissen in Folien verarbeiten, ist Ausdruck dieses hohen Ausmaßes an Kundenorientierung. Es ist Teil der Methode, nicht des manchmal unterstellten Unvermögens der Strategieberater. Dass Strategieberater teilweise auch eingesetzt werden, um Schwächen des Managements auszugleichen, ist eine bekannte Tatsache. Strategieberater agieren in ihren Projekten immer nahe an Entscheidungszentren von Unternehmen und Organisationen. Die Visionen, Missionen, Strategien, operativen Planungen usw. sind ihnen bekannt. Deshalb ist grundsätzlich die Ausrichtung ihrer Projekte an der Lean-Project-Management-Philosophie einfacher als bei vielen anderen Projektfeldern möglich.

Bau- und Infrastrukturprojekte und weitere Beschaffungsprojekte der öffentlichen Hand

Die öffentlichen Bau- und Infrastrukturprojekte sowie weiteren Beschaffungsprojekte der öffentlichen Hand gehören zu den am meisten formalisierten Projektfeldern, und dies weltweit. Mit der Formalisierung sollen unter anderem Vergabegerechtigkeit, Schutz der öffentlichen Hand vor Übervorteilung oder ähnliche Bedingungen erzielt werden. Die Formalisierung erfolgt über Gesetze, Rechtsverordnungen, Verwaltungsvorschriften und andere Richtlinien. In der Bundesrepublik Deutschland gelten beispielsweise das Gesetz gegen Wettbewerbsbeschränkungen (GWB) und die Vergabeverordnung (VgV), und im Rang von Verwaltungsvorschriften werden die Vergabe- und Vertragsordnung für Bauleistungen (VOB) bzw. in den meisten anderen Fällen die Vergabe- und Vertragsordnung für Leistungen (VOL) angewendet. In der VOB bzw. VOL werden dann weitere Normwerke wie beispielsweise die DIN-Norm verbindlich gemacht. Die in den Ausschreibungen solcher Projekte festgelegten Vergabebedingungen sind bei Androhung des Ausschlusses aus dem Verfahren bedingungslos zu erfüllen. Spielräume gibt es nur innerhalb der festgelegten Grenzen.

Jedes Unternehmen, das Projekterfahrung mit öffentlichen Kunden hat, kennt diese Voraussetzungen. Diese sind zudem von dem Land abhängig, in dem die Leistung erbracht werden soll. Für den Projektverlauf, die Leistungserbringung und nicht zuletzt das Lean Project Management in solchen Projekten sind die maßgeblichen politischen und administrativen Strukturen und Befindlichkeiten entscheidend. Alle Projektverantwortlichen und -beteiligten müssen so gesehen Kenntnisse und Erfahrungen im „political engineering“ mitbringen. Bei lang laufenden Projekten ist eine erhebliche Dynamik möglich. Wird ein Projekt zum Politikum, können diese Projekte unbeherrschbar werden.

Lean Project Management in öffentlichen Projekten stellt eine besondere Herausforderung dar. Die angestrebten Werte sind häufig abstrakter als in industriellen Projekten, geben also weniger klare Hinweise für die Optimierung durch das Lean Project Management. Hinzu kommt, dass die durch das Projekt verfolgten Werte selbst nach einer eindeutigen Entscheidung für die Durchführung des Projekts immer wieder in die öffentliche Diskussion gelangen können. Politik lässt sich also nie wirklich neutralisieren/ausschalten. Ausschreibungen sind häufig eng determiniert und lassen nur wenig Spielraum für die Nutzung von Erkenntnissen aus früheren Projekten, für die Vermeidung von Verschwendung oder andere Optimierungsgesichtspunkte aus Sicht des Lean Project Management. Änderungen im Projektverlauf sind möglich, jedoch schwieriger als in industriellen Projekten zu erzielen, vor allem wenn die Änderungen durch die politischen Gremien bestätigt werden müssen. Hier besteht stets die Gefahr, dass die ursprünglichen Diskussionen wieder neu entfacht werden. Eine entscheidende Funktion hat bei öffentlichen Projekten das Lean Project Management in der Projektentwicklung. Hier gilt es im Besonderen, die Wertdimension eines Projekts wirklich klar, politisch für die Mehrheit tragfähig und handlungsanleitend für alle Projektbeteiligten zu formulieren. Bei öffentlichen Projekten ist insbesondere in demokratischen Ländern die Zahl der Projektbeteiligten sehr hoch. Der Einbindung aller Projektbeteiligten – und dies nicht nur pro forma – wird im Lean Project Management großes Augenmerk geschenkt. Bei der Vergabe von Aufgabenstellungen an Unternehmen kommt es darauf an, einen Projektmanagementrahmen zu gestalten, der eine ausgeglichene Beanspruchung der Ressourcen über alle Projektbeteiligten gewährleistet.

Supranationale Projekte und nationale Unterstützungs- und Förderprojekte

Supranationale Projekte und nationale Unterstützungs- und Förderprojekte folgen im Prinzip den für die öffentlichen Kunden dargestellten Ausschreibungs- und Vertragsbedingungen. Es sind zwei Spielarten zu unterscheiden:

- Eine supranationale Einrichtung ist selbst die projektdurchführende Stelle.
- Die supranationale Einrichtung stellt finanzielle Mittel für ein Projekt zur Verfügung und stellt die rechtmäßige Nutzung dieser Mittel sicher; die projektdurchführende Organisation ist hier eine nationale Einrichtung, eine Organisation oder ein Unternehmen.

Wichtige supranationale Fördereinrichtungen sind beispielsweise die UN, Weltbank, Asian Development Bank, Islamic Development Bank, European Bank for Reconstruction and Development oder Inter-American Development Bank. Auch EU-finanzierte Projekte im Vorfeld des EU-Beitritts von Ländern oder im Rahmen der weltweiten EuropeAid-Aktivitäten sind hier zu erwähnen. Schließlich gibt es bilaterale Förder- und Finanzierungsprojekte, z. B. finanziert von USAID, der Nederlandse Financieringsmaatschappij voor Ontwikkelingslanden NV oder der deutschen Kreditanstalt für Wiederaufbau.

Diese Einrichtungen legen im Vorfeld viel Wert auf eine differenzierte Analyse der Machbarkeit (Feasibility) der Projekte und verwenden hierfür erhebliche finanzielle Mittel, die eine weltweit agierende und darauf spezialisierte Consulting- und Ingenieur-Dienstleistungsindustrie nähren. Projektrealisierende Unternehmen treten erst auf den Plan, wenn die Machbarkeit entschieden ist, weil ein früherer Projekteinstieg gegebenenfalls einen Interessenkonflikt bedingt. Auf diese Weise gehen Erkenntnisse und Lernprozesse der Projektrealisierer, soweit diese aus früheren oder vergleichbaren Projekten entstehen, verloren. Die Lean-Management-Philosophie stößt dergestalt auf organisationsbedingte Grenzen. Ansonsten gelten viele Voraussetzungen und Bedingungen, die auch im nationalen Umfeld öffentlicher Projekte von Bedeutung sind.

Großereignisse

Olympiaden, Fußballweltmeisterschaften und andere sportliche Großereignisse binden über Jahre die Aufmerksamkeit der Veranstalter (IOC/NOC, FIFA usw.) und führen zu Großinvestitionen in den Austragungsorten. Da die Größenordnung dieser Veranstaltungen die Kapazitäten der Austragungsorte bei Weitem überschreitet, stellen diese Projekte meist nationale Kraftakte dar. Die Investitionen und organisatorischen Maßnahmen für die Großereignisse werden über einen langen Zeitraum von sechs bis acht Jahren vorbereitet und durchgeführt. Mit dem professionellen Projektmanagement, das auf allen Ebenen der Programmorganisation und Einzelprojekte eingerichtet wird, lässt sich so manche Hürde überwinden. Die Lean-Philosophie erweist sich insbesondere bei diesen Veranstaltungen als Hoffnungsfaktor. Diese Großprojekte überfordern regelmäßig die Kapazitäten, Fähigkeiten und Finanzressourcen der austragenden Länder und Standorte. Deshalb empfiehlt es sich, bereits mit Beginn der Entscheidung, sich als Standort anzubieten, dieses Großprojekt unter Anwendung des Lean Project Management voranzutreiben. Gleiches gilt für Sportereignisse mittlerer Größenordnung.

Ein jährlich wiederkehrendes religiöses Großereignis ist der Haddsch, die Pilgerfahrt, welche die fünfte Säule des Islam ist. Zielort ist Mekka. Der Haddsch wird jährlich in der Zeit vom 8. bis 12. Dhu l-hiddscha durchgeführt. An dieser Pilgerfahrt nehmen rund drei Millionen Menschen teil. Viele von ihnen nutzen die Gelegenheit, auch Medina zu besuchen.

Für Saudi-Arabien besteht jährlich die große Herausforderung in der Einreise und im Inlandstransport dieser großen Zahl von Menschen. In Mekka liegt die Herausforderung in der kurzfristigen Unterbringung der Pilger, der Versorgung der Menschen, der Mobilität der Pilger in Mekka und der Region, der Gesundheitsversorgung und der Sicherheit. Der Ablauf des Fests findet taggenau geregelt an mehreren Stätten in und um Mekka statt (Minā, Arafāt, Muzdalifa, Dschamarat-Brücke, Kaaba, as-Safā/al-Marwa), was die logistische Meisterleistung unterstreicht.

Saudi-Arabien verfügt über ein eigenes Ministerium und ein spezielles Komitee für die Koordinierung aller Fragen des Haddsch. Eine Vielzahl weiterer Ministerien ist in die Planung und Umsetzung des Haddsch eingebunden. Hinzu kommen die regionalen und lokalen Behörden sowie private Investoren. Das Großereignis Haddsch umfasst abgesehen von den im engeren Sinn religiösen Themen drei wesentlich technische, organisatorische und finanzielle Aufgabenstellungen:

- Die Planung der Organisation des eigentlichen Haddsch; diese beginnt fünf Monate vor dem Ereignis.
- Die Erhöhung der Kapazitäten der religiösen Stätten sowie die Erhaltung und Modernisierung der religiösen Infrastruktur; diese ist eine dauerhafte Aufgabe.
- Die Weiterentwicklung der verkehrlichen, unterbringungs-, versorgungs-, gesundheits-, informations- und sicherheitsspezifischen Infrastrukturen und Dienstleistungen und Regularien.

Die engere „Projektmannschaft" für die Erfüllung dieser drei wesentlichen Aufgabenstellungen besteht aus vielen Tausend Experten und Mitarbeitern in Projekten, sekundiert durch die Creme der Consultants, Bauunternehmen, Systemlieferanten usw. der ganzen Welt. Bei einer so komplexen Struktur und so umfassenden Aufgabenstellungen ist die konsequente Anwendung der Lean-Philosophie auf allen Ebenen des Managements dieses Großereignisses ein Gebot der Stunde. Religiöse Großereignisse finden weltweit statt. Wenngleich diese nicht den Umfang und die Komplexität der Herausforderung des Beispiels Haddsch erreichen, gilt mit Blick auf das Lean Project Management das Gesagte. Ohne hier näher auf politische, kulturelle und andere Großveranstaltungen einzugehen, sei auf die zu erwartenden positiven Beiträge der Lean-Philosophie auch für diese Großveranstaltungen hingewiesen.

Abschießend erfolgt der Hinweis auf militärische Großprojekte, die zum Teil Megaprojekte sind. Militärische Großaktionen verschlingen schon in wenigen Wochen Milliardenbeträge. Die Diskussionen im Vorfeld militärischer Großeinsätze konzentrieren sich auf politische und strategische Themen und Entscheidungen. Strategische und taktische Detailplanungen erfolgen in den militärischen Entscheidungszentren und bei den Einsatzkräften. Militärischen Einsätzen gehen strategische wie taktische Manöver und Planspiele voraus. Den Verteidigungszielen entsprechend beschaffen die Streitkräfte sowie supranationalen Verbände notwendige Technologien und Material und bereiten sich auch organisatorisch auf den Konflikt- bzw. Verteidigungsfall vor. Im Wettlauf der Kräfte im Zweiten Weltkrieg entwickelten die US-Streitkräfte den Grundstein des modernen Projektmanagements (heute: „klassisches" Projektmanagement). Sie nutzten diese Methode für die Beschleunigung ihrer Sonderprojekte, allen voran die Entwicklung und den Bau der Atombombe. Projektmanagement ist im militärischen Denken und Handeln heute ein Standardkonzept. Spielt in diesem Rahmen auch die Lean-Philosophie eine Rolle? Massiver Mangel, vergleichbar mit den Rahmenbedingungen von Toyota in den 1950er-Jahren, ist für die führenden westlichen Streitkräfte eine vergleichsweise neue Erfahrung. Diese ist aber heute ubiquitär. In der Öffentlichkeit, aber auch in Militärkreisen werden selbst als „notwendig" erkannte Einsätze mit Hinweis auf fehlende finanzielle Mittel infrage gestellt. Und Neuentwicklungen von militärischen Großtechnologien und Systemen werden immer häufiger verschoben oder Projekte werden überhaupt ad acta gelegt. Das relevante Konzept für den vorwärtsgerichteten bzw. aktiven Umgang mit Mangelsituationen ist das Lean Management, in militärischen Projekten also das Lean Project Management.

Projektmanagement darf nicht nur als Managementmethode verstanden werden, sondern es sind auch jeweils inhaltliche Aspekte einzubeziehen. Wer im Forschungsfeld Projektmanagement einsetzt und hierbei nicht die speziellen Gegebenheiten der Forschung und das Denken und Handeln der Forscher berücksichtigt, wird Schiffbruch erleiden. Wer in Saudi-Arabien und hier insbesondere bei Projekten in Mekka die Kultur nicht kennt und im Projektmanagement berücksichtigt, wird ebenfalls Schiffbruch erleiden. Gleiches gilt in allen Feldern, wo Projektmanagement angewendet wird. ■

4.2 Treiber von Projekten

Neben einer wertorientierten Gestaltung der „Baugesetze“ von Projekten kommt es im nächsten Schritt auf die wertorientierte Ausrichtung der Treiber an. Nehmen wir an, jemand hat eine Projektidee. Kann er diese Projektidee tatsächlich verwirklichen? Wir sagen Ja, er kann sie verwirklichen, wenn er eine Reihe von Voraussetzungen erfüllt. Er muss

- ausreichend Kräfte für diese Idee mobilisieren können,
- ein tragfähiges Projektdesign zustande bringen,
- die entscheidenden Player ins Boot holen und
- ausreichend Spielräume für die Umsetzung der Idee besitzen.

Wie kann ihm Lean Project Management dabei helfen? Lean Project Management wird ihm helfen,

- genauer zu erkennen, ob und inwieweit die Projektidee tragfähig ist (sinnvolles Projekt oder „Schnapsidee“?),
- tiefer in die Materie einzusteigen (was und wer ist für das Projekt wirklich wichtig?) und
- Optimierungspotenziale herauszuarbeiten (z. B. wo kann ich abspecken?).

Die Gründe sind, dass die Lean-Philosophie dazu zwingt, einen klaren Bezugspunkt zu definieren (Wertdefinition) und früher als üblich sowie pointierter, umfassender und pragmatischer hinzusehen.

Projektideen entstehen normalerweise nicht im luftleeren Raum. Sie docken fast immer an etwas Bestehendes an. Nehmen wir den Luftschiffbau als Beispiel. Die Zeppelinstadt Friedrichshafen kann sich rühmen, mit dem Zeppelin NT die Luftschifftradition der Stadt fortzusetzen. Der Zeppelin NT ist, wie das Kürzel NT, d. h. „Neue Technologie“, deutlich macht, eine völlige Neukonstruktion. Die Projektidee war industrieller Natur. Die Promotoren verfolgten das Ziel, in Friedrichshafen ein neues industrielles Standbein für die Entwicklung, Produktion und den Verkauf von Luftschiffen zu entwickeln. Als Zielmärkte wurden Tourismusflüge, Werbung, Forschungseinsätze und spezielle Missionen erkannt. Wer heute im Raum Friedrichshafen unterwegs ist, kann mit einiger Wahrscheinlichkeit einen Zeppelin NT auf einem Tourismusflug beobachten. Es gab also eine Tradition, an die angeknüpft werden konnte, auch finanzielle Mittel der Zeppelin-Stiftung und industrielle Partner (Friedrichshafener Industriebetriebe). Das industrielle Konzept, der Verkauf von 80 Luftschiffen, ging hingegen mangels Nachfrage nicht auf. Die bereits gebauten Luftschiffe werden jedoch von einem Tochterunternehmen touristisch betrieben, und kürzlich wurde wieder ein Vertrag zum Verkauf von Luftschiffen geschlossen.

In diesem Beispiel wurden alle genannten Kriterien für die Verwirklichung einer Projektidee erfüllt. Bei Anwendung der Lean-Philosophie hätte man allerdings erkennen können, dass der Markt für das industrielle Konzept nicht ausreichend groß ist. Die Marktuntersuchung ging offensichtlich nicht so tief, wie ein Lean Project Manager dies bei seiner projektorientierten Analyse des Werts getan hätte. Der in Lean geschulte Projektmanager weiß genau, dass er sich nicht auf Schreibtischanalysen verlassen kann. Es reicht auch nicht, relevante Tourismusbetriebe zu besuchen und diese nach Bedarf abzufragen. Um die Ernsthaftigkeit eines potenziellen Kunden zu testen, wären mit interessierten Unternehmen bereits im Vorfeld und unter Minderheitsbeteiligung der Friedrichshafener Werft lokale Betreibergesellschaften mit interessierten Firmen zu gründen. (Eine Katastrophe scheint das Ergebnis trotzdem nicht zu sein: Dieses Projekt ist unter sehr positiven Rahmenbedingungen in Gang gesetzt worden, und für die Stadt Friedrichshafen ist der Zeppelin NT dennoch ein Werbeträger.)

Die Kriterien von neuen und laufenden Projekten sind ähnlich: Ein Projekt läuft, wenn alle erforderlichen Kräfte mobilisiert und in Richtung Werterfüllung ausgerichtet sind. Wichtig ist des Weiteren, dass das Projekt optimal aufgesetzt ist. Hierzu gehört insbesondere die Art und Weise, wie die „Player" im Projekt aufeinander abgestimmt sind und zusammenarbeiten. Die Bedeutung der „Player" soll auch in einem vernünftigen Verhältnis zum Wertbeitrag des Projekts stehen. Schließlich kommt es darauf an, dass für das Projekt ausreichende Handlungsspielräume vorhanden sind. Ein Projekt, das sich in einem zu engen Korsett bewegt, läuft bei neuen Herausforderungen Gefahr, rasch in eine Schieflage zu geraten. ■

4.2.1 Mobilisierung der Kräfte

Für ein näheres Verständnis sollen hierzu nun einige Projektkonstellationen vorgestellt werden. Beginnen wir im folgenden Beispiel mit einer optimalen Projektkonstellation, in der die wesentlichen Kräfte mobilisiert sind.

Ein IT-Dienstleister erhielt den Auftrag, ein ERP-System (Enterprise Resource Planning System) auf eine Kundenorganisation zuzuschneiden und dieses beim Kunden in der Zentrale und weltweit an sieben Standorten einzuführen. Vorausgegangen ist eine interne Untersuchung, in der die Ziele und Erwartungen für dieses Projekt sowie ein parallel aufzusetzendes Organisationsprojekt klar definiert wurden. Abgeleitet hiervon überarbeitet der Auftraggeber in seiner Organisation parallel die Prozesse und nimmt eine größere organisatorische Anpassung vor. Hierzu werden zwei operative Kernteams aufgestellt: das ERP-Team des Auftragnehmers sowie das Organisationsentwicklungsteam des Auftraggebers. Die operativen Aufgabenstellungen beider Kernteams wurden professionell geplant und fachlich wie terminlich eng aufeinander zugeschnitten. Die Teams sind in etwa gleich groß. Für beide Teams ist jeweils ein eigenes Project Management Office (ca. 1,3 Vollzeitäquivalente je Team) tätig. Das Projektmanagement funktioniert nach klassischem Muster mit gemeinsamer monatlicher Berichterstattung zunächst an die beiden Projektleiter sowie mit diesen zusammen anschließend an ein Lenkungsteam an der Unternehmenszentrale des Auftraggebers. Mitglied im Lenkungsteam ist auch ein Bereichsleiter des IT-Dienstleisters. Dieser Bereichsleiter legt zudem

Wert darauf, vierteljährlich die internationalen Standorte des Auftraggebers zu besuchen und sich dort ein eigenes Bild vom Projektfortschritt zu verschaffen. Zudem wurde beim IT-Dienstleister ein fachlicher Projektmentor nominiert, der dem eigenen Projektteam als Sparringspartner zur Seite steht. Unabhängig von den formalisierten Strukturen führen der IT-Leiter des Auftraggebers und der Bereichsverantwortliche des IT-Dienstleisters zu diesem Projekt und anderen möglichen Aufgabenstellungen für den IT-Dienstleister im Unternehmen einen konstruktiven Dialog.

Beide operativen Projektteams agieren im Zentrum des Projekts. Die Nähe der beiden operativen Teams verdeutlichen die enge Zusammenarbeit und die Tatsache, dass die Geschäftsleitung die Teams gut in der Organisation etabliert hat. Die Teams verfügen über eine ausreichende „Management Attention" und einen guten Zugang zur Organisation. Die Projektbudgets und die Ausstattung mit Spezialisten sind ordentlich, jedenfalls nicht zu knapp. Für die meisten Teammitglieder ist dies nicht der erste internationale Einsatz. Viele Fragen sind in der aktuell zweiten Projektphase noch offen. Das Projekt lässt allerdings noch ausreichend Spielraum für die kreative Bewältigung von Sondersituationen.

Welche Abweichungen von diesem optimalen Muster sind denkbar? Eine erste Abweichung könnte darin bestehen, dass der Schulterschluss zwischen Auftraggeber und Auftragnehmer auf Führungsebene deutlich weniger gut ausgeprägt ist. Hier gibt es idealtypisch betrachtet drei Varianten:

- geringfügige Minderung des Werts des Projektergebnisses durch ein neutrales Verhältnis,
- deutliche Verringerung des Werts des Projektergebnisses durch ein unterkühltes Verhältnis der wesentlichen Projektbeteiligten,
- Bedrohung des gesamten Werts des Projektergebnisses durch ein schwieriges Verhältnis zwischen den Projektbeteiligten.

Die Zusammenarbeit der Kernteams kann dennoch weiterhin sehr gut funktionieren, insbesondere wenn im Projekt die Weichen gut gestellt sind, also „Politik" eine relativ untergeordnete Bedeutung hat.

Eine weitere Abweichung könnte darin bestehen, dass eines der Teams – aus welchem Grund auch immer – aus dem Tritt kommt. Im vorliegenden Beispiel waren kulturell bedingte Unterschiede an den verschiedenen Standorten ausschlaggebend, dass sich im Organisationsteam des Auftraggebers schleichend, aber merklich ein abweichendes Verständnis der Ausgestaltung der Prozesse ergab. Nun beginnt die Zusammenarbeit schwächer zu werden, „Politik" kommt ins Spiel, Termine passen nicht mehr zusammen, die Kernteams beginnen, Prozesse unterschiedlich zu interpretieren, Kosten steigen usw. Nach einem Vierteljahr werden die Probleme offensichtlich. Wegen der schwächeren Beziehung auch auf Führungsebene ist nun auch eine Problemlösung erschwert.

Wichtig ist in diesem Fall, wie weit beim Kernteam des Auftraggebers die Probleme gehen. Handelt es sich um eine vorübergehende Teamkrise, die durch ein klares Erkennen der Gründe für das Auseinanderdriften der Vorstellungen über die Prozessgestaltung an den unterschiedlichen Standorten wieder beseitig werden kann, und lässt sich die Zusammenarbeit zwischen den beiden Kernteams wieder ins Lot bringen, ist eine neue Balance hergestellt.

Es kann aber auch sein, dass das Kernteam des Auftraggebers die Standortdivergenzen im Verständnis der Gestaltung der organisatorischen Prozesse nicht mehr in den Griff bekommt. Muss nun das IT-Entwicklerteam sein ERP-System standortspezifisch anpassen, obwohl dieser Fall vertraglich nicht vorgesehen ist? Tritt beim IT-Entwicklerteam das Auseinanderdriften der Standortvorstellungen wirklich so klar über die Aufmerksamkeitsschwelle? Vor allem stellt sich die Frage: Wie verändern sich die Beiträge des Auftraggeber-Kernteams, hat dieses Team noch die Rolle, die ihm zugeschrieben wurde?

Verliert das Organisationsteam weiter an Tritt, nehmen auch seine Beiträge zum Erfolg des Projekts ab. Gestaltet sich der Beitrag kontraproduktiv, hat dies definitiv starke negative Auswirkungen auf das Gesamtprojekt.

Aus Sicht des IT-Entwicklerteams bestehen nun mehrere Möglichkeiten:

- Es verfolgt weiter sein vertraglich vereinbartes Konzept eines standortunabhängigen ERP-Systems und gleicht fehlende Inputs aus dem Entwicklerteam aus. Faktisch würde dann an allen Standorten ein standortunabhängiges ERP-System realisiert. Die Organisation müsste sich auf die eine oder andere Weise der IT anpassen. Das IT-Entwicklerteam würde immer noch zum Wert des Projekts beitragen.
- Das IT-Entwicklerteam kommt auch aus dem Tritt. Es entwickelt weiter, aber es kann nicht mehr ein Optimum liefern. Die Wertbeiträge des IT-Entwicklerteams würden ebenfalls negativ werden.
- Das IT-Entwicklerteam bringt das Problem zur Sprache, und es wird eine neue Lösung gefunden.

Was passiert an den Standorten, was in der Zentrale? Im optimalen Fall lassen sich alle Projektbeteiligten und Betroffenen in der Zentrale und an den Standorten von den Kernteams in der Umgestaltung ihrer Prozesse und ihrer Organisation führen. Sie sind gut über die Veränderungen informiert und machen mit. Ist dieses Optimum nicht erreicht, verringert sich der Wertbeitrag der Teams.

4.2.2 Positionierung der „Player"

Das zuletzt dargestellte Projekt ist noch vergleichsweise einfach strukturiert. Es handelt sich aus der Sicht des „Projekteigentümers" (Project Owner) um ein Eigenprojekt des Unternehmens. Die Positionierung der „Player" ist klassisch. Die Unternehmenszentrale setzt ein Projekt auf, die weltweiten Standorte werden um Zusammenarbeit gebeten, für die Entwicklung des ERP-Systems wird ein Softwarehaus beauftragt, und die organisatorischen Anpassungen im eigenen Unternehmen werden von dem projektführenden Projektteam des Unternehmens moderiert und in Zusammenarbeit mit den Funktionsstäben des Unternehmens bei den und durch die operativen Einheiten umgesetzt. Trotzdem können auch hier bereits äußerst diffizile Fragen der Positionierung auftreten, vor allem in weniger optimal laufenden Projektphasen. Man sollte also das Thema der Positionierung in keinem Fall unterschätzen.

Anspruchsvoller wird die Frage der Positionierung bei erweiterter Fremdunterstützung und -abhängigkeit oder vor allem bei allen Risk-Sharing-Partnerschaften. Bereits das erwähnte Kleinprojekt für die Errichtung des neuen Apothekenstandorts hat die Komplexität wechselseitiger Abhängigkeiten im Falle eines hohen Anteils an Fremdunterstützung im Projekt erkennen lassen.

Bei Megaprojekten der Industrie, wie beispielsweise der Entwicklung der neuen C-Klasse durch Daimler oder des A350 durch Airbus, potenzieren sich die Anforderungen an die Strukturierung des Projekts und die jeweilige Positionierung der „Player". In der Industrie setzen sich bei der Produktentwicklung zunehmend Risk-Sharing-Partnerschaften durch. Partnerschaften mit Lieferanten an sich und Risk-Sharing-Partnerschaften sind in der Industrie Ausdruck der Lean-Philosophie. Die japanische Automobilindustrie hat sehr früh und nachhaltig diese weitgreifende Art der Zusammenarbeit eingeführt. Soweit dieses Konzept in anderen Branchen noch nicht oder erst rudimentär genutzt wird, besteht ein erhebliches Potenzial in dieser Hinsicht. Entscheidend ist dabei, die Wertgesichtspunkte sowie alle Prinzipien des Lean Project Management zu berücksichtigen.

Die OEM (Original Equipment Manufacturer) tragen zwar in diesen Partnerschaften als industrielle Führer und Gesamtintegratoren auch weiterhin das Gesamtrisiko für den geschäftlichen Erfolg eines entwickelten Modells. Für ausgewählte (Teil-)Systeme gehen sie jedoch Entwicklungspartnerschaften mit sogenannten Tier-1-Lieferanten (Rang 1) als Risk-Sharing-Partner ein. Diese sind dann – je nach Modell – auch für die Integration dieses (Teil-)Systems, die Produktion, Instandhaltung sowie Weiterentwicklung über den Lebenszyklus verantwortlich. Risk-Sharing-Partnerschaften können in einem derartigen Megaprojekt 50 % oder mehr des Gesamtinvestments umfassen.

> Für das Verständnis der Positionierung im Projekt sind Antworten auf folgende Fragen wichtig: Warum wird ein Risk-Sharing-Partner für dieses Projekt gesucht, wer wird warum ausgewählt, wie ist die Zusammenarbeit im Projekt organisiert und was sind die Ausschlusskriterien für die Zusammenarbeit in einem Projekt. ■

Ein entscheidender Grund für Risk-Sharing-Partnerschaften besteht, wenn OEM an die Grenzen ihrer Innovations- und Leistungsfähigkeit stoßen. Ein OEM wird beim heutigen Technologiestand keine Infotainment-Systeme mehr selbst entwickeln, sondern hierfür auf spezialisierte Systemanbieter als Risk-Sharing-Partner zurückgreifen. Des Weiteren kommt es vor, dass der OEM Risk-Sharing-Partner in sein Projekt einbindet, die eine verbesserte Markterschließung eröffnen. Schließlich spielen in einigen Branchen sogenannte „Offset-Verpflichtungen" eine Rolle. Die staatliche Fluggesellschaft eines Landes kauft z. B. eine bestimmte Zahl an Flugzeugen, wenn im Gegenzug der Flugzeugbauer in diesem Land eine Entwicklungskapazität eröffnet. Genauer müsste man also von „Risk and Opportunity Sharing" sprechen. Im Projektgeschäft sind solche Risk-Sharing-Partnerschaften nicht einfach, weil Chancen und Abhängigkeiten aufgebaut werden. Hinzu kommt, dass abhängig vom Produktlebenszyklus eine langjährige gegenseitige Abhängigkeit entsteht. Die Zusammenarbeit wird erfolgreich, wenn bis in die tägliche Arbeit hinein das Mindset beider Unternehmen stimmt, Methoden und Prozesse aufeinander zugeschnitten sind, Offenheit und Transparenz gegeben sind und von den Partnern eine Win-win-Situation angestrebt wird. Man wird als OEM eher keine Partnerschaft mit einem Monopolanbieter oder einem Konkurrenten eingehen, wobei auch hier die Ausnahmen die Regel bestimmen.

Aus der Sicht des Managements einer Risk-Sharing-Partnerschaft gibt es sowohl hoch als auch schwach integrierte Formen. Hoch integriert sind solche Partnerschaften, wenn die wesentlichen Funktionen in integrierten Teams gegebenenfalls in räumlicher Nähe zusammenarbeiten, wenn die technischen Einheiten und sogar das Projektmanagement, der Einkauf usw. in institutionalisierten Subteams integriert sind. Ein schwacher Integrationsgrad besteht, wenn sich die Zusammenarbeit mehr oder minder auf den formalen Austausch der lieferbezogenen Daten und Informationen und auf das Monitoring durch den OEM sowie seitens des Tier-1-Lieferanten auf die Lieferung, den Test und Einbau des Systems beschränkt.

Im jeweiligen Projekt gibt es eine Reihe von Projektbeteiligten, für die im Folgenden die Frage der Positionierung näher betrachtet wird:

Projekteigentümer

Der Projekteigentümer (Project Owner) ist der Schlüsselverantwortliche für ein Projekt. Bei ihm liegen die Direktiv- und Entscheidungsgewalt, das Letztrisiko beim Projekt, die Finanzierungsverantwortung, die operative Verantwortung und die Vertretung des Projekts nach innen und außen. Der Projekteigentümer stellt den Projektleiter, der ihm berichtet. Projekteigentümer kann auch ein Konsortium oder Joint Venture von Unternehmen oder Organisationen sein. In solchen Fällen erfolgt eine Teilung aller Rechte und Pflichten im Projekt nach einem vereinbarten Schlüssel. Der Projekteigentümer vertritt das Gesamtprojekt, wie immer dieses definiert ist. Ein Auftragnehmer kann niemals Projekteigentümer sein. Bei Risk-Sharing-Partnerschaften in der Industrie oder bei öffentlich-privaten Partnerschaften gibt es eine abgeleitete und auf das übernommene Teilthema begrenzte Projekteigentümerschaft des Risikopartners.

> Im Lean Project Management hat es zunächst und in erster Linie der Projekteigentümer in der Hand, das Projekt auf die Lean-Prinzipien auszurichten. Diese Ausrichtung wird in dem Maße erfolgreich sein, in welchem der Projekteigentümer es schafft, die Lean-Prinzipien in allen Gliederungen des Projekts durchzusetzen. Zudem bestehen Möglichkeiten, Positiv-Effekte aus der Anwendung der Lean-Prinzipien auf das Projekt zu incentivieren. ■

Projektsponsor

Werden Projekte von größeren Organisationen aufgesetzt, gibt es immer einen Projektsponsor. Dieser trägt keine direkte Projektverantwortung, befindet sich aber in einer übergeordneten Organisations- oder Geschäftsverantwortung. Bei ihm wird neben vielen anderen Themen unter anderem das gegenständliche Projekt konsolidiert. Im Falle eines Konsortiums oder Joint Ventures ist der Projektsponsor ein Gremium. Der Projektsponsor ist Promotor für die Einführung und Umsetzung der Lean-Prinzipien.

Projektfinanzier

Projektfinanzier ist, wer die finanziellen Ressourcen für das Projekt aufbringt. Bei eigenfinanzierten Projekten ist dies die Organisation oder das Unternehmen, welches das Projekt als Projekteigentümer führt. Typische eigenfinanzierte Projekte sind kleinere und mittlere F&E-Projekte, Reorganisationsprojekte oder weitere rein unternehmensinterne Projekte. Im öffentlichen Bereich werden eigenfinanzierte Projekte aus dem Steueraufkommen der betreffenden Organisation finanziert. Bei echter Projektfinanzierung entscheidet die Refinanzierbarkeit der Kredite aus dem Projekt-Cashflow. Modelle werden ohne und mit Rückgriffsrechte auf die projektführende Organisation angeboten. Privatwirtschaftliche Finanziers sind Fonds, Versicherungen oder Banken, wobei es auch hier eine erhebliche Spezialisierung gibt.

Finanziers sind an einer geordneten Projektberichterstattung interessiert. Ein Finanzierungsnehmer, der nachweisen kann, sein Projekt nach Prinzipien des Lean Project Management zu führen, vermittelt dem Finanzier ein höheres Maß an Sicherheit, dass das Projekt besser als nach dem ursprünglichen Plan abgeschlossen wird. ■

Projektübernehmer

Für Projektübernehmer gibt es abhängig von den jeweiligen Branchen sehr spezielle Bezeichnungen. In der Baubranche kann dies der Generalunternehmer oder international die EPC (Engineering Procurement Construction) sein, in technologischen Feldern sprechen wir von Systementwicklern oder -integratoren oder in anderen Feldern von Systemlieferanten. Allgemein sind es **Auftragnehmer, Subauftragnehmer oder anderweitige Projektunterstützer**, die für Fremdprojekte tätig werden.

In den Projekten dieser Auftragnehmerorganisationen gibt es in Abhängigkeit von deren Größe und Matrixorganisation eine mehr oder minder große Zahl von **internen Projektunterstützern**. Es sind dies alle Funktionsträger eines Unternehmens oder einer Organisation, die im Rahmen der Projektakquisition und -realisierung Kontroll-, Controlling- oder Unterstützungsaufgaben wahrnehmen. Hierzu zählen – soweit vorhanden – vor allem die Funktionen Vertrieb, Finanzen, Einkauf, Personal, Compliance, Gebäudemanagement, Qualitätsmanagement und Recht.

Interne Projektunterstützer sind es nicht gewohnt, nach den Regeln eines Projektmanagements zu handeln. Sie fühlen sich auch nicht in erster Linie dem Projekt, sondern ihrer Funktion verpflichtet. Es gibt allerdings Bewegung, und in größeren Unternehmen des Projektgeschäfts haben sich projektbezogene Verantwortlichkeiten durchgesetzt (z. B. strategischer Projekteinkauf, Projekt-Controller). Es sollte eine Selbstverständlichkeit sein, dass diese Funktionsträger nach den Lean-Prinzipien handeln.

Programmmanager

In größeren Unternehmen des Projektgeschäfts hat der Programmmanager bzw. die Ebene der Programmmanager eine entscheidende Funktion. Diese sind jeweils für ein bestimmtes Projektportfolio (= Programm mit einer Mehrzahl von Projekten) zuständig und planen, leiten und verantworten dieses auch wirtschaftlich. Sie sind die Nahtstelle zu ihren Kunden und entscheiden, welche Projekte zu welchem Preis angeboten werden.

Der Programmmanager optimiert nicht nur das Einzelprojekt, sondern „sein" Programm/Portfolio. Optimierung nach den Lean-Prinzipien bedeutet auf Programmebene, nur solche Synergien zu schaffen, die nicht dazu führen, dass dies in Einzelprojekten zu Nachteilen führt.

Projektleiter, Project Management Office und Projektmitarbeiter

Das allgemeine Verständnis von Projekten und Projektmanagement hat das operative Kernprojekt im Blick, also den Projektleiter, das Project Management Office und die Kernprojektmannschaft. Diese verengende Sichtweise wurde in diesem Buch bewusst und konsequent aufgebrochen. Die Bedeutung dieser Schlüsselgruppe in Projekten darf trotzdem nicht unterschätzt werden.

Projektnutzer bzw. -implementierer

Wem nutzt das Projektergebnis? In jedem Projekt entsteht etwas: eine neue Technologie, eine neue Organisation usw. Bereits während des Projekts oder im Anschluss daran werden die Projektergebnisse auf die eine oder andere Art in die Normalorganisation oder anderswo implementiert. Insofern ist die Gruppe der Projektnutzer bzw. -implementierer auch Teil des Projekts. Zieht diese Gruppe optimal mit, ist das Projekt gewonnen. Geht die Projektimplementierung schief, ist das Projekt gescheitert. In der Projektrealität ist meist nicht alles derart schwarz-weiß. Im Lean Project Management ist es selbstverständlich, diese Gruppe von vornherein in das Projekt voll einzubinden und bereits im Voraus die Zusatzpotenziale des Projektergebnisses zu erkunden.

„Dritte" (Genehmigungs-, Normierungs-, Prüfungs- oder Kontrolleinrichtungen)

Es gibt eine Reihe von Organisationen und Institutionen, die in Projekten auf die eine oder andere Weise vorpositioniert sind, sei es kraft Gesetz, kultureller Gegebenheiten oder anderswie bedingt. Diese projektbeteiligten Organisationen und Institutionen seien unter dem Begriff „Dritte" (Genehmigungs-, Normierungs-, Prüfungs- oder Kontrolleinrichtungen) zusammengefasst.

In der Triade USA, Europa und Japan, deren wirtschaftlicher Aufstieg nach dem Zweiten Weltkrieg unter anderem auch dadurch wesentlich bedingt wurde, dass alle Produkte in allen Ländern der Triade vertrieben werden konnten, hat sich ein Netz von Genehmigungs-, Normierungs-, Prüfungs- oder Kontrolleinrichtungen herausgebildet, das in allen Projekten auf die eine oder andere Weise präsent ist, sei es als „Schläfer" (d. h. ohne direkten Kontakt im Rahmen des Projekts, aber trotzdem relevant und im Sonderfall für den Projekterfolg gegebenenfalls entscheidend) oder tatsächlich.

Die Produkthaftung der USA soll hier als Beispiel dienen. Die Vermeidung eines Produkthaftungsfalls tangiert jedes Projekt, dessen Produkt für einen Kunden in den USA entwickelt, hergestellt und dort vertrieben wird. Nehmen wir den Automobilbau und hier die Feldtestreihen für ein neues Modell. Gehen wir auf ein vermeintliches Nebenthema ein, den möglichen Verlust oder gestohlene, noch nicht zugelassene Fahrzeugteile während der Feldtests. Zur Vermeidung solcher Verluste werden in den Testprojekten umfangreiche Sicherheitsvorkehrungen getroffen. Der entscheidende Grund ist: Kommen Teile von Testfahrzeugen abhanden oder werden gestohlen, dann illegal in ein Straßenfahrzeug eingebaut und ist eines dieser Teile die Ursache für einen späteren Verkehrsunfall in den USA, können daraus für den Produkthersteller hohe Strafen oder Wiedergutmachungszahlungen resultieren. Die Behörden der USA sind in diesem Projektbeispiel also „Schläfer“, aber trotzdem höchst relevant.

Exportkontrolle ist ein anderes Beispiel. Diese ist in allen Technologieprojekten mit Auslandsbezug relevant. Entspricht die Entwicklung bzw. Lieferung des einen oder anderen Produkts den geltenden Ausfuhrbestimmungen oder nicht? Großunternehmen verfügen über Verantwortliche für die Exportkontrolle und entsprechende Prozesse, die jedes Vorhaben und Projekt auf Konformität mit den Ausfuhrbestimmungen vorprüfen und gegebenenfalls die Ausfuhrgenehmigung bei der zuständigen Stelle (in Deutschland Bundeswirtschaftsministerium) einholen. Auch in kleineren und mittleren Unternehmen gibt es meist einen Verantwortlichen für dieses Thema (z. B. Versandleiter). Entspricht das Produkt nicht den Ausfuhrbestimmungen, ist das Projekt oder der ausfuhrbezogene Teil des Projekts für das Land X gestoppt.

Im Lean Project Management wird der Kontakt mit den entsprechenden Behörden und Organisationen aktiv gesucht und geht über das normale Maß der Zusammenarbeit hinaus.

Promotoren und Helfershelfer

In Projekten tummelt sich immer eine Reihe von Promotoren, Helfershelfern oder Ähnliches. Auf diese soll hier nicht systematisch eingegangen werden. Im konkreten Projekt kann diesen jedoch eine Schlüsselposition für den Projekteinstieg, -erfolg oder auch -misserfolg zukommen. Im Lean Project Management werden deshalb auch diese Projektbeteiligten beachtet.

Nach Kenntnisnahme der relevanten „Player“ stellt sich nun die Frage nach der tatsächlichen Positionierung dieser Player in den Projekten. Gibt es die eine, einzig richtige und Erfolg versprechende Positionierung eines „Players“ oder eine Konstellation von Positionierungen in den Projekten? Wir sagen Nein. In den branchenabhängigen Projektfeldern haben sich teilweise relativ stabile Muster der Positionierung herausgebildet, wobei auch hier keine wirklich starke Korrelation zwischen Positionierungsmustern und Projekterfolg existiert. Aber auch hier werden neue Modelle erprobt. Die Projektwelt befindet sich im Wandel.

> Es gibt nicht die eine, einzig richtige und Erfolg versprechende Positionierung eines „Players“ oder eine Konstellation von Positionierungen in einem Projekt.

Einfache Positionierung

Wir haben eingangs das Projekt Reinhold Messners, die Besteigung des Nanga Parbat über die Rupal-Wand, als erfolgreiches Projektbeispiel dargestellt. Wenngleich es sich Reinhold Messner wahrscheinlich in seiner Entscheidung nicht leicht gemacht und alle Wenn und Aber genauestens durchgedacht hat, ist er schließlich einen individualistischen Weg gegangen. Er hat gewissermaßen die Außenabhängigkeiten seines Projekts auf ein Minimum reduziert. Es ist ihm mit dieser einfachen Positionierung die Ersteigung gelungen. Wenn der Verein eines Ortes entscheidet, sein Vereinshaus in Eigenregie zu modernisieren, ist dies ebenfalls ein Projekt mit einfachem Positionierungsmodell. Gleiches gilt bei Eigenprojekten von Unternehmen, soweit diese mehr oder minder mit Eigenmitteln realisiert werden können. Positionierungen dieser Art stoßen an Grenzen, wenn die Abhängigkeit von Dritten zunimmt und/oder die Projektrisiken und die qualitativen Anforderungen an das Projekt steigen, die Projektvolumina größer werden oder eine hochgradig institutionalisierte und breit abgesicherte Projektstruktur erforderlich ist. Immer dann sind mindestens lineare Positionierungsmodelle erforderlich.

Lineare Modelle der Positionierung

Lineare Modelle der Positionierung der Player sind beispielsweise Auftraggeber-/Auftragnehmerverhältnisse in klar definierten Projekten und Zuarbeitsverhältnissen. Das dargestellte Apothekenbeispiel zählt zu dieser Form der Positionierung. Die Apothekeneigentümer haben ihren Apothekenplaner und -einrichter für die Errichtung des Objekts beauftragt, und dieser hat im Benehmen mit dem Apothekeneigentümer alle weiteren Vorgänge von Anfang bis Ende geplant, gesteuert und unterbeauftragt. Gleiches gilt für die Positionierung bzw. das Verhältnis von Bauherrn und Generalunternehmer eines großen Bürohauses. Der Generalunternehmer übernimmt und steuert die Aufgabe und plant und realisiert das Objekt mit eigenen Ressourcen und Zuarbeit von Subunternehmern. Grenzen dieses Modells resultieren aus der Zunahme von Projektbeteiligten, sei es aus Gründen einer komplexeren Finanzierung oder einer differenzierteren Projektbeteiligungsstruktur.

Einfache oder multiple Kaskadenmodelle

Die nächsthöhere Komplexitätsstufe liegt in der Positionierung der Player eines Projekts in einfachen oder multiplen Kaskadenmodellen. Ein relativ einfaches Kaskadenmodell der Positionierung der Player in einem Projekt lässt sich anhand des folgenden Beispiels aus der Telekommunikationssparte darstellen. Eine Großinstitution entscheidet, für ihre internationalen Großprojekte ein abhörsicheres Satellitenkommunikationssystem zu entwickeln und einzusetzen. Projekteigentümer während der Entwicklung des Systems ist der Einkauf; die künftigen Nutzer des Systems sind zwar grundsätzlich informiert, in die eigentliche Entwicklung jedoch wenig eingebunden. Im Einkauf der Großorganisation gibt es für dieses Projekt eine arbeitsteilige Verantwortungsstruktur, wobei die wesentlichen Elemente des Satellitenkommunikationssystems die Aufteilung in Teilverantwortlichkeiten bestimmen. Auf Auftragnehmerseite wurde eine Projektgesellschaft gegründet, mit der der Einkauf der Großorganisation den Entwicklungs- und Liefervertrag geschlossen hat. Gesellschafter dieser Projektgesellschaft sind die beiden Hauptentwickler/-integratoren und -lieferanten des Systems. Das Modell sieht die Kaskade Einkauf – Projektgesellschaft – Entwicklungs- und Liefergesellschaften vor. Die Realität ist noch etwas komplizierter, aber im Grunde ebenfalls kaskadenförmig. Zwischen Einkaufsverantwortlichen und eigentlichen Entwicklern hat sich ebenfalls eine direkte Kommunikations- und Verhandlungsschiene etabliert. Insofern hat dieses Beispiel auch Ansätze eines multiplen Kaskadenmodells.

Aus der Sicht des Lean Project Management sind Projekte wertorientiert auszurichten. Dies betrifft zum einen das Projekt insgesamt, zum anderen die richtige Positionierung der Treiber. Jeder Fehler in diesen Strukturen rächt sich im Projektergebnis. ■

■ 4.3 „Kosmos“ und „Synergismus“ im Lean Project Management

Nachdem beschrieben ist, dass mit Lean Project Management ein Projektoptimum erreicht werden kann, dass Projekte gesamthaft verstanden werden müssen und die Treiber in Projekten entsprechend einzubinden sind, kann nun das Konzept des Lean Project Management zusammenfassend formuliert werden.

Das Konzept des Lean Project Management trennt strikt zwischen Projekt und Anwendung der Lean-Philosophie bzw. des Lean Project Management. Diese Trennung ist ein Kunstgriff; in der Projektrealität fließt beides zusammen. Dieser Kunstgriff hilft jedoch, das Thema besser zu verstehen und Lean Project Management in der Praxis anzuwenden. Und wie wir gesehen haben, gibt es sogar Fälle, in welchen Lean drinnen ist, obwohl nicht Lean draufsteht (z. B. die Expedition der Erstbesteigung der Rupal-Wand des Nanga Parbat durch Reinhold Messner).

Für Projekte gibt es „Baugesetze“, aber keine festen, für alle Zeiten geltenden Regeln. Projekte kann man aus diesem und jenem Grund beginnen, durchführen und beenden. Man kann klein mit einem Pilotprojekt anfangen oder gleich groß einsteigen. Selbst in sehr gut und konsequent geführten Unternehmen kann es eine Tagesstimmung oder die zufällige Anwesenheit eines bestimmten Entscheiders sein, die dazu führt, dass man mit einem Piloten beginnt und nicht gleich das Gesamtprojekt durchführt. Übermorgen hätte die Entscheidung umgekehrt ausfallen können.

Ob und wie Projekte aufgesetzt, organisiert und umgesetzt werden, ist trotzdem nicht zufällig. Projektideen müssen Promotoren finden, und die Art und Weise, wie Projektideen in Projekte gegossen werden, müssen ins Bild der Zeit passen. Dies gilt selbst für sinnlose Projektinvestitionen, etwa am überhitzten Immobilienmarkt die Investition in (spätere) Bauruinen. Oder Projektideen müssen so radikal abweichen, dass sie ins Bild der Zukunft passen. Letzteres ist die Welt der Entstehung der Apples, Googles, Facebooks und vieler anderer.

Das Bild der Zeit ist von vielschichtigen politischen, wirtschaftlichen, technologischen, organisatorischen, kulturellen und sozialen Voraussetzungen geprägt, die auch einem Wandel unterliegen. Dies gilt selbst für die Organisation und Finanzierung von Projekten. Public-Private-Partnership-Konzepte für die Realisierung von Infrastrukturprojekten sind z.B. in der einen Gruppe von Ländern gerade en vogue (2014 z.B. Türkei), während sich ihre Konjunktur in anderen Ländern zum gleichen Zeitpunkt stark abgekühlt hat (z.B. Saudi-Arabien). Manche Länder tun sich mit diesen Konzepten prinzipiell leichter (z.B. Großbritannien), andere tendenziell schwer (z.B. Deutschland). Für alles gibt es Gründe; und immer gibt es auch Ausnahmen. Zum Beispiel ist das größte Verkehrstelematikprojekt in Deutschland, die automatische Erhebung der Maut auf Autobahnen und autobahnähnlichen Bundesstraßen, genau genommen ein PPP-Modell „light“. Der private Partner, die Projektgesellschaft Toll Collect GmbH, erwähnt dies zu Recht in seiner Broschüre. Abgesehen davon wird diese Besonderheit jedoch nicht öffentlich thematisiert; vermutlich muss man sagen glücklicherweise, weil in Deutschland gegenwärtig vielfach die Verhinderer von öffentlichen Großprojekten Konjunktur haben.

Was immer dafür ausschlaggebend ist, dass eine Projektidee die Hürden in Richtung tatsächliches Projekt erfolgreich nimmt, bildet sich eine mehr oder minder komplexe Projektorganisation heraus. Auch hier gibt es Konjunkturen und Entwicklungen. In manchen Regionen ist z.B. heute der oder das Beste nicht mehr gut genug. Entsprechend wird in Ausschreibungen „World Class“ gefordert: bester Bieter, bestes Team, beste Technologie, beste Organisation, bester Preis usw. und dies alles gleichzeitig und parallel. Im Wettbewerb um solche Projekte entstehen dann große Konsortien oder differenziert zusammengesetzte Joint Ventures, um einigermaßen den Maximalansprüchen zu entsprechen und den Projektauftrag gewinnen zu können. Bereits in der Angebotsphase besteht im Konsortium oder künftigen Joint Venture häufig interne Konkurrenz um die industrielle Führerschaft, Projektanteile, den Projektleiter oder Ähnliches. Ist das Projekt dann gewonnen, geht es um die tatsächlichen Leistungen des Gesamtprojekts im Zeitverlauf (einschließlich Abspeckvarianten gegenüber dem gegebenenfalls überzogenen Angebot) und die einzelnen Arbeitspakete, um Margen, Claims und andere nervenzerrende Fragen. Diese beschäftigen nicht nur die Projektleitung(en) und operative(en) Kernmannschaft(en) eines Projekts, sondern ganze Heerscharen von Funktionsverantwortlichen der Konsortialmitglieder. Im Konsortium mit drei Partnern sitzen dann in Abhängigkeit von der Themenstellung bei internen Verhandlungen immer gleich mindestens drei Juristen, drei Finanzverantwortliche, drei Qualitätsmanager etc. mit am Tisch, jeder mit einer mehr oder minder offen kommunizierten „Agenda“ im Gepäck. In der für die Vertrauensbildung in der Zusammenarbeit mit dem Kunden besonders wichtigen Mobilisierungsphase des Projekts stehen dann häufig die internen Themen und Verhandlungen stärker als der Kunde im Vordergrund.

Wenn der Kunde in der Anfangsphase bereits auf die eine oder andere Weise verunsichert wird, also ein Vertrauensverlust entsteht, reagiert er mit „Druck". Die Projektleitung und -mannschaft kommt in der Folge bereits zu diesem frühen Zeitpunkt in eine Rechtfertigungssituation und ist mehr damit beschäftigt, den Kunden zu beruhigen, als das Projekt systematisch zu planen und in Gang zu bringen.

Ein Projekt ist aus der Sicht des Lean Project Management im Prinzip als synergistischer Kosmos zu verstehen. Den Kosmos bildet das Ganze des Projekts mit seinen Teilen. Synergistisch bedeutet, dass die Teile innerhalb dieses Kosmos in Abhängigkeit und Verbindung stehen und aufeinander mehr oder minder konstruktiv und destruktiv wirken. In die Projektsprache übertragen heißt dies: Den Kosmos bilden die „Baugesetze" des Projekts, synergistisch verhalten sich in diesem Kosmos des Projekts alle Projektbeteiligten unter Mobilisierung ihrer Kräfte, mit ihren unterschiedlichen Positionierungen, ihrer jeweiligen Bedeutung für das Projekt und den vorhandenen und ausgeschöpften Freiheitsspielräumen.

Es gibt unterschiedliche Qualitäten von Projekten: Vorzeigeprojekte, Projekte mit Problemen, Sanierungsfälle und abgebrochene Projekte (vgl. Bild 4.2):

- **Vorzeigeprojekte** zeichnen sich dadurch aus, dass das Projekt auf in jeder Hinsicht „gesunden" Füßen steht, die Projektbeteiligten im Sinne des Projekts konstruktiv zusammenwirken und sich in ihren Beiträgen zum Projekt optimal ergänzen. Alle im Projekt befinden sich voll im Gleichgewicht mit diesem. Alle Projektbeteiligten erzielen positive Wertbeiträge.
- Bei **Projekten mit Problemen** stimmt etwas in den „Baugesetzen" oder bei einzelnen „Bausteinen" dieses Projekts nicht, oder einzelne Projektbeteiligte bringen dieses Projekt leicht bis stärker aus dem Gleichgewicht. Nicht alle Projektteilnehmer liefern im Projekt positive Wertbeiträge zum Projektergebnis; einer oder mehrere Projektbeteiligte liefern auch negative Wertbeiträge, und so sehr es als Widerspruch erscheint, dies kann auch der Projekteigentümer oder Nutzer eines Projektergebnisses sein.
- **Sanierungsfälle** sind normalerweise dadurch gekennzeichnet, dass das Projekt in allem im Argen ist: Die „Baugesetze" stimmen nicht, bei den „Bauelementen" existieren gravierende Fehler oder es fehlen Bausteine und die wesentlichen Projektbeteiligten verhalten sich destruktiv. Die Wertbeiträge der Projektergebnisse der Beteiligten befinden sich im Koordinatensystem auf der Negativ-Seite.
- **Abgebrochene Projekte** verdeutlichen, dass in einem zentralen Punkt des Projekts ein „No-Go" aufgetreten ist.

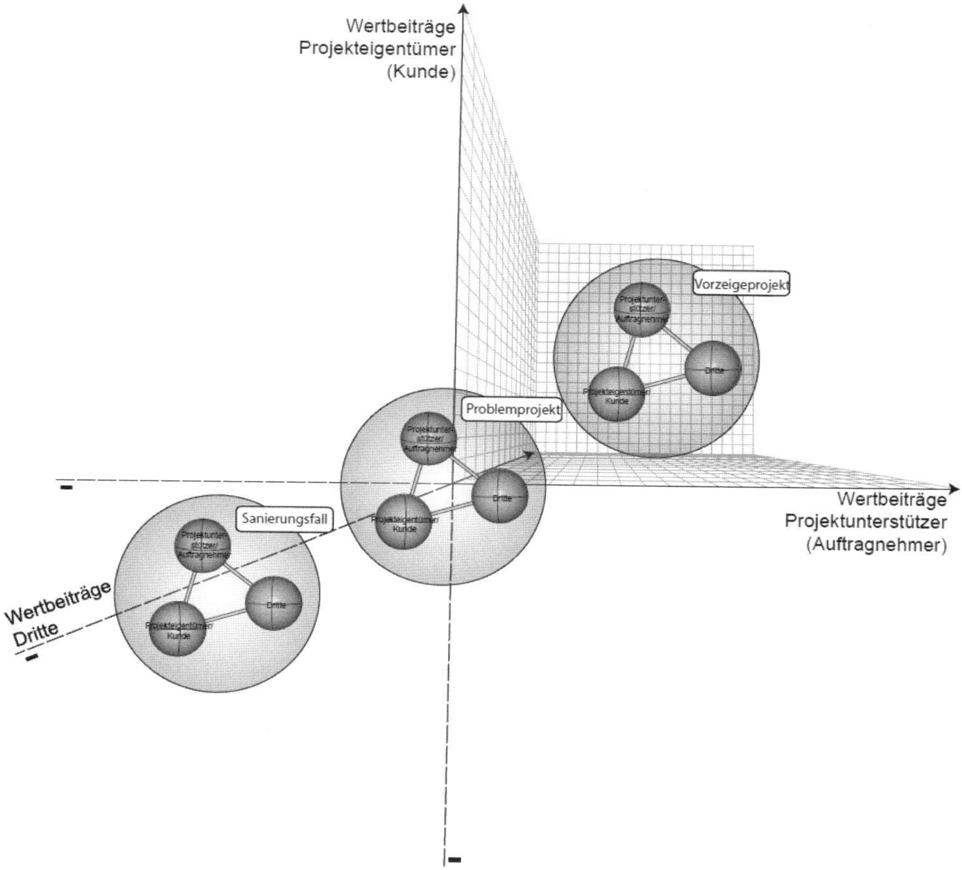

Bild 4.2 Vorzeigeprojekt, Problemprojekt, Projekte als Sanierungsfall

Nehmen wir das Vorzeigeprojekt. Dieses funktioniert bestens, alle Projektbeteiligten sind mit dem Projekt zufrieden, und man wird sich fragen, wo ein Lean Project Manager hier noch ansetzen soll. Dem Lean Project Management liegt eine Optimierungsphilosophie zugrunde. Ohne Zweifel besteht beim Vorzeigeprojekt ein akzeptierter Projektstatus. Ist dieser Status aber wirklich das Optimum? Ist im Rahmen dieses Projekts, das vielleicht ein oder zwei Jahre läuft, noch ein verbesserter Status zu erzielen? Die Antwort auf diese Frage ist einfach: Stolz oder Zufriedenheit mit einem Projekt und gegebenenfalls sogar das sehr positive Benchmarking mit Vergleichsprojekten sind zwar gute Indikatoren für einen positiven Projektstatus und -verlauf; sie sind jedoch nicht hinreichend. Heute werden in vielen Städten „Smart City“-Projekte aufgelegt, und die Verantwortlichen berichten häufig mit Stolz über diese Projekte. Sieht man etwas hinter die Kulissen dieser Projekte, wird deutlich, dass es sich in vielen Fällen um Alibiprojekte handelt. Die Werte, die durch viele dieser Vorzeigeprojekte geschaffen werden, gehen gegen null, und die Öffentlichkeit (als wesentlicher Beurteiler der Projekte) wird sich absehbar fragen, warum man sich für diese Alibiprojekte überhaupt engagiert. Der Lean Project Manager beurteilt also bereits im Vorfeld einer Projektentwicklung das Wertkonzept bzw. die Wertbeiträge für das Projekt sowie die Möglichkeiten, die im „Kosmos“ wie im „Synergismus“ der Elemente eines Projekts angelegt sind, und bringt bereits in einer Frühphase dieses Thema zur Sprache.

Nehmen wir nun an, dass es sich wirklich um ein Vorzeigeprojekt handelt. Wurde dieses Projekt nach den Regeln der Kunst des Lean Project Management aufgesetzt, werden sich nur wenige zusätzliche Optimierungspotenziale ergeben. Ist hingegen das Projekt ordentlich aufgesetzt und wurden die Optimierungspotenziale entlang der Lean-Prinzipien noch nicht berücksichtigt, gehen wir davon aus, dass Verbesserungspotenziale dieses Projekts in Höhe von 20 % bestehen. Diese 20 % sind am Wertbeitrag des Projekts gemessen. Im Problemprojekt liegen die Optimierungspotenziale deutlich höher. Kann das aufgetretene Problem tatsächlich beseitigt werden, ist mit einer Projektoptimierung in Höhe von 40 % zu rechnen. Die Optimierung resultiert zum einen aus der Problembeseitigung, zum anderen aus Lean-Maßnahmen, wie z. B. Beseitigung von Verschwendung oder verbesserte Lieferantenintegration.

Das Sanierungsprojekt ist ein Spezialfall. Die eigentliche Sanierung eines Projekts mit dem Ziel, dieses auf den ursprünglichen Plan zurückzuführen, ist wegen der noch verfügbaren kurzen Laufzeit nicht möglich (es wird immer eine Abweichung vom Plan nach unten geben). Die Sanierung von Projekten mithilfe des Lean Project Management ist dennoch sinnvoll und richtig. Ein Abbruch würde zu erheblichen Mehrkosten nicht nur in quantitativer, sondern auch in qualitativer Hinsicht führen. Projekte werden insbesondere deshalb saniert, weil andernfalls ein erheblicher Imageverlust und künftige Auftragspotenziale gefährdet sind. Ein Prozentsatz wie vorangehend kann hier nicht angegeben werden.

Der folgende Satz ist die Schlüsseldefinition für das Verständnis von Lean Project Management:

Schlüssel zum Verständnis von Lean Project Management

Verallgemeinert dargestellt ist das Lean Project Management die Projektmanagementphilosophie, die beim „Kosmos“ wie im „Synergismus“ der Elemente eines Projekts ansetzt und die jeweiligen Optimierungspotenziale mit Ausrichtung auf die verfolgten Werte ausschöpft (vgl. Bild 4.3).

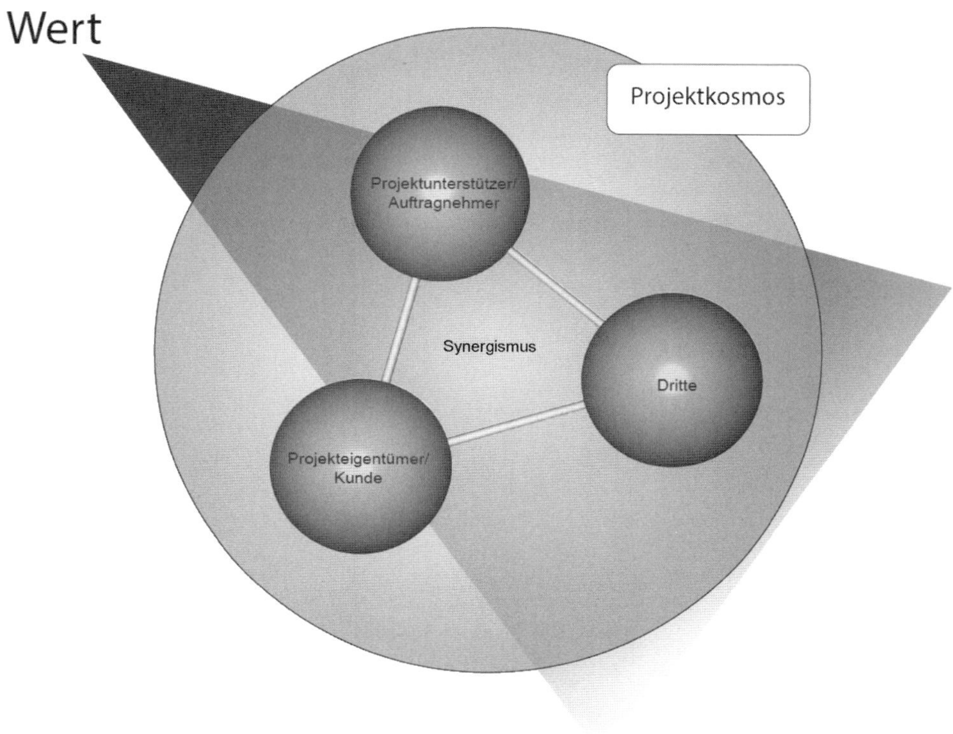

Bild 4.3 Projektkosmos und Synergismus der Elemente

Das folgende Kapitel greift den vorgestellten Ansatz auf und geht näher auf die Optimierungspotenziale durch die Anwendung von Lean Project Management ein.

5 Die Prinzipien des Lean Project Management

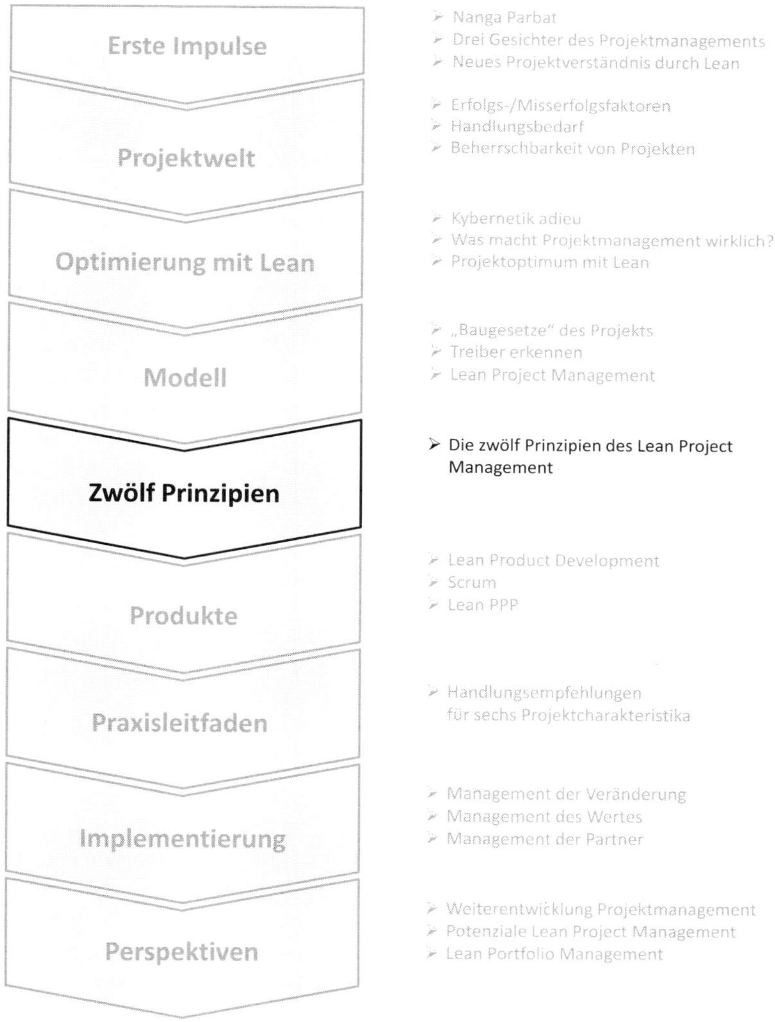

Bild 5.1 Kapitelübersicht

Zwei Szenarien einer Raumfahrtmission

In den folgenden Ausführungen soll an einem fiktiven Beispiel dargestellt werden, wie das Projektmanagement einer Raumfahrtmission bei eher „klassischem" Projektmanagement im Vergleich zum Lean Project Management aussehen kann. Hierbei kommt es weniger auf den Realitätsgehalt der vorgestellten Szenarien an, sondern vielmehr auf die unterschiedliche Arbeitsweise der vorgestellten Projektmanagementmethoden. Im Anschluss an diese Einführung wird vertieft auf die Prinzipien des Lean Project Management eingegangen. Hierbei soll an das in Kapitel 3 verwendete Szenario einer Raumfahrtmission angeknüpft werden.

Ein Raumschiff ist auf einer Mission. Ziel ist ein Planet des Sonnensystems, in welchem sich das Zielobjekt befindet. Finanziert wurde die Mission von einer supranationalen Raumfahrtorganisation, Bedarfsträger sind jedoch Unternehmen einer bestimmten Hightech-Industrie, welche sich von den Experimenten dieser Mission wichtige wissenschaftliche Erkenntnisse versprechen, die zu bedeutenden Innovationen führen könnten.

Das Projektmanagement der Mission hat diese gründlich geplant und vorbereitet. Dabei wurde die PMI-Knowledgebase mit allen dokumentierten Komponenten umgesetzt. Besondere Aufmerksamkeit wurde dabei dem Risikomanagement gewidmet. Im Rahmen einer gründlichen Risikoanalyse wurde festgestellt, dass verschiedene Objekte auf dem Weg zum Ziel das Raumschiff durch deren Gravitation aus der Bahn bringen würden. Umfang und Art der Kräfte konnten ermittelt werden, sodass Gegenmaßnahmen eingeplant werden konnten. Hierzu wurden Steuertriebwerke und ausreichend Brennstoff vorgesehen, welche die Erreichung des Ziels auf direktem Wege sicherstellen würden. Allerdings hat dies das Startgewicht maßgeblich erhöht, und die finanzierende Organisation hatte erhebliche Mühe, die erforderlichen Geldmittel für die Mission von den Partnern zu akquirieren. Der Plan für die Route von der Erde zum Zielobjekt wurde in recht kurzer Zeit von Experten entwickelt und umgehend in einem Projektplan dokumentiert.

Ein weiteres Problem, welches die Mission hätte gefährden können, war der Ausfall eines wichtigen Bordcomputers, welcher für die Triebwerkssteuerung verantwortlich war. Auch hierfür ist im Rahmen des Risikomanagements eine Risikoanalyse durchgeführt worden. Auf der Basis der Eintrittswahrscheinlichkeiten wurde das System dreifach redundant ausgelegt. Einige Manager des Auftraggebers monierten dies zwar als „übersteigertes Sicherheitsdenken". Das Projektmanagement konnte sich jedoch letztlich durchsetzen.

Es kam während der Mission tatsächlich zum Ausfall dieses Bordcomputers. Der Projektleiter fühlte sich dadurch bestätigt und in seinem Handeln gerechtfertigt. Nach kurzer Zeit fiel jedoch das zweite redundante Modul aus, was gegen jede Wahrscheinlichkeit war. Da nun die letzte Komponente des Bordcomputers im Einsatz war, wurde die gesamte Besatzung für die Fehlersuche eingesetzt. Hierdurch konnten wichtige geplante Experimente nicht durchgeführt werden. Nach langer Suche wurde ein Fehler in einem Kabelbaum entdeckt und konnte beseitigt werden. Die einzig verbliebene Komponente des Bordcomputers bereitete dem Projektleiter viele schlaflose Nächte.

Nach zwei Jahren kam das Raumschiff im Zielgebiet an. Das zu Beginn der Mission so eindeutige Ziel erwies sich jedoch als eine Gruppe von Zielobjekten mit unterschiedlichen Eigenschaften. Da eine Kommunikation mit der Basis auf der Erde zeitnah nicht möglich war, musste der Missionsleiter der Astronautencrew nach „eigenem Ermessen“ entscheiden, welches Objekt für die Experimente und Probenentnahmen das richtige war. Hierdurch wurde viel Zeit „verschwendet“, um die verschiedenen Optionen auszuloten.

Nach Rückkehr des Raumschiffes war die Industrie vom Ergebnis enttäuscht, da die Erwartungen an Experimente und Proben deutlich verfehlt wurden. Dennoch wurde die Mission politisch als Erfolg gefeiert.

Wie wäre diese Mission verlaufen, wenn Lean Project Management eingesetzt worden wäre? Zunächst hätte es für die Basisaufgaben des Projektmanagements keinen auf den ersten Blick erkennbaren Unterschied gegeben. Ein Projektplan wäre aufgestellt worden, der genauso wie bereits dargestellt ein gründliches Risikomanagement beinhaltet hätte. In vielen anderen Punkten hätte das Projektmanagement jedoch anders gehandelt.

Erster und wichtigster Schritt wäre eine tief gehende Analyse des Werts der Mission gewesen. Das heißt, die Bedarfsträgeranforderungen wären gründlich untersucht worden, und in vielen Gesprächen mit den Bedarfsträgern wäre deren Erwartungshaltung erforscht worden. Diese Aufgabe hätte man nicht einem spezialisierten Projektteam übertragen, sondern der Projektleiter und der Leiter der Astronautencrew hätten die Gespräche selbst geführt (Gemba = gehe zum Ort des Geschehens und überzeuge dich selbst).

Wie hätte Lean Project Management den Weg von der Erde zum Zielgebiet geplant. Der „gradlinige“ Weg liegt zwar auf der Hand, ist aber nur selten der schnellste. In Raumfahrtmissionen kann man die auf die Flugbahn einwirkenden Kräfte durch Steuertriebwerke ausgleichen. Man kann aber auch etwas ganz anderes tun, nämlich die Gravitation von Objekten nutzen, um zwar eine vom direkten Weg abweichende Flugbahn in Kauf zu nehmen, aber diese einzusetzen, um das Raumschiff zu beschleunigen. Hierfür ist nur verhältnismäßig wenig Treibstoff notwendig, um die Flugbahn in der gewünschten Art und Weise zu beeinflussen. Diese Vorgehensweise ist in der Raumfahrt Standard und die zuvor beschriebene Methode eher theoretischer Natur. Die Unterschiede zwischen Lean und Nicht-Lean lassen sich hier aber sehr gut vermitteln.

Das Problem des Ausfalls eines der redundanten Module des Bordcomputers hätten Lean Manager auf ganz andere Art und Weise gelöst. Beim Ausfall der ersten redundanten Komponente wäre sofort eine Ursachenanalyse gestartet worden, und zwar nicht als „Feuerwehraktion“ unter Einsatz aller Crewmitglieder, sondern der für diese Aufgabe technisch versierteste Astronaut wäre der Grundursache (fünfmal „Warum?“) nachgegangen und wäre der eigentlichen Fehlerursache auf die Spur gekommen. Das Problem wäre nachhaltig gelöst worden, ohne dass die zweite redundante Komponente auch noch ausgefallen wäre. Kein Lean Manager würde sich nach Ausfall der ersten Komponente auf die Redundanz und die Wahrscheinlichkeitsrechnung verlassen. Außerdem wäre die Crew nicht an der Durchführung der Experimente gehindert worden (Bestandteil des Werts der Mission!).

Als letztes Problem der Mission ist die Unklarheit des Zielobjekts zu betrachten. Die Situation, welche die Crew vorfand, war eine andere als im ursprünglichen Plan angenommen. Dies ist ein Problem, welches in vielen Projekten regelmäßig auftritt. Da aber die Crew eine glasklare Vorstellung vom Wert der Mission hat, genauer wie die bedarfstragende Industrie die Ergebnissen der Mission verwenden möchte, ist es trotz unmöglicher Kommunikation zur Basis auf der Erde kein Problem, den Auftrag zur Zufriedenheit der „Kunden" bzw. Nutzer zu erfüllen. Die Crew sucht das passende Objekt aus, nimmt brauchbare Proben und führt erkenntnisfördernde Experimente durch.

Die Ergebnisse der mittels Lean Project Management durchgeführten Weltraummission lassen sich wie folgt zusammenfassen:

- Wesentliche Elemente des bekannten und erprobten Projektmanagements sind integraler Bestandteil des Lean Project Management (Planung des Projekts und der erforderlichen Ressourcen, Risikomanagement etc.).
- Eine gründliche Analyse und Beschreibung des Werts wurde vorgenommen. Es reicht nicht aus, nach Aktenlage oder gegebenenfalls auf der Basis eines Vertrags das Projektergebnis zu „fixieren". Vielmehr kommt es darauf an, eine klare Vorstellung von den Erwartungen und Bedürfnissen der maßgeblichen Interessenträger zu haben. Nur dann kann das Projektergebnis auch bei „unklarer Situation" im Projektverlauf zur Zufriedenheit erreicht werden.
- Die Risikoanalyse unterscheidet sich in den zwei vorgestellten Vorgehensweisen zweifellos nicht wesentlich, der Umgang damit, also das Management, schon. Viele Risiken wirken in Form von Kräften auf das Projekt ein, die es aus der Bahn werfen können. Lean Project Management nimmt Risiken nie einfach hin und erarbeitet Gegenmaßnahmen. Lean Project Management hinterfragt die Ursachen der Risiken und versucht, die darin innewohnenden Kräfte zum Vorteil des Projekts zu nutzen. Lieferanten mit Verträgen zur Einhaltung der Anforderungen zu zwingen, ist erheblich weniger erfolgversprechend, als Lieferanten zu Partnern zu machen, die mit dem Projektauftraggeber „an einem Strang ziehen". Am Beispiel der Raumfahrtmission wird die Anziehungskraft der Objekte genutzt, um das Raumschiff zu beschleunigen und schneller zum Ziel zu bringen. Die Flugzeit verkürzt sich, und es wird erheblich weniger Treibstoff benötigt. Das Projektbudget ist geringer, damit ist die Mission politisch leichter durchsetzbar.
- Probleme und Fehler sind Anlass und Startpunkt für Verbesserungen. Jeder Fehler, jedes Problem wird als Auftrag und Chance gesehen, das System zu verbessern. Ziel ist dabei, die Grundursache zu finden und das Problem für immer zu beseitigen. Im Beispiel der Raumfahrtmission hatte der Projektleiter nicht eine schlaflose Nacht, da im Bordcomputer immer noch zwei redundante Komponenten verblieben sind und davon

ausgegangen werden konnte, dass weitere Ausfälle nicht zu befürchten sind.

Damit wird deutlich, dass Lean Project Management nicht losgelöst von den Projektinhalten und -zielen agiert und keine rein administrative Rolle ausfüllt. Es wird deutlich, dass andere Prinzipien als im „klassischen" Projektmanagement genutzt werden und die Optimierungsphilosophie eine andere ist und deshalb zu deutlich besseren Ergebnissen führt.

Aspekte des Lean Project Managements

Bevor in den nächsten Abschnitten die einzelnen Prinzipien des Lean Project Management erläutert werden, ist es notwendig, zunächst einen Überblick über die einzelnen Aspekte zu gewinnen (Bild 5.2).

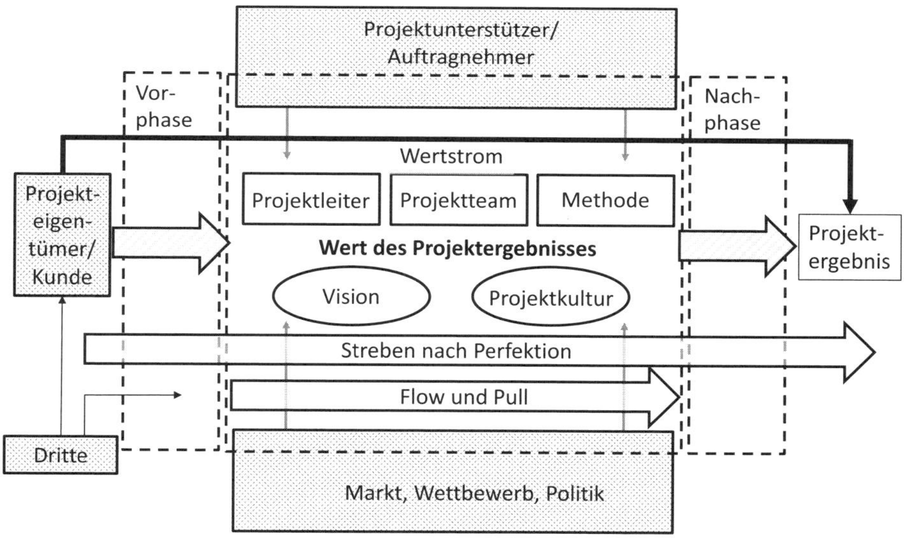

Bild 5.2 Aspekte des Lean Project Management

In Bild 5.2 sind zunächst die drei Phasen eines Projekts zu beachten. Legt man z. B. den *PMBOK Guide* von PMI (Quelle [1]) zugrunde, so befindet sich im Kern das Projekt selbst, welches einen definierten Starttermin und einen entsprechenden Endtermin hat. Vor dem Projektbeginn liegt nach dem gängigen Verständnis des Projektmanagements eine Initialisierungsphase mit entsprechenden Prozessen (wie z. B. Projektmanagementplan entwickeln, Anforderungen sammeln), und nach dem Ende werden sogenannte Abschlussprozesse durchgeführt.

Nach Praxiserfahrungen kann vor allem die Vorlaufphase einen erheblichen zeitlichen Umfang in Anspruch nehmen. In dieser Phase werden maßgebliche „Weichen gestellt", die den Ablauf des Projekts beeinflussen. Hinzu kommt, dass Dritte gerade in dieser

Vorphase des Projekts einen nicht zu vernachlässigenden Einfluss z. B. auf die Anforderungen an das Projektergebnis entfalten. Interessenträger können etwa politische Parteien, Vertreter von Lobbygruppen oder die Öffentlichkeit sein, wenn staatliche Haushaltsmittel in das Projektbudget fließen. Es wäre deshalb leichtfertig, diese Einflüsse außer Acht zu lassen und wie in der üblichen Projektmanagementsichtweise nur als indirekt am Projekt beteiligte Interessenträger zu berücksichtigen.

Ebenso gilt für die Nachphase, dass eine erweiterte Sichtweise sinnvoll ist. Neben der Abwicklung der formalen Anforderungen (z. B. Dokumentation) kann diese Phase, nach Lean-Prinzipien gestaltet, langfristig wirksamen Nutzen für die projektdurchführende Organisation stiften.

Der Wert des Projektergebnisses wird durch den Projekteigentümer bestimmt. In der Realität von Projekten kann es sein, dass diese Wertfestlegung durch Einflüsse anderer Projektbeteiligter verändert wird. Bei der Erstellung z. B. eines Lagerhauses ist diese Anforderung noch relativ leicht zu erfüllen. In der Regel sind Kunde, Auftraggeber und Bedarfsträger ein Unternehmen oder in manchen Fällen nur eine Person. Sollte der „Kunde" allerdings eine heterogene Struktur haben, wie im Raumfahrtbeispiel, ist auf die Definition des Werts besondere Sorgfalt anzuwenden. Hier war die supranationale Organisation der Auftraggeber, die Bedarfsträger waren aber Industrieunternehmen.

Eine präzise Vorstellung über den Wert des Projektergebnisses für den Projekteigentümer ist deshalb von hoher Bedeutung im Rahmen des Lean Project Management, da jede Aufgabe und jede Aktivität daran gemessen wird, inwieweit diese einen Beitrag zum Projektergebnis leistet. Nur so ist es möglich, nicht wertschöpfende Aktivitäten zu identifizieren und aus dem Leistungsprozess zu eliminieren.

Was die Wertdefinition noch schwieriger macht, ist die Veränderung des Werts über die Projektlaufzeit. Sich z. B. auf den ursprünglich geschlossenen Vertrag zurückzuziehen oder bei veränderten Anforderungen Claim Management in Gang zu setzen, hilft letztlich nicht weiter. Das Projektergebnis hat für den Kunden nur dann einen „Wert" und führt zu einer akzeptablen Kundenzufriedenheit, wenn der Nutzen den Anforderungen genügt. Welcher Auftraggeber maßgeschneiderter Software würde heute akzeptieren, dass Änderungen der Anforderungen während der Laufzeit nicht mehr möglich sind?

Die Identifikation des Wertstroms, also der Ablauf des Prozesses zur Erzeugung des Werts in Form des Projektergebnisses, ist das Pendant zur Definition des Werts. Hierbei wird der Ablauf unter dem Gesichtspunkt des Wertbeitrags betrachtet. In Betracht zu ziehen sind hierbei alle Beteiligten am Projekt. Hier steht die Identifizierung und Eliminierung nicht wertschöpfender Aktivitäten im Wertstrom im Vordergrund.

Wie in dem Raumfahrtbeispiel die Gravitationen verschiedener Objekte auf dem Weg in das Zielgebiet, können Lieferanten und Projektpartner „ressourcenzehrend" sein. Dies ist z. B. der Fall, wenn ein Lieferant im Verzug ist und deshalb der Auftraggeber Leistungen mit allen zu Gebote stehenden Mitteln einfordert. Dies erfordert viel Zeit und finanzielle Mittel. Hätte man schon zu einem früheren Zeitpunkt mit dem Lieferanten partnerschaftlich zusammengearbeitet und seine operativen und strategischen Fähigkeiten zum Nutzen des Projekts eingesetzt, wäre diese ungünstige Projektentwicklung möglicherweise nicht eingetreten.

Zentrales Element des Projekts sind die Projektleitung und das -team, welche die Leistungen zur Erstellung des Projektergebnisses erbringen und damit der Garant für die Wertrealisierung sind. In erster Linie stellt sich die Frage, welche Rolle der Projektleiter im Rahmen des Projekts bzw. gegenüber den Interessenträgern des Projekts ausfüllt. Der Bogen des möglichen Rollenverständnisses reicht von der Projektverwaltung bis hin zum echten Management. Auch das Verhältnis zwischen dem Projektteam und der Projektleitung kann sehr unterschiedlich gestaltet sein. Dies hängt einerseits von der jeweiligen Aufgabenstellung, aber auch von der Projektkultur ab.

Der Begriff „Methode" steht in Bild 5.2 für die konkrete Organisation des Projektablaufs. Wie im Eingangsbeispiel deutlich gemacht steht hier „der Weg zum Ziel" zur Diskussion. Für das Raumschiff standen in dem Beispiel zwei Optionen offen: der Einsatz von umfangreichen Ressourcen zum Ausgleich der Gravitation oder die Nutzung der Gravitation für einen schlanken Weg zum Ziel. Es spielt also eine Rolle, welche Methode im Projekt zur Anwendung kommt. Insbesondere bei der Betrachtung von Projekten zur Produktentwicklung ist dies von entscheidender Bedeutung. In den nachfolgenden Kapiteln werden zwei Methoden zur Produktentwicklung vorgestellt: Lean Product Development und Scrum für die Softwareentwicklung. Bei Anwendung der jeweils „richtigen" Methode sind bedeutende Ressourceneinsparungen zu erwarten.

Von zentraler Bedeutung für den Projekterfolg sind die Projektkultur und die Entwicklung einer Vision für das Projektergebnis. Üblicherweise wird das erwartete Projektergebnis in einem Vertrag festgehalten, der von Juristen fachkundig formuliert wurde. Es ist jedoch alles andere als zielführend, das Projektteam mit diesen für juristische Laien nur schwer verständlichen Ausführungen zu motivieren. Eine Vision ist eine emotionale Beschreibung des Projektergebnisses mit wenigen und einfachen Worten, die sich Teammitgliedern jeglicher Profession ohne Nachfrage erschließt. Die Vision begleitet das Team über die gesamte Laufzeit und ist Ansporn und Motivation für Bestleistungen. Gemeint sind hier allerdings nicht die „langweiligen" Visionen und Missionen, die zum Teil zwar explizit formuliert, aber lediglich als Pflichtübung aufgefasst werden.

Die Projektkultur erscheint auf den ersten Blick als einer der eher einfachen Aspekte des Projektmanagements. Üblicherweise wird hier auf die Organisationskultur des projektdurchführenden Unternehmens sowie den kulturellen Hintergrund der Teammitglieder abgehoben. Im Lean Project Management spielt die Projektkultur eine zentrale Rolle. Es geht hierbei um die Frage, wie z. B. mit Fehlern und Problemen umgegangen wird. Im Raumfahrtbeispiel zu Beginn des Kapitels war die Einstellung gegenüber Problemen ein entscheidender Erfolgsfaktor. Wie bei der Darstellung dieses Aspekts noch aufzuzeigen ist, kann die Projektkultur über Erfolg oder Misserfolg entscheiden. Die Etablierung einer Lean-Projektkultur ist allerdings die schwierigste Aufgabe in einem Projekt.

Nicht alle Einflüsse, die von außen auf das Projekt einwirken, lassen sich, wie im Beispiel der Lieferanten/Partner, zum Vorteil für das Projekt einsetzen. Diese Einflüsse sind Bestandteil des Projektmanagements und müssen angemessen in Betracht gezogen werden. Typische Beispiele sind Wettbewerber, welche im Rahmen einer Produktentwicklung mit Alternativprodukten auf den Markt kommen und damit den Projekterfolg gefährden, oder Technologien, welche die weitere Fortführung des Projekts nicht sinnvoll erscheinen lassen. DeMarco nennt diese Einflüsse „Spielverderber“ (vgl. [9], S. 67 ff.). Außerdem können indirekte Interessenträger die Weiterführung von Projekten beeinflussen, wenn z. B. öffentliche Infrastrukturprojekte betrachtet werden und der Einfluss der Öffentlichkeit oder politischer Interessenträger ins Spiel kommt.

Die beiden Begriffe „Flow“ und „Pull“ stehen mit dem Projektablauf in Zusammenhang und stellen die Forderung nach einem Wertstrom dar, der nicht unterbrochen sein soll, sowie die Anforderung, dass Leistungen nur dann erstellt und geliefert werden sollen, wenn diese gebraucht werden. Beide Anforderungen kommen aus der Lean Production, haben aber im Projektmanagement ebenso eine Berechtigung.

Flow postuliert einen Wertstrom, der ohne Unterbrechung abläuft. Was in Projekten häufig auftritt, ist das Warten auf die Fertigstellung eines Arbeitspaketes, bevor das nächste in Angriff genommen werden kann. Im Projekt bedeutet dies nicht ausgelastete Kapazitäten von Projektteammitgliedern, gefolgt von einem umfangreichen Aufgabenblock, der in kürzester Zeit bewältigt werden soll. Typischerweise tritt dies in der Produktentwicklung auf, wenn das Testteam auf die Beendigung der Entwicklung wartet, um die fertigen Komponenten zu prüfen. Entscheidend ist immer der Wertstrom.

Darüber hinaus tritt in dem geschilderten Beispiel häufig folgendes Problem auf. Das Testteam stellt eine Reihe von Fehlern fest, die dazu führen, dass das Entwicklungsteam sich mit den beanstandeten Komponenten erneut befassen muss und der Entwicklungsprozess teilweise noch einmal durchlaufen werden muss. Diese Iterationsschleifen lassen sich möglicherweise vermeiden, wenn eine Methodik verwendet wird, welche die Anzahl der Iterationen deutlich begrenzt. Die Sequenz der Arbeitspakete in einem Projekt kann deshalb maßgeblichen Einfluss auf die gesamte Projektlaufzeit und damit auf das Projektbudget haben. Hieraus lässt sich ableiten, dass die Sequenz der Arbeitspakete und die Methodik der Aufgabenabwicklung ein bedeutender Parameter des Lean Project Management sind.

Der Begriff „Pull“ bedeutet, dass eine Leistung nur dann erstellt wird, wenn diese auch benötigt wird. Wird eine Leistung „auf Vorrat“ erstellt, also bevor z. B. der nächste Arbeitsschritt diese benötigt, entstehen zwei Probleme. Das erste hat mit dem Wert zu tun. Der Wert des Projektergebnisses wird sich im Projektverlauf verändern. Damit kann der Fall eintreten, dass die bereits erstellte Leistung nicht mehr in Einklang mit dem Wert steht und damit noch einmal einer Anpassung unterzogen werden muss, eine enorme Verschwendung von Ressourcen. Das zweite Problem ist, dass dieses vorzeitig erstellte Leistungspaket „verwaltet“ werden muss. Angefangen von der Datensicherung bis hin zur Archivierung verursacht dies Ressourcenverbrauch. Dieser tritt unmittelbar nach der Leistungserstellung auf und ist bis zur Übergabe an den nächsten Prozessschritt erforderlich. So ist es beispielsweise in Projekten der Luftfahrtindustrie üblich, dass der OEM (Original Equipment Manufacturer) die Entwicklung noch nicht abgeschlossen hat, aber vom Lieferanten erwartet wird, dass dieser frühzeitig liefert, was dieser genau genommen nicht leisten kann.

Darüber hinaus hat Pull auch Relevanz für das Informationsmanagement. Wie viele Informationen landen täglich in Ihrem „Postfach“ und welche davon sind wichtig und sofort zu bearbeiten und welche sind unwichtig? Informationen können im Rahmen eines Projekts aber auch nach dem Hol-Prinzip (Pull-Prinzip) behandelt werden. Wer Informationen benötigt, hat Kenntnis von der Quelle und fordert diese Informationen an. Informationen werden dann nicht wahllos gestreut, was in vielen Unternehmen und Projekten üblich ist, sondern auf Anforderung geliefert.

Wie aus Bild 5.2 hervorgeht, hat das Streben nach Perfektion Bedeutung über alle Projektphasen hinweg. Hierzu sind zwei Erklärungen notwendig. Zum einen betrifft dies die Bedeutung dieses Lean-Prinzips im Rahmen des Lean Project Management, zum anderen die Organisation bzw. das Unternehmen, in dessen Umfeld ein Projekt bzw. regelmäßig Projekte durchgeführt werden.

Das Prinzip „Streben nach Perfektion“ ist das am wenigsten verstandene Lean-Management-Prinzip. Häufig wird festgestellt, Perfektion sei nie erreichbar und die Forderung danach deshalb unsinnig. An einem Beispiel lässt sich aufzeigen, wie dieses Prinzip in der Lean-Praxis angewendet wird. Angenommen in einem bestimmten Projekt ist regelmäßig eine Prüfungsprozedur vorgesehen, die einen definierten Zeitraum in Anspruch nimmt. Bei der Projektplanung wird dieser Arbeitsschritt mit einer entsprechenden Zeitspanne eingeplant. Da der betreffende Prozess nicht völlig beherrscht wird, weist die tatsächlich in Anspruch genommene Zeit eine erhebliche Streuung auf. Dies bedeutet für das Projekt, dass ein entsprechender Puffer eingeplant wird.

Die Vision im Rahmen des Strebens nach Perfektion wäre in diesem Fall eine Prüfungsprozedur, die im Hinblick auf die benötigte Zeit exakt geplant werden kann und keinerlei Abweichungen hiervon aufweist. Wohl wissend, dass dieses Ziel absehbar nicht erreicht werden kann, ist dennoch die Zielrichtung klar. Jede Maßnahme, die zur besseren Beherrschbarkeit dieses Prozesses beiträgt, wird an dem Erreichungsgrad dieses Ziels gemessen. Damit ist die „Kompassrichtung“ der Verbesserungsaktivitäten vorgegeben und die Aufgabe in diesem Rahmen klar definiert. Unzulänglichkeit wird im Lean Project Management nicht akzeptiert. Es wird also ein Ideal definiert, an welches man sich fortlaufend annähert. Vielleicht lässt sich das Ziel tatsächlich erst in einem oder mehreren Nachfolgeprojekten realisieren. Wenn man jedoch nicht zum Zeitpunkt X beginnt, bewegt man sich auf der Effizienzkurve nicht nach oben.

Ein weiterer Aspekt des Strebens nach Perfektion ist das Wissensmanagement. Im Rahmen von Verbesserungsmaßnahmen, welche einen Schritt in Richtung der Vision darstellen, entsteht ein Wissensbestand, der in nachfolgenden Projekten eingesetzt werden kann. Damit verhindert man, dass das „Rad zweimal erfunden wird“. Dies setzt allerdings voraus, dass Projekte mit gleicher oder ähnlicher Aufgabenstellung innerhalb einer Organisation oder eines Unternehmens durchgeführt werden. In den meisten Unternehmen werden z. B. Produktentwicklungen oder Organisationsveränderungen in Form von Projekten durchgeführt, sodass Wissensmanagement auf der Basis durchgeführter Projekte einen Nutzen an sich darstellt. Projekte, in welchen das Team und die Partner bzw. Lieferanten einmalig zur Durchführung eines Projekts zusammenkommen, können nur bedingt hierfür eingesetzt werden. An dieser Stelle sind der Wissensgewinn und die Erfahrungen einzelner Beteiligter der resultierende Nutzen.

12 Prinzipien des Lean Project Managements

- Das Management der Vor- und Nachphase eines Projekts muss nach den gleichen Prinzipien wie für die eigentliche Leistungserstellung des Projekts selbst erfolgen.
- Der Wert des Projektergebnisses ist Maßstab für das Management und den Aufbau sowie die Ausrichtung der Treiber des Projekts.
- Der Wertstrom wird im Hinblick auf die Reduzierung bzw. Eliminierung von Verschwendung konzipiert.
- Lieferanten und Projektpartner mit maßgeblichem Beitrag zum Projektergebnis müssen nahtlos in den Wertstrom integriert werden.
- Die Projektleitung ist nicht nur administrativ tätig, sondern erfüllt eine echte Managementaufgabe.
- Die Festlegung der Methode der Projektdurchführung ist Aufgabe des Projektmanagements.
- Die Formulierung einer überzeugenden Vision des Projektergebnisses ist für den Projekterfolg notwendig.
- Die Etablierung einer Lean-Projektkultur ist ein entscheidender Faktor für den Projekterfolg.
- Die Kommunikation des Projektstatus und der relevanten Schlüsselkennzahlen erfolgt nach den Grundsätzen des Visual Management.
- Lean Project Management erfordert eine Ausgeglichenheit der Inanspruchnahme der Projektressourcen.
- Projektleistungen werden dann erstellt, wenn sie gebraucht werden.
- Das Streben nach Perfektion treibt den Motor der Projektinnovation an.

In den nachfolgenden Abschnitten werden die Prinzipien des Lean Project Management näher erläutert.

5.1 Integrierte Projektphasen

Lean-Prinzip 1

Das Management der Vor- und Nachphase eines Projekts muss nach den gleichen Prinzipien wie für die eigentliche Leistungserstellung des Projekts selbst erfolgen.

Viele Softwareprojekte scheitern daran, dass die Anforderungen der Kunden ungeprüft „entgegengenommen“ und anschließend in einem Projekt umgesetzt werden. Diese scheitern insbesondere, wenn in der Vorphase kein aktives, am Wert orientiertes und alle Dimensionen prüfendes Management erfolgt. Beispiel ist die Einführung eines CRM-Systems (Customer Relationship Management System), bei dem ein bloßes Abfragen von Wünschen zu einer Kumulierung funktionaler Anforderungen führt, die dem Softwarehaus als Spezifikation vorgelegt wird. Weder der tatsächliche Wert der Einführung und Auswahl eines solchen Systems noch die erwartete Reaktion und Nutzung der künftigen Anwender des Systems wurden berücksichtigt. In der Folge entsteht ein Maximalprodukt, das schon beim Training zu Problemen führte und letztlich nie wirklich genutzt wird. Das „klassische“ Projektmanagement sieht zwar dieses Problem, was im folgenden Statement deutlich wird: „Obwohl das Projektmanagementteam beim Verfassen des Projektauftrags behilflich sein könnte, werden die Genehmigung und Finanzierung außerhalb der Prozessgrenzen abgewickelt“ ([1], S. 44). Es wird jedoch in deren Konzepten und Werkzeugen nicht eingearbeitet.

Es gibt zwei Gründe, die Vorphase aktiv mitzugestalten und die Wissensbasis des Lean Project Management einzubringen. Ein Grund liegt in der Problematik, dass der Kunde in dieser Phase die Ergebniserwartung des Projekts formuliert und gegebenenfalls sich selbst nicht über die Tragweite seiner Vorstellungen im Klaren ist. Das erwähnte Unternehmen hat die Einführung des CRM-Systems mehr oder minder nur deshalb erwogen, da zu diesem Zeitpunkt das Thema aktuell war. Damit werden Vorgaben für das Projekt erstellt, die im späteren Verlauf des Projekts nur unter Schwierigkeiten geändert werden können oder erheblichen (auch juristischen) Aufwand erfordern. Hinzu kommt, dass der Kunde häufig keine klare und fachlich fundierte Vorstellung vom Wert des Projektergebnisses hat. In vielen Projekten ist eine Vertriebsorganisation für den Projektauftrag verantwortlich, deren Zielrichtung der Vertragsabschluss ist. Die Sinnhaftigkeit einzelner Anforderungen wird nicht immer mit der gebotenen Sorgfalt hinterfragt.

Ein weiterer Aspekt ist bei vielen Projekten die Komplexität der Kundenstruktur. Auftraggeber und Bedarfsträger gehören oft unterschiedlichen Organisationen an und haben konträre Auffassungen über das Projektergebnis. Konflikte oder andere Störungen im Projekt sind dann bereits in der Vorphase angelegt und können im Projektverlauf nur unzureichend entschärft werden.

Der zweite Grund für ein aktives Management der Vorphase liegt in der Nutzung einer Wissensbasis der projektdurchführenden Organisation. Im Abschnitt 5.11 „Streben nach Perfektion“ werden wir hierauf noch eingehen. Man kann davon ausgehen, dass das Projektmanagement und das Projektteam regelmäßig Projekte durchführen und somit die Chance haben, das hierbei erlangte Wissen für das bevorstehende Projekt zu nutzen und dieses bereits in der Vorphase einzubringen. Um nur einige Aspekte zu nennen, mag folgende Liste einen Eindruck vermitteln.

- Standards für Durchführung von Projektaufgaben, wie Reviews, Charts zur Visualisierung des aktuellen Projektstands, Methoden zur Durchführung von Verbesserungsaktivitäten etc.,
- Trade-off-Kurven, die wichtige technische, ökonomische und funktionale Zusammenhänge darstellen,

- Aufwandsschätzungen für einzelne, häufig in Projekten auftretende mehr oder weniger standardisierte Arbeitspakete,
- Kennzahlen und Datengrundlagen, welche für einen Großteil der Projekte relevant sind,
- Checklisten, welche für die Durchführung bestimmter Arbeitspakete eine Grundlage darstellen,
- Wissen über Personalressourcen, die für diese Projekte unentbehrlich sind.

Die Nachphase wird in vielen Projekten nur oberflächlich bearbeitet. Dies betrifft weniger die formal notwendigen Aufgaben, wie Beschaffung abschließen, Abnahme durch den Kunden erreichen, sondern vor allem die Nutzung des während des Projekts erworbenen Wissens und die Bewertung der Projekterfahrungen in einer Rückschau. Da die meisten Projekte, wie z. B. Produktentwicklung, Softwareentwicklung und Reorganisationsprojekte im Unternehmen, regelmäßig mit ähnlicher Aufgabenstellung durchgeführt werden, wäre der Verzicht auf das im Projekt erlangte Wissen eine nicht wiedergutzumachende Verschwendung.

Darüber hinaus wird in Projekten zu wenig der „Produktlebenszyklus" des Projektergebnisses beachtet. Ein Projekt ist erst dann erfolgreich, wenn das Projektergebnis auch langfristig den erwarteten Nutzen entfaltet. Häufig werden Projektergebnisse bereits kurz nach Implementierung nutzlos. Das eigentliche Projekt ist zwar erfolgreich abgeschlossen. Die Nutzer können jedoch dieses Ergebnis für sich nicht einsetzen. Es fehlen Elemente im Wertstrom. Das Projekt wurde genau genommen zu früh abgeschlossen (Ergebnis der Vorphase!). In komplexen Softwareprojekten wurde beispielsweise beobachtet, dass in der ersten Anwendungsphase eines neuen Systems dieses zwar noch adäquat genutzt wurde; auf der Kundenseite waren die Projektbetreuer noch anwesend. Mit der zunehmenden Fluktuation verringerte sich jedoch das Spezialwissen über das System, und in der Folge konnten auftretende Probleme nicht mehr angemessen gelöst werden. Früher als notwendig wurde der Ruf nach einem neuen System laut.

Zusammenfassend bleibt festzuhalten, dass sowohl die Vorphase als auch die Nachphase für die überwiegende Mehrzahl der Projekte aus der Sicht des Projektmanagements aktiver gestaltet werden müssen, um die eigentliche Phase der Leistungserstellung und die nachfolgenden Projekte möglichst effizient durchführen zu können.

5.2 Wert des Projektergebnisses

Lean-Prinzip 2
Der Wert des Projektergebnisses ist Maßstab für das Management und den Aufbau sowie die Ausrichtung der Treiber des Projekts.

Am Beginn der Aufgabe, Projektmanagement nach den Lean-Prinzipien zu organisieren, steht die Frage, was unter dem Begriff „Wert“ in diesem Kontext zu verstehen ist. Die Antwort ist wiederum eine Frage: Was erwartet der Projekteigentümer von dem Projekt?

Der Begriff „Projekteigentümer“ ist hier eine Vereinfachung der Projektpraxis. Der Projekteigentümer oder auch „Kunde“ setzt sich in vielen Projekten aus Auftraggeber, Bedarfsträger und weiteren Interessenträgern auf Projekteigentümerseite zusammen. Zur Vereinfachung soll im Folgenden der Begriff „Kunde“ hierfür verwendet werden.

In der systemtheoretischen Vorstellung des „klassischen“ Projektmanagements würde man wie folgt argumentieren: Die Erwartung des Kunden an das Projektergebnis lässt sich durch die Darstellung des Grundprinzips eines Prozesses verdeutlichen (Bild 5.3).

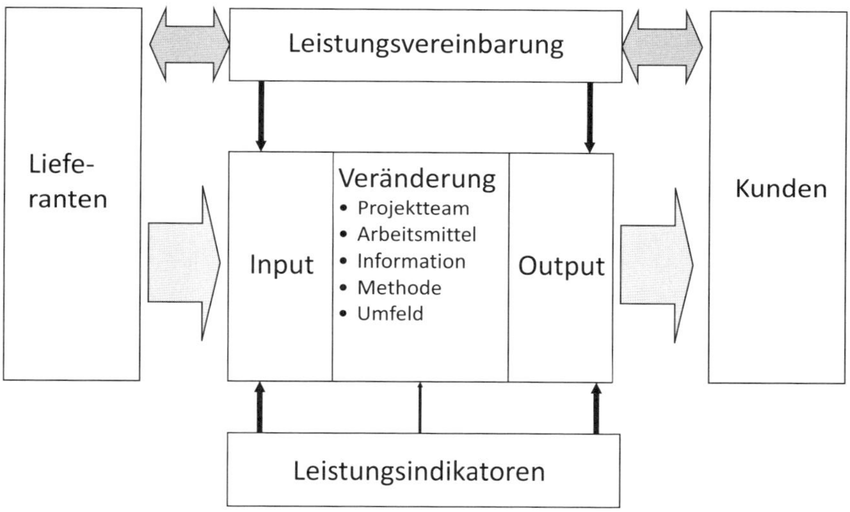

Bild 5.3 Grundprinzip eines Prozesses (in Anlehnung an [10])

Das Projekt hat die Aufgabe, aus einem Input durch Veränderung desselben einen Output herzustellen. Dies kann z. B. der Fall sein, wenn mithilfe von Bauplänen, Baumaterialien und den Mitarbeitern eines Bauunternehmens eine Lagerhalle erstellt wird. Ein anderes Beispiel ist die Entwicklung eines neuen Verkehrsflugzeuges mithilfe eines Produktentwicklungsteams, Informationen zum Markt, der Technologie und Erfahrungen aus vergangenen Projekten.

Der Input wird von Lieferanten (dies können sowohl unternehmensexterne als auch unternehmensinterne Lieferanten sein) in das Projekt eingebracht. Der Output wird an den Kunden ausgeliefert. Am Beispiel des Projekts wäre dies in erster Linie der externe Kunde des Projektergebnisses. Kunden können aber auch interner Natur sein, also z. B. die Produktion in einem Automobilwerk, welche die Konstruktionspläne für ein neues Modell von der Entwicklungsabteilung erhält.

Diese Darstellung beschreibt einen banalen Vorgang, der auch in ganz anderer Art und Weise dargestellt werden könnte. Besonders hervorzuheben sind jedoch die Leistungsvereinbarung und die Leistungsindikatoren. Hierin liegt der eigentliche Wert des Prozessgedankens bei einem Projekt. Die Leistungsvereinbarung ist eine Absprache zwischen dem Prozesseigentümer (also z. B. der projektdurchführenden Organisation) und den Lieferanten sowie zwischen dem Prozesseigentümer und dem Kunden. Darin wird zum einen festgelegt, welchen Input der Prozesseigentümer benötigt (Informationen, Material, Pläne etc.) und was der Kunde als Ergebnis des Prozesses erwartet. Nur wenn die Leistungsvereinbarungen erfüllt werden, kann der Prozess das gewünschte bzw. geplante Ergebnis liefern.

Die Leistungsindikatoren haben eine wichtige Funktion für den Ablauf des Prozesses. Die Leistungsindikatoren geben Informationen darüber ab, ob der Prozess in Übereinstimmung mit der Leistungsvereinbarung abläuft oder „aus dem Ruder läuft" und „gegengesteuert" werden muss. Bei einem Produktionsprozess wären dies z. B. Messeinrichtungen, die über Druck und Temperatur Auskunft geben und so den ordnungsgemäßen Ablauf überwachen. In einem Projekt wäre dies der aktuelle Stand des Projektfortschritts z. B. in Form eines Auditberichts.

Im Rahmen eines Projekts ist der Wert des Projektergebnisses Bestandteil der Leistungsvereinbarung mit dem Kunden. Dabei kommt es nicht darauf an, ob diese Leistungsvereinbarung schriftlich fixiert ist oder auf der Basis einer Analyse der Kundenbedürfnisse entstanden ist. Bei der Entwicklung eines neuen Pkw ist die Antizipation der Kundenbedürfnisse die Grundlage für die Produktentwicklung. Die Leistungsindikatoren geben darüber Auskunft, ob der Leistungserstellungsprozess noch in Übereinstimmung mit der Leistungsvereinbarung steht. Zwei Ursachen können hier zu Abweichungen führen. Der Prozess kann z. B. durch externe Einflüsse gestört sein, sodass die erstellten Leistungen nicht im Einklang mit der Vereinbarung stehen, oder die Leistungsvereinbarungen des Kunden haben sich verändert. In beiden Fällen ist ein Eingreifen bzw. eine Veränderung des Leistungserstellungsprozesses notwendig.

Mit den bisherigen Ausführungen bewegt sich die Argumentation für das Projektmanagement noch auf der Ebene des eher „klassischen", systemtheoretischen Ansatzes. Die Prozessbetrachtung hat jedoch den außerordentlichen Vorteil, den Fokus des Interesses auf das Projektergebnis zu lenken und den Wert desselben zum Maßstab für die weiteren Überlegungen zu machen. Diese knüpfen an dem typischen Zielkonflikt aller Projekte an. Bild 5.4 stellt diesen Zielkonflikt dar.

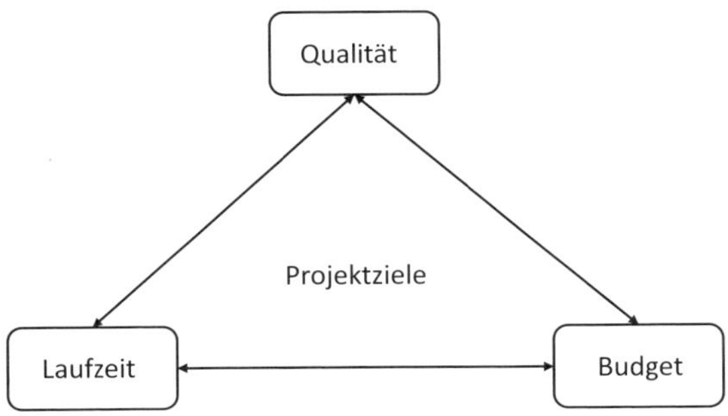

Bild 5.4 Zielkonflikt im Projektmanagement

Aus den folgenden Überlegungen soll deutlich werden, dass dieser Zielkonflikt ohne eine klare Definition des Werts eines Projektergebnisses nicht aufgelöst werden kann. Im Lean Project Management ist dies mit Blick auf den Wert des Projektergebnisses möglich.

Die Qualität des Projektergebnisses, die Laufzeit und das Budget stehen in einem konfliktären Verhältnis zueinander. Eine Verringerung des Budgets geht zulasten der Qualität des Ergebnisses, oder eine Verkürzung der Laufzeit bedeutet eine Erhöhung der zur Leistungserstellung benötigten Ressourcen und erhöht damit das Budget. Ein Ausweg aus diesem Dilemma scheint nicht möglich, sodass Trade-offs, also eine funktionale Beziehung zwischen den Zielen, entwickelt und Kompromisse auf der Grundlage der Kundenerwartungen getroffen werden müssen.

An dieser Stelle kommt der Wert des Projektergebnisses ins Spiel. Ist der Wert mit hinreichend genauer Präzision bekannt, kann der Prozess der Leistungserstellung daraufhin untersucht werden, inwieweit einzelne Arbeitspakete oder Prozesse zum Wert des Ergebnisses beitragen oder nicht. Alle Aktivitäten, die keinen Beitrag zum Wert leisten, sind Verschwendung und müssen aus dem Prozess der Leistungserstellung eliminiert werden. Deshalb ist der Wert der Maßstab und die Richtschnur im Projekt zur Bewertung aller Aktivitäten und Aufgaben. Generell gilt dieser Zielkonflikt, der in ähnlicher Art und Weise auch in Produktionsprozessen auftritt, als nicht auflösbar. Lean Management kann hier jedoch einen Weg aufzeigen diesen Konflikt aufzulösen und das Projektmanagement von der Klammer unbefriedigender Kompromisse zu befreien (Bild 5.5).

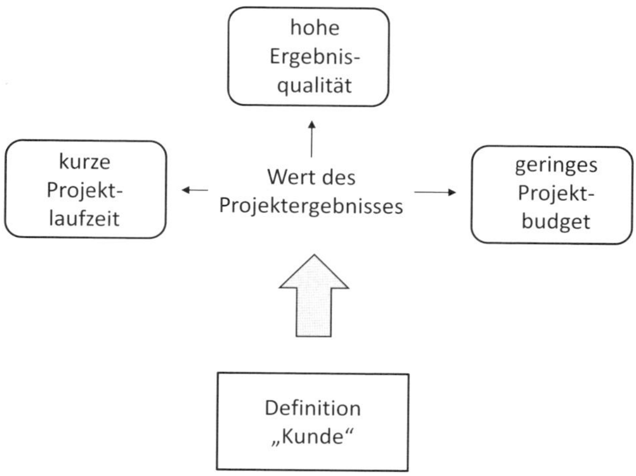

Bild 5.5 Auflösung des Zielkonflikts

Wie gelangt man in der Praxis zu einer hinreichend brauchbaren Beschreibung des Werts eines Projektergebnisses? Dies ist eine klassische Fragestellung des Marketings. Hier wird der Wert eines Produkts oder einer Dienstleistung durch die Eigenschaften beschrieben. Also z. B. durch das Produkt selbst (z. B. die Zuverlässigkeit, Lebensdauer, Leistung), damit verbundene Dienstleistungen und möglicherweise auch durch das mit dem Produkt verbundene Image. Werden von diesem Wert, auch Nutzwert genannt, die

Kosten abgezogen, ergibt sich der dem „Kunden“ gelieferte Nutzen (vgl. [21], S. 532). Dieser Nutzwert kann in Geld dann ausgedrückt werden, wenn z. B. bei dem Einsatz von Software der Personalaufwand reduziert wird. Bei Produkten orientiert sich der Wert an den Produkteigenschaften, die sich normalerweise einer Quantifizierung in Geld weitgehend entziehen und nur in Relation mehrerer vergleichbarer Produkte bestimmen lassen. Bei komplexen Projekten ist die Nutzendimension noch schwieriger zu bestimmen. Aber auch hier gibt es Methoden der Kosten-Nutzen-Analyse, die eine Quantifizierung des sich ergebenden Werts ermöglichen. Es gibt darüber hinaus Fälle, die nur qualitative Bewertungen des Nutzens erlauben. Grundsätzlich ist im Lean Project Management eine präzise Vorstellung von den Nutzwertdimensionen des Projektergebnisses zu entwickeln.

Ein anschauliches Beispiel zum Thema „Wert“ des Projektergebnisses ist im Bereich der Entwicklung eines neuen Passagierflugzeuges zu finden (Beispiel entnommen aus [15], S. 10 ff.). Hier spielt das Gewicht eines Flugzeuges, genauer die Nutzlast, eine wichtige Rolle für den Kunden, die Fluggesellschaft. Angenommen das Konstruktionsziel des definierten Startgewichts wird um nur 2 % verfehlt, so liegt das Gewicht eines Flugzeuges von 100 Tonnen um zwei Tonnen höher als geplant. Um dieses höhere Gewicht zu kompensieren, müsste die Fluglinie auf die Beförderung von 15 Passagieren verzichten (Sitze, Gepäck, Passagiere, zugehörige Technik). Auf Langstreckenflügen würden der Fluggesellschaft damit rund eine Million US-Dollar an Einnahmen entgehen. Damit hat jedes zusätzliche Kilogramm Startgewicht einen Nutzennachteil von 500 US-Dollar für den Kunden.

Eine reine Entgegennahme von Kundenanforderungen oder Spezifikationen reicht in vielen Fällen nicht aus. Insbesondere gilt dies, wenn

- dem Kunden die dahinter liegenden Werte selbst nicht klar sind,
- auf Kundenseite die Projektbeteiligten keine einheitliche Wertvorstellung haben,
- die Werte von Kundenseite nicht oder nicht ausreichend kommuniziert werden.

Die Gefahr ist in diesen Fällen, dass der Auftragnehmer Ziele verfolgt, die nicht wirklich die Wertvorstellungen des Kunden oder aller Projektbeteiligten des Kunden treffen und sich dann an diesen Punkten Diskussionen über die Leistungen, die Qualität oder andere Faktoren des Projektergebnisses ergeben. In allen Fällen ist es dringend erforderlich, die Wertfrage mit dem oder den Kunden mit Sorgfalt zu behandeln. In Projekten der öffentlichen Hand, aber auch in privatwirtschaftlichen Projekten gibt es Definitionen des Werts auf einer höheren Ebene. Hier kommt es darauf an, dass das Projektmanagement mit der Kundenseite eine präzise Vorstellung entwickelt, was aus diesen Werten tatsächlich ableitbar ist.

Die klare Vorstellung und kundenorientierte Definition des Werts des Projektergebnisses gibt dem Projektmanagement den Schlüssel in die Hand, um wertschöpfende von nicht wertschöpfenden Aktivitäten zu unterscheiden und letztere zu eliminieren. Die Frage ist, welche Arten von Aktivitäten im Projektmanagement als nicht wertschöpfend anzusehen sind. Wie in der Produktion (vgl. [7], S. 72) gibt es in Projekten viele Aktivitäten, die nicht wertschöpfend und damit Verschwendung sind. An dieser Stelle sollen beispielhaft sieben Verschwendungsarten in Projekten dargestellt werden:

- **Nicht oder noch nicht benötigte Leistungen**

  Bearbeitung von Aufgaben, bevor der nächste Prozessschritt die Ergebnisse benötigt, nicht synchronisierte Arbeiten.
  Beispiel: Eine Gruppe von Ingenieuren entwickelt aus Eigeninteresse im Rahmen eines Projekts eine technische Komponente, die mit hoher Wahrscheinlichkeit zuletzt nicht verwendet wird, und begründet den Bedarf dieser Komponente mit fadenscheinigen Argumenten, an die diese allerdings selbst glauben.

- **Unnötige Wartezeit**

  Warten auf Informationen, Reviews, bestellte Materialien oder Entscheidungen.
  Beispiel: Der Kunde hat die Aufgabe, Meilensteine zu bewerten, und benötigt hierfür wegen zu geringer Ressourcen deutlich mehr Zeit als vertraglich vereinbart. Auf Auftragnehmerseite entstehen dadurch Zusatzkosten (die allerdings dem Kunden normalerweise nicht in Rechnung gestellt werden).

- **Informationsflut**

  Exzessive Verteilung von Informationen.
  Beispiel: Maximale Einbindung des Projektteams und der Funktionen eines Unternehmens in die Feedback-Schleife für Projektberichte.

- **Unnötige/fehlerhafte Prozesse**

  Varianz in den Prozessen aufgrund fehlender Standardisierung.
  Beispiel: Bei jedem Projekt erfolgt eine Neudefinition der Testroutinen.

- **Stoßzeiten**

  Überbeanspruchung von Ressourcen, Stapelverarbeitung.
  Beispiel: Der Zeitverschwendung in der Anfangsphase folgt eine Überlastung aller Projektbeteiligten in Endphasen eines Projekts oder vor Projektmeilensteinen.

- **Aktionismus**

  Überflüssige Reisen und Meetings, oberflächliche Reviews.
  Beispiel: Häufung von Meetings in der Unternehmenszentrale gegen Ende der Woche (Wohnort der Projektmitarbeiter).

- **Nacharbeit, Korrekturen**

  Programmaudits, Tests neuer Komponenten anstatt Nutzung erprobter und vorhandener, Korrekturen und Nacharbeit.

Bezogen auf Themen der Produktentwicklung sind die vorgestellten Formen der Verschwendung durch folgende Maßnahmen vermeidbar:

- Nutzung der ersten Projektphase der Konzeptentwicklung, um so viele technische Fragen der späteren Entwicklungsphasen wie möglich zu antizipieren und zu beantworten,
- Synchronisierung der Aufgaben und Aktivitäten über die Funktionen hinweg,
- Ausgeglichenheit der Arbeitsbelastung über den gesamten Entwicklungsprozess in Anbetracht der verfügbaren Kapazitäten,
- Nutzung von Checklisten und Standardisierung von Prozessen, um die Varianz so gering wie möglich zu halten,

- Einrichtung einer Kultur der Informationsweitergabe in Form eines Hol-Systems (Vermeidung der unkontrollierten Verteilung von Informationen).

Bei realistischer Betrachtung ist es notwendig, bei dem Begriff der Verschwendung eine Differenzierung vorzunehmen, und zwar in Typ I, bei dem nur langfristig eine Eliminierung möglich ist, und Typ II, der kurzfristig beseitigt werden kann. Verschwendung des Typs I leistet keinen Beitrag zum Wert des Projektergebnisses, kann aber nach dem heutigen Stand des Wissens bzw. der Technik oder formaler Richtlinien nicht eliminiert werden. Hier steht die langfristige Aufgabe an, eine Reduzierung dieser Art der Verschwendung zu erreichen und alle Innovationen technischer und methodischer Art hierfür einzusetzen (Änderungen in den Rahmenbedingungen). Die Verschwendung des Typs II wird vom „Kunden" ebenfalls nicht als wertschöpfend angesehen. Durch den Einsatz der Methoden und Instrumente des Lean Project Management kann diese Form der Verschwendung sofort beseitigt werden.

Wie in der Praxis Verschwendung identifiziert und mithilfe welcher Methodik die Verschwendung des Typs II aus dem Leistungserstellungsprozess eliminiert werden kann, wird im nächsten Abschnitt dargestellt.

Einen maßgeblichen Einfluss hat der Wert des Projektergebnisses auf die „Baugesetze" bzw. den Aufbau von Projekten und die Ausrichtung der Treiber. Beides wurde im letzten Kapitel detailliert dargestellt und soll deshalb hier nicht wiederholt werden.

Im nachfolgenden Praxisbeispiel wird die Anwendung des zweiten Prinzips des Lean Project Management (Wert) dargestellt. Die Fokussierung auf den Wert des Projektergebnisses für den Kunden hat zu einer deutlichen Reduzierung von Verschwendung geführt und dem Kunden ein Ergebnis geliefert, welches auf wesentliche Aspekte konzentriert war.

Praxisbeispiel: Lean Project Management im Rahmen einer SWOT-Analyse

Jan-Emanuel Brandt
Senior Consultant, Dornier Management Consulting

Ausgangssituation und Zielsetzung

Der Kunde ist ein mittelgroßes deutsches Stadtwerk („Stadtwerk") und bietet seinen Kunden Strom, Erdgas, Wärme und Wasser sowie technische Dienstleistungen wie beispielsweise Contracting und Energieeffizienzberatung an. Der Vertrieb gliedert sich in drei Hauptabteilungen: Haushaltskundenvertrieb („HKV"), Großkundenvertrieb („GKV") und Wärmecontractingvertrieb („WCV"). Innerhalb dieser drei Hauptabteilungen arbeiten insgesamt ca. 160 Mitarbeiter in weiteren 15 Berichtseinheiten.

Die Energiewende und der verstärkte Wettbewerb im liberalisierten Strom- und Gasvertrieb führen zu sinkendem Energieabsatz und zu fallenden Margen. Dies stellt auch den Vertrieb des Stadtwerks vor neue Herausforderungen. Um auf das veränderte Marktumfeld zu reagieren, hat das Stadtwerk im Vertrieb erst Maßnahmen getroffen, beispielsweise

Aufbau und Schulungen im Vertriebsaußendienst, Reorganisation sowie Reduzierung der Mitarbeiter im Innendienst.

Zur Komplettierung der bereits getroffenen Maßnahmen möchte das Stadtwerk den derzeitigen Stand der Neupositionierung im Markt sowie weitere Handlungsbedarfe durch einen objektiven Dritten bestimmen lassen. Hierzu soll der Vertrieb umfassend qualitativ (im Hinblick auf aktuelle Standards und künftige Marktentwicklungen) und quantitativ (Benchmarking) untersucht werden.

Wesentliche Ziele des Projekts

- Die Dokumentation des derzeitigen Status des Vertriebs unter Berücksichtigung der durch die bereits durchgeführten Maßnahmen erzielten Erfolge in einem umfassenden Zustandsbericht.
- Die Erstellung einer qualitativen und quantitativen Analyse des Vertriebs.
- Die Identifizierung von Handlungsfeldern zur Optimierung des Vertriebs mit Umsetzungsplanung.

Vorgehen

Das Vorgehen in diesem Analyseprojekt gliederte sich in drei Phasen (Analyse der internen Stärken und Schwächen, Analyse der externen Chancen und Risiken sowie Aggregation in einem SWOT-Portfolio mit Ableitung von Handlungsstrategien). Meilensteine im Projekt waren ein „Kick-off" zu Beginn sowie „Quality Gates" im Rahmen von Lenkungskreissitzungen am Ende jeder Projektphase. Über die gesamte Projektlaufzeit wurden wöchentliche Projekttreffen mit der Bereichsleitung Vertrieb und den Abteilungsleitungen von HKV, GKV, WCV sowie mit ausgewählten Mitarbeitern durchgeführt.

Es wurde in drei Phasen vorgegangen: Analyse der internen Stärken und Schwächen, Analyse der externen Chancen und Risiken, SWOT-Portfolio mit Handlungsstrategien. Die Analysen in den ersten beiden Phasen erfolgten jeweils anhand von zwölf Prüfungsfeldern mit wiederum vier Prüfungspunkten. Die konsequente Umsetzung der Systematik erforderte somit die umfassende Betrachtung von 48 Prüfungspunkten für 15 Berichtseinheiten und getrennt nach den fünf Sparten Strom, Gas, Wasser, Wärme und (technische) Dienstleistungen.

Anwendung eines Lean Project Management

In Anbetracht der Größe und Komplexität des Vertriebs bestand die Befürchtung, dass die interne Analyse von Stärken und Schwächen in der ersten Phase und die Definition externer Chancen und Risiken hohe Kosten sowie zeitliche und inhaltliche Belastung der Mitarbeiter mit sich bringen können. Im Hinblick auf das Ziel einer Optimierung des Vertriebs im Anschluss an das Projekt und die dabei zu treffenden Maßnahmen und Projekte soll das Analyseprojekt jedoch möglichst effizient hinsichtlich der eingesetzten Ressourcen durchgeführt werden. Daher wurde das Projekt entsprechend den Grundsätzen des Lean Project Management aufgesetzt und durchgeführt.

Lean Project Management nutzt die Ansätze des Lean Management, welche ursprünglich zur Optimierung von Produktionsprozessen entwickelt wurden, und wendet diese auf das Projektmanagement analog an. Projekte werden im Lean Project Management als zeitlich begrenzte Produktionssysteme betrachtet. Lean Management meint dabei, diese Systeme so zu strukturieren, dass ein maximaler Projekterfolg bei minimaler Verschwendung erreicht wird. Für das beschriebene Projekt wurden die Grundprinzipien des Lean Management nach Quelle [31] angewendet.

Wer ist mein Kunde und was ist der Wert des Projekts?
Die Stakeholder-Analyse ergab, dass die Bereichs- und Abteilungsleitungen die wichtigsten Stakeholder waren. Den zentralen Wert des Projekts sahen diese in der Statusbestimmung und in der Ableitung von Handlungsfeldern für eine weitere Entwicklung der Vertriebsorganisation und Vertriebsstrategie. Weniger relevant war die Bewertung der bisherigen Erfolge von Maßnahmen auf Ebene der Berichtseinheiten oder Mitarbeiter. Bereichs- oder unternehmensexterne Stakeholder sollten nicht berücksichtigt werden.

Was schafft den Wert für den Kunden bei der Durchführung des Projekts?
Der Wert des Projekts wurde darin gesehen, eine Standortbestimmung durchzuführen und ein Verständnis des Managements für die weiteren erforderlichen Optimierungsmaßnahmen zu schaffen. Hierzu wurde eine Top-down-Analyse als ausreichend befunden. So wurde auch darauf verzichtet, mit allen 160 Mitarbeitern zu sprechen. Vielmehr wurden lediglich die 19 Führungskräfte interviewt. So wurde beispielsweise identifiziert, ob und wo es weitere Handlungsbedarfe bei Prozessthemen gab, nicht jedoch, wie diese konkret auf Mitarbeiterebene aussehen. Des Weiteren wurden für die Prüfungspunkte auch nur die kurzfristig verfügbaren Informationen aus den einzelnen Berichtseinheiten ausgewertet. Die Ergebnisse der Auswertungen wurden dann entsprechend auf die anderen Berichtseinheiten ausgerollt bzw. stellvertretend angewendet. Dort, wo keine Informationen schriftlich bereitgestellt werden konnten, lag die Vermutung nahe, dass ein Mindeststandard in Form einer Dokumentation des Ist-Zustands bzw. der Vorgaben hierzu nicht besteht. Auf eine detaillierte Erhebung und Analyse bestehender Schwächen wurde verzichtet, um einen bestmöglichen Ressourceneinsatz durch Fokussierung auf Stärken und Optimierungspotenziale zu gewährleisten.

Wie schaffe ich den Wert im Rahmen der gesetzten Meilensteine?
In den wöchentlichen Projekttreffen wurde der jeweilige Stand der Analyse vorgestellt und im Projektteam abgestimmt. Wenn das Ergebnis

eines Prüfungspunktes für eine Berichtseinheit feststand, wurde die Anwendbarkeit und Gültigkeit für die anderen Berichtseinheiten mit dem Projektteam besprochen und festgelegt. So konnte sichergestellt werden, dass zum Lenkungskreis am Ende der Projektphase bereits alle Zwischenergebnisse abgestimmt waren. Ein Nacharbeiten im Sinne der Erhebung und Analyse weiterer Berichtseinheiten zur Bewertung eines Prüfungspunktes war somit nicht mehr notwendig. Damit hatte die Aufnahme und Analyse auf Basis von Stichproben von Anfang bis Ende einen Konsens im Projektteam.

Was braucht der Kunde zu welchem Zeitpunkt?
Aufgrund der schlechten Datenqualität beim Kunden konnten die Kennzahlen nicht wie geplant in der ersten Phase erhoben werden. In jedem Falle war jedoch eine abteilungs- und spartenscharfe Deckungsbeitragsrechnung erforderlich, um die tatsächliche finanzielle Lage des Vertriebs aufzuzeigen. Diese zu erstellen erwies sich dabei als schwierig und langwierig. Um eine Verzögerung des Projektplans zu vermeiden, wurde die Deckungsbeitragsrechnung aus dem Phasenplan herausgelöst und parallel zum Projekt je nach Datenverfügbarkeit erstellt. Das Ergebnis wurde erst zum Ende des Projekts - doch für den Kunden immer noch rechtzeitig - vorgestellt. Diese Abweichung vom Projektplan sicherte den Projektfortschritt und schlussendlich das Ergebnis.

Wie kann ich die Effizienz im Projekt laufend steigern?
Um die Effizienz im Projekt fortlaufend zu steigern, wurde am Ende eines jeden wöchentlichen Projektteamtreffens ein Feedback zur geleisteten Arbeit eingeholt, und die nächsten Schritte wurden verabredet. So war sichergestellt, dass immer nur die aus Sicht des Projektteams tatsächlich notwendigen Tätigkeiten durchgeführt wurden. Jegliche Erhebung von Daten, die nicht erfolgskritisch waren, wurde somit verhindert bzw. rechtzeitig gestoppt.

Fazit
Die eigentlich komplexe Erhebung und Analyse von Daten und Informationen konnte dank des Lean-Ansatzes erheblich verschlankt werden, ohne die Qualität der Ergebnisse zu beeinträchtigen. Im Einverständnis mit den Stakeholdern wurden so nur die wichtigsten Erkenntnisse und Handlungsfelder für eine nachfolgende Optimierung abgeleitet. Alle weiteren Erkenntnisse hätten zwar das Bild der Stärken und Schwächen sowie Chancen und Risiken im Vertrieb abgerundet, doch dafür einen erheblichen Analysemehraufwand in den ersten beiden Phasen bedeutet. Da ein Return on Investment erst durch die nun folgenden Optimierungsprojekte realisiert werden kann, wurde so ein unnötiger Einsatz von Ressourcen - mithin eine Verschwendung im Analyseprojekt - vermieden. ■

5.3 Konzeption des Wertstroms

Lean-Prinzip 3
Der Wertstrom wird im Hinblick auf die Reduzierung bzw. Eliminierung von Verschwendung konzipiert.

Der Wertstrom zeigt auf, wie das Projektergebnis erstellt wird. Bestandteil des Wertstroms sind alle Beteiligten am Projekt (Projektteams der Projekteigentümer, Projektunterstützer, Dritte), die einen Beitrag zum Projektergebnis leisten. Es sei noch einmal darauf hingewiesen, dass im Lean Project Management die Wertbeiträge aller Beteiligten in die Betrachtung einbezogen werden. Der Wertstrom enthält über alle Projektbeteiligten hinweg alle Arbeitspakete und Aktivitäten, die für die Erstellung des Projektergebnisses erforderlich sind.

Der Wertstrom an sich ist nichts anderes als eine gesamthafte Darstellung der einzelnen Projektaufgaben bzw. Arbeitspakete. Mithilfe des in Abschnitt 5.4 beschriebenen Werts des Projektergebnisses lässt sich im nächsten Schritt eine Differenzierung nach wertschöpfenden und nicht wertschöpfenden Anteilen vornehmen. In Bild 5.6 ist ein sehr einfaches Beispiel angeführt, dessen Arbeitspakete nur einen Beispielcharakter haben.

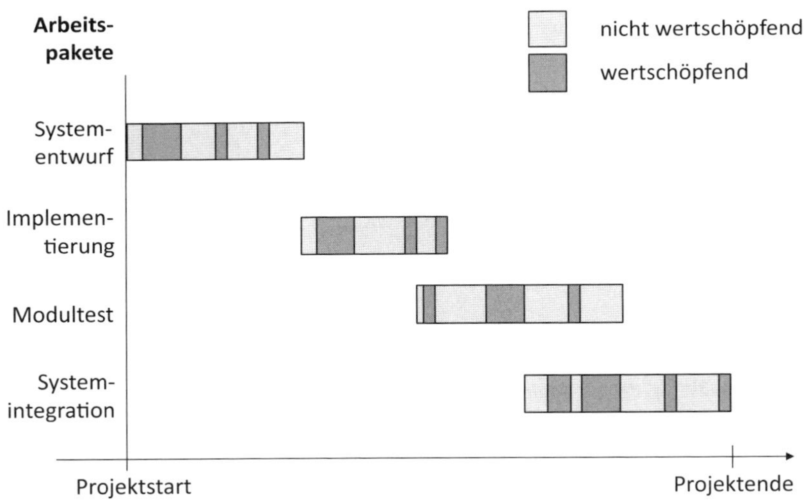

Bild 5.6 Beispiel eines Wertstroms

Der Anteil der tatsächlich wertschöpfenden Aktivitäten erscheint in dieser Abbildung äußerst gering. In der Praxis ist dieser Anteil jedoch noch erheblich geringer als in diesem Beispiel. Im nächsten Schritt steht die Aufgabe an, die nicht wertschöpfenden Aktivitäten entweder in deren Umfang zu verringern oder ganz aus dem Wertstrom zu eliminieren. Die hierfür im Lean Project Management verwendete Methode hat die

Abkürzung PDCA und wird auch als Deming-Kreislauf (nach dem Wissenschaftler William Edwards Deming) bezeichnet. Aus Bild 5.7 ist die Bedeutung der Buchstaben zu entnehmen.

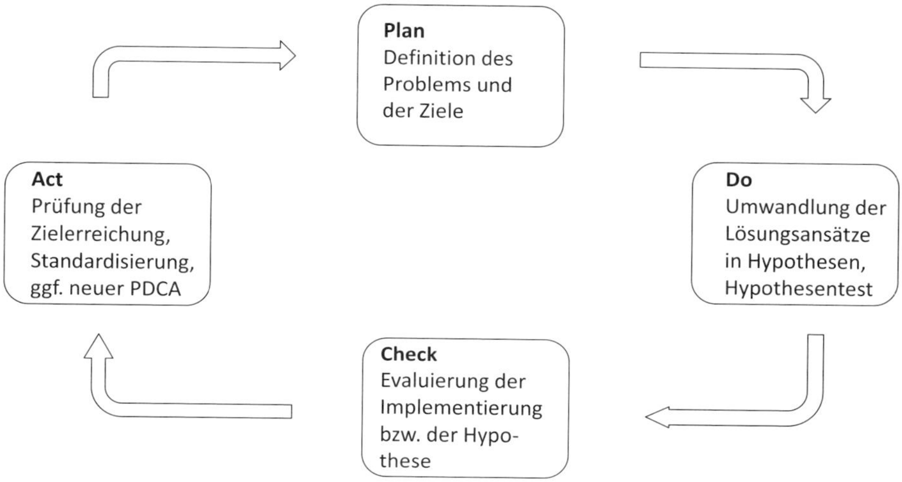

Bild 5.7 PDCA-Methodik

Im ersten Schritt, der Plan-Phase, wird zunächst das Problem analysiert. Als Beispiel kann ein vom Auftraggeber geforderter Bericht über den Projektstand dienen (Bestandteil des Vertrags). In der ersten Planungsrunde des Projekts wurde eine Berichtsstruktur entworfen, die zu einem Textbericht mit etwa fünf Seiten führt. Wesentliche zu berücksichtigende Punkte sind Kosten, Status Quo Zeitplan und Projektprobleme. Der Aufwand für den Projektmitarbeiter für die Erstellung wurde mit fünf Stunden angesetzt. Wenn davon ausgegangen wird, dass die Information des Auftraggebers zwar nicht wertschöpfend ist, aber als nicht vollständig eliminierbare Aktivität anzusehen ist, wäre die Reduzierung des Zeitaufwandes ein anzustrebendes Ziel. Nach den Lean-Grundsätzen würde ein erstes Zwischenziel „cut by half" lauten, also eine Reduzierung des Aufwandes auf 2,5 Stunden.

Im nächsten Schritt wird eine Detailanalyse durchgeführt. Hierin ist das Ziel, die Grundursache für das Problem herauszufinden, um so einen ersten Lösungsansatz zu finden. Als Methodik kommen hier die 6W-Hinterfragetechnik zum Einsatz sowie das Lean-Prinzip Gemba. Die 6W-Hinterfragetechnik (vgl. [4], S. 94) gibt sich bei der Frage „Warum?" nicht mit der ersten Antwort zufrieden, sondern hinterfragt sechsmal die jeweilige Antwort. In der Regel befindet man sich dann auf der Ebene der Grundursache des Problems.

6W-Hinterfragetechnik: Penetrantes Hinterfragen
Bei dieser Fragetechnik wird sechsmal hintereinander eine Frage mit Warum formuliert: *Warum stoppte die Maschine?* Weil sich der Strom abgeschaltet hat. *Warum hat sich der Strom abgeschaltet?* Weil es einen Kurzschluss in der Steuerung gab. *Warum gab es einen Kurzschluss in der Steuerung? …*

Das Gemba-Prinzip (vgl. [4], S. 71) erfordert, der Problemursache am Ort des Geschehens auf den Grund zu gehen. Im vorliegenden Beispiel des Projektberichts wäre es alles andere als zielführend, auf der Grundlage des Vertrags am Schreibtisch Überlegungen anzustellen, warum und in welcher Form der Auftraggeber diesen Bericht verlangt. Ein Gespräch mit dem Auftraggeber, genauer der Person oder Abteilung, welcher der Bericht zugestellt wird, führt zu einer präzisen Information, was von dieser Seite angefordert wird. Möglicherweise stellt sich heraus, dass spezifische Daten erforderlich sind, um dem CEO des Auftraggebers eine Übersicht über den Stand der aktuell laufenden Projekte zu liefern. Damit reduziert sich der Aufwand auf die tatsächlich erforderlichen Informationen. Jetzt kann schon eine erste Hypothese zur Lösung erstellt werden. Ein Report in Form einer DIN-A3-Seite mit den erforderlichen Informationen wäre eine potenzielle Lösung des Problems.

Im nächsten Schritt, der Do-Phase, wird der in der Plan-Phase formuliert Lösungsansatz in eine Hypothese umformuliert: Eine DIN-A3-Seite mit den wesentlichen Eckdaten des Projekts und eine kurze Problemdarstellung führen zum definierten Ziel. Im nächsten Schritt erfolgt der Hypothesentest. Es wird ein Beispielbericht verfasst und mit der Abteilung des Auftraggebers besprochen, welche den Bericht benötigt. Entweder wird der Bericht in DIN-A3-Form akzeptiert (in diesem Fall ist die Hypothese verifiziert) oder abgelehnt. Im Falle der Ablehnung wird in der Check-Phase das Ergebnis des Gesprächs mit dem Auftraggebervertreter einer Bewertung unterzogen und der Lösungsansatz überarbeitet. In der Act-Phase wird nach erfolgreichem Hypothesentest der neue Berichtsstandard festgeschrieben und ist Bestandteil der Projektdokumentation.

An dieser Stelle ist die Frage berechtigt, ob der Aufwand für diese Vereinfachung der Berichterstattung lohnt, denn es wird ja auch Zeit in die PDCA-Methodik investiert. Angenommen das Projekt in dem Beispiel hat eine Laufzeit von zwei Jahren, und der genannte Bericht ist jeden Monat erforderlich, so ergibt sich in der ursprünglichen Konstellation ein Zeitaufwand von 120 Stunden. Nach Anwendung der PDCA-Methodik würde der Aufwand bei 60 Stunden liegen. Eine Investition von fünf Stunden für Konzeptentwicklung und Gespräch mit dem Auftraggeber wäre eine lohnende Investition. Darüber hinaus könnte die Berichtsform im nächsten Projekt dem Auftraggeber schon bei Vertragsabschluss vorgeschlagen werden, sodass aktives Wissensmanagement betrieben wird.

Mittels der beschriebenen Methodik werden alle nicht wertschöpfenden Aktivitäten behandelt und auf diese Weise entweder im zeitlichen bzw. ressourcenverbrauchenden Umfang reduziert oder eliminiert. Die beschriebene Methodik kann bereits in der Planungsphase angewendet werden, sodass noch vor dem eigentlichen Projektbeginn konsequent an der Verschwendungsreduzierung gearbeitet wird.

5.4 Lieferantenintegration

Lean-Prinzip 4
Lieferanten und Projektpartner mit maßgeblichem Beitrag zum Projektergebnis müssen nahtlos in den Wertstrom integriert werden.

Bei den meisten Projekten können nicht alle Leistungen von dem direkten Vertragspartner des Auftraggebers erbracht werden. Dies kann so weit gehen, dass der Auftragnehmer, der für das Projekt verantwortlich ist, lediglich die Aufgabe des Projektmanagements übernimmt (z. B. Generalunternehmer). Lieferanten und Projektpartner können damit eine sehr hohe Bedeutung für den Wertbeitrag zum Projekt und damit zum Projekterfolg haben. Die Beziehung zu Lieferanten kann in der Praxis recht unterschiedlich sein. Bild 5.8 zeigt die möglichen Stufen der Zusammenarbeit mit Lieferanten auf.

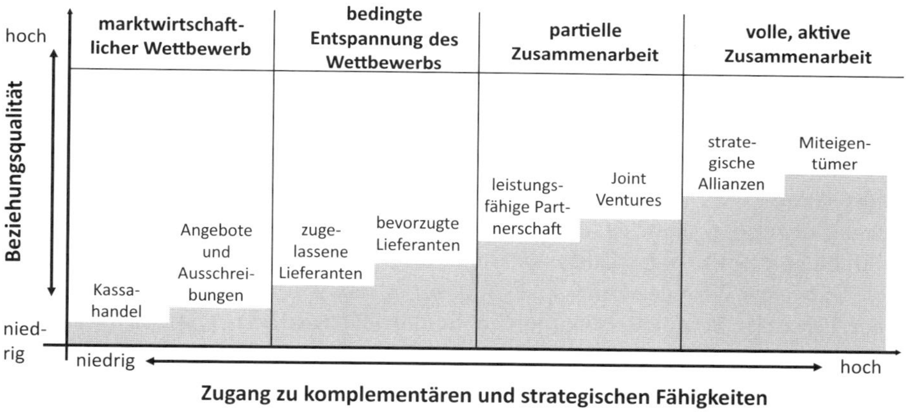

Bild 5.8 Stufen der Lieferantenbeziehung (in Anlehnung an [11])

Bei einfachen Leistungen mit geringem Wertbeitrag wird der marktwirtschaftliche Wettbewerb eingesetzt, um eine spezifizierte Leistung möglichst günstig einzukaufen. Die Beziehung zu den Lieferanten beschränkt sich hier auf ein Handelsgeschäft oder den Einkauf der Leistung im Rahmen einer Ausschreibung.

Bei komplexeren und höherwertigen Leistungen greift das Projektmanagement auf Erfahrungen aus früheren Projekten oder Lieferanten zurück, die nach akzeptierten Standards zertifiziert sind. In der Automobilindustrie ist eine Zertifizierung nach EN/ISO 9000 ff. für direkte Lieferanten gefordert, in der chemischen Industrie werden Logistikdienstleister nach SQAS (Safety and Quality Assessment System) ausgewählt.

Werden hingegen nicht nur Leistungen und Material eingekauft, sondern auch Zusatzleistungen, die z. B. aus einer Kombination von Komponenten und Dienstleistungen bestehen, so wird eine Partnerschaft zumindest für die Projektlaufzeit angestrebt. Kann die Projektleistung nur in Zusammenarbeit mit einem Partner erbracht werden, wird für die Laufzeit des Projekts ein Joint Venture gegründet, welches gemeinsam als Anbieter der Leistung gegenüber dem Auftraggeber auftritt.

Eine intensive Zusammenarbeit ist dann erforderlich, wenn der Leistungsbeitrag des Lieferanten einen erheblichen Anteil am Wert des Projektergebnisses hat und ein Zugang zu den komplementären und strategischen Fähigkeiten erforderlich ist. Ein typisches Beispiel für diese intensive Zusammenarbeit ist z. B. die Luftfahrtindustrie. Airbus Industries besitzt z. B. keine Kompetenz für die Entwicklung und den Bau von Triebwerken. Deshalb besteht eine strategische Allianz zwischen Airbus Industries und z. B. Rolls-Royce. Hierbei wird der Triebwerkshersteller bereits in der Projektphase der Entwicklung intensiv einbezogen. Rolls-Royce bringt die Entwicklungskompetenz schon in einer sehr frühen Phase in das Projekt ein.

Ein anderes Beispiel ist die japanische Autoindustrie. Hier bestehen mit den Systemlieferanten nicht nur sehr enge Beziehungen schon bei der Entwicklung neuer Fahrzeuge. Häufig ist das Herstellerunternehmen am Kapital des Lieferanten beteiligt und pflegt somit auch eine Shareholder-Beziehung. Eine für die Beziehung zum Lieferanten wichtige Erfahrung hat gerade die japanische Autoindustrie gemacht. Das Verhältnis hat sich von einer eher wettbewerbsorientierten zu einer partnerschaftlichen Beziehung gewandelt. Was waren die Gründe hierfür?

Die japanischen Automobilhersteller, angeführt von Toyota, haben erkannt, dass eine schlanke Produktentwicklung zwar im eigenen Unternehmen realisiert werden kann, dass aber der Entwicklungsanteil der Lieferanten ständig gestiegen ist und damit Verschwendung in den Unternehmen der Lieferanten das Ergebnis des eigenen Unternehmens negativ beeinflusst (die dadurch gestiegenen Entwicklungskosten finden sich in erhöhten Stückkosten wieder). Es wurde deshalb als notwendig erkannt, auch die Lieferanten mit der Lean-Philosophie vertraut zu machen und diese schrittweise zu einer Form der Produktionsbetriebe zu führen, die nach den Prinzipien des Lean Management organisiert sind. Nur auf diese Weise war es möglich, nach und nach die gesamte Supply Chain von Verschwendung zu befreien und der Vorstellung einer schlanken Wertschöpfungskette näher zu kommen.

Bezogen auf das Lean Project Management ist deshalb zunächst zu prüfen, welche Lieferanten einen maßgeblichen Wertbeitrag zum Projektergebnis leisten und deshalb für eine intensivere Form der Zusammenarbeit infrage kommen. Darüber hinaus ist die Bereitschaft der Lieferanten nicht nur zu einer engeren Zusammenarbeit, sondern auch einer Übernahme der Lean-Projektkultur zu prüfen. Zweifellos ist es keine einfache Aufgabe, eine entsprechende Projektkultur zu realisieren, wie im entsprechenden Abschnitt noch zu zeigen ist, dennoch sollte, vor allem wenn eine Zusammenarbeit auch in zukünftigen Projekten geplant ist, zumindest eine Annäherung daran angestrebt werden.

5.5 Funktion der Projektleitung

Lean-Prinzip 5
Die Projektleitung ist nicht nur administrativ tätig, sondern erfüllt eine echte Managementaufgabe.

Die Projektleitung ist ein zentraler Bestandteil des Lean Project Management. Der eigentliche Projektleiter ist der Verantwortliche aufseiten des Projekteigentümers. Allerdings gibt es bei jedem Projektbeteiligten in der Projektkaskade einen Projektleiter. Zur vereinfachenden Darstellung wird in den nachfolgenden Ausführungen die Situation in der Produktentwicklung zugrunde gelegt. Insgesamt betrachtet ist die Funktion der Projektleitung in den verschiedenen Feldern, in welchen in hohem Maße Projekte durchgeführt werden, ähnlich, aber diese unterscheiden sich doch so erheblich, dass eine eigene Betrachtung erforderlich wäre, auf die an dieser Stelle verzichtet wird.

Grundsätzlich sind verschiedene Ausprägungen dieser Funktion denkbar. In Bild 5.9 wurde eine Typisierung der Projektleitungsfunktion vorgenommen. Ein Typisierungskriterium ist das Verständnis der Führungsrolle. Beim Top-down-Verständnis dieser Rolle sieht sich die Führungskraft als Projektleiter, der vom Management mit entsprechenden Kompetenzen ausgestattet ist. Damit bezieht dieser Typus seinen Anspruch auf die Führung des Projektteams aus seiner Position. Beim Bottom-up-Verständnis hingegen wird diese Rolle eher im Sinne eines Primus inter Pares verstanden, der die Aufgabe hat, das Team zu motivieren und bei der Leistungserstellung nach Kräften zu unterstützen.

Bei der funktionellen Orientierung geht es um die fachliche Kompetenz und darum, inwieweit sich der Projektleiter inhaltlich in das Projekt einbringt. Hier ist die Ausprägung „soziale Koordination“ denkbar. Der Projektleiter engagiert sich nicht fachlich-inhaltlich, sondern sieht seine Aufgabe eher in der koordinierenden und steuernden Funktion. Bei der Ausprägung „technische Integration“ verfügt der Projektleiter über fachliche Kompetenz in Bezug auf den Projektinhalt und bringt diese auch in das Projektteam ein. Die konzeptionellen Fähigkeiten dieses Typus des Projektleiters weisen diesen als exzellenten Experten aus.

Aus den Kriterien lassen sich vier verschiedene Typen von Projektleitern/-managern ableiten. Der bürokratische Projektleiter „verwaltet“ das Projekt, anstatt es zu leiten. Die Welt dieses Projektleiters ist die der Gantt-Charts, Budgetvorgaben und Standards für das Projektmanagement. Das Rollenverständnis ist top-down, und die fachliche Kompetenz ist nur gering ausgeprägt oder gar nicht vorhanden. Von diesem Projektleiter sind weder projektinhaltliche Impulse zu erwarten, noch versteht es dieser, das Projektteam zu motivieren oder in deren Arbeit zu unterstützen. In manchen Projekten in der Praxis wurde dieser Typus schon einmal als „visionsloser Erbsenzähler“ bezeichnet.

Bild 5.9 Typisierung der Projektleiterfunktion (in Anlehnung an [7], S. 132)

Der Projektleiter als Systemdesigner bringt zwar seine fachlich-inhaltliche Kompetenz in das Projekt ein, kann aber aufgrund seiner Top-down-Orientierung das Projektteam nur wenig motivieren und für die Vision des Projekts begeistern. Dieser Projektleiter hat gute Ideen für die Konzeption des Projektergebnisses, ist jedoch nicht ausgesprochen teamfähig und kann deshalb Ideen des Projektteams nur unzureichend fördern.

Der Projektmanager mit Leadership-Eigenschaften ist eine echte Führungskraft mit allen Fähigkeiten, das Projektteam zu Höchstleistungen zu bringen. Es gelingt ihm sehr gut, die Kreativität der Mitarbeiter zu fördern, und er unterstützt die Teammitglieder dabei, selbständig zu arbeiten. Die fehlende inhaltliche Kompetenz birgt jedoch das Risiko in sich, dass das Projektergebnis möglicherweise verfehlt wird.

Der Projektmanager als Systemintegrator hat zum einen die Kompetenz als Führungskraft. Das Bottom-up-Verständnis der Führungsrolle sichert die Fähigkeit zur Motivation und zum Coaching des Projektteams, zum anderen sichert die hohe fachlich-inhaltliche Kompetenz die Erreichung des Projektziels. Dieser Projektmanager verliert nie den Überblick über das gesamte Projekt und ist in der Lage, eine starke Vision des Projektergebnisses zu entwickeln, die das Projektteam über die gesamte Laufzeit begleitet.

Allein der zuletzt genannte Projektmanager entspricht den Anforderungen des Lean Project Management. Ausgehend vom Verständnis der Funktion einer Leitungsposition im Lean Management versteht sich dieser nicht als kontrollierend und anweisend, sondern als Coach seiner Mitarbeiter. Es ist Aufgabe des Managers, die Mitarbeiter des Projektteams darin anzuleiten, Probleme zu erkennen und mithilfe der bereits vorgestellten PDCA-Methodik zu lösen. Die Teammitglieder methodisch zur Problemlösung zu befähigen und anzuleiten ist die wichtigste Aufgabe. Darüber hinaus ist es Aufgabe des Managers, „Hindernisse aus dem Weg zu räumen“, welche die Teammitglieder an der Durchführung ihrer Aufgabe hindern. Damit unterscheidet sich das Rollenverständnis des Managers im Lean Project Management grundlegend von den „klassischen“ Vorstellungen.

Ausgehend von diesem sehr hohen Anspruch kann der Verantwortungsbereich des Projektmanagers wie folgt beschrieben werden (in Anlehnung an [7], S. 118):

Verantwortungsbereich des Projektmanagers

- Vertretung der Stimme des Kunden im Projekt,
- Mitwirkung bei der Gestaltung des Werts des Projektergebnisses,
- maßgebliche Entwicklung der Projektstrategie und des Projektdesigns für die Erzielung des wertorientierten Projektergebnisses,
- Definition der Ziele und Übernahme vorgegebener KPIs (Key Performance Indicators) (z. B. Project Return on Investment),
- Erstellung einer Vision für das Projektteam,
- Festlegung der Teilziele.

Diese anspruchsvolle Aufgabe mit weitreichendem Verantwortungsbereich wird zusätzlich dadurch belastet, dass das Projekt in ein Umfeld eingebunden ist, welches die Erfüllung der Aufgaben des Projektmanagements erschwert. In Bild 5.10 sind diese Einflüsse auf das Projekt skizziert.

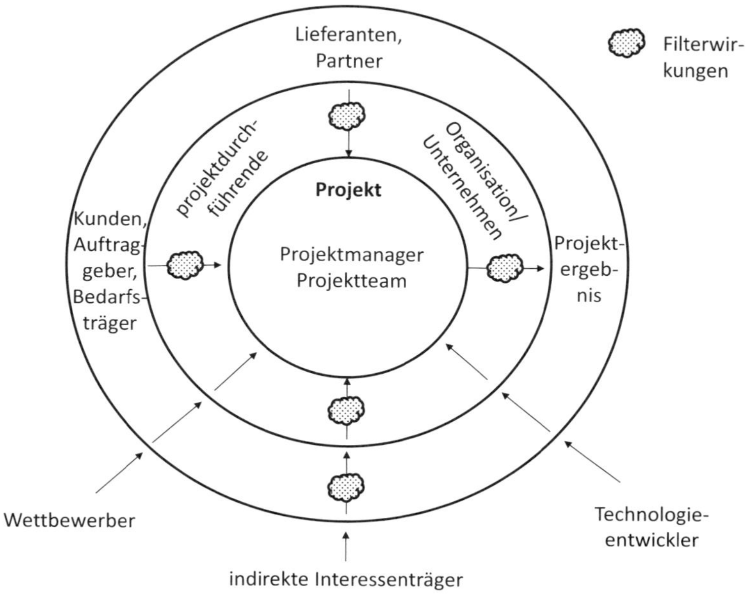

Bild 5.10 Einbindung des operativen Projektteams in das Umfeld

In den meisten Fällen wird das Projekt innerhalb einer Organisation oder eines Unternehmens durchgeführt. Hierdurch ergeben sich Filterwirkungen, welche die Realisierung der bisher genannten Lean-Prinzipien erschweren können. Wird das Projekt im Verhältnis zum Auftraggeber bzw. Kunden betrachtet, besteht meist eine vertragliche Beziehung zwischen dem durchführenden Unternehmen und dem Auftraggeber. Bereits hier gibt es eine Filterwirkung durch das projektdurchführende Unternehmen. Firmenpolitische Interessen und Abteilungsegoismen können in das Verhältnis des Projektleiters zum Kunden erheblich „Salz streuen", welches die Erfüllung der Lean-Prinzipien verhindert oder gar unmöglich macht. Gleiches gilt für die Beziehung zwischen Lieferanten und der Projektleitung.

Ein verantwortlicher Projektmanager (Vertriebsverantwortlicher) lieferte beispielsweise nur einen Teil des Projektergebnisses an den Kunden, er erhoffte sich dadurch eine zusätzliche Beauftragung. Aber das Gegenteil war der Fall und der Projektmanager hat in diesem Praxisfall seine Reputation eingebüßt.

Deshalb ist eine der wesentlichen Voraussetzungen für Lean Project Management, dass die Lean-Prinzipien und die Lean-Philosophie nicht nur innerhalb der Projektgrenzen gelebt werden, sondern auch von der projektdurchführenden Organisation bzw. dem Unternehmen. Andernfalls geht der „Bodengewinn" im Projekt auf dem „Feld der Organisations-/Unternehmensbeziehungen" wieder verloren.

5.6 Methode der Projektdurchführung

Lean-Prinzip 6
Die Festlegung der Methode der Projektdurchführung ist Aufgabe des Projektmanagements.

Die Durchführung eines Projekts kann man sich in zwei Welten vorstellen. Die eine der Welten ist das Projektmanagement, welches für die Planung und den organisatorischen Ablauf des Projekts verantwortlich ist und den Projektleiter stellt. Die andere Welt betrifft den Projektinhalt, also die konkreten fachlichen Aufgaben, die zur Erstellung des Projektergebnisses erforderlich sind. Die beiden Welten arbeiten bei der Definition des Inhalts und des Umfangs des Projekts zusammen (5.2.2 im *PMBOK Guide*, vgl. [1], S. 114).

Die Projektleitung, welche für die Projektstrategie verantwortlich ist, würde sich in dieser Konstellation auf das Fachurteil der Experten verlassen und deren Einschätzung und Methodik im Projekt übernehmen. Der Erfolg des Projekts hängt damit von den Fähigkeiten des Projektmanagements und der beteiligten Experten ab. Das Projektmanagement kann auf die Projektinhalte nur insofern Einfluss nehmen, als Methoden z. B. zur Alternativenidentifizierung eingesetzt werden können, um den besten Weg zum Projektergebnis zu finden.

In der Praxis sind für viele Projektaufgaben, wie etwa die Entwicklung von Produkten, unterschiedliche Methoden in der Anwendung, welche z. B. zu abweichenden Projektlaufzeiten und differierenden Projektbudgets führen. Die Projektleitung trägt zwar die Verantwortung für Erfolg oder Misserfolg des Projekts, muss sich bei der Methode aber letztlich auf den Input der Experten verlassen.

Im Lean Project Management wird demgegenüber gefordert, dass sich das Projektmanagement und insbesondere der Projektleiter auch fachlich-inhaltlich in das Projekt einbringen. Wenn z. B. die Sequenz der Arbeitspakete eine maßgebliche Rolle für die Projektdauer und das Budget bedeutet, muss die Organisation dieser Aufgabe Bestandteil des Projektmanagements sein.

Darüber hinaus ist nicht vorstellbar, wie eine Projektleitung so wesentliche Aspekte der Lean-Philosophie wie die Vision des Projektergebnisses und die Projektkultur in ein Projekt einbringen will, wenn sie sich fachlich-inhaltlich „aus dem Projekt heraushält“. Auch ist ein Projektleiter, wie dieser in Abschnitt 5.7 gefordert wurde, nicht denkbar, wenn keine oder nur rudimentär vorhandene Fachkenntnisse vom Projektinhalt vorliegen. Man würde in diesem Fall den Projektleitertypus „bürokratischer Projektleiter“ favorisieren, der aus der Sicht des Lean Project Management nicht akzeptabel ist.

Im nächsten Kapitel werden zwei Methoden des Lean Project Management vorgestellt, welche in der Praxis erfolgreich eingesetzt werden. Es handelt sich um die Scrum-Methode, welche in der Entwicklung von Software eingesetzt wird, und Lean Product Development, welches in der Entwicklung von Produkten angewendet wird. Hierbei wird deutlich, dass das Projektmanagement bzw. der Projektleiter einerseits eine hohe fachlich-inhaltliche Kompetenz aufweist (Lean Product Development) und andererseits z. B. die Sequenz der Arbeitspakete ganz entscheidend mit beeinflusst (Scrum). Der „bürokratische Projektleiter“ wäre bei beiden Methoden fehl am Platz.

5.7 Projektvision

Lean-Prinzip 7
Die Formulierung einer überzeugenden Vision des Projektergebnisses ist für den Projekterfolg notwendig.

John P. Kotter schreibt in seinem viel beachteten Buch über Change Management ([12], S. 8 f.): „Whenever you cannot describe the vision driving a change in five minutes or less and get a reaction that signifies both understanding and interest, you are in for trouble.“ Auch im Lean Project Management ist eine überzeugende Vision für den Projekterfolg mit maßgeblich. Die Vision ist wie ein Kompass, welcher die Richtung der Projektaktivitäten mit Blick auf den Wert des Projekts vorgibt und das Projektteam bei der Durchführung der einzelnen Projektaufgaben motiviert. „Die Produktvision liefert die Grundlage für die Motivation des Teams, auf dieses Ziel hinzuarbeiten“ ([13], S. 80).

Bild 5.11 verdeutlicht die Funktion der Vision innerhalb des Lean Project Management. Ausgehend vom Projektergebnis, welches im Status quo zu Beginn des Projekts auf der Grundlage des Werts festgelegt wird, beschreibt die Vision das Ziel des Projekts. Die Vision ist dabei keineswegs eine trockene Formulierung des Projektergebnisses. Weder eine technische Formulierung in Form einer Spezifikation oder eines Lastenheftes noch eine juristisch formulierte Zusammenfassung des Projektvertrags sind hier gefragt.

In komplexen Projekten gibt es die Hauptvision auf der Ebene des Projekteigentümers sowie davon abgeleitete Visionen bei allen wesentlichen Projektbeteiligten. Der Projektverantwortliche des Projekteigentümers moderiert die Kaskade der Visionen.

Die Vision ist eine emotionale und mitreißende Beschreibung des Projektergebnisses, welche alle Projektbeteiligten überzeugen soll und auch geeignet ist, die Projektteams zu motivieren. ■

Es ist die originäre Aufgabe des Projektleiters bzw. des Projektmanagements, diese zu formulieren. Auch an dieser Stelle ist die fachliche Kompetenz des Projektleiters gefragt. Wie von Kotter in dem Zitat zu Beginn des Abschnitts formuliert, ist eine Vision kein Fünf-Seiten-Statement, sondern eine kurze und präzise formulierte Ergebnisbeschreibung des Projekts. Es geht dabei nicht nur um z. B. das Objekt selbst, welches am Ende des Projekts entstanden ist, sondern z. B. den Nutzen für den oder die Kunden und die Anwender, den Stellenwert im Markt oder den Reputationsgewinn, der für den Kunden entsteht.

Wem eine Vision vorgestellt wird, muss diese verstehen, ohne Experte auf dem jeweiligen Feld zu sein. Fachbegriffe oder gar branchentypische Abkürzungen lassen jede Vision zur Farce werden, und der branchenfremde Zuhörer fühlt sich ausgeschlossen und als „unwissend" etikettiert. Die Vision muss auch Interesse beim Zuhörer wecken und diesen dazu motivieren, mehr über die Sache zu erfahren, welche in der Vision beschrieben wird. Langweilige Auflistungen von Produkteigenschaften oder eine Tabelle von Kennzahlen, welche das Ergebnis eines Reorganisationsprojekts darstellen, sind hier nicht zielführend.

Für das Projektteam erfüllt die Vision eine wichtige Aufgabe. Die Vision soll die Mitarbeiter dafür sensibilisieren, dass diese an einer Sache arbeiten, die einen wichtigen Meilenstein in der zukünftigen Entwicklung darstellt. Den Teammitgliedern muss bewusst werden, dass in dem Projekt etwas entsteht, was einmalig ist, dass keine Routinearbeiten durchgeführt werden und jedes Teammitglied einen bedeutenden Beitrag zum Projektergebnis leistet.

Die Vision hat darüber hinaus noch eine weitere Funktion. Die Vision gibt die Kompassrichtung und das Ziel vor, in welche sich das Projekt bewegen soll. Was in vielen Projekten passiert, ist, dass im Verlauf des Projekts z. B. der Kunde und dessen Anforderungen aus dem Blick verloren werden. Die „Stimme des Kunden" verliert sich mit dem Projektfortschritt, der Kunde erhält am Ende des Projekts ein Ergebnis, das er so nicht gewünscht hat. Eine aussagekräftige Vision verhindert dies und erinnert stets an die Kundenanforderungen und die Zielrichtung des Projekts.

Kundenanforderungen verändern sich im Verlauf des Projekts. Dies ist in unserer dynamischen Welt ein ganz normaler Vorgang, und das Lean Project Management muss sich darauf einstellen. In den meisten Fällen haben diese Veränderungen der Kundenanforderungen keine Konsequenz für die Vision, da diese hierdurch nicht betroffen ist. Es ist aber denkbar, dass die bereits genannten „Spielverderber“ (Wettbewerber oder Technologieentwickler) eine grundlegende Änderung der Konzeption des Projektergebnisses erforderlich machen. In diesem Fall ist eine Veränderung der Vision notwendig, die mit der zu Gebote stehenden Sorgfalt vorgenommen werden muss, um nicht zu Irritationen bei den Projektbeteiligten zu führen.

Die Vorgehensweise im Projekt unter Zuhilfenahme der Vision kann mithilfe von Bild 5.11 erklärt werden. Im Status quo beim Projektstart ist die Vision die erste Information für das Projektteam. Die Vision ist Leitbild und Motivator für die gesamte Laufzeit. Der Weg zum Ziel, der Realisierung der Vision, ist in der Regel mit vielen Hindernissen gepflastert. Zum Beispiel trägt ein Lieferant nicht wie vorgesehen zum Leistungsumfang bei. Aufgabe des Projektmanagements ist nun, dieses „Hindernis aus dem Weg zu räumen“, also ein aktives Lieferantenmanagement zu initiieren, welches im Hinblick auf die Vision und das Projektergebnis zur Erreichung des nächsten Meilensteins beiträgt.

Ein weiteres Beispiel kann die Entwicklung einer neuen Technologie sein, welche den Leistungserstellungsprozess beeinflusst. Gerade bei diesen Hindernissen wird das Projektziel schnell aus dem Auge verloren, und die Begeisterung für eine neue Technologie führt das Projekt in eine Richtung, welche dem Ziel nicht zuträglich ist. Auch hier hilft die Vision, einen klaren Blick auf das Ergebnis zu behalten und nicht die Richtung zu verlieren.

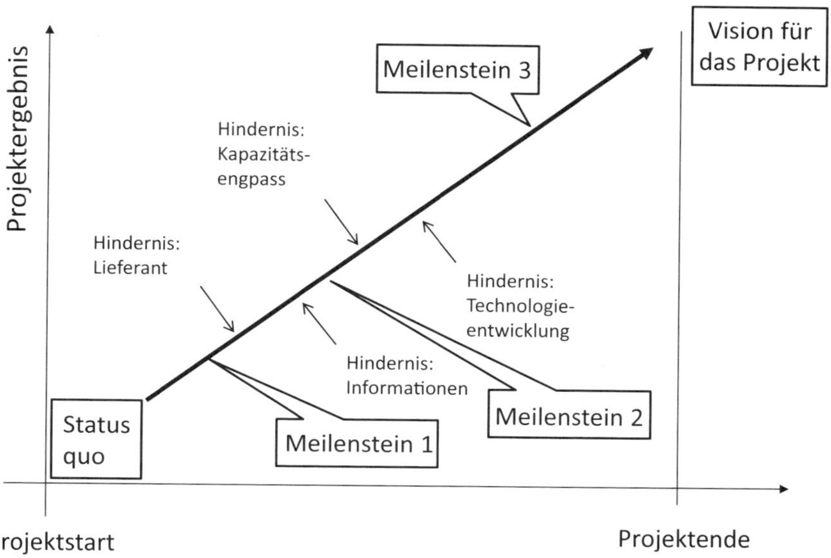

Bild 5.11 Vision für das Projekt

Die Vision erweist sich im Lean Project Management als eines der Basiselemente, um das Projektergebnis in leicht verständlicher und überzeugender Form darzustellen. Die Vision dient als Leitgedanke und Richtungsgeber auf dem Weg zum Ziel. Hindernisse können dadurch leichter identifiziert werden, das Projektteam verliert die Basis aller Aktivitäten nicht aus dem Auge.

5.8 Projektkultur

Lean-Prinzip 8
Die Etablierung einer Lean-Projektkultur ist ein entscheidender Faktor für den Projekterfolg.

Das Thema „Projektkultur" scheint auf den ersten Blick eher einfacher Natur zu sein. Projektkultur ist nach DIN 69905 als die „Gesamtheit der von Wissen, Erfahrung und Tradition beeinflussten Verhaltensweisen der Projektbeteiligten und deren generelle Einschätzung durch das Projektumfeld" definiert. Hierzu können gerechnet werden:

- kulturelle Muster der Geschäftsanbahnung und Kommunikation zwischen Auftraggebern und -nehmern in Projekten, kulturelle Besonderheiten internationaler Projekte und Zusammenarbeit,
- verhaltensbedingte Muster der Öffnung und Abschottung innerhalb und zwischen den Projektteams,
- Stellenwert, der Projekten innerhalb einer Organisation oder eines Unternehmens zugesprochen wird (deckt sich nicht unbedingt mit dem Stellenwert, den Projekte aufgrund ihres Umfangs, ihrer Bedeutung, erzielter Margins, des Risikos und anderer Faktoren tatsächlich haben),
- berufliche Traditionen unterschiedlicher Professionen und Funktionsgruppen, die in Projekten aufeinandertreffen,
- Bereitschaft und Fähigkeit der Projektbeteiligten, Konflikte und andere Divergenzen fair zu lösen,
- Selbstverständnis des Projektmanagements und der am Projekt beteiligten Organisationen.

Eine eigene Projektkultur bildet sich in Kurzzeitprojekten eher selten heraus. Läuft ein Projekt ein, zwei oder fünf Jahre, kann dies jedoch der Fall sein. In allen Projekten gibt es die genannten sowie eine Vielzahl weiterer kultureller Dimensionen, die sich auf den Erfolg oder Misserfolg von Projekten auswirken. Das Lean Project Management muss deshalb auch an diesem Punkt professionell ansetzen können.

Der projekterfahrene Leser weiß, dass die Praxis nicht nur von Positiv-Erfahrungen geprägt ist. Was in vielen Unternehmen und auch in Projekten gespielt wird, ist das sogenannte „Blame Game". Hierzu gehören:

- den Schuldigen suchen,
- Nachfrage nach Erklärungen für Probleme,
- mit dem Finger auf Probleme/Verantwortliche zeigen,
- Umdefinition von Problemen, sodass diese in die Zuständigkeit eines anderen fallen,
- ständige Anforderung von Berichten,
- Probleme als Beweis für schlechte Leistung ansehen,
- Probleme verschweigen, sodass diese erst zu einem späteren Zeitpunkt sichtbar werden, aber dann höhere Kosten zur Lösung verursachen.

Die Liste könnte ohne Weiteres verlängert werden, aber die „Regeln dieses Spiels" sind hinreichend bekannt. Was hat Lean Project Management der Definition nach DIN und der Projektpraxis hinzuzufügen?

Im Lean Project Management ist das Blame Game verboten! Das Projektmanagement hat die Aufgabe, dem mit allen zu Gebote stehenden Mitteln entgegenzuwirken. An dessen Stelle tritt die Lean-Kultur, die sich völlig von der bekannten Vorgehens- und Verhaltensweise unterscheidet. Kernbotschaft der Lean-Philosophie ist, dass Fehler und Probleme keine Suche nach dem Schuldigen auslösen, sondern willkommener Anlass für die Suche nach einer Lösung bzw. für Verbesserungsmaßnahmen sind.

Wie dies im Vergleich zur konventionellen Verhaltensweise aussehen kann, mag an folgendem Beispiel demonstriert werden.

Der verantwortliche Manager eines Unternehmens geht zum Projektleiter eines wichtigen Produktentwicklungsprojekts und fragt nach dem Projektstand. Der Projektleiter weiß, dass sich in einem Arbeitspaket ein Rückstand abzeichnet, da unerwartete technische Probleme aufgetreten sind. Der Projektleiter hat folgenden Gedankengang. Berichtet er dem Manager über dieses Problem, so hat jetzt auch der Manager ein Problem und es könnte der Eindruck vermittelt werden, er wäre ein schlechter Projektleiter. Dies könnte negative Wirkungen auf die weitere Karriere haben. Also verschweigt der Projektleiter das Problem und beruhigt sich mit dem Gedanken, dass sich das Projekt noch in einer frühen Phase befindet und es noch beachtlich Potenzial für Zeiteinsparungen bei anderen Arbeitspaketen gibt, welche den zusätzlichen Zeitaufwand für die Lösung des technischen Problems kompensieren werden. Deshalb lautet die Antwort des Projektleiters gegenüber dem Manager: Kein Problem!

Der projekterfahrene Leser weiß, wie die Geschichte enden wird. Der zusätzliche Zeitaufwand kann nicht mit Einsparungen in anderen Arbeitspaketen kompensiert werden, und die technischen Probleme führen zu einem Zeit- und Budgetüberzug. Das „Schlimme" daran ist, dass in der frühen Phase, in welcher das Problem bereits erkennbar war, mit erheblich geringerem Aufwand eine Lösung möglich gewesen wäre.

Im Lean Management gilt der Grundsatz: Kein Problem ist ein Problem. Es gibt in jedem Projekt und jedem Arbeitspaket Fehler und Probleme. Nur wenn diese offensiv und sofort einer Problemlösung zugeführt werden, entstehen die am geringsten möglichen Kosten. Hinzu kommt, dass viele Arten von Problemen immer wieder auftreten. Wie in dem Eingangsbeispiel der Raumfahrtmission dargestellt, verhindert eine schnelle Analyse und Lösung ein weiteres Auftreten des Problems, es wird nicht immer wieder ein Brand gelöscht, sondern die Ursache des Problems wird herausgefunden und beseitigt, der Brand tritt nicht wieder auf.

Fehler zu machen ist keine Schande, aber nicht daraus zu lernen und diese zukünftig zu vermeiden, ist Verschwendung der schlimmsten Art. Deshalb sind die ständige Verbesserung und die Fähigkeit, aus Fehlern zu lernen, einer der Eckpfeiler des Lean Project Management. ■

Ein weiterer Aspekt der Projektkultur ist die Bereitschaft der Projektbeteiligten, Prozesse zu akzeptieren und diese anzuwenden, was letztlich die Prozessqualität bestimmt (die schönsten Prozessbeschreibungen helfen in Projekten wenig, wenn sie von der Projektleitung und den Projektmitarbeitern nicht gelebt werden). Wird die Erstellung der Projektleistung innerhalb der einzelnen Arbeitspakete als Prozess beeinträchtigt, so kann das Prozessergebnis im Hinblick auf den vom Kunden erwarteten bzw. geforderten Output betrachtet werden. Schlüsselbegriff ist hier die Prozessbeherrschung, d.h., der Prozess erzeugt unter Einfluss dieser oder jener kulturellen Gegebenheiten im Projekt das erwartete Ergebnis. Ist dies nicht der Fall, muss an der „Schraube Kultur" gedreht werden.

Die Frage ist, wie diese Qualität in den Prozessen unter den kulturellen Gegebenheiten erreicht werden kann. Qualität in den Projektprozessen kann in solchen Fällen nicht durch Audits und Reviews „hineinkontrolliert", sondern nur durch die Fähigkeit und Bereitschaft der Führungskräfte und Mitarbeiter, in den Projekten zu lernen und sich kulturell anzupassen, erreicht werden (William Edwards Deming: „You cannot inspect in quality").

Die Wissensbasis der Projektteammitglieder und die ständige Erweiterung können die Qualität verbessern. Ein Großteil des Wissens ist jedoch intrinsischer Natur, also implizites Wissen der Mitarbeiter, welches nicht dokumentiert ist (und möglicherweise auch nicht dokumentierbar ist) und den eigentlichen Wert eines Projektteams ausmacht. Dieses Wissen ist auch von kulturellen Standards der unterschiedlichen am Projekt beteiligten Berufsgruppen geprägt. Dieses Wissen und die damit erreichbare Qualität sind das „geistige Vermögen" eines Projektteams bzw. Unternehmens, welches sich nicht kopieren lässt.

Ein weiteres Element der Projektkultur ist Transparenz, d.h., wie und in welchem Umfang Informationen an andere Teammitglieder, die Projektleitung oder Dritte weitergegeben werden. In vielen Projekten ist es zur (Un-)Kultur geworden, ästhetisch anzusehende und oft auch animierte PowerPoint-Präsentationen zu erstellen, mit welchen oft mehr verdeckt als gezeigt wird. Oder es werden umfangreiche Reports erstellt, deren essenzielle Teile mühsam gesucht werden müssen. Diese Art der Wissensweitergabe ist aus der Sicht des Lean Project Management eine glatte Unverschämtheit gegenüber den Adressaten. Diese haben Anspruch auf eine wahrheitsgemäße Berichterstattung, die durch Konzentration auf die wesentlichen Punkte nicht die Zeit der Empfänger verschwendet.

Eine weitere Lean-Anforderung an Informationen ist die Konzentration auf die wesentlichen Punkte. Der A3-Report im Lean Management ist ein Beispiel hierfür (vgl. [4], S. 55 ff.). Auf einer Papierseite im DIN-A3-Format werden die Ergebnisse der Problemanalyse sowie die erarbeiteten Lösungsvorschläge einschließlich der Implementierungserfahrung dokumentiert. Der verantwortliche Manager ist schnell im Bilde und hat übersichtlich alle notwendigen Informationen auf einen Blick. Da Fehler und Probleme im Lean Project Management nicht „gut verpackt" werden müssen, sondern offen angesprochen werden, besteht auch keine Notwendigkeit eines umfangreichen Berichts.

In Bild 5.12 sind die sichtbaren und nicht sichtbaren Elemente des Lean Project Management zusammengefasst. Sichtbar sind die Vision, die allen Beteiligten kommuniziert wird, die PDCA-Methodik zur Problemlösung, die Lieferanten und das zugehörige Management sowie die Methode, also z. B. die Sequenz der Arbeitspakete.

Nicht sichtbar hingegen ist die Fehler- und Problemkultur, die nur durch die innere Einstellung der Teammitglieder und die Projektleitung repräsentiert wird. Das Wissensmanagement, insbesondere das implizite Wissen sowie die hierdurch erreichbare Prozessqualität sind ebenfalls nicht sichtbar. Die kontinuierliche Verbesserung hat ein sichtbares Element, die PDCA-Methodik, die problemlos kopierbar ist, für den nicht sichtbaren Part gilt dies nicht. Die innere Einstellung des Projektteams gegenüber Verbesserungsmöglichkeiten der Prozesse und das enorme Innovationspotenzial, welches in Fehlern und Problemen steckt, sind eine Frage der inneren Einstellung bzw. Projektkultur.

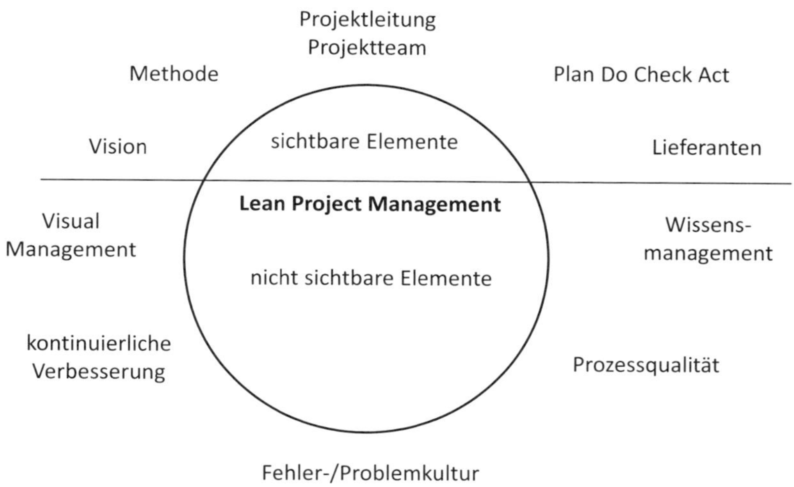

Bild 5.12 Elemente des Lean Project Management

Das Visual Management eliminiert die Verschwendung, die entsteht, wenn aus Informationen das Essenzielle herausgefiltert werden muss, wenn wichtige Fakten in einer Information nicht sofort erkannt werden können und die Flut ungefilterter Informationen den Projektfortschritt behindert. In den Beispielen zu Lean Project Management werden wir aufzeigen, wie Visual Management in der Projektpraxis aussehen kann.

Die Verwirklichung einer Projektkultur in der vorgestellten Art stellt jedoch zwei Anforderungen an das Projektmanagement. Die eine Anforderung betrifft die Kontinuität. Dies bedeutet, dass eine entsprechende Projektkultur nur dann implementiert werden kann, wenn die Projektleitung und das Projektteam regelmäßig und über Jahre hinweg Projekte gleicher oder ähnlicher Art durchführen. Dies ist z. B. gegeben, wenn in einem Unternehmen neue Produkte mit dem gleichen Projektteam entwickelt werden. Hier kann kontinuierlich am Aufbau einer Lean-Kultur gearbeitet werden. Betrachtet man hingegen Projekte, in welchen das Team nur für eine Aufgabe zusammengestellt wird und sich danach wieder auflöst, kann keine hohe Erwartung an die Etablierung einer Lean-Kultur gestellt werden.

Die zweite Anforderung wiegt deutlich schwerer und betrifft das sogenannte Change Management. Viele Unternehmen erscheinen auf den ersten Blick „lean". Viele Methoden und Elemente des Lean Management sind realisiert: Kanban-Steuerung für die Materialversorgung der Produktion, Visual Management an den Arbeitsplätzen, PDCA als Routinemethode an den Arbeitsplätzen etc. Ein vorsichtiger Blick „hinter die Kulissen" offenbart aber, dass von Lean-Kultur nur wenig anzutreffen ist. Die Abteilungsleiter pflegen weiterhin den traditionellen Führungsstil der Anweisung und Kontrolle, die oberste Führungsebene hat sich nur halbherzig zu Lean Management bekannt, und die Vision ist langweilig und nichtssagend. Diese Form des „halbherzigen" Lean Management kann als unechtes Lean bezeichnet werden.

Change Management ist ein schmerzhafter Prozess vor allem für Führungskräfte, weshalb gerade in der mittleren Managementebene die größten Widerstände auftreten. Auf dieser Ebene wird der größte Machtverlust befürchtet. Durch lange Jahre der Erfahrung im konventionellen Management wird dieser Widerstand nicht offen zutage treten, sondern sehr geschickt hinter Sachargumenten verborgen. Dieser Widerstand, der wie „Sand im Getriebe" wirkt, kann Veränderungsmanagement nachhaltig behindern. Deshalb bleiben viele Lean-Initiativen hinter den Erwartungen zurück und auf der Ebene der sichtbaren Elemente stehen. Eine Strategie, wie Change Management zu Realisierung einer echten Lean-Kultur erfolgreich durchgeführt werden kann, ist im „Praxisbuch Lean Management", S. 271 ff., zu finden [4]. Darüber hinaus wird in Kapitel 7 hierauf eingegangen.

5.9 Visual Management

Lean-Prinzip 9
Die Kommunikation des Projektstatus und der relevanten Schlüsselkennzahlen erfolgt nach den Grundsätzen des Visual Management.

Auf die wunderschön gestalteten und animierten PowerPoint-Präsentationen, die mehr verschleiern als offenlegen, wurde bereits hingewiesen. Gleiches gilt für druckreife Auditberichte, die als „lästige Pflicht" einfach heruntergeschrieben werden, ohne dass der Leser irgendeinen Nutzen davon hat. Verschwendung hat viele Gesichter. Hierzu zählt auch die Kommunikation von wesentlichen Informationen über ein laufendes Projekt, welche die „Sache nicht auf den Punkt bringen" und klar und deutlich die entscheidende Information vermitteln kann.

Visual Management hat das Ziel, die Interessenträger und Entscheider eines Projekts über den Stand zu informieren, neue Erkenntnisse und/oder Schlüsselkennzahlen in einer Art und Weise zu vermitteln, dass das Essenzielle sofort erkannt wird, die Informationen ungefiltert und in aller Klarheit dargestellt werden und Entscheider auf dieser Grundlage agieren können.

Text ist in der Regel das am wenigsten geeignete Medium, um Informationen zu präsentieren. Text muss gelesen, intellektuell erfasst und möglicherweise noch interpretiert werden. Zusammenhänge, die in Form einer Grafik dargestellt werden, können eine Information sofort vermitteln, sofern die Grafik nicht manipulativ gestaltet wurde. Texte sollten auf das Notwendigste beschränkt werden, um z. B. einen Sachverhalt oder eine Vorgehensweise zu dokumentieren.

Ebenso wenig, wie umfangreicher Text zur Dokumentation komplexer Softwareapplikationen geeignet ist, die Informationsweitergabe effizient zu gestalten. Der Umgang mit Software muss erlernt und eingeübt werden. Dies kostet nicht nur Zeit, sondern schränkt auch die Nutzung auf einen elitären Kreis der geschulten Mitarbeiter ein. Die Autoren haben miterlebt, wie ein Maschinenbediener in einer Fabrik vor dem CEO des Unternehmens die Ergebnisse eines Kaizen-Projekts zur Verbesserung der Produktionsabläufe präsentiert hat: mit einer handschriftlichen Folie. Der CEO, der Lean Management in seinem Unternehmen mit Erfolg realisiert hat, war von der Präsentation mehr als überzeugt.

Deshalb sind in den verschiedenen Ausprägungen von Lean Project Management viele Beispiele für Visual Management zu finden. Diese werden in den nachfolgenden Ausführungen zum Teil näher beschrieben. Hierzu zählen beispielsweise:

- der A3-Report, Dokument zur Standardisierung des Problemlösungsprozesses auf einer DIN-A3-Seite,
- das Task Board, welches zur Visualisierung des Bearbeitungsstands von Aufgaben in Scrum dient,

- das Burn-Down-Chart, welches den Projektfortschritt im Vergleich zum Plan in Scrum visualisiert,
- die Trade-off-Kurven, die im Lean Product Development technische Zusammenhänge aufzeigen.

5.10 Ausgeglichenheit der Projektressourcen-Inanspruchnahme

Lean-Prinzip 10
Lean Project Management erfordert eine Ausgeglichenheit der Inanspruchnahme der Projektressourcen.

Die Eliminierung oder Reduzierung der Verschwendung ist eines der Ziele von Lean Product Development. Wartezeiten sind eine Form der Verschwendung, die möglichst vermieden werden sollte, gerade in Projekten aber häufig auftritt. Ein anderes, für Projekte typisches Problem ist die Überlastung. Beide Probleme entstehen oft bei den für ein Arbeitspaket verantwortlichen Teammitgliedern. Wird z. B. die Softwareentwicklung betrachtet, so wartet das Testteam oft auf die verspätete Fertigstellung des Entwicklungsprozesses. Ist dieser beendet, kommt eine sehr hohe Arbeitsbelastung auf das Testteam zu, da nun das gesamte Softwarepaket getestet werden muss. Da das Projekt in dieser Phase meist schon terminlich im Verzug ist, wird massiv auf eine Verkürzung dieser Testphase gedrungen.

Die geschilderte Situation führt nicht nur zu einer Überlastung des Teams, dem eine Unterauslastung vorangegangen ist, sondern in der Regel leidet auch die Qualität der Ergebnisse. Auf der Suche nach einer Lösung dieses Problems muss zunächst der Zusammenhang zwischen Kapazitätsauslastung und Prozessdauer betrachtet werden (Bild 5.13).

Mit zunehmender Auslastung einer Ressource nimmt die Prozessdauer zu. Der Zusammenhang ist jedoch nicht linear, sondern mit steigender Auslastung nimmt zunächst die Prozessdauer nur unterproportional zu. Ab einer bestimmten Auslastung steigt die Prozessdauer sehr schnell an. Jeder Produktionsleiter in einem Herstellerunternehmen kennt diesen Punkt und vermeidet es, die Kapazitätsauslastung darüber hinaus zu erhöhen. Diese Erkenntnis gilt auch in Projekten.

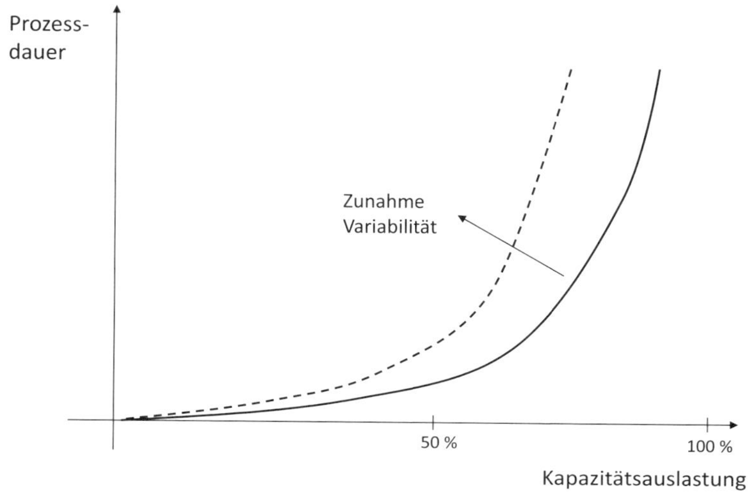

Bild 5.13 Zusammenhang Prozessdauer und Kapazitätsauslastung

Der Projektleiter sollte diesen Zusammenhang kennen und eine relativ präzise Vorstellung hiervon haben. Ein weiteres Problem lässt den dargestellten Zusammenhang noch kritischer erscheinen. Nimmt die Variabilität zu, wird dieser Punkt der starken Zunahme der Prozessdauer noch wesentlich früher erreicht. Variabilität kann zwei Ausprägungen haben:

- Die Methode und die Dauer eines Prozesses variieren, da entweder der Prozess nicht vollständig beherrscht wird oder beide Parameter (Methode, Dauer) aufgabenbedingt einer Varianz unterzogen sind. Letzterer Grund ist typisch für Prozesse der Produktentwicklung.
- Abweichungen von dem geplanten Beginn des Prozesses und dem tatsächlich auftretenden Beginn. Auch diese Art der Varianz ist für Projekte typisch und entspricht dem genannten Beispiel der Softwareentwicklung.

Wie zu erkennen ist, führt die Auslastung der Projektkapazitäten (vor allem Zeitkapazität des Projektteams) jenseits des kritischen Punktes, an welchem die Prozessdauer dramatisch zunimmt, zu erheblichen Problemen in Bezug auf die tatsächlich in Anspruch genommene Zeitdauer. Dies gilt vor allem, wenn der Zusammenhang von Kapazitätsauslastung und Prozessdauer nicht angemessen in der Projektplanung berücksichtigt wurde.

Das Problem der Varianz wird vor allem dann zum Problem, wenn kreative Prozesse (wie in der Produktentwicklung) durchzuführen sind und die Prozessdauer schlecht planbar ist. Die Varianz im Hinblick auf den Starttermin des Prozesses hat einen ausgesprochenen Dominoeffekt. Werden gleich im ersten Drittel der Projektlaufzeit Endtermine von Arbeitspaketen überschritten, ist mit zunehmender Varianz in den danach liegenden Arbeitspaketen und mit erheblichen Verlängerungen der Prozessdauer zu rechnen. Man könnte diesen Effekt den „Bullwhip-Effekt“ des Projektmanagements nennen.

Im Lean Project Management muss den aufgezeigten Zusammenhängen Rechnung getragen werden, und eine flexible Planung für die einzelnen Aufgaben berücksichtigt im Projekt angemessene Zeitscheiben.

Die Forderung der Ausgeglichenheit der Arbeitsbelastung lässt sich mit einer sorgfältigen, auf die angemessene Kapazitätsauslastung ausgerichteten Planung alleine nicht bewältigen. Die meisten Projekte erfordern keine konstante Personalkapazität bzw. Kapazität anderer Ressourcen, sondern haben aufgrund der Natur des Projekts einen Bedarf, der im Zeitablauf schwankt. In Bild 5.14 ist beispielhaft der Kapazitätsbedarf in Stunden für ein Projekt dargestellt.

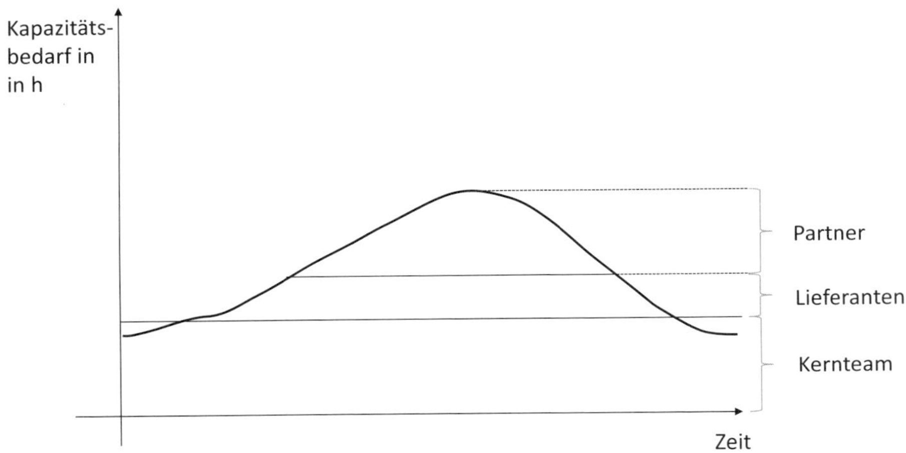

Bild 5.14 Flexible Bereitstellung der Kapazität

Der Kapazitätsbedarf nimmt in der Mitte der Laufzeit deutlich zu, um gegen Ende wieder abzunehmen. Eine Abdeckung dieses Bedarfs aus einem über die gesamte Laufzeit verfügbaren Projektteam wäre aus wirtschaftlicher Sicht nicht sinnvoll, da entweder das Projektergebnis mit zu hohen Kosten erbracht würde (Beispiel Produktentwicklung, es entsteht ein nicht konkurrenzfähiges Produkt), oder das Projekt würde bereits in der Angebotsphase scheitern (Beispiel Bauprojekt, Generalunternehmerangebot, das Angebot würde im Wettbewerb scheitern). Deshalb ist eine Lösung anzustreben, welche eine flexible Kapazität vorsieht.

Im Beispiel der Abbildung wird ein Projektkernteam über die gesamte Laufzeit eingesetzt. Die Kapazitätsspitze wird bei Leistungen mittlerer und geringer Komplexität durch Lieferanten abgedeckt. In der Phase mit besonders hohem Kapazitätsbedarf werden Projektpartner tätig, welche Leistungen mit hoher Komplexität erbringen. Um hier ein Beispiel zu nennen, kann die Automobilindustrie herangezogen werden. Die Systemlieferanten (in der Abbildung als Partner bezeichnet) werden in den Produktentwicklungsprozess integriert und tragen maßgeblich zum Wert des entwickelten Fahrzeuges bei.

5.11 Bedarfsgerechte Erstellung der Leistungen

Lean-Prinzip 11
Projektleistungen werden dann erstellt, wenn sie gebraucht werden.

Ein Projekt läuft häufig nicht in den geplanten Bahnen ab. Es gibt Verzögerungen in vorgelagerten Arbeitspaketen, die Wertdefinition des Projektergebnisses ändert sich und Kapazitäten stehen nicht wie geplant zur Verfügung, Leistungen werden aufgrund „gerade freier Kapazitäten" erstellt, obwohl diese noch nicht benötigt werden. Wird eine Leistung erstellt, obwohl der nächste Bearbeitungsschritt noch nicht beginnen kann, besteht das Risiko, dass sich in der Zeitspanne zwischen Fertigstellung und Beginn des nächsten Arbeitsschrittes eine Änderung der Anforderungen vonseiten des Endkunden ergeben hat, die die bereits fertiggestellte Leistung betrifft. Dann wäre eine erneute Bearbeitung der bereits fertiggestellten Leistung erforderlich. Es handelt sich hier definitiv um eine Verschwendung.

Ein weiteres Problem entsteht, wenn Leistungen mit großen Umfängen zur weiteren Bearbeitung an den nächsten Prozessschritt übergeben werden, sodass eine hohe Arbeitsbelastung entsteht. Würde der Leistungsumfang nicht in einem Paket, sondern in einfacher und schneller bearbeitbaren Teilleistungspaketen an den nächsten Bearbeitungsschritt übergeben, hätte dies zum einen positive Konsequenzen für die Ausgeglichenheit der Kapazitätsbelastung, zum anderen eine erhöhte Flexibilität zur Anpassung der Leistung an sich verändernde Anforderungen des Endkunden. Ein Praxisbeispiel, wie in der Softwareentwicklung diesem Lean-Project-Management-Prinzip Rechnung getragen wird, ist Gegenstand des Kapitels zu Scrum.

Ein weiterer Aspekt, auf den schon mehrfach hingewiesen wurde, ist das Hol-System für Informationen. In einer Welt, in welcher Informationen „verteilt" werden, ohne sich am Bedarf zu orientieren, sinkt der Wert dramatisch, da 90 % dessen, was davon auf ein Projektteammitglied zuläuft, dieses nicht betrifft. Ein Push-System der Informationsweitergabe hat zwei nachteilige Konsequenzen. Die Fülle der eingehenden Informationen ist für den Empfänger nicht relevant und führt zu dem Erfordernis der Auswahl der wichtigen Informationen. Dies ist eine Verschwendung, die vermieden werden könnte. Der zweite negative Effekt ist, dass die wichtigen Informationen für den Empfänger in der Flut untergehen und übersehen werden.

Im Lean Project Management gilt deshalb auch für Informationen ein Hol-System (Bild 5.15). Es gibt Eigentümer von Informationen, welche diese ständig aktuell halten und fachlich die beste Qualifikation hierfür haben. Wer Informationen zu einem bestimmten Sachthema benötigt, muss wissen, wer für den Informationsbestand verantwortlich ist, und kann sich im Bedarfsfall das Notwendige holen. Ein wesentlicher Vorteil ist hierbei auch, dass sich die Informationen auf dem neuesten Stand befinden.

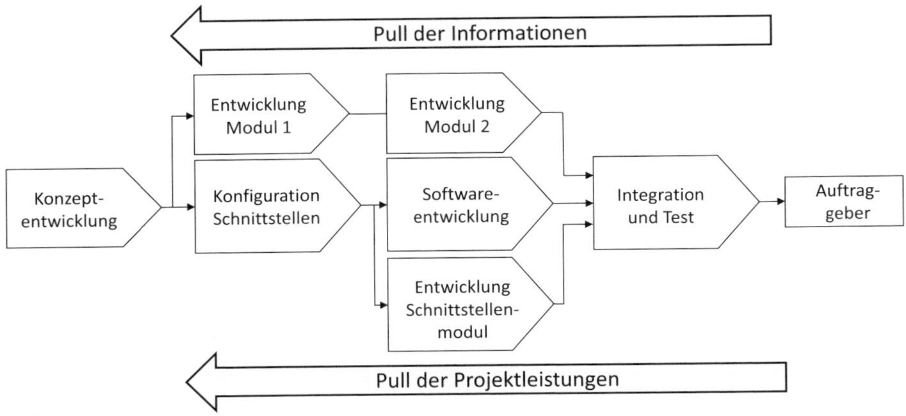

Bild 5.15 Pull der Projektleistungen und Informationen

Typische Beispiele für Informationen, welche nach diesem Prinzip vorgehalten werden, sind:

- Checklisten für Vorgänge, welche häufig in einem Projekt auftreten (z.B. technische Prüfungen, Erstellung von Verträgen für Lieferanten, Abnahmetests etc.),
- Standards für die Durchführung von Aufgaben in einem Projekt (z.B. Audits),
- technisches Wissen, welches in übersichtlicher und visueller Form dokumentiert ist (z.B. sogenannte Trade-off-Kurven in der Produktentwicklung),
- Datenbanken mit bevorzugten Lieferanten, welche z.B. bereits einem Assessment unterzogen wurden.

5.12 Streben nach Perfektion

Lean-Prinzip 12
Das Streben nach Perfektion treibt den Motor der Projektinnovation an.

Ausgangspunkt dieses Prinzips ist eine Vision, wie Projektmanagement in einem in der Zukunft liegenden Zeitpunkt funktionieren soll. Ziel ist dabei eine „idealtypische" Vision des Projektmanagements. Die Vision ist maßgeschneidert. Diese beschreibt ein ideales Projektmanagement, welches dem Anspruch der Perfektion genügt:

- Der Projektleiter entspricht ohne Einschränkungen dem Typus des „Projektmanagers als Systemintegrator".
- Jedes Projekt wird auf der Grundlage einer überzeugenden und aussagekräftigen Vision durchgeführt.

- Bereits in der Vorphase wird mittels der Prinzipien des Lean Project Management die Grundlage für ein erfolgreiches Projekt geschaffen.
- Jedes Projekt beginnt mit einer gründlichen Definition des Werts des Projektergebnisses.
- Verschwendung ist aus dem Wertstrom jedes Projekts zu 100 % eliminiert.
- Alle Lieferanten und Partner arbeiten nach den gleichen Lean-Prinzipien wie das projekttragende Unternehmen.
- Das Projektmanagement legt die Methode der Projektdurchführung fest und erreicht eine Erstellung des Projektergebnisses ohne Abweichung vom vereinbarten Termin und ohne Überzug des Projektbudgets.

Niemand wird bestreiten, dass dies eine Idealvorstellung ist, deren Realisierung wir alle nicht erleben werden. Aber möglich ist, kontinuierlich und mit Nachdruck an der Verwirklichung dieser Idealvorstellung zu arbeiten. Aus jedem Projekt lernen Projektleitung und Team. Das Wissen, welches aus diesen Lernprozessen resultiert, darf nicht verloren gehen, sondern ist ständig weiterzuentwickeln. Die Vorstellung von einem perfekten Projekt hilft, die Richtung des Lernens und der ständigen Verbesserung vorzugeben.

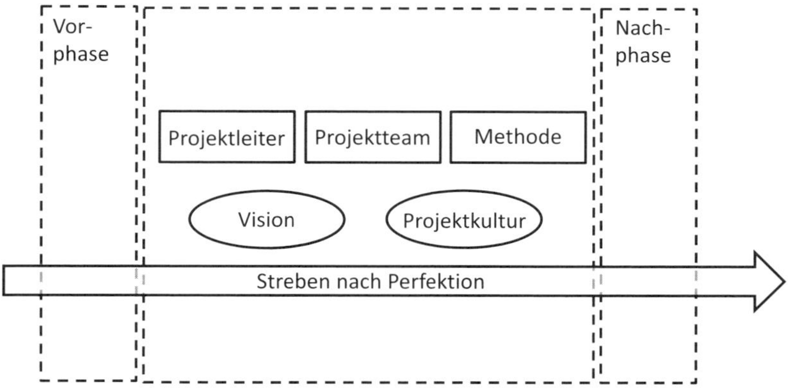

Bild 5.16 Streben nach Perfektion

Wie aus Bild 5.16 hervorgeht, reicht das Prinzip des Strebens nach Perfektion über die eigentliche Phase der Leistungserstellung und sogar über die Vor- und die Nachphase hinaus. Dies bedeutet, dass dieses Lean-Prinzip nur anwendbar ist, wenn Projekte mit einer gewissen Kontinuität, also regelmäßig mit dem gleichen Projektteam und den gleichen Projektleitern in einem stabilen Umfeld, welches nicht durch ständige organisatorische Veränderungen geprägt ist, durchgeführt werden.

Diese Form des Projekts ist vor allem in Unternehmen zu finden, die laufend ähnliche Projekte durchführen (z. B. Entwicklungsbereich in der Automobilindustrie). Hier ist das Projekt oft ein Grundprinzip der Organisation, und es ist eine ausgesprochene „Projektkultur“ vorhanden. Dies ist typisch für technisch orientierte Unternehmen, in welchen Produkte entwickelt werden. Auch Softwareunternehmen pflegen diese Form der Projektorganisation.

Kritischer ist die Anwendbarkeit auf Unternehmen zu sehen, welche reine Projektmanagementaufgaben für Auftraggeber übernehmen. Mehrere Lean-Prinzipien, wie z. B. die Festlegung der Methode der Projektdurchführung oder die Einflussnahme in der Vorlaufphase, sind hier nur schwer anwendbar. Bei „einmaligen“ Projekten, d. h., wenn alle Beteiligten nur in einem bestimmten Projekt zusammenarbeiten und es keine gleichartigen Nachfolgeprojekte gibt, ist ein Teil der Prinzipien nicht anwendbar.

6 Lean Project Management Produkte

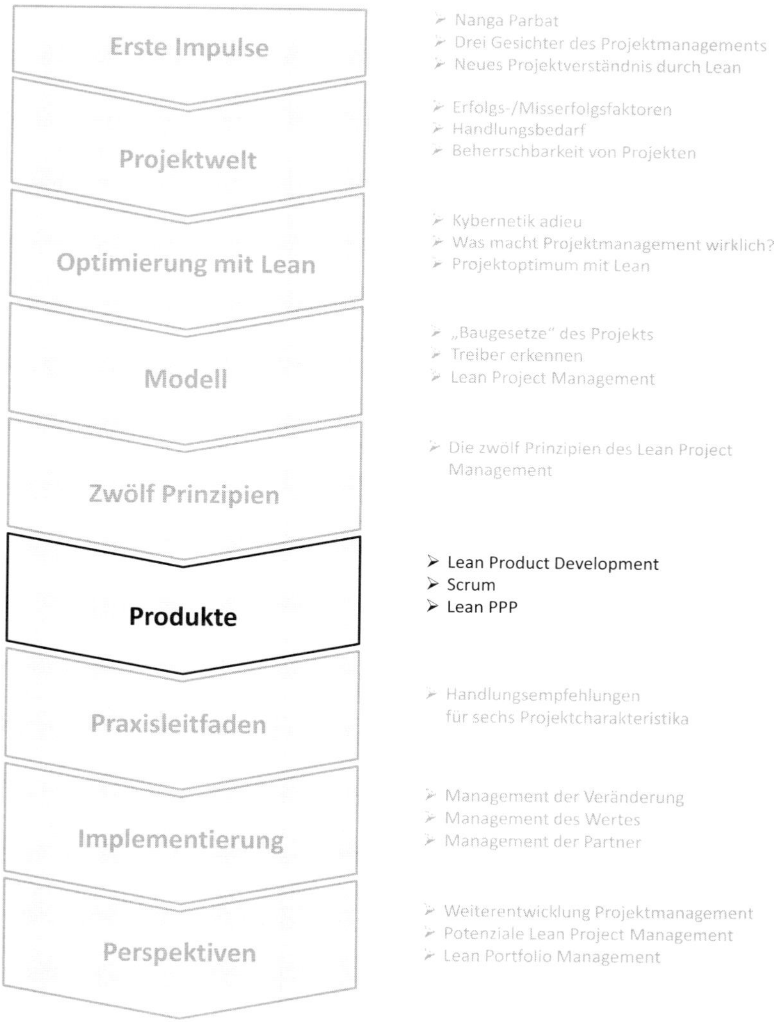

Bild 6.1 Kapitelübersicht

6.1 Lean Product Development: Schlankes Projektmanagement in der Industrie

Nachdem in den vorausgehenden Darstellungen die Konzepte und Prinzipien des Lean Project Management vorgestellt wurden, soll nun näher auf Beispiele des Lean Project Management eingegangen werden. Hierbei werden beispielhaft drei Lean-Project-Management-Konzepte näher beleuchtet:

1. Lean Product Development als Beispiel aus den Entwicklungsbereichen der Industrie,
2. Scrum als Beispiel aus der IT-Entwicklung,
3. Lean PPP als Beispiel aus dem öffentlichen Bereich bzw. der öffentlich-privaten Zusammenarbeit.

In den folgenden Ausführungen wird das Lean Product Development vorgestellt. Hierbei handelt es sich um eine Form des Projektmanagements, welches auf die Entwicklung von Produkten zugeschnitten ist. Diese Form des Projektmanagements wurde in den Grundzügen von Toyota entwickelt und im Laufe der Jahre perfektioniert. Die Grundlage der nachfolgenden Ausführungen sind die Fachbücher von Morgan und Liker (Quelle [7]) sowie von Ward (Quelle [14]). Anhand der im vorhergehenden Kapitel verwendeten Kriterien soll die konkrete Umsetzung der Prinzipien des Lean Project Management beschrieben werden. Eine detaillierte Darstellung ist den genannten Quellen zu entnehmen. In den nachfolgenden Ausführungen soll lediglich die Umsetzung der Lean-Prinzipien veranschaulicht werden.

6.1.1 Integrierte Projektphasen

Die Entwicklung von Produkten in der Organisationsform eines Projekts ist nicht nur in der Automobilindustrie Standard. Auch in vielen anderen Branchen, wie z. B. in der Luft- und Raumfahrt (vgl. [15]) oder im Maschinenbau, wird die Projektorganisation angewendet. Da die Produktentwicklungsteams in diesen Branchen sich im Zeitablauf nur fluktuationsbedingt verändern und die Projekte in einem stabilen organisatorischen Umfeld ablaufen, ist die Integration der Vor- und Nachphase in das Projekt relativ leicht zu erreichen, auch wenn die Praxis in den Unternehmen oft eine andere ist.

Betrachtet man zunächst die Vorphase, so geht es hier im Wesentlichen um die Analyse und Beschreibung der Kundenanforderungen. In der Automobilindustrie wird für einen anonymen Markt entwickelt, sodass die Anforderungen und Wünsche der Kunden im angestrebten Zielsegment als Grundlage für die Produktentwicklung analysiert werden müssen. Hierfür gibt es aus der Marktforschung Instrumente und Methoden, die an dieser Stelle nicht beschrieben werden müssen. Aus der Sicht des Lean Product Development kommt hier jedoch eine Methodik zur Anwendung, die in der japanischen Sprache mit Genchi Genbutsu bezeichnet wird.

> Genchi Genbutsu bedeutet: „Gehe an den Ort des Geschehens, wo das Geschehen entsteht, und versuche nicht, die Lösung aus dem Büro zu erahnen“ (Quelle [4], S. 4).

Da der Wert des zu entwickelnden Produkts für den Kunden im Lean Project Management ein zentrales Element der Gestaltung darstellt, wird auf die Ergründung der Wünsche und Vorstellungen der zukünftigen Kunden großer Wert gelegt. Wie dies in der Praxis funktioniert, kann am besten an einem Beispiel dargestellt werden (vgl. [16], S. 228 ff.).

Als Toyota ein grundlegendes Redesign des Minivans Sienna im Jahr 2004 als Projekt startete, war als einer der wichtigsten Zielmärkte für dieses Fahrzeug Nordamerika vorgesehen. Der Chefingenieur Yuji Yokoya hatte bis zu diesem Projekt wenig Erfahrung mit dem nordamerikanischen Markt. Deshalb unternahm er eine Reise in die USA und fuhr überwiegend das Vorgängermodell des Sienna als Leihwagen. Dabei befuhr er alle US-Bundesstaaten einschließlich Alaska und Hawaii sowie Teile von Kanada und Mexiko. Bei dieser Reise gewann Yokoya wertvolle Erfahrungen über die Straßenverkehrsgegebenheiten und die Gewohnheiten US-amerikanischer Autofahrer, die sich deutlich von denen in Japan unterscheiden. Diese wurden im Produktdesign des Fahrzeuges umgesetzt, was für den Erfolg des Modells mitverantwortlich war.

Auch die Nachphase wird im Lean Product Development für darauffolgende Produktentwicklungsprojekte genutzt. Dies betrifft vor allem das Wissen, welches im Laufe des Projekts gewonnen wurde, aber auch die persönliche Erfahrung der Projektmitarbeiter. Im Lean Product Development wird besonderer Wert auf die Gewinnung und die einfache Verfügbarkeit des Wissens gelegt. Dies kann an einem Beispiel verdeutlicht werden. Bei Toyota wird in der Produktentwicklung das sogenannte Ijiwaru-Prüfen angewendet (vgl. [7], S. 210).

Wenn Komponenten von Lieferanten oder aus der eigenen Produktion geprüft werden, so wird üblicherweise gegen die Spezifikation geprüft. Der Wissenszuwachs ist für das Unternehmen relativ gering, da die Komponente entweder die spezifizierten Werte einhält oder eben nicht. In Unternehmen, welche Lean Product Development anwenden, wird die Komponente über die Spezifikation hinaus so weit getestet, bis diese zerstört ist bzw. eine Fehlfunktion aufweist. Damit können Grenzen ermittelt und somit wertvolles Wissen gewonnen werden.

Ein weiteres Bestandteil der Nachphase von Projekten ist das sogenannte „Hansei“.

> Hansei ist ein japanischer Begriff für Selbstkritik, Selbstprüfung, Nachdenken über sich selbst, Reflexion (vgl. [4], S. 75). In westlichen Unternehmen wird der Abschluss eines Projekts gefeiert und „man klopft sich gegenseitig auf die Schulter". In Unternehmen, welche Lean Product Development realisiert haben, ist es Aufgabe jedes Mitarbeiters, sich selbst die Frage zu stellen, was er möglicherweise nicht gut oder falsch gemacht hat und wie dies in zukünftigen Projekten vermieden werden kann.

Dieser Teil der Lean-Philosophie stößt in den meisten westlichen Unternehmen auf Unverständnis. Es wird gleichgesetzt mit der in Verruf geratenen „öffentlichen Selbstkritik“. Dieses Unverständnis ist ein Unverständnis der Lean-Kultur, die Fehler und Unzulänglichkeiten nicht als etwas Negatives ansieht, sondern als einen Anlass, etwas an sich zu ändern. Im Grunde ist Hansei die Übertragung der Fehlerkultur des Lean Management auf sich selbst. Dies bedeutet nicht, dass Erfolge nicht anerkannt werden und gute Arbeit in der Produktentwicklung schlechtgeredet wird. Was funktioniert hat und was zu einem guten Ergebnis geführt hat, deutet auf beherrschte Prozesse und bewährte Standards hin. Hieran muss nichts geändert werden. Was aber Probleme verursacht hat, muss verbessert werden, und die dahinter liegenden Probleme müssen gelöst werden.

6.1.2 Wert des Projektergebnisses

Im Lean Product Development wird die Vorlaufphase intensiv genutzt, um die Produkteigenschaften aus der Sicht des Kunden und damit den Wert möglichst umfassend zu erkennen. Nur wenn dieser im Verlauf des gesamten Projekts stets präsent ist und bei allen Aktivitäten und in allen Prozessen berücksichtigt wird, kann Verschwendung erkannt und vermieden werden.

Unternehmen nutzen die Instrumente des Marketings, um eine möglichst umfassende und präzise Vorstellung von den Kundenanforderungen zu erhalten. Auch Unternehmen, welche Lean Product Development einsetzen, tun dies. Hier wird allerdings noch ein Schritt weiter gegangen. Wie im vorangegangenen Abschnitt aufgezeigt, wird z.B. mittels Genchi Genbutsu die Möglichkeit genutzt, das Produkt mit den Augen des potenziellen Kunden zu sehen. Der Toyota-Vizepräsident Kousuke Shiramizu erklärt: „Engineers who have never set foot in Beverly Hills have no business designing a Lexus. Nor has anybody who has never experienced driving on the Autobahn firsthand“([7], S. 29).

Konkret wird der Wert des Produkts durch den Projektleiter (den Chefingenieur) repräsentiert.

> Es ist erste Aufgabe des Projektleiters (Chefingenieurs), die „Stimme des Kunden“ im Projekt zu vertreten. Darüber hinaus gibt es ein Dokument, das Konzeptpapier, welches knapp (maximal 25 Seiten) und präzise die Vision des zu entwickelnden Produkts beschreibt. Hierzu gehören quantitative und qualitative Daten, wie Charakteristik, Leistungsdaten, Kosten, Qualität. Dieses Papier wird in einem aufwendigen Prozess im Unternehmen erstellt und vom Topmanagement genehmigt. ■

In den darauffolgenden Schritten wird dieses Konzeptpapier insoweit operationalisiert, als konkrete Ziele und Leistungsdaten für die einzelnen Bestandteile des Produkts definiert werden. In einem weiteren Schritt werden die Vorgaben für die Produktbestandteile in die einzelnen Module und Komponenten differenziert, sodass die Produktvision des Konzeptpapiers bis in alle Bauteile des Produkts übertragen ist und somit detaillierte und operationale Vorgaben bestehen. Auf diese Weise entstehen am Kundennutzen orientierte Wertziele, die eine Unterscheidung von Wert und Verschwendung im Projekt ermöglichen.

Eine produktorientierte Definition des Werts ist: „Any Activity or task is value-added if it transforms a new product design (or the essential deliverables needed to produce it) in such a way that the customer is both aware of it and willing to pay for it" (Quelle [32], S. 22).

6.1.3 Konzeption des Wertstroms

Die Konzeption des Wertstroms im Lean Product Development ist durch aufeinander abgestimmte Charakteristiken gekennzeichnet (vgl. [7], S. 82 ff.). Eine wesentliche Charakteristik ist die Methode der Durchführung der Produktentwicklung. Entscheidend ist hierbei das sogenannte Front-Loading, welches von der „klassischen" V-Modell-Variante der Produktentwicklung erheblich abweicht. Kernpunkt beim Front-Loading ist die detaillierte Analyse der technischen Alternativen für die Realisierung von Funktionalitäten gleich am Anfang der Produktentwicklung. Damit wird ein Großteil der Varianz in der Produktentwicklung aus den späteren Phasen ausgeschlossen.

Der Projektplan für die Produktentwicklung folgt einer Prozesslogik, welche einerseits auf die Synchronisierung der jeweiligen Aufgaben und andererseits auf die wesentlichen Meilensteine und Aktivitäten ausgerichtet ist. Damit wird z. B. erreicht, dass ein typischerweise auftretendes Problem nicht mehr auftritt: Bereits durchgeführte Arbeiten der Produktionsingenieure werden obsolet, da diese auf der Basis unsicherer Konstruktionsdaten beruhten. Der Projektplan ist keineswegs detailliert, sondern umfasst nur die wesentlichen Eckpunkte, die für eine Synchronisierung der Aktivitäten erforderlich sind. Die Planung ist deshalb eher „grob", was jedoch den kreativen Prozessen der Produktentwicklung eher angemessen erscheint (siehe auch [15], wo es um die Entwicklung von Verkehrsflugzeugen geht).

Eine weitere Charteristik ist die Ausgeglichenheit der Ressourceninanspruchnahme. In Abschnitt 6.1.10 wird hierauf näher eingegangen. Im Hinblick auf sich ständig und schnell verändernde Marktgegebenheiten ist dies zweifellos eine Herausforderung. Die Lösung dieses Problems in einer Multiprojektumgebung, wie z. B. bei Toyota, scheint dies zusätzlich zu erschweren. Die Lösung liegt in einem auf die Kapazität abgestimmten Produktzyklusplan unter Berücksichtigung von Redesignprojekten und dem Einsatz flexibler Kapazitäten. Dies wird durch die Integration der Lieferanten in die Produktentwicklung (vgl. folgenden Abschnitt) und die Nutzung der Kapazität von externen Unternehmen, die regelmäßig mit dem Hersteller zusammenarbeiten, erreicht.

Die Kontinuität und Synchronisierung der Aktivitäten in der Produktentwicklung durch die aufeinanderfolgenden Phasen wird durch Simultaningenieure sichergestellt. Diese sind für eine spezifische Komponente verantwortlich und begleiten sie durch den gesamten Entwicklungsprozess. Dies hat den Vorteil, dass das typische Phänomen des

„Über-den-Zaun-Werfens“ einer Aufgabe zur nächsten Abteilung nicht mehr auftritt. Außerdem verkürzt dies die Vorbereitungszeit der Ingenieure, welche den nächsten Entwicklungsabschnitt übernehmen.

Eine weitere Charakteristik des Lean Product Development ist die Standardisierung. Diese betrifft drei Kategorien.

Standardisierung im Lean Product Development

- Standardisierung in der Konstruktion: Einsatz standardisierter Komponenten über verschiedene Produktmodelle hinweg und Nutzung gemeinsamer Plattformen für die Produkttypen.
- Standardisierung von Prozessen: Standardisierung von wiederkehrenden Aufgaben, Arbeitsanweisungen und der Abfolge der Aufgaben in den Prozessen.
- Standardisierung der Leistungen und Fähigkeiten der Ingenieure und Techniker: Auswahl und Schulung der Fachkräfte entsprechend den Unternehmensstandards und unter Berücksichtigung der Projekt- bzw. Unternehmenskultur.

Das benötigte Wissen zur Durchführung der anstehenden Aufgabe wird nach dem Pull-Prinzip verfügbar gemacht. Anstatt die Entwicklungsteammitglieder mit Informationen zu überfluten, ist es Aufgabe der Mitarbeiter, sich das notwendige Wissen zu beschaffen. Dies ist allerdings nur in einer Lean-Kultur möglich, in welcher Wissen nicht als persönliches oder abteilungsbezogenes „Eigentum“ betrachtet wird.

6.1.4 Lieferantenintegration

Als sich die Erkenntnis durchgesetzt hat, dass Supply Chain Management mehr als ein Schlagwort ist, und sich in den Unternehmen herausstellte, dass alle Bemühungen zur Steigerung der Effizienz und der Senkung der Kosten innerhalb der Grenzen des Unternehmens nur eine limitierte Ausschöpfung der tatsächlich vorhandenen Potenziale ermöglichen, wurde deutlich, dass die Wertschöpfungskette bis in die Betriebe der Lieferanten im Rahmen eines holistischen Managements ausgedehnt werden musste. Heute ist Supply Chain Management bei der überwiegenden Zahl der produzierenden Unternehmen Standard.

Parallel zu dieser Entwicklung haben die herstellenden Unternehmen einen Großteil der Dienstleistungen und der Produktion von Teilen und Komponenten einem Outsourcing unterzogen. Lieferanten sind für die jeweilige Aufgabe der Erbringung einer Dienstleistung, wie z. B. den Transport und weitere logistische Aufgaben, oder der Herstellung von Teilen für das Endprodukt spezialisiert und konnten bzw. können diese Aufgaben zu geringeren Kosten erfüllen als das Unternehmen, welches die Endprodukte herstellt. Übernimmt ein Lieferant die Produktion eines mehr oder weniger komplexen Bestandteils eines Endprodukts, so ergibt sich zwangsläufig eine engere Verzahnung der Produktentwicklung zwischen dem Endprodukthersteller und dem Lieferanten.

Die „klassische" Vorgehensweise bei diesen Projekten sind die Erstellung einer Spezifikation, die Herausgabe von Ausschreibungen und die Auswahl des am besten geeigneten (oft des kostengünstigsten) Lieferanten. Diese Vorgehensweise hat jedoch einen entscheidenden Nachteil. Wenn die strategischen und innovativen Fähigkeiten des potenziellen Lieferanten für die Entwicklung des Endprodukts genutzt werden sollen, ist die „klassische" Vorgehensweise hierfür nicht geeignet. Deshalb wird hier eine Partnerschaft angestrebt (volle aktive Zusammenarbeit, vgl. Kapitel 5.6). Die entscheidende Frage ist hier: Wie kann erreicht werden, dass der Lieferant die gleiche Lean-Philosophie mit den vorgestellten Prinzipien in Kapitel 5 übernimmt und somit als integraler Bestandteil der Wertschöpfungskette zum Produkterfolg am Markt mit beiträgt?

Im Lean Product Development werden, je nach betrachtetem Unternehmen, erprobte und teils sehr differenzierte Instrumente und Methoden eingesetzt, um eine Übereinstimmung des Wertverständnisses und der Lean-Kultur zwischen dem Herstellerunternehmen und den Lieferanten zu erreichen. Als Beispiel hierfür kann die Art und Weise des Lieferantenmanagements in Japan herangezogen werden. Zunächst soll hierfür das sogenannte Keiretsu, die Lieferantenpyramide, vorgestellt werden. In Bild 6.2 sind die verschiedenen Ebenen dargestellt.

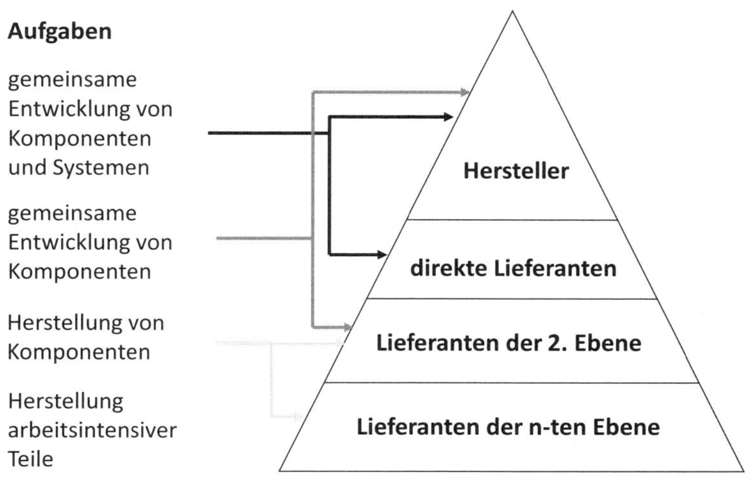

Bild 6.2 Keiretsu – Lieferantenpyramide

Aus der Abbildung ist zu entnehmen, dass zusammen mit den direkten Lieferanten, die heute zu über 70 % der Wertschöpfung eines Fahrzeuges beitragen, Systeme und Komponenten entwickelt werden. Aber auch mit den Lieferanten der zweiten Ebene werden zum Teil gemeinsam Komponenten entwickelt. Die Zusammenarbeit im Rahmen der Produktentwicklung wird mittels folgender Instrumente und Methoden gesteuert (vgl. [17]).

Für die Zusammenarbeit mit dem Lieferanten in der Produktentwicklung wird zunächst ein Verständnis für die Arbeitsweise entwickelt. Das Prinzip Gemba wird auch hier praktiziert. Es erfolgen Besuche des Lieferanten, um die Produktionsrandbedingungen zu erkennen. Darüber hinaus werden Ingenieure zwischen Lieferant und Hersteller ausgetauscht. Dies bedeutet, dass Ingenieure von Toyota mehrere Jahre bei Lieferanten, wie z.B. Denso, arbeiten, um diese Unternehmen besser kennenzulernen. Dies fördert die Zusammenarbeit ganz erheblich. Genauso werden Ingenieure des Lieferanten in die Fabriken des Herstellers entsendet. Ein weiterer wichtiger Grundsatz der Zusammenarbeit ist das Bekenntnis zur Prosperität. Das bei vielen Einkäufern beliebte „Spiel der Squeeze-Strategie" im Umgang mit Lieferanten ist ausdrücklich aus der Zusammenarbeit verbannt.

Wettbewerb zwischen Lieferanten ist im Lean Product Development keineswegs ausgeschlossen. In der Regel werden zwei oder drei Lieferanten für eine Komponente unter Vertrag genommen. Mit diesen Lieferanten werden gemeinsame Projekte durchgeführt, welche das Ziel des Wissenstransfers zum Gegenstand haben. Allerdings verlieren die Hersteller dabei nie die Kontrolle über das Kernwissen und übertragen nie die volle Verantwortlichkeit für Kernbereiche.

Die Lieferanten werden vom Hersteller überwacht. Die Lieferanten werden sofort und häufig über die Zufriedenheit mit den Leistungen informiert. Dies geschieht nach den Prinzipien des Lean Management in einfacher und übersichtlicher Form. Eine „Qualitätsbürokratie", wie diese in vielen Unternehmen etabliert ist, wird nicht gepflegt.

Die Lieferanten werden im Lean Product Development als Partner betrachtet, deren technische Fähigkeiten zu entwickeln sind. Damit wird die langfristige Perspektive deutlich. Ein Lieferant, der sich als zuverlässiger Partner erwiesen hat, wird vom Hersteller gefördert. Zum Beispiel wird dieser in der Fähigkeit unterstützt, Probleme zu lösen. Hierfür stehen im Lean Management umfangreiche Methoden zur Verfügung, die vom Herstellerunternehmen beherrscht werden. Dem Lieferanten dieses Know-how zu vermitteln und damit langfristig dessen Effizienz zu steigern, ist ein wesentliches Ziel der Zusammenarbeit.

Der Informationsaustausch ist gerade in der Produktentwicklung von elementarer Bedeutung. Eine überbordende Bürokratie der Informationsverwaltung, endlose Meetings und überflüssige Reviews haben im Lean Product Development keinen Platz. Für Meetings gibt es festgelegte Zeitpunkte und Orte sowie eine Agenda. Für Informationen, die gemeinsam genutzt werden, gibt es klar definierte und festgelegte Formate. Für die Gewinnung von Daten gibt es Vorgaben, welche die erforderliche Genauigkeit bestimmen.

Da Lean Management die ständige Verbesserung verlangt, gibt es in der Zusammenarbeit Aktivitäten zur Durchführung von Kaizen-Projekten (Projekte zur Verbesserung von Prozessen). Darüber hinaus erfolgt ein Informationsaustausch mit dem Lieferanten über Best Practices für Aufgaben und Routinen.

Grenzen dieser sehr intensiven Zusammenarbeit mit den Lieferanten in der Produktentwicklung sind dort zu finden, wo es sich um weitgehend standardisierte Teile des Endprodukts oder Teile mit geringem Wertschöpfungsanteil handelt. Außerdem wird die Frage der Zusammenarbeit in der Produktentwicklung auch von der Bedeutung des Herstellers für den Lieferanten bestimmt. Ist der Hersteller beim Lieferanten ein Kunde mit geringem Umsatzanteil, wird sich die Bereitschaft zur Zusammenarbeit in Grenzen halten.

6.1.5 Funktion der Projektleitung

Im Lean Product Development wird der Projektmanager als Systemintegrator bevorzugt. Konkret ist dies am Beispiel der Firma Toyota der Chefingenieur. Dieser hat nach „konventionellen" Vorstellungen wenig „Macht". Die Anzahl der Mitarbeiter, für welche er personalverantwortlich ist, ist überschaubar. Lediglich ein kleines Team widmet sich der Aufgabe des Projektmanagements. Die Ingenieure werden von den Fachabteilungen in das Produktentwicklungsteam entsandt. Personalverantwortlich bleibt der Linienmanager.

Dennoch ist der Chefingenieur eine ausgesprochen einflussreiche Führungspersönlichkeit. Dies wird nicht durch „formale Macht" erreicht, sondern auf der einen Seite durch die Kompetenz. Es ist vor allem der persönliche Einfluss, der den Chefingenieur durchsetzungsstark erscheinen lässt. Auf der anderen Seite sind es dessen technische Kompetenz und die Autorität über Produktentscheidungen. Grundlage der Produktentwicklung ist ein sogenanntes Konzeptpapier. Dieses ist die Voraussetzung für die Arbeit des Chefingenieurs und des Entwicklungsteams.

In diesem Prozess ist es Aufgabe des Chefingenieurs, die besten Ideen des Entwicklungsteams voranzubringen, eine überzeugende und emotionale Vision des Produkts zu entwickeln und flexible Teamprozesse zu ermöglichen. Im Detail hat der Chefingenieur folgende Aufgaben bzw. Verantwortungsbereiche:

- Vertretung der Stimme der Kunden,
- Definition des Werts des Produkts für die Kunden,
- Erstellung des Produktkonzepts,
- Festlegung der Programmziele,
- Produktarchitektur,
- Produktleistungsfähigkeit,
- Produktcharakteristik,
- Produktziele,
- Vision für alle funktionalen Teams,
- Wertziele,
- Produktplanung,
- Leistungsziele,
- Projektzeitplan.

Der Chefingenieur hat das letzte Wort bei technischen Entscheidungen (die Zustimmung des Topmanagements bei wichtigen Entscheidungen vorausgesetzt).

Die Aufbauorganisation bei Toyota entspricht der einer typischen Matrixorganisation, die auf den ersten Blick wenig „lean“ erscheint. Der Leser kennt die Probleme jeder Matrixorganisation, die immer wieder zu Konflikten an den Schnittstellen zwischen Funktions- und operativer Linienabteilung auf der einen Seite und der Projektleitung auf der anderen Seite führen. Bei kritischer Betrachtung würde genau hier der Einfluss des Chefingenieurs an dessen Grenzen stoßen. Dass dies im Lean Product Development nicht in ausgeprägter Form auftritt, ist der Lean-Kultur und dem Zielbildungsprozess im Lean Management geschuldet. Die Zielbildung erfolgt in Lean-Unternehmen entsprechend dem sogenannten Hoshin Kanri (Policy Deployment), das weitgehend Zielkonflikte zwischen Abteilungen und Programm- bzw. Projektfunktionen ausgleicht bzw. auflöst. Die Lean-Kultur unterstützt den Chefingenieur durch die konsequente Ausrichtung aller Aufgaben an dem Wert des Produkts für den Kunden.

Zusammenfassend betrachtet hat der Projektleiter im Lean Product Development eine Aufgabe mit weitreichender Verantwortung und einem umfassenden Aufgabenspektrum. Andererseits ermöglicht das Umfeld (Unternehmenskultur, Ablauforganisation) eine Konzentration auf die eigentliche Aufgabe, nämlich die Produktentwicklung und nicht die Lösung von Konflikten zwischen Zuständigkeiten. ■

6.1.6 Methode der Projektdurchführung

Lean Product Development verwendet eine Methodik der Produktentwicklung, die gravierend von der in den meisten Unternehmen genutzten Methodik abweicht. Das häufig eingesetzte Wasserfallmodell, oft auch V-Modell genannt, wird in der einen oder anderen Variante zur Entwicklung von Produkten wie Straßenfahrzeugen oder Verkehrsflugzeugen, aber auch in der Softwareentwicklung eingesetzt. Das Grundprinzip ist in Bild 6.3 dargestellt.

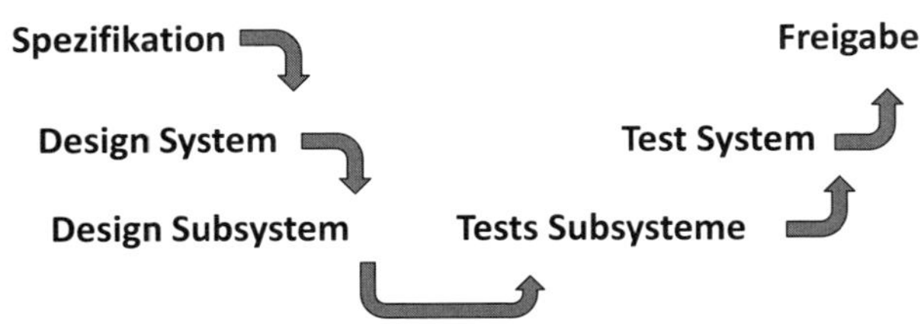

Bild 6.3 Wasserfallmodell der Produktentwicklung

Lean Product Development kann durch zwei Begriffe gekennzeichnet werden. Das sogenannte „Front-Loading“ der Produktentwicklung und das „Set-Based Concurrent Engineering“. Im Rahmen der folgenden Ausführungen kann keine ausführliche Beschreibung dieser Methode erfolgen. Hier wird auf die entsprechende Fachliteratur verwiesen (z.B. [7]). Allerdings ist eine Vorstellung der Grundprinzipien möglich, welche dem Leser einen Überblick über die wesentlichen Eigenschaften gibt.

In der Praxis der Produktentwicklung sind Zeit- und Budgetüberzüge häufig zu beobachten. Fragen wir nach den Ursachen, so sind drei Fakten in Betracht zu ziehen:

- Eine falsche Entscheidung in einer frühen Phase eines Entwicklungsprojekts hat negativen Einfluss auf die Kosten und den Zeitplan. Diese triviale Erkenntnis ist jedem Produktentwickler bekannt. Es kommt aber nicht auf dieses Faktum an, sondern darauf, welche Maßnahmen oder Methoden genau dies verhindern können.
- Kreative Prozesse genau planen zu wollen, muss schon im Ansatz scheitern. Kann man eine Erfindung planen? Lassen sich die guten Ideen von erfindungsreichen Ingenieuren im Voraus abschätzen? Je innovativer das zu entwickelnde Produkt ist, desto schwieriger wird jede exakte Planung über Zeit und Kosten.
- Die Interdependenz technischer Optionen führt zu Iterationsschleifen, deren Anzahl und Zeitrahmen sich nicht exakt planen lässt. Je komplexer das zu entwickelnde Produkt, desto mehr Interdependenzen gibt es und desto schwieriger ist die Aufwandsschätzung hierfür.

Die Methode des Front-Loading ist kein Allheilmittel und kann nicht alle aufgezeigten Probleme lösen. Jedoch werden diese Probleme in der negativen Konsequenz auf das Projektergebnis erheblich entschärft. Damit wird viel Verschwendung und Konfliktstoff aus dem Projekt eliminiert.

Die erste Projektphase ist aufgrund des genannten Problems ganz entscheidend für den Erfolg. Deshalb wird im Lean Product Development Abstand von jeder vorschnellen Entscheidung genommen. Die typische Aussage zu Beginn einer Produktentwicklung „Da habe ich schon eine gute Lösung und mit der können wir sofort den nächsten Schritt beginnen“ wird nicht akzeptiert. Demgegenüber sollen alle kritischen Details von Entwicklungsoptionen analysiert und Probleme erkannt werden. Außerdem sind Erfahrungen aus früheren Projekten einzubringen. Ein weiterer wichtiger Aspekt ist es, die besten Ingenieure des Unternehmens mit dieser Aufgabe zu betrauen. In einer großen Zahl von Projekten werden diese erfahrenen Fachkräfte erst in einer Phase eingesetzt, in welcher es bereits „lichterloh brennt“.

Im Set-Based Concurrent Engineering erfolgt eine konkurrierende Entwicklung von Design- und Technologiealternativen. Nach der Analyse und Bewertung der Alternativen wird auf der Grundlage der Anforderungen der Technikbereiche des Unternehmens die beste Alternative ausgewählt. Die Identifizierung der Machbarkeit erfolgt hierbei aus funktionaler Sicht. Als Instrument werden in diesem Zusammenhang Trade-off-Kurven genutzt, auf die im nachfolgenden Kapitel zur Visualisierung eingegangen wird.

Das Set-Based Concurrent Engineering läuft in folgenden Phasen ab:

1. Zerlegung des geplanten Systems in Subsysteme, Komponenten und Teile,
2. Identifizierung von Zielen für das System und die Subsysteme,
3. Entwicklung von alternativen Konzepten für das System und jedes Subsystem (einschließlich Produkt- und Produktionssystem),

4. Herausfilterung der besten Konzepte durch intensive Bewertung (Identifizierung von Ausfallbedingungen, Eliminierung von Konzepten, die nicht zueinanderpassen, nicht den Kundenbedürfnissen entsprechen und nicht wettbewerbsfähig sind),
5. Dokumentation der Ausfallbedingungen in Trade-off-Kurven als Wissensbasis (Trade-off-Kurven: Beschreibung der Leistungsgrenzen im Rahmen eines vorgegebenen Entwicklungsansatzes).

Bild 6.4 zeigt den Vergleich der konventionellen Entwicklung mittels des Wasserfallmodells mit dem Set-Based Concurrent Engineering. Darin wird deutlich, dass die Kosten der Entwicklung verschiedener Alternativen im Zeitablauf zunehmen. Da jedoch im Set-Based Concurrent Engineering gleich zu Beginn eine hohe Anzahl Alternativen auf Brauchbarkeit im Sinne der Entwicklungsziele untersucht wird, sind die Kosten insgesamt relativ gering. Besonders zu beachten ist die Ressourceninanspruchnahme. Diese ist zu Beginn des Set-Based Concurrent Engineering relativ hoch und nimmt mit dem Projektfortschritt (vor allem in der Endphase) ab.

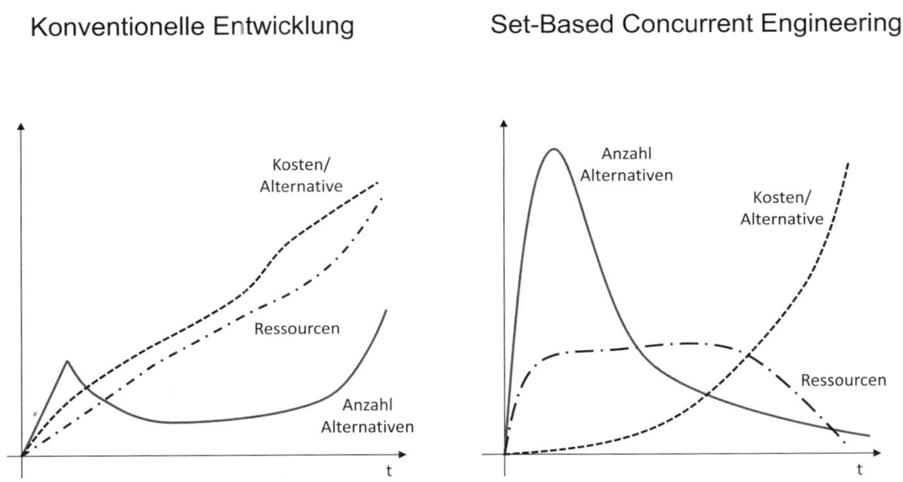

Bild 6.4 Vergleich konventionelle Entwicklung und Set-Based Concurrent Engineering (in Anlehnung an [14], S. 134)

Im zweiten und dritten genannten Punkt wird das Problem der Planungsgenauigkeit bzw. der erforderlichen Iterationsschleifen angesprochen. Ein plastisches Beispiel hierzu ist in der Quelle [18] zu finden. Es handelt sich um ein Beispiel aus der Luftfahrtindustrie bzw. der Entwicklung eines Verkehrsflugzeuges. Bei einem Verkehrsflugzeug, welches aus rund vier Millionen Teilen besteht, ist der Produktentwicklungsprozess im Vergleich zu vielen anderen Projekten äußerst komplex. Eine bis auf das Einzelteil genaue zeitliche Planung der Produktentwicklung und eine auch nur annähernd genaue Abschätzung der Iterationsschleifen stoßen hier an Grenzen. Deshalb wird im Lean Product Development eine vergleichsweise „grobe" Planung durchgeführt, welche durch eine überschaubare Anzahl von Meilensteinen gekennzeichnet ist.

6.1.7 Projektvision

Durch das Gemba-Prinzip (gehe zum Ort des Geschehens) wird die Grundlage für eine überzeugende Vision gelegt. Die gesamte Projektentwicklung basiert auf der Vision, der damit eine entscheidende Rolle im Rahmen des Lean Product Development zukommt.

Aus der Sicht eines sachlich und nüchtern denkenden westlichen Ingenieurs mag die Vision entbehrlich sein und der japanischen Kultur zugerechnet werden. Betrachten wir jedoch das Beispiel Nanga Parbat am Anfang dieses Fachbuches, wird deutlich, dass eine starke emotionale Vision sowohl der Auslöser als auch der Motivator und Motor eines Projekts ist. Dies hat nichts mit dem kulturellen Hintergrund des Projektteams und des Projektleiters zu tun, sondern mit der Einstellung gegenüber einer Aufgabe. Im Lean Product Development ist die Vision deshalb ein zentrales Element, ohne das die gestellte Aufgabe nicht befriedigend erfüllt werden kann.

6.1.8 Projektkultur

Die Projektkultur im Lean Product Development hat sich aus dem Lean Management der Produktion entwickelt. Lean Management hat in der Produktion zu beachtlichen Erfolgen bei der Steigerung der Effizienz und der Reduzierung der Kosten geführt. Deshalb war es eine „natürliche“ Folge, dass die Prinzipien in die Produktentwicklung übernommen wurden. Da die Lean-Kultur in den entsprechenden Unternehmen ohnehin verankert war, ergaben sich auch keine Probleme, die Produktentwicklung ebenso „schlank“ zu gestalten wie die Produktion.

Die Lean-Konzepte Gemba (gehe an den Ort des Geschehens) und Hansei (Selbstreflexion) sind tägliche Praxis in Lean-Unternehmen und integraler Bestandteil der Unternehmenskultur. Insofern ist es aus der Sicht eines Unternehmens, welches bereits Lean Management realisiert hat, keine Aufgabe, die Mitarbeiter in der Produktentwicklung auf die Lean-Kultur „einzuschwören“. Es ist lediglich eine Frage der Anpassung der Lean-Prinzipien an die Besonderheiten der Produktentwicklung.

Für ein Unternehmen, für welches Lean Management ein Novum ist, bedeutet die Veränderung der Unternehmenskultur eine Aufgabe, an welcher der überwiegende Teil scheitert. Eine Kulturveränderung kann nicht allein durch Schulung der Mitarbeiter und die Einführung der Methoden und Instrumente des Lean Management erreicht werden. Es ist eine Frage der inneren Einstellung gegenüber und des Erkennens von Verschwendung, Fehlern und persönlichen Unzulänglichkeiten.

6.1.9 Visual Management

Der Erfolg der Produktentwicklung hängt, neben vielen anderen Faktoren, auch von der Art und Form der Weitergabe von Informationen ab. Gerade in der ersten Phase des Set-Based Concurrent Engineering ist ein Informationsaustausch über die Ergebnisse der Prüfung der Entwicklungsalternativen essenziell notwendig. Im Lean Product Development erfolgt diese Weitergabe von Informationen nach dem Prinzip des Visual Management.

Danach sollen Informationen auf das Wesentliche konzentriert werden, sodass die entscheidenden Informationsinhalte schnell und ohne „Zeitverschwendung" erkannt werden. Außerdem sollen Informationen auf den Adressaten zugeschnitten sein. Dieser soll nur die Informationen erhalten, die er auch für die konkret zu bewältigende Aufgabe benötigt.

Drei Beispiele sollen dies demonstrieren. Das bereits erwähnte Konzeptpapier, welches die Grundlage für die gesamte Produktentwicklung darstellt, besteht aus 15 bis 25 Seiten und ist mit Tabellen, grafischen Darstellungen und Skizzen versehen. Damit kann sich jeder am Projekt beteiligte Mitarbeiter innerhalb kurzer Zeit über die wesentlichen Eckpunkte des Projekts informieren.

Ein weiteres Beispiel ist der A3-Report. Dieser ist ein Instrument zur Problemlösung, der im Format DIN A3 erstellt wird. Das Format zwingt den bzw. die Verfasser, die Sache „auf den Punkt" zu bringen. Die Entscheider werden damit in die Lage versetzt, durch das Lesen eines einzigen Blatt Papiers eine zielführende und gut begründete Entscheidung zu treffen. Der A3-Report enthält folgende Punkte (für mehr Details siehe [4], S. 55):

- Darstellung des Problems: In einem oder zwei Sätzen wird das Problem vorgestellt. Daten und Fakten werden in grafischer Form dargestellt.
- Ausgangssituation: Darstellung der Ist-Situation auf der Basis einer Analyse am Ort des Geschehens (Prinzip Gemba), hinterlegt mit quantitativen Daten und/oder Zeichnungen.
- Zielzustand: Darstellung, wie die Situation nach Lösung des Problems aussehen soll, eine möglichst präzise Ausführung, ergänzt durch Kennzahlen ist hier erforderlich.
- Analyse der Ursachen des Problems: Analyse von Ursachen und Wirkungen.
- Lösung des Problems: Beschreibung der erarbeiteten Maßnahmen nach der Frist, den Verantwortlichen und der Zeit für die Durchführung.
- Kosten-Nutzen-Betrachtung: Vergleich der Maßnahmen nach entstehenden Kosten und den erzielbaren Nutzen entweder quantitativ (z. B. Kostenreduzierung) oder qualitativ (z. B. Kundenzufriedenheit).
- Ergebnisse der Maßnahmen: Darstellung anhand der festgelegten Ergebniskennzahlen.

Mittels des A3-Reports wird der Problemlösungsprozess strukturiert, standardisiert und die enthaltene Information in übersichtlicher Form an den Adressaten weitergeleitet.

Ein drittes Beispiel für das Visual Management sind die sogenannten Trade-off-Kurven. Trade-off-Kurven zeigen die Grenzen einer ausgewählten Technologie auf. Diese repräsentieren Daten in visueller Form und stellen den Transfer in brauchbares Wissen dar. Die Dokumentation dieser Erkenntnisse erfolgt ebenfalls im DIN-A3-Format. Der entsprechende Bericht enthält:

- Abbildung des Teils oder des Prozesses,
- Aussage über die Fehlerbedingung, die betrachtet wird,
- Analyse der Ursachen des Ausfalls,
- potenzielle Gegenmaßnahmen,
- Kurve, welche die Bedingungen des Ausfalls dokumentiert.

In Bild 6.5 ist eine Trade-off-Kurve dargestellt. Diese ermöglicht eine schnelle Erfassung des Zusammenhangs und die Auswahl einer für das zu entwickelnde Produkt passenden Alternative.

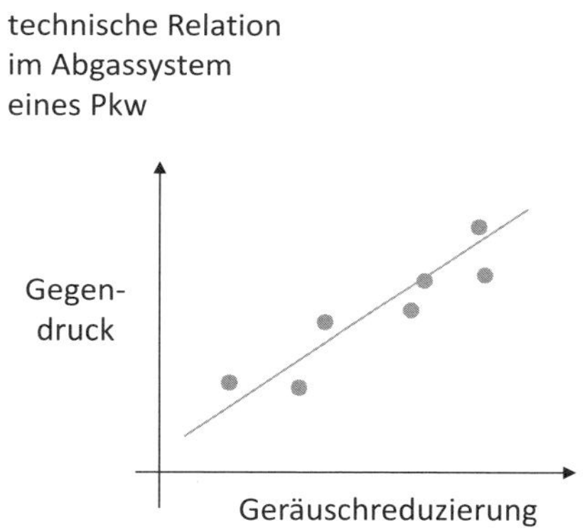

Bild 6.5 Beispiel Trade-off-Kurve (nach Quelle [7], S. 284)

6.1.10 Ausgeglichenheit der Ressourceninanspruchnahme

Die Unausgeglichenheit der Ressourcenbeanspruchung (japanisch Mura) und die Überlastung von Mitarbeitern (japanisch Muri) sind nicht nur in der Produktion ein Problem, welches zu hohen Kosten und ineffizienten Prozessen führt. Auch die Produktentwicklung ist hiervon betroffen. Allerdings sind diese Probleme in der Produktentwicklung weniger sichtbar als in der Produktion. Dort entstehen Lagerbestände und Wartezeiten.

Im Lean Product Development wird eine Reihe von Instrumenten und Methoden verwendet, um die Ausgeglichenheit der Ressourcen zu erreichen. Zunächst wird die Konzeptionsphase genutzt, um so viele Probleme wie möglich zu erkennen und frühzeitig zu lösen. Damit wird ein Großteil der Ursachen von Verzögerungen bereits in der ersten Projektphase gelöst.

Die Projektplanung gibt den Prozessablauf und die Projektmeilensteine vor. Hierbei handelt es sich nicht um den in den meisten Projekten sehr umfangreichen Projektstrukturplan, sondern, wie bereits im Visual Management vorgestellt, um ein Papier von weniger als 200 Seiten, welches auf der obersten Strukturierungsebene den Produktablauf vorgibt. Ziel dieses Projektplans ist es nicht, die Inhalte der Arbeitsschritte vorzugeben, sondern eine Struktur zu erstellen, die eine Koordinierung der Arbeiten aller Beteiligten ermöglicht. Dadurch wird vermieden, dass z. B. die Entwicklungen der Produktionsingenieure durch spätere Änderungen der Konstruktionsingenieure obsolet werden. Der genannte Projektplan ermöglicht eine Steuerung des Projekts und dient als Frühwarnsystem, falls die Termine für Meilensteine nicht eingehalten werden.

Im Lean Product Development wird außerdem auf zwei Wegen die gleichmäßige Auslastung der Ressourcen erreicht. Zum einen werden flexible Ressourcen eingesetzt. Hier sind vor allem die Systemlieferanten zu nennen, deren Entwicklungskapazität in den Gesamtplan mit eingeht. Zum anderen wird über das gesamte Produktprogramm hinweg die Kapazitätsauslastung der Produktentwicklung optimiert. Zu berücksichtigen ist, dass es z. B. Produktneuentwicklungen, Verbesserungen bereits in der Vermarktung befindlicher Produkte und Redesign- sowie Upgrade-Entwicklungen gibt. Die Gestaltung des Mix der genannten Projekte erfolgt unter Berücksichtigung der vorhandenen Kapazitäten.

Checklisten und Standards für wiederkehrende Prozesse sind ein weiteres Instrument zur Erreichung einer ausgeglichenen Ressourcenbeanspruchung. Im Rahmen der kontinuierlichen Verbesserung werden diese Instrumente laufend verbessert und an sich verändernde technische Anforderungen angepasst.

Eine weitere Charakteristik ist die Unternehmens- bzw. Projektkultur. Probleme werden nie „über den Zaun geworfen“, d. h. an eine andere Abteilung oder Funktion delegiert. Auch werden Informationen nicht einfach unkommentiert und ungefiltert an den nächsten Prozessschritt weitergegeben. Information wird nach dem Pull-Prinzip weitergereicht. Wer Informationen für den aktuellen Arbeitsschritt benötigt, holt diese vom Wissensträger bzw. der das Wissen verwaltenden Abteilung.

6.1.11 Bedarfsgerechte Erstellung der Leistungen

Das Pull-System bei der Informationsweitergabe ist eine Methode, um die Überlastung von Mitarbeitern durch ungefilterte und massenweise Informationsweitergabe zu verhindern. Dies gilt auch für die Erstellung von Entwicklungsleistungen. Im Lean Product Development wird dem Prinzip der bedarfsgerechten Leistungserstellung Rechnung getragen, indem bereits im Projektplan die Notwendigkeit der zeitlichen Verfügbarkeit berücksichtigt wird.

6.1.12 Streben nach Perfektion

Das Streben nach Perfektion wird durch zwei „Motoren“ vorangetrieben. Auf der einen Seite das Lernen und das Generieren und Nutzen von Wissen, auf der anderen Seite die kontinuierliche Verbesserung. Beide Faktoren zusammen bilden eine wissensbasierte Organisation, in welcher „das Rad nicht zum zweiten Mal erfunden wird“.

Zunächst soll auf das Thema Wissen eingegangen werden. Dieses wird im Projektmanagement durch vielfältige Quellen gewonnen. Hierzu folgende Beispiele (vgl. [7], S. 206 f.):

- Präsentationen neuer Technologien durch Systemlieferanten,
- Zerlegung von Fahrzeugen von Wettbewerbern,
- Erstellung und Fortschreibung von Checklisten und Qualitätsmatrizen,
- Lernen aus Problemlösungsprozessen,
- Erstellung und Pflege einer Datenbasis mit Konstruktionsdaten und -werkzeugen,
- Hansei-Veranstaltungen (Selbstreflexion der Mitarbeiter),
- Konferenzen der Programmmanager zum Austausch von Erfahrungen und neuen Standards,
- Teams für revolutionäre Entwicklungen und Verbesserungen (Beispiel: Entwicklung des ersten Hybridfahrzeuges bei Toyota),
- Anleitung der Mitarbeiter zum Verständnis der kontinuierlichen Verbesserung und Problemlösung,
- Entsendung von Ingenieuren auf Zeit zu Lieferanten und Beschäftigung von Ingenieuren der Lieferanten beim Hersteller auf Zeit.

Eine bedeutende Aufgabe im Rahmen des ständigen Lernens kommt den Managern zu. Diese haben in Lean-Unternehmen nicht mehr vorrangig die Aufgabe, Anweisungen zu erteilen und die Durchführung zu kontrollieren, sondern nehmen die Rolle eines Coach der Mitarbeiter ein. Die Mitarbeiter werden dazu angeleitet, Probleme zu erkennen, diese gründlich zu analysieren und eine Lösung zu finden. Der Manager leitet in diesem Lernprozess den Mitarbeiter lediglich an und gibt Hinweise, wie eine Lösung gefunden werden kann. Es wird keineswegs eine Lösung vorgegeben.

Dieser durch die Manager initiierte Prozess der ständigen Verbesserung läuft, wie bereits mehrfach angesprochen, in einem standardisierten Prozess ab, der mit der Abkürzung PDCA (Plan, Do, Check, Act) bezeichnet wird. Dieser auch als Deming-Kreislauf bezeichnete Prozess führt schrittweise zur Lösung eines Problems. Kern dieser Methodik ist die wissenschaftliche Vorgehensweise, eine Hypothese für die Problemlösung zu erstellen, diese in der Praxis empirisch zu überprüfen und entweder zu verifizieren (dann ist eine Problemlösung gefunden) oder zu falsifizieren (dann muss weiter nach einer Lösung gesucht werden).

Mit den genannten Methoden und Instrumenten bewegt sich das Unternehmen in der Produktentwicklung Schritt für Schritt in Richtung Perfektion, auch wenn diese im überschaubaren Zeitrahmen nicht erreicht werden kann.

Praxisfall: Systemlieferant der Luftfahrtindustrie

Interview mit einem für die Produktentwicklung verantwortlichen Projektleiter mit über 20-jähriger Erfahrung in einem Unternehmen, welches direkter Lieferant der Luftfahrtindustrie ist.

Allgemeine Anmerkung: Im Interview wurde die Sichtweise des Projektleiters zu speziellen Themen befragt und herausgearbeitet. Dabei trat in den Hintergrund, dass die Entwicklungsprozesse, nach denen gearbeitet wurde, immer nach den neusten Methoden von Entwicklungsrichtlinien, Arbeitsbeschreibungen, Kosten- und Zeitüberwachung und Qualitätsanforderungen erfolgreich angewendet wurden. In der über viele Jahrzehnte reichenden Projektpraxis des Interviewpartners ergab sich dadurch eine deutliche Verbesserung der Entwicklungsergebnisse.

Integrierte Projektplanung

Gerade die Vorphase scheint für den Erfolg oder Misserfolg von entscheidender Bedeutung. Konflikte ergeben sich häufig aus dem Grund der Differenz zwischen den gewünschten und möglichen Leistungen. Die Wirklichkeit des technisch Machbaren setzt dem Wunschdenken der Kunden häufig harte Grenzen.

Ein besonderes Problem ergibt sich durch die „Distanz" zwischen dem Vertrieb und der Projektleitung. Dieses Problem manifestiert sich ganz konkret an den unterschiedlichen Vorstellungen über die Kosten der zur Diskussion stehenden Leistungen. Der Wunsch des Vertriebs, den Auftrag zu erhalten, steht gegen die eher realistische Vorstellung über die tatsächlichen Kosten der Leistungen des Projektmanagements.

Ein weiterer Aspekt der Vorphase ist der Zeitplan für das Projekt. Die Vorstellungen des Kunden unterscheiden sich meist von denen des Projektleiters. Die Empfehlung des Interviewpartners ist eine gemeinsame Erarbeitung des Zeitplans mit dem Kunden.

Die Nachphase wird vom Interviewpartner aus mittel- bis langfristiger Sicht als große Chance für zukünftige Projekte gesehen. Während des Projekts entsteht Wissen, vor allem in Form von Kenngrößen und Erfahrungen über den Zeitaufwand sowie die Kosten von Arbeitspaketen, die Bestandteil von Folgeprojekten in ähnlicher Art und Weise sein können. Diese Wissensbasis kann sich als wertvolle Planungsgrundlage erweisen. Aus Kostengründen wird diese Nachbereitung in der Regel unterlassen. Die Kostenstellenverantwortlichen stehen entweder unter Auslastungsdruck (es wird vom Management eine möglichst hohe Auslastung durch produktive Arbeitsstunden gefordert), oder der Nutzen dieser Aktivität wird nicht erkannt.

Wert des Projektergebnisses

Das Projektergebnis wird vor allem im Hinblick auf die ökonomisch-quantitativen Faktoren hin bewertet (ROI in der Nachkalkulation). Die Zufriedenheit der Kunden ist vor allem im Hinblick auf Folgeaufträge ein „Wert an sich". Grundsätzlich gibt es aber keine explizite Beschreibung des Werts, sodass ein Zuviel im Produktentwicklungsprozess nicht identifiziert werden kann.

Konzeption des Wertstroms

Durch die Einbindung einer großen Zahl von Lieferanten in die Produktentwicklung ist der Wertstrom relativ komplex und mit der Produktentwicklung in der Automotive-Industrie vergleichbar. Da eine dem Lean Management vergleichbare Wertdefinition fehlt, kann Verschwendung im Wertstrom nur unzureichend definiert werden.

Lieferantenintegration

Die Integration von Lieferanten erfolgt über die Erstellung von Spezifikationen und eine darauf abgestellte Vertragsgestaltung. Bei Veränderungen der Anforderungen erfolgt Claim Management. Als besonders problematisch erweist sich für das Unternehmen hierbei, dass das Unternehmen häufig Risk-Sharing-Partner seiner Auftraggeber ist und somit bei der Produktentwicklung in Vorleistung gehen muss. Ein Claim Management bei Änderungen der Anforderungen des Kunden ist damit weitgehend ausgeschlossen.

Eine Weitergabe der Anforderungen an die Lieferanten des Unternehmens ist aufgrund der fehlenden Marktmacht (geringe Stückzahlen) nur sehr begrenzt möglich. Gerade diese schwierige Situation würde die Einführung von Lean Project Management geboten erscheinen lassen.

Funktion der Projektleitung

Der Interviewpartner hebt vor allem die technische Kompetenz des Projektleiters als wichtige persönliche Eigenschaft hervor. Ein „verwaltender" Projektleiter ohne inhaltliche Kompetenz ist zweifellos eine schlechte Wahl.

Was als besonders kritisch gesehen wird, ist das in vielen Unternehmen typische „Over-Controlling" und „Over-Reporting". Abgesehen vom Zeitaufwand vermittelt dies dem Management eine vermeintliche Sicherheit, die letztlich aber nicht gegeben ist.

Ein weiteres Problem ist die oft extrem betriebene Feinplanung der Arbeitspakete. Der Interviewpartner sieht dies als absolut kontraproduktiv an. Dies führt im Verlaufe des Projekts zu erheblichen Irritationen. Eine etwas gröbere Planung sei für eine kreative Aufgabe wie die Produktentwicklung innovativer und komplexer Komponenten in der Luftfahrt eher angemessen und richtig.

Methode der Projektdurchführung

In dem Unternehmen des Interviewpartners wird das „klassische" V-Modell (Wasserfallmodell) der Produktentwicklung angewendet. Die Anwendung dieser Entwicklungsmethode bewährt sich aus Sicht des Befragten bis zur Überprüfung der Entwicklungsergebnisse durch den Kunden.

Danach spricht sich der Interviewpartner bei notwendigen Änderungen für feste Entwicklungsabschnitte in der Auslieferung und einen Zeitpuffer zwischen Spezifikation und Realisierung aus.

Ein Problem, welches in den letzten Jahren an Intensität zugenommen hat, ist die Dokumentation von Soft- und Hardware in ihrer Ausführlichkeit. Die hierfür erforderliche Zeit und die dadurch entstehenden Kosten sind regelmäßig im Projektbudget nicht ausreichend vorgesehen. Es gibt deshalb nur wenige Projekte, die im geplanten Zeitrahmen und mit dem geplanten Budget diesen Aufwand bewältigen können.

Projektvision
Die Unternehmensleitung vermittelt zu Projektbeginn die Bedeutung des Projekts für die zukünftige Geschäftsentwicklung des Unternehmens und macht die Erwartungen für die Performance des Projektteams deutlich. Oft wird diese Vision nicht so, wie dies im Lean Project Management üblich ist, weiterentwickelt, sodass sie von einer Projektleitung ausreichend mitgetragen wird.

Projektkultur
Eine Projektkultur, in welcher Probleme und Fehler als Chance und Anlass zur Verbesserung gesehen werden, ist zwar in den Entwicklungsprozessen beschrieben, aber die häufig gelebte Praxis der Schuldzuweisung erschwert die kontinuierliche Verbesserung.

Visual Management
Der Projektstatus wird in Form von Berichten an das verantwortliche Management kommuniziert. Hierbei wird ein Standard verwendet, wie dieser in technischen Projekten üblich ist. Darüber hinaus bestehen Anforderungen des Controllings an die Berichterstattung. Visuelle Methoden und Instrumente, um den Projektstatus und die wesentlichen Key Performance Indicators sichtbar zu machen, kommen in letzter Zeit immer stärker zum Einsatz.

Ausgeglichenheit der Ressourceninanspruchnahme
Im Verlauf von Projekten sind Verzögerungen nicht selten. Sei es zu Beginn des Projekts, wenn Anforderungen noch unklar sind, oder im Verlauf des Projekts. Hier entstehen für das Entwicklungsteam oft unproduktive Wartezeiten. Der Interviewpartner empfiehlt hier, die Personalressourcen für andere Projekte oder Aufgaben einzusetzen. Die parallele Bearbeitung von mehreren Projekten ist ausschließlich eine Frage der Fähigkeit von Multiprojektmanagement.

Bedarfsgerechte Erstellung der Leistungen
Durch den Einsatz des V-Modells als Methode der Projektdurchführung kommt es in den Projekten immer wieder zu Wartezeiten (z. B. Test und Prüfung) und dem Auftreten größerer Lasten für bestimmte Funktionen

bzw. Arbeitspakete, die zu „Warteschlangen" führen. Dieses Phänomen ist für das V-Modell typisch und tritt deshalb auch in dem zur Diskussion stehenden Unternehmen auf.

Streben nach Perfektion
Die ständige Verbesserung in der Produktentwicklung durch Dokumentation des in den Projekten erlangten Wissens durch die Verbesserung der Prozesse, wie z. B. Projektplanungsprozesse oder in allen Projekten wiederkehrende Aufgaben, die Erstellung von Checklisten und die Zusammenstellung von Aufzeichnungen über technische Zusammenhänge ist in dem betrachteten Unternehmen selbstverständlich. Freilich fehlen eine Systematik und eine Lean-Kultur, welche diese Aufgaben zu einer persönlichen Angelegenheit machen. Kostenstellenverantwortliche geben allzu oft einer „produktiven" Auslastung der Mitarbeiter den Vorzug und vernachlässigen die wichtige Aufgabe, die Perfektion im Unternehmen voranzutreiben. Darüber hinaus fehlt den Mitarbeitern oft hierfür der notwendige Freiraum, welcher in der Verantwortung des Topmanagements liegt.

Am Ende eines Projekts wird, auch wenn Wirtschaftlichkeit und Kundenzufriedenheit nicht ganz optimal zu bewerten sind, dieses als Erfolg gefeiert und in der Firmenzeitschrift ausführlich dokumentiert. Eine persönliche Selbstreflexion des Projektleiters und der Projektmitarbeiter im Sinne eines Hansei gibt es nicht und liegt außerhalb des Fokus. Dies ist eine Sache, welche der Persönlichkeit des Projektleiters und des Projektteams überlassen bleibt. ■

6.1.13 Stärken und Schwächen des Lean Product Development

Die Stärken des Lean Product Development liegen in der Verbesserung der Schlüsselkennzahlen für Produktentwicklungsprojekte. Wie effizient das Produktentwicklungskonzept der japanischen Autoindustrie ist, lässt sich aus der nachfolgenden Statistik entnehmen.

Region/Land	Entwicklungsaufwand in Millionen Stunden	Entwicklungsaufwand in Monaten	Anzahl der Beschäftigten im Projektteam
Japan	1,7	46,2	485
Europa	2,9	57,3	904
USA	3,1	60,4	903

Daten aus Quelle [8], S. 24

Dies zeigt mehr als deutlich, dass ein schlankes Projektmanagement der Produktentwicklung von Fahrzeugen zu einer außergewöhnlichen Reduzierung des Ressourceneinsatzes führen kann. Lean Management ist also nicht nur in der Produktion eine Vorzugsstrategie zur Erreichung von operativer Exzellenz, sondern erweist sich auch im Projektmanagement (zumindest im Rahmen von F&E-Projekten) als außerordentlich wirksam.

Besonders interessant ist, sich mit den Schwächen zu beschäftigen. Welcher CEO (Chief Executive Officer) wird kein ernstes Gespräch mit dem Leiter der Produktentwicklung führen, wenn diese oder ähnliche Kennzahlen bei einer Konferenz dem staunenden Publikum präsentiert werden und die Zuhörer mit einem festen Vorsatz in ihre Unternehmen zurückkehren, Lean Product Development zu realisieren. Ein Set gut formulierter Argumente, welche gegen Lean Product Development sprechen, wäre hier schon hilfreich.

Ein häufiges und auf den ersten Blick auch glaubwürdiges Argument gegen die Einführung von Lean Product Development ist der Ursprung in Japan. Zwischen Asien und der westlichen Welt gibt es erhebliche kulturelle Unterschiede. Unbestreitbar mögen uns viele Veranstaltungen, wie z. B. das Hansei, die Selbstreflexion nach einem Projekt, befremdlich erscheinen, da derartige Aktivitäten in der westlichen Welt weitgehend unbekannt sind. Diese erinnern an die „öffentliche Selbstkritik“ im kommunistischen China und sind uns in sehr negativer Erinnerung.

Dies ist jedoch kein Grund, Kulturunterschiede vorzuschieben, wenn die Wettbewerbsfähigkeit eines Unternehmens zur Diskussion steht. Wenn Lean eine Kulturfrage ist und in den asiatischen Raum gehört, dann sind Reinhold Messner (vgl. Kapitel 1.2) und Roald Amundsen (vgl. [4], S. 8 f.) offensichtlich in der falschen Kultur geboren. Auch sie haben „lean“ gedacht und gehandelt. Lean ist definitiv keine Sache des kulturellen Hintergrundes, sondern der Lebens- und Unternehmensphilosophie.

Ein weitaus differenzierteres Argument gegen Lean Product Development und insbesondere das Set-Based Concurrent Engineering setzt an der ökonomischen Sichtweise auf diese Methodik an (vgl. [19], S. 49 ff.). In der genannten Quelle wird argumentiert, dass die Berücksichtigung der Entwicklungskosten im Verhältnis zu den Kosten einer misslungenen Entwicklung eines Produkts betrachtet werden muss. Hieraus lassen sich die Gesamtkosten und ein Optimum ableiten. Die Entwicklungskosten nehmen zu, je mehr Alternativen parallel entwickelt werden. Gleichzeitig nimmt das Risiko einer Fehlentwicklung mit der Anzahl der Parallelentwicklungen ab.

Der Verfasser übersieht dabei, dass das Set-Based Concurrent Engineering nur in der Anfangsphase mehrere Technologieoptionen parallel untersucht. Viele Optionen werden sehr schnell aus der Betrachtung ausgeschlossen, weil die technische Machbarkeit nicht gegeben ist oder die vorgegebenen Zielgrößen nicht erreicht werden. Übersehen wird auch, dass häufige Iterationszyklen in den späteren Phasen der Produktentwicklung hierdurch vermieden werden. Höhere Kosten in der Anfangsphase werden durch wesentlich niedrigere Kosten in den späteren Phasen mehr als kompensiert. Die genannten Zahlen unterstützen diese Hypothese.

Nachdem nun die vermeintlichen Schwächen des Lean Product Development weitgehend relativiert wurden, stellt sich die Frage, inwieweit doch noch ein Argument verbleibt, das einer Einführung entgegensteht? Ein entsprechendes Argument gibt es tatsächlich, und dieses steht nicht mit einer Schwäche im Zusammenhang, sondern mit der Hürde, die vor der Einführung steht. Die Lean-Kultur spielt eine Schlüsselrolle. Die Kulturveränderung ist ohne jeden Zweifel die größte Hürde bei der Einführung von Lean Product Development. Um dies zu erreichen, ist tief greifendes Change Management im Unternehmen erforderlich (ein auf Lean Management zugeschnittener Leitfaden hierzu ist in der Quelle [4], S. 271 zu finden). In Anbetracht der Managerzyklen in vielen Unternehmen und der hieraus resultierenden kurzfristig angelegten Zielhorizonte ist dies ein starkes Argument gegen die Einführung von Lean Product Development.

6.2 Scrum: „Schlankes“ Projektmanagement in der Softwareentwicklung

Der Begriff „Scrum“ kommt aus dem Rugby und bezeichnet dort die kreisförmige Aufstellung beider Mannschaften, um dem Gegner keine Möglichkeit zur Raumgewinnung zu geben. Der Name wurde der Methodik zur Entwicklung von Softwareprodukten gegeben, weil es auf den Gemeinschaftssinn des Entwicklerteams ankommt und ein Set von klaren Regeln existiert, die ohne Ausnahme eingehalten werden müssen. Dies ist ähnlich wie im Rugby.

In den folgenden Ausführungen soll Scrum im Hinblick auf die Prinzipien des Lean Project Management betrachtet werden. Es kommt dabei nicht auf eine anwendungsorientierte und vollständige Beschreibung an, sondern es soll vielmehr aufgezeigt werden, dass Scrum nach den Lean-Prinzipien konzipiert ist und dass es erhebliche Unterschiede zum Lean Product Development gibt. Damit wird deutlich, dass Lean Project Management auf die jeweilige Aufgabe hin unter Einhaltung der Prinzipien zugeschnitten werden muss, aber auch, dass viele verschiedene Wege zu einem schlanken Projektmanagement führen.

Als Grundlage für die nachfolgenden Ausführungen wurde weitgehend auf die Quelle [13] zurückgegriffen. Ergänzend wurde die Quelle [5] genutzt.

6.2.1 Integrierte Projektphasen

In Scrum steht vor dem Beginn des eigentlichen Projekts die Projektplanung. Diese wird streng nach strategischer und taktischer Planung differenziert. Auf der strategischen Ebene werden die Ziele geplant, die im Rahmen des Projekts erreicht werden sollen. Bei der taktischen Planung werden die Aktionen geplant, die für die Erreichung des Ziels erforderlich sind. Die strategische Planung wird vor dem eigentlichen Beginn des Projekts und in der Regel zusammen mit dem Kunden durchgeführt (dies kann sowohl ein externer Kunde als auch ein interner Kunde des projektdurchführenden Unternehmens sein). Darüber hinaus ist das gesamte Entwicklerteam an dem Planungsprozess beteiligt.

Die Durchführung des Planungsprozesses trägt der Tatsache Rechnung, dass „klassische" Planungsansätze scheitern, weil zu Beginn eines Projekts (insbesondere in Softwareprojekten) ein hohes Maß an Unsicherheit besteht. Dieses, als Cone of Uncertainty bekannte Phänomen lässt jede Schätzung als eine zum Scheitern verurteilte Aufgabe erscheinen. Zwar verringert sich die Unsicherheit im Laufe des Projekts, da immer mehr Informationen über die Dauer von Arbeitsaufgaben vorliegen. Dies ändert jedoch nichts an der Tatsache, dass die Schätzung zu Beginn des Projekts unbrauchbar war und zu falschen Kenngrößen (Zeit, Aufwand) geführt hat. Die Konsequenzen sind hinlänglich bekannt.

Die strategische Planung beginnt mit der Formulierung einer Vision (dies ist Gegenstand eines eigenen Kapitels), der Analyse der Rahmenbedingungen (Constraints) und der Ziele der obersten Ebene. Im Anschluss werden die Anforderungen der Nutzer der Software analysiert und es wird eine erste Liste der User Stories erstellt. Eine User Story ist die Anforderung eines Nutzers an eine Software, die aus dessen Sichtweise formuliert wird. Also z. B.: „Als Nutzer eines CRM-Programms möchte ich die aktuellen Kontakte abrufen, damit ich weiß, was ich kurzfristig bearbeiten muss."

Im nächsten Schritt der strategischen Planung werden die User Stories in einem Backlog (einer Liste der User Stories) zusammengestellt und nach dem Geschäftswert priorisiert (hierzu mehr im nächsten Kapitel). Dies hat den Vorteil, dass die aus kommerzieller Sicht wichtigsten Funktionalitäten zuerst entwickelt werden.

Nächster wichtiger, aber auch schwierigster Schritt ist die Schätzung der Größe des Projekts (Anzahl der Funktionalitäten) und des Aufwands. Hierfür werden in der Fachliteratur verschiedene Verfahren vorgeschlagen (vgl. z. B. [13], S. 142 ff.). Diese Verfahren sind durch folgende Charakteristik gekennzeichnet:

- Die Schätzung wird von dem Team erstellt, welches später das Projekt durchführt.
- Die Geschwindigkeit (Velocity), mit der ein Team Aufgaben durchführt, und die Kapazität des Teams sind die Grundlage für die Schätzung des Aufwands.
- Aus den Schätzungen wird ein erster Releaseplan abgeleitet, der die Grundlage für die ersten Arbeitsaufgaben ist.

> Aus der Sicht des Lean Project Management hat Scrum den Vorteil, dass schon in der Vorlaufphase des Projekts der Kunde und der Nutzer des Projektergebnisses integriert sind. Außerdem ist das Projektteam bei der entscheidenden Aufgabe der Projektplanung involviert, sodass das Problem einer von der Projektrealität abgehobenen Planung weitgehend ausgeschlossen ist. Darüber hinaus trägt Scrum der Tatsache Rechnung, dass vor Beginn eines Projekts Schätzungen von Aufwand und Zeitbedarf mit Unsicherheiten behaftet sind. ■

Die Nachphase nach Abschluss des Projekts gibt es in Scrum in der eigentlichen Art und Weise nicht. Dies bleibt dem projektdurchführenden Unternehmen überlassen und ist nicht Gegenstand von Scrum. Es gibt jedoch zwei Einrichtungen in Scrum, die Aspekte der Nachphase beinhalten: die Retrospektive und das Sprint Review. Das Sprint Review wird am Ende eines Arbeitsabschnitts (Sprint) durchgeführt und dient dem Vergleich der Ergebnisse mit den definierten Zielen. Das Ergebnis des Vergleichs ist maßgeblich für die Abnahme der Leistung. Dies zeigt dem Entwicklungsteam ungefiltert und in aller Deutlichkeit das Arbeitsergebnis und den Projektstand.

Die Retrospektive wird nach dem Sprint Review durchgeführt und soll aus der Sicht des Teams die Erfahrungen aus der Projektarbeit reflektieren und Verbesserungsmöglichkeiten herausfiltern. Außerdem sollen Hürden (Impediments) identifiziert werden, die den Arbeitsfortschritt des Teams behindern. Diese werden in einer Liste festgehalten (Impediment Backlog) und sollen möglichst eliminiert werden.

6.2.2 Wert des Projektergebnisses

Der Wert des Projektergebnisses spielt in der Scrum-Methodik eine entscheidende Rolle bei der Priorisierung der User Stories im Backlog. Darüber hinaus ist es notwendig (und Aufgabe des Product Owner, d.h. des für die Wirtschaftlichkeit des Projekts Verantwortlichen), den ROI (Return on Investment) des Softwareprojekts zu bestimmen bzw. für einen profitablen Abschluss des Projekts zu sichern.

Der ROI orientiert sich an Kosten des Projekts im Verhältnis zum erzielten Nutzen. Der Nutzen hängt vom Projekt ab und kann z.B. eingesparte Arbeitszeit sein (vgl. [9], S. 18 ff.), eine Erhöhung des Marktanteils oder andere Nutzen für den Kunden bzw. den Anwender der Software beinhalten.

Für die Priorisierung in der Reihenfolge der Bearbeitung im Backlog könnte der ROI auf die Ebene der User Stories heruntergebrochen werden. Allerdings würde dies wesentliche Aspekte des Geschäftswerts einer User Story außer Acht lassen. Deshalb werden in Scrum wesentlich differenziertere Methoden angewendet. In der Praxis werden verschiedene Methoden vorgestellt, die letztlich auf den Nutzen für den Kunden bzw. Anwender abheben. Beispiele sind die Methode von Kano, wo eine Klassifizierung der Kundenwünsche vorgenommen wird, oder die Methode „relatives Gewicht“, die auf Expertenmeinungen abstellt. Zwischen dem Return on Investment und dem am Kundennutzen orientierten Geschäftswert besteht eine hohe Korrelation.

Zusammenfassend ist festzustellen, dass der Wert des Projektergebnisses (genauer die Bestandteile des Arbeitsergebnisses in Form von User Stories) in Scrum zur Bestimmung der Reihenfolge der Bearbeitung der einzelnen Arbeitspakete (User Stories) verwendet wird und somit sicherstellt, dass bereits zu Beginn des Projekts ein hoher Wertschöpfungsanteil erstellt wird. Der Wert steht in einem direkten Zusammenhang mit dem Return on Investment. ■

6.2.3 Konzeption des Wertstroms

Bei der Entwicklung von Software entsprechend dem Wasserfallmodell bzw. V-Modell entsteht Verschwendung vor allem durch das sequenzielle Abarbeiten der einzelnen Phasen. Üblicherweise folgt dieses Modell der in Bild 6.6 dargestellten Systematik.

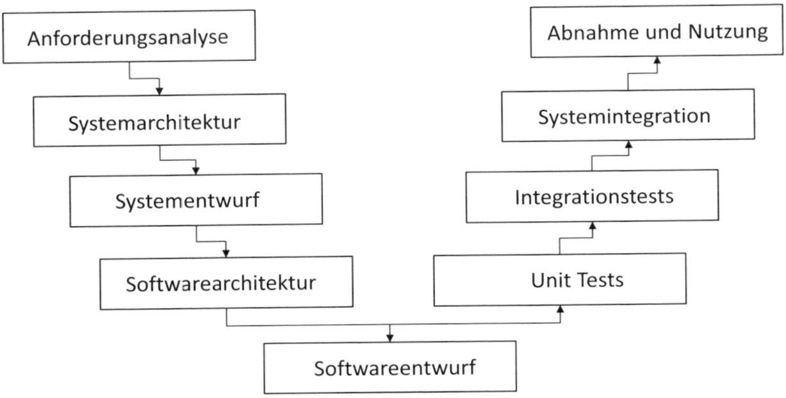

Bild 6.6 V-Modell in der Softwareentwicklung

Diese Methodik weist in der praktischen Anwendung häufig verschiedene Arten der Verschwendung auf. Zunächst entstehen oft Wartezeiten, wenn Leistungspakete nicht rechtzeitig entsprechend dem Projektplan zum Test bereitgestellt werden. Weitere Verschwendung entsteht durch das Problem, dass Fehler, die sich im Test herausstellen, von den für die Entwicklung verantwortlichen Mitgliedern behoben werden. In Scrum wird diese Verschwendung dadurch beseitigt, dass alle Phasen der Softwareentwicklung für eine ausgewählte Anzahl von User Stories in einem sogenannten Sprint (ein zeitlich genau definierter Arbeitsabschnitt) so bearbeitet werden, dass die Ergebnisse als eigenständiges Produkt an den Kunden ausgeliefert werden könnten.

Das Entwicklerteam besteht deshalb aus Mitarbeitern, die alle notwendigen Qualifikationen mitbringen, um auslieferungsfähige Software innerhalb des Sprints zu erstellen. Da das Team in der Regel räumlich nicht getrennt ist, entstehen „kurze Wege" zwischen den Bearbeitungsaufgaben. Selbst die Verteilung von Teams über verschiedene Kontinente ist in der Praxis kein ernsthaftes Problem.

Die Sprints werden nach strengen Regeln durchgeführt, die jedoch nicht die Arbeit selbst betreffen. Diese liegt in der alleinigen Kompetenz des Teams. Die Regeln legen nur den Rahmen für die Arbeiten fest. Das Team bestimmt auch selbst, wie viele User Stories es in einem Sprint fertigstellen will. Geregelt sind die Abfolge der abzuarbeitenden User Stories, die Meetings, die zur Vor- und Nachbereitung der Sprints durchgeführt werden, sowie das Review, in welchem geprüft wird, ob die erstellte Software tatsächlich dem Anspruch der Auslieferungsfähigkeit entspricht.

6.2.4 Lieferantenintegration

Lieferanten im eigentlichen Sinn, wie bei der Entwicklung von Produkten, gibt es in Scrum nicht. Für die Arbeit des Teams werden z. B. Testsoftware oder andere Arbeitsmittel benötigt, die jedoch keiner Lieferantenintegration bedürfen.

Wenn mehrere Unternehmen zusammen ein Softwareprojekt bearbeiten, ist es notwendig, dass sich alle Mitglieder der Entwicklerteams der Scrum-Methodik bedienen und ein einheitliches Verständnis entwickeln. Wie auch bei anderen Methoden zur Produktentwicklung sind verschiedene Ausprägungen in der Praxis anzutreffen. Zwar ist ein einheitlicher Standard für Scrum etabliert, wie bei anderen Verfahren gibt es auch hier Abweichungen in unterschiedlichen Unternehmen.

6.2.5 Funktion der Projektleitung

In Scrum gibt es keinen Projektleiter. Auch eine Leitungsfunktion im eigentlichen Sinne ist nicht vorgesehen. Stattdessen gibt es sogenannte Rollen. Eine dieser Rollen ist der Product Owner. Dieser ist verantwortlich für:

- die Entwicklung und Kommunikation einer überzeugenden und gut verständlichen Produktvision,
- die Definition und Priorisierung der gewünschten Funktionalitäten der Software,
- die Wirtschaftlichkeit des Softwareprojekts,
- die Entscheidung darüber, ob die am Ende eines Sprints erstellte Software den Anforderungen entspricht und ausgeliefert werden könnte,
- die Kommunikation mit dem Kunden,
- die Berücksichtigung der unternehmensinternen Anforderungen der Abteilungen, wie Controlling, Marketing etc.

Der Product Owner kann dem Team aufgrund der Funktion und Verantwortlichkeiten zwar die Abfolge der zu bearbeitenden User Stories verbindlich vorgeben, jedoch keine Anweisungen im Hinblick auf die Anzahl der User Stories in einem Sprint oder die Art und Weise der Bearbeitung erteilen.

Eine weitere Rolle in Scrum ist der Scrum Master. Der Scrum Master unterstützt das Team bei der Durchführung der Aufgaben und der Erfüllung der Ziele. Der Scrum Master hat keine Weisungsbefugnis im eigentlichen Sinn, noch hat dieser die typischen Kompetenzen einer personalverantwortlichen Führungskraft. Seine Aufgabe ist es, das Team mit den Regeln des Scrum bekannt zu machen und deren Einhaltung einzufordern. Darüber hinaus wird das Team bei der Beseitigung von Hindernissen (Impediments) unterstützt. Es ist dessen Aufgabe, die Meetings zu moderieren, Probleme innerhalb des Teams zu lösen, externe Störungen (z. B. nicht projektbezogene Anforderungen der Fachabteilung, welcher das Teammitglied angehört) zu unterbinden und Konflikte zwischen dem Team und dem Product Owner aufzulösen.

Eine weitere Rolle in Scrum hat das Projektteam. Dieses ist für die Erstellung der Funktionalitäten und deren Qualitätseigenschaften verantwortlich. Ungewöhnlich im Vergleich zu „konventionellen“ Projekten ist die Autonomie des Teams bei der Festlegung der Anzahl der Funktionalitäten, die in einem Sprint geliefert werden. Allerdings geht das Team im Rahmen des Sprint Planning eine Verpflichtung ein, die versprochenen Funktionalitäten auslieferungsfähig zu erstellen.

Weitere Rollen werden vom Kunden (Customer) und dem Nutzer (User) eingenommen. Scrum-Projekte zeichnen sich durch eine intensive Kommunikation mit dem Kunden aus. Auch stellt sich Scrum in der Kundenbeziehung sehr flexibel dar. Wie in Softwareprojekten nicht unüblich ändern sich Kundenanforderungen im Verlauf des Projekts. Diese werden nicht als Belastung für das Projekt empfunden, sondern als wesentlicher Beitrag zur Sicherstellung der Kundenzufriedenheit gesehen. Die Änderungswünsche werden vom Product Owner bewertet und entsprechend in das Product Backlog eingestellt. Die Sichtweise des Nutzers ist gerade bei der Softwareentwicklung von großer Bedeutung, weshalb die Nutzersicht auf die Funktionalitäten integraler Bestandteil der Entwicklungsarbeit ist.

Die letzte noch zu nennende Rolle ist der Manager. Dieser stellt die notwendigen Ressourcen (Mitarbeiter, Räumlichkeiten, Hardware, Arbeitsmittel) zur Verfügung. In vielen Fällen ist der Manager erforderlich, um auf der Basis der Weisungsbefugnis Hindernisse zu beseitigen, die im Impediment Backlog aufgenommen wurden.

In Bild 6.7 ist der Ablauf der Scrum-Methodik dargestellt.

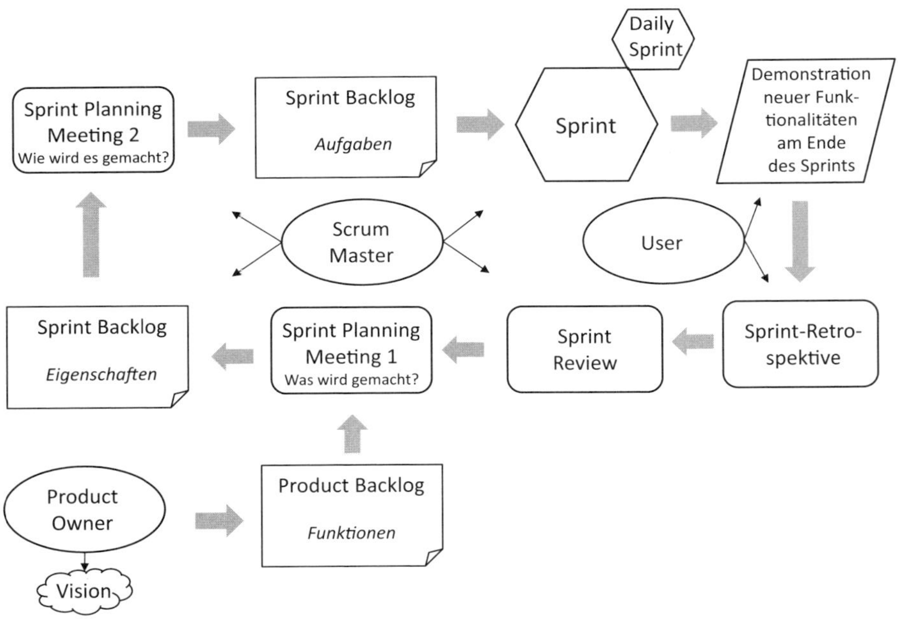

Bild 6.7 Ablauf Scrum

Zusammenfassend ist festzustellen, dass Scrum auf der Grundlage der Selbstorganisation funktioniert. Product Owner und Scrum Master greifen nie in die eigentliche Projektarbeit ein, sondern achten auf den äußeren Organisationsrahmen und die Einhaltung der Regeln, räumen Hindernisse aus dem Weg und ermöglichen dem Team eine störungsfreie Arbeit.

6.2.6 Methode der Projektdurchführung

Die Vorgehensweise von Scrum spiegelt den in Kapitel 5.5 vorgestellten Deming-Kreislauf wider. Ein Sprint in Scrum läuft genau nach den vier Phasen dieses Kreislaufs ab:

1. Plan (Planungsphase): In den Sprint Planning Meetings wird zum einen geplant, was der Nutzer an Funktionen realisiert haben möchte. Ergebnis sind die im Sprint zu bearbeitenden User Stories, die Anforderungen an die Akzeptanz durch den Kunden. Zum anderen werden Lösungen entwickelt, sodass am Ende feststeht, wie die Funktionalitäten realisiert werden.
2. Do (Realisierung): Im Rahmen eines Sprints sollen die vereinbarten Ziele erreicht werden, d. h., Umfang und Anforderungen der erstellten Leistungen sollen erfüllt werden.
3. Check (Überprüfung): Hierzu wird ein sogenanntes Sprint Review durchgeführt. Hier erfolgt die Überprüfung der Ergebnisse im Vergleich zu den festgelegten bzw. vereinbarten Zielen. Der Nutzer ist hierzu eingeladen und aufgefordert, das Erreichte aus dessen Sicht zu bewerten.
4. Act (Verbesserung): Im Rahmen der sogenannten Sprint-Retrospektive erfolgt die Herausfilterung von Anforderungen an Verbesserungen der bisher erstellten Funktionalitäten. Diese finden in die Planungsrunde für die nächsten Sprints Eingang.

Mit dieser Vorgehensweise wird die im Lean Management verwendete Standardmethode des Deming-Kreislaufs direkt als Arbeitsmethode in Scrum umgesetzt. Damit kann in kurzen Zyklen ein Produkt erstellt werden, welches nicht nur weitgehend fehlerfrei ist, sondern in hohem Maße den Anforderungen des späteren Anwenders entspricht.

6.2.7 Projektvision

Die Projektvision spielt in Scrum eine sehr große Rolle. Es ist Aufgabe des Product Owner, die Vision zu formulieren, dem Projektteam und den anderen Interessenträgern des Projekts zu kommunizieren und über die gesamte Laufzeit des Projekts die Begeisterung aufrechtzuerhalten. Auch in Scrum soll die Vision Emotionen erzeugen und eine klare Vorstellung vom Projektergebnis vermitteln.

Eine Vision, welche den Ansprüchen von Scrum genügt, sollte

- den Nutzer oder Kunden des Projektergebnisses beinhalten bzw. ansprechen,

- auf den Bedarf des Nutzers eingehen,
- eine Marke oder einen Namen des Produkts enthalten,
- den Nutzen des Produkts herausstellen und
- die besonderen Eigenschaften gegenüber Wettbewerbsprodukten hervorheben.

6.2.8 Projektkultur

Die Frage der Projektkultur im Rahmen von Scrum kann von zwei Seiten her beantwortet werden, und zwar einerseits aus der Sicht der Anforderungen an die Projektkultur des Scrum-Teams, andererseits aus der Sicht der Veränderung einer bestehenden Kultur durch die völlig andere Methodik von Scrum. Zunächst zur Sichtweise der Anforderungen an das Team.

Softwareentwickler, die bisher nach dem V-Modell gearbeitet haben, werden mit der Aufhebung der eher sequenziellen Arbeitsweise und der Spezialisierung von Aufgaben Probleme haben. Die völlig andere Arbeitsweise in Scrum, in welcher die Spezialisierungen eher aufgelöst als gepflegt werden, erfordert eine Umstellung und ein „Einlassen auf das Neue". Es ist vorstellbar, dass die Bereitschaft nicht immer im erforderlichen Maße vorhanden ist. Wenn diese Umstellung nicht gelingt, wird Scrum nicht funktionieren.

Wer in der Praxis erlebt hat, wie Scrum in einem Softwareentwicklerteam ungeahnte Potenziale freisetzen kann, ist überzeugt, dass damit eine nachhaltige Veränderung mit dem Ergebnis einer nicht für möglich gehaltenen Effizienzsteigerung erreicht werden kann. Ein Interview der Autoren mit einem Scrum Master hat diese Wirkung bestätigt, sodass die Aussage berechtigt ist, dass Scrum zu einer Veränderung der Projektkultur führt. Scrum kann also die Projektkultur durch den geschaffenen Freiraum für das Projektteam in Richtung der Lean-Kultur verändern.

6.2.9 Visual Management

Die Kommunikation von Wissen erfolgt in Scrum nach den Prinzipien des Lean Project Management. Abbildungen und Informationstafeln, welche z. B. den aktuellen Projektstand vermitteln, sind Standard. Hierzu sollen zwei Beispiele betrachtet werden. Das sogenannte Burn-Down-Chart soll allen Projektbeteiligten und Interessenträgern den aktuellen Stand des Arbeitsfortschritts vermitteln. In Bild 6.8 ist ein Beispiel dargestellt.

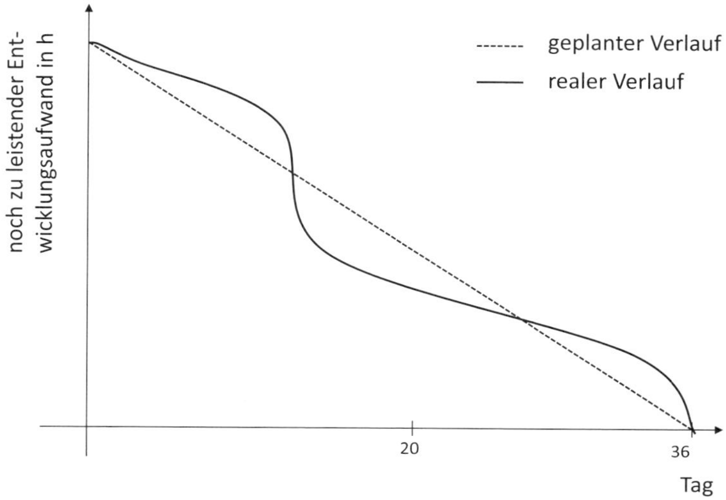

Bild 6.8 Beispiel Burn-Down-Chart

Zunächst werden zu Beginn des Projekts der geplante Zeitrahmen (in Tagen) und ein hypothetischer linearer Verlauf der Bearbeitung der Aufgaben im Zeitablauf in ein Koordinatensystem eingetragen. Die geschätzte Gesamtstundenzahl zu Beginn des Projekts, die vom Team zu leisten ist, wird auf der anderen Achse eingetragen. Jeden Tag werden die abgearbeiteten Stunden auf dem Chart als realer Verlauf der Arbeiten als zweite Linie eingetragen. Dabei ist zu beachten, dass nicht die tatsächlich geleisteten Stunden eingetragen werden, sondern die der User Story in der Schätzung zugeordneten Stunden.

Da diese Vorgehensweise in der Praxis oft missverstanden wurde, gab es eine Anpassung. So werden in manchen Projekten nicht die Stunden, sondern die Aufgaben auf der linken Seite des Charts eingetragen. Der Verlauf ist weitgehend ähnlich, es wird lediglich die Dimension der Messung ausgetauscht.

Damit wird auf einen Blick deutlich, wo das Projekt steht. Da Scrum äußerst flexibel im Umgang mit Änderungen der zu bewältigenden Aufgaben ist, können im Verlauf des Projekts Aufgaben hinzukommen, aber auch wegfallen, wenn z. B. der Kunde oder Nutzer die Realisierung der betreffenden Funktionalität nicht mehr für sinnvoll erachtet.

Ein weiteres Instrument zur Visualisierung des Projektstatus ist das Task Board. Dieses ist schematisch in Bild 6.9 dargestellt. In der ersten Spalte (links) werden die Backlog Items bzw. User Stories, aber auch zu behebende Fehler, Tests etc. (Aufgaben) in der priorisierten Reihenfolge fixiert. Eine einfache Art, dies zu realisieren, sind z. B. Post-its. Übernimmt ein Teammitglied eine Aufgabe, wird diese in die nächste Spalte „Tasks to do“ bzw. bei Bearbeitung in „Work in Progress“ verschoben. Ist diese Aufgabe fertig, erscheint diese in die Spalte „Done“.

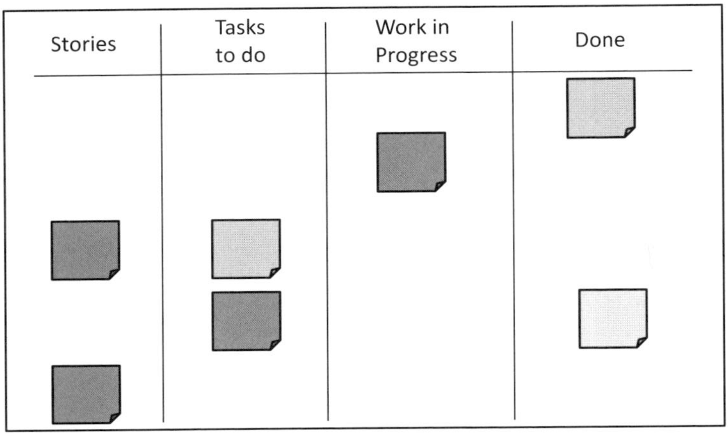

Bild 6.9 Beispiel Task Board

Aufgaben, die einen recht großen Umfang haben, können vom Teammitglied in überschaubare Einzelaufgaben aufgeteilt werden. Entsprechend werden dann Zettel für die Teilaufgaben erstellt und in das Board übernommen. Bei sehr großen Projekten kann das Task Board eine ganze Bürowand einnehmen.

Beide Beispiele zeigen, wie man mit wenig Bearbeitungsaufwand für das Projektteam übersichtlich den Projektstatus kommunizieren kann. In Scrum gibt es weitere Instrumente, die nach den gleichen Grundsätzen erstellt werden: einfach, verständlich, Vermittlung der Information auf einen Blick und mit wenig Zeitaufwand für das Team verbunden. Verschwendung ist hier auf ein Minimum reduziert.

6.2.10 Ausgeglichenheit der Ressourceninanspruchnahme

Durch die in Scrum verwendete Methodik wird das Gesamtprojekt in überschaubare Teilaufgaben differenziert. Es erfolgt keine sequenzielle Durchführung der Softwareentwicklungsaufgaben. Diese werden innerhalb eines Sprints von einem interdisziplinär zusammengesetzten Team (Entwickler, Business-Analysten, Tester) gleichzeitig so durchgeführt, dass am Ende eines Sprints auslieferungsfähige Software entstanden ist. Die Nachteile der sequenziellen Bearbeitung der Aufgaben im Wasserfallmodell (V-Modell) entfallen damit.

Hierdurch werden die Personalressourcen gleichmäßig ausgelastet, es entstehen keine Wartezeiten (z. B. auf die Fertigstellung der Entwicklung, damit die Testphase beginnen kann). Auch werden Iterationen (mehrere Durchläufe von Entwicklung und Test, bis eine fehlerfreie Software entstanden ist) innerhalb des Sprints durchgeführt. Damit können unmittelbar nach der Erstellung der Software Tests durchgeführt und Fehler beseitigt werden. Die im V-Modell typischerweise auftretenden Warteschlangen vor bestimmten Funktionen und die Bearbeitung eines großen Leistungsumfangs mit kritischem Zeitrahmen treten in Scrum nicht auf.

6.2.11 Bedarfsgerechte Erstellung der Leistungen

Die bedarfsgerechte Erstellung der Leistungen wird durch zwei Vorgehensweisen der Scrum-Methodik erreicht. Leistungen, die das direkte Projektergebnis betreffen, werden entsprechend einer Prioritätsliste erarbeitet. Die Leistungsbestandteile mit dem höchsten Geschäftswert für den Kunden werden zuerst bearbeitet und fertiggestellt. Dies hat den Vorteil, dass die für den Kunden wichtigsten Bestandteile des Projektergebnisses schon in der ersten Projektphase zur Verfügung stehen. Bei vorzeitigem Abbruch des Projekts, weil z. B. die finanziellen Mittel nicht (mehr) in ausreichendem Umfang zur Verfügung stehen, kann ein Produkt ausgeliefert werden. Dabei sind die wichtigsten Funktionalitäten aus Kundensicht vorhanden.

Durch die interdisziplinäre Zusammensetzung des Projektteams findet eine nahtlose Übergabe von Aufgaben zwischen Spezialisierungen im Team statt. Es gibt keine Wartezeiten für Spezialisten, wie z. B. Tester, und es besteht auch kein Erfordernis, durch ausgefeiltes Multiprojektmanagement die verschiedenen Spezialisten auszulasten. Allerdings ist eine Auflösung der strikten Trennung der spezialisierten Aufgabenbereiche notwendig, was eine Bereitschaft der Teammitglieder hierzu voraussetzt.

6.2.12 Streben nach Perfektion

Die Methodik von Scrum bedient sich des sogenannten Deming-Kreislaufs. Diese im Lean Management eingesetzte Methodik ist eine Umsetzung des Prinzips des Strebens nach Perfektion. Allerdings bezieht sich dies auf die Bearbeitung des Projekts selbst. Im Rahmen der Planungs- und Review-Meetings wird eine ständige und fortlaufende Verbesserung des Projektergebnisses angestrebt.

Das Lean-Prinzip des Strebens nach Perfektion betrifft aber auch die lernende Organisation, die aus jedem Projekt Wissen gewinnt und für zukünftige Projekte verfügbar macht. Scrum ist ausgesprochen projektorientiert und hat die Organisation, in welcher das Projekt durchgeführt wird, nicht im Fokus. Dies bleibt einer Lean-Organisation und einer Lean-Kultur des Unternehmens bzw. der Unternehmen vorbehalten, in welchen das Projekt durchgeführt wird. Scrum ist damit eine Methodik der fraktalen Organisation.

Praxisfall: Scrum bei der Mayflower GmbH

Björn Schotte

Geschäftsführer der Mayflower GmbH

Die Mayflower GmbH berät Kunden in der agilen Produktentwicklung sowie beim Einsatz agiler Methoden in und außerhalb der IT. Die Mayflower GmbH ist ein großer Projektdienstleister im Online/Mobile-Umfeld. Für mittelständische Kunden wie für Großkonzerne werden Business-Lösungen auf Basis leichtgewichtiger Infrastrukturen entwickelt. Dabei kommen Methoden wie Scrum, Kanban und Lean Startup zum Einsatz.

Warum agile Methoden?

Die Nutzung agiler Methoden begann im Jahr 2006. Wir stellten fest, dass das normale Projektvorgehen, wie das Wasserfallmodell, das unsere Kunden initial gerne haben wollten, nicht mehr funktionierte, da dies mit der Änderungsrate der Kundenwünsche und den veränderten Marktbedingungen unserer Kunden nicht mehr mithalten konnte. Wir erkannten dabei, dass agile Methoden die ideale Ergänzung zu den leichtgewichtigen Programmiersprachen wie PHP und JavaScript sind, um unseren Kunden sehr schnell Lösungen zu liefern und dabei über die gesamte Prozesskette transparent zu sein.

Trotz der langen Erfahrung mit Methoden wie Scrum und Kanban hatten wir eine steinige Wegstrecke zurückzulegen. Die ersten Versuche liefen noch etwas holprig, insbesondere da nicht alle Kunden bereit waren, zugunsten der Schnelligkeit und Transparenz auf die (vermeintliche) Sicherheit, die ausführliche Spezifikationen bieten, zu verzichten.

Scrum in den Softwareteams

Nach einigen Jahren der Erprobung in einzelnen Softwareteams setzten wir 2009 zu einem formaleren Ansatz an: Alle unsere Team- und Projektleiter sowie Geschäftsführer zertifizierten sich als Scrum Master und tauchten noch enger und formaler in die Scrum-Welt ein. Über eine weitere Zertifizierungswelle eigneten wir uns zudem noch Kompetenzen im Umfeld des Scrum Product Owner an, da wir immer häufiger diese Funktion in unseren Projekten ausübten.

So kam es, dass wir nun seit einigen Jahren über eine crossfunktionale Teamstruktur verfügen, die möglichst stabil bleibt. Ein „Projekt-Hopping“, wie man es aus dem Agenturumfeld kennt, versuchen wir zu unterbinden. Die Kunden schätzen dabei in den meist langjährigen Projekten die stabile Teamstruktur.

Die Teams sind dabei unterschiedlich groß – von drei bis hin zu zehn Personen, die sich auch schon mal zu Subteams aufsplitten. Ein Team besteht in der Regel aus einem Product Owner, dem Scrum Master (beides Rollen, keine festen Positionen) sowie dem Entwicklungsteam, das in der Regel noch durch Rollen wie User Experience Designer ergänzt wird.

Die Teams arbeiten eng mit unseren Kunden zusammen, meist auf Basis von Zwei-Wochen-Sprints. Auch hier ist ein Trend beobachtbar: Während früher Drei-Wochen-Sprints – nicht nur bei uns – gang und gäbe waren, haben sich nun zwei Wochen als die ideale Sprintlänge herauskristallisiert.

Im Rahmen des Scrum-Prozesses führen die Teams nach jedem Sprint eigenständig eine Retrospektive durch, die meist zusammen mit dem Kunden stattfindet. Durch eine Abwechslung der Methoden innerhalb einer Retrospektive ist gewährleistet, dass eine Retro nie langweilig wird und dennoch zu einer kontinuierlichen Verbesserung des Teams beiträgt.

Die Teams erarbeiten dabei eigenständig ihre Weiterbildungsmaßnahmen. Hier greifen sie – freiwillig – auf eine „Agile Skills Matrix“ zurück, anhand derer das aktuell verfügbare Teamwissen visualisiert und gemeinsam besprochen wird, wer sich an welcher Stelle weiterbilden sollte. Mithilfe der Skills Matrix versuchen wir somit, auch einen Blick in die Zukunft zu wagen, und prüfen, ob wir nicht nur die Skills haben, die wir aktuell benötigen, sondern welche Skills in den kommenden Monaten benötigt werden.

In der Kommunikation mit dem Kunden kommen die klassischen Visualisierungselemente aus Scrum zum Einsatz. Während die Velocity nur ein grober teaminterner Anhaltspunkt über die Geschwindigkeit eines Teams ist, gilt es über das Product Burn-Down-Chart den Fortschritt in der Produktentwicklung zu visualisieren und regelmäßig mit dem Kunden zu besprechen.

Apropos regelmäßig: Eine regelmäßige Kommunikation zwischen Team und Product Owner ist essenziell. Über sogenannte Backlog Groomings bespricht der Product Owner kontinuierlich die User Stories der kommenden Sprints und trifft so seine Business-Entscheidungen. Gleichzeitig bekommt er Anhaltspunkte zur Qualität der User Stories, Komplexität in der Umsetzbarkeit und gegebenenfalls Alternativen vorgeschlagen, anhand derer er eine Priorisierung der User Stories vornimmt.

Zu Beginn eines Projekts nutzen wir dabei unterschiedliche Methoden, um ein Projekt im Rahmen eines „Sprint 0“ frühzeitig und gut aufzugleisen. Besonders empfehlenswert ist hierbei die Methode des Story Mapping, mit der Ziele und Aktivitäten von Aktoren der Software visuell (über Post-its) dargestellt und dazupassend Features bestimmt werden. Dank Post-its können diese Features schnell und gemeinsam mit dem Kunden priorisiert werden, um herauszufinden, welche Funktionen er für den Launch der Software benötigt und welche Funktionen auch erst später kommen können.

Die Story Map ist dabei ein lebendes „Dokument“ und wie eine User Story vor allem eines: eine Einladung zum Gespräch.

Überhaupt lebt diese Art und Weise der Zusammenarbeit sehr von der Kommunikation zwischen Kunde und Dienstleister. Weil nicht mehr nur der Projektmanager mit dem Kunden spricht, sondern das gesamte Team, ist eine vertrauensvolle und offene Atmosphäre wichtig.

Dabei soll auch das Feiern nicht zu kurz kommen, und das meinen wir wörtlich: Wenn das Release geschafft wurde, die Timelines gehalten worden sind, unser Kunde Erfolg hat und wir alle stolz auf das Erreichte sind, dann sollten diese Erfolge auch gefeiert werden. Und zwar gemeinsam mit dem Kunden.

Ohne eine vernünftige Produktvision wird ein Projekt nicht zielgerichtet bearbeitet werden können. Wir ermuntern unsere Kunden im Vorab-Workshop dazu, eine Vision zu erstellen. Dabei bedienen wir uns eines einfachen Templates, der „Agilen Produktvision“:

- Für (Zielkunde)
- der/die (Aussage zu Bedarf oder Chance/Möglichkeit)
- das (Produkt-/Servicename) ist ein (Produktkategorie)
- das/die (Hauptvorteil, unwiderstehlicher Grund, zu kaufen)
- anders als (Alternative des wichtigsten Mitbewerbers)
- ermöglicht unser Produkt (Beschreibung des primären Unterscheidungsmerkmals).

Beispiel:

- Für <Fachhandwerker>,
- die <Ersatzteile online kaufen möchten>,
- ist der <SuperSuperOnlineShop> ein <B2B-Ersatzteilshop>,
- der <per Konfigurator auf einen Klick Produkte bestellen lässt>,
- anders als <BaumarktKonkurrenzderWahlShop>
- ermöglicht unser Produkt
  - den einfachen Einkauf von Ersatzteilen auf Rechnung,
  - die Konfiguration einzelner Ersatzteile,
  - Einkauf auch über Tablets,
  - weitere USP-Merkmale.

Scrum im Marketing: Scrum beyond IT

Dass Scrum nicht nur im Umfeld von Softwareentwicklungsteams sinnvoll ist, zeigt unser Einsatz von „Scrum beyond IT“, nämlich im Marketing.

Zusammen mit meinem kleinen Marketing-Team, das crossfunktional zusammengesetzt ist, arbeiten wir in Ein-Wochen-Sprints an werthaltigen Aufgaben. Ständige Priorisierung, Backlog Groomings und ein Kanbanbasiertes Projektportfoliomanagement sorgen dafür, dass trotz all der Kreativität, die Marketing braucht, die Aufgaben gut abgearbeitet werden können. Scrum wirkt hierbei wie ein Trichter, der auch dafür sorgt, dass gemeinsam an den Aufgaben gearbeitet wird und nicht nur jeder Spezialist an seinen eigenen Aufgaben.

Dabei haben wir uns mit dem „Pair Doing“ ein Element aus dem Extreme Programming, Pair Programming, abgeschaut. Insbesondere zur Wissensverteilung oder Einarbeitung neuer Mitarbeiter eignet sich diese Methode, bei der man zu zweit an einem Rechner gemeinsam an einer Aufgabe sitzt. So macht das Arbeiten noch viel mehr Spaß – Fehler passieren deutlich weniger, und das Wissen verteilt sich viel effektiver.

Mehr Informationen unter:
http://de.slideshare.net/BjoernSchotte/scrum-im-marketing

Fazit und Ausblick
What's next? Seit der Nutzung agiler Methoden und insbesondere einer veränderten Haltung in Führung und Management arbeiten unsere Teams viel gleichmäßiger, sind zufriedener und schaffen bessere Ergebnisse für unsere Kunden, als dies mit traditionellen Wasserfallmethoden möglich gewesen wäre.

Wir wissen, dass wir noch nicht am Ende unserer Reise angekommen sind. Es wäre auch vermessen, schließlich sind wir auf einer lebenslangen Reise des Lernens unterwegs.

Methoden aus dem Lean Startup kommen bevorzugt in der Entwicklung zum Einsatz, und wir werden dies auch zukünftig intensivieren. Mit dem Story Mapping behalten unsere Kunden den Überblick und können gemeinsam mit uns leichter priorisieren, als dies mit endlosen Backlog-Listen der Fall wäre.

Wir blicken mit Spannung und Freude auf die kommenden Jahre!

bjoern.schotte@mayflower.de oder auf Twitter @BjoernSchotte

■

6.2.13 Stärken und Schwächen von Scrum

In der Fachliteratur sind viele Beispiele für die Effizienz von Scrum zu finden. Nachfolgend ein Beispiel ([13], S. 56): „James Coplin beschreibt in ‚Borland Software Craftsmanship: A New Look at Process, Quality and Productivity', wie ein Software-Entwicklungsteam, zu dem nie mehr als acht Personen zählten, 1 000 000 Zeilen C++-Code in 31 Monaten lauffähig und auslieferbar erstellte. Die Leistung dieses Teams entspricht einer Codegenerierung von 1000 Zeilen pro Woche pro Person. Das entspricht einer Produktivität, die 37-mal höher ist als üblich.“

Dass mehrere Scrum-Teams, die über verschiedene Kontinente verteilt sind, genauso effizient zusammenarbeiten können, beweist folgendes Projekt ([5], S. 46): „It may seem improbable, but during the most productive Java project ever documented, the 56 developers from Provo in Utah, Waterloo in Canada and St. Petersburg in Russia, the distributed team delivered 671,688 lines of production Java code during 2005. In total, the Java application consisted of over 1,000,000 lines of code. This proves that a large, distributed, outsourced team actually can achieve a hyperproductive state – in this case 15.3 function points per developer and month.“

Die Liste der Unternehmen, die Scrum in der Softwareentwicklung anwenden, liest sich wie ein „Who's who“ der Topunternehmen: Microsoft, Google, Lockheed Martin, Boeing, Siemens, Motorola, SAP, General Electric, Cisco, US Federal Reserve etc.

Die herkömmliche Organisation von Softwareentwicklungsprojekten wird völlig neu gestaltet. Durch die interdisziplinäre Zusammenarbeit in einem Team wird die strikte Arbeitsteilung zwischen Testern, Programmierern und Architekten weitgehend aufgelöst. Auch gibt es keine Hierarchien im Team. Nicht jeder Mitarbeiter ist bereit, die bisherige Arbeitsweise und den Status zugunsten der Teamarbeit aufzugeben.

> Die Projektkultur ist ein wichtiger Baustein von Scrum. Wenn nicht alle Teammitglieder bereit sind, diese Kultur mitzutragen, wird Scrum in der vorgestellten Art und Weise nicht funktionieren.

Ein Scrum Master äußerte den Autoren gegenüber die Erfahrung aus einem Projekt mit folgender Formulierung: „Scrum ist die Insel der Glückseligen." Damit wurde die Erfahrung des Scrum Master umrissen, dass ein Team sich auch „zurücklehnen" kann und den Umfang der in einem Sprint zu bewältigenden Aufgaben so ansetzt, dass dieser ohne größere Anstrengungen und der Einbeziehung projektfremder Aufgaben bewältigt werden kann. Damit erreicht Scrum bei Weitem nicht die erwartete Effizienz und bringt die Methode in Misskredit.

Aus juristischer Sicht kann Scrum problematisch sein, wenn die Projekte z. B. im Rahmen eines Werkvertrags durchgeführt werden, da der Leistungsinhalt zwar am Beginn beschrieben wird, sich im Laufe des Projekts aber ständig ändert. Damit ist eine Vertragsgestaltung relativ schwierig. Darüber hinaus stellt sich die gleiche Frage bei den Kriterien für die Abnahme der Leistungen. An dieser Stelle ist eine angemessene Vertragsgestaltung zu wählen, welche der Flexibilität von Scrum ausreichend Rechnung trägt. Details zu diesem Problem und dessen Lösung sind in Quelle [20] zu finden.

6.3 Lean Public-Private Partnership (PPP)

6.3.1 Bausteine der Lean PPP

Public-Private Partnership (PPP) bzw. öffentlich-private Partnerschaft (ÖPP) ist eine komplexe Form des Projektmanagements als Business-Modell. Es ist das Risk Sharing einer oder mehrerer öffentlicher Einrichtungen mit einem oder mehreren privatwirtschaftlichen Unternehmen zur Realisierung von angestrebten Werten in einem Projekt. Alle öffentlichen Einrichtungen sind - nach Maßgabe des Gesetzes, der Vergabeordnungen usw. - grundsätzlich berechtigt, mit privatwirtschaftlichen Unternehmen in einem solchen Modell zusammenzuarbeiten. Die Anwendung der Lean-Philosophie in der Public-Private Partnership trägt zu mehr Effektivität und Effizienz dieses Modells der Projektentwicklung und -realisierung und des Betriebs bei.

Warum entsteht ein PPP-Projekt? PPP-Projekte werden unter anderem aus folgenden Gründen aufgesetzt:

- Ausgleich von Finanzierungsengpässen der öffentlichen Hand durch Projektfinanzierung (= abseits der Haushalte),
- Einbindung von Know-how und Erfahrung aus der Privatwirtschaft bei gleichzeitiger Übernahme von Projektverantwortung durch die private Seite,
- verantwortliche Übernahme von Projektanteilen durch die öffentliche Hand, deren Finanzierung privatwirtschaftlich nicht darstellbar sind (= ohne diese würde das Projekt nicht machbar sein).

PPP stellt in diesem Business-Modell eine Verallgemeinerung des Prinzips der **Lieferantenintegration** dar. Der „Lieferant" wird gleichzeitig zum Risikoträger und übernimmt Aufgaben, die normalerweise die öffentliche Seite verantwortet und ausführt. Der Projektbeitrag des „Lieferanten" hört dort auf, wo genuin öffentlich-rechtliche Aufgaben vorliegen. Die dahinterliegende Idee besteht darin, dass der private Partner aufgrund seines Know-hows und seiner speziellen Fähigkeiten diese Aufgabe besser als die öffentliche Hand bewältigen kann.

Wie entsteht ein PPP-Modell? Es gibt eine Vielzahl von Möglichkeiten, wobei insbesondere auf folgende beide Varianten hingewiesen werden soll:

- Eine öffentliche Einrichtung verfügt über ein exklusives Recht, eine Maßnahme durchzuführen (z. B. Bundesverkehrsministerium für den Bau und die Instandhaltung von Bundesstraßen und Bundesautobahnen; das Land oder Kommunen für die Errichtung von Schulen etc.). Diese öffentliche Einrichtung bindet die private Seite durch Vergabe einer Konzession, Teilkonzession oder in anderer Form in die verantwortliche Teilnahme an diesem Projekt ein.
- Eine öffentliche Einrichtung möchte in ihrem Gestaltungsbereich zur wirtschaftlichen, kulturellen, sozialen, gesundheitspolitischen, touristischen oder einer anderen Entwicklung beitragen und realisiert dies in Zusammenarbeit mit privatwirtschaftlichen Partnern (z. B. eine Kommune entwickelt ein Industriegebiet in Zusammenarbeit mit einem Projektentwickler; eine Stadt baut und betreibt zusammen mit einem privaten Investor eine Geothermieanlage).

PPP-Projekte finden sich insbesondere im Verkehrs-, Daseinsvorsorge- und öffentlichen Hochbaubereich. PPP-Projekten liegen Konzessions-, BOx-, Miet-/Pacht-, Management- und/oder Serviceverträge zugrunde. Die Grundstruktur des PPP-Modells ist in Bild 6.10 dargestellt.

Der öffentliche Partner vergibt die Konzession oder einen anderen rechtlich exklusiven Titel an eine Projektgesellschaft. Dieser Rechtstitel wird bei Service- oder Managementverträgen für z. B. drei Jahre vergeben. Sehr lange Laufzeiten von zehn bis 30 Jahren finden sich hingegen bei großen Bau- und Infrastrukturprojekten.

Die Investoren bzw. Gesellschafter dieser Projektgesellschaft repräsentieren die private Seite bzw. den privaten Risikoträger des PPP-Modells. Je nach Modelltyp beteiligt sich der öffentliche Partner an der Projektgesellschaft, oder die Projektgesellschaft besteht ausschließlich aus den privatwirtschaftlichen Gesellschaftern.

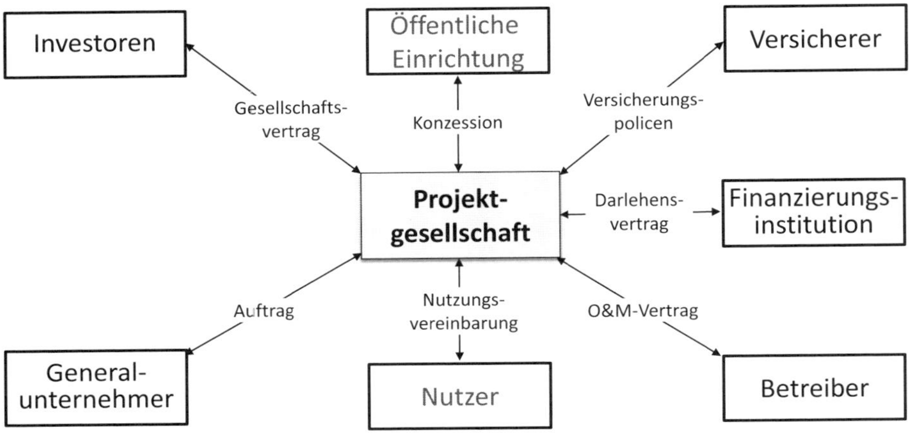

Bild 6.10 Vertragsstruktur des PPP-Modells

Die Projektgesellschaft sichert die Finanzierung des Projekts. Des Weiteren sorgt sie für eine adäquate Versicherung des Projekts. Sie vergibt die eigentlichen Projektarbeiten, zu denen die Planung, Entwicklung und der Bau eines Objekts bzw. die Entwicklung eines Systems gehören, an einen Generalunternehmer oder Systemintegrator. Bei Bedarf vergibt die Projektgesellschaft auch den Betrieb an ein spezialisiertes Unternehmen. Das Modell lebt von finanziellen Rückflüssen, die durch die Nutzung einer Infrastruktur, eines Baus, eines Systems oder eines Services entstehen. In der Übersicht gehen diese Rückflüsse direkt an die Projektgesellschaft; international hat sich durchgesetzt, dass die Rückflüsse über ein Treuhandkonto (escrow account) geleitet werden und so den Finanzinstitutionen Transparenz verschaffen und die Rückzahlungen sichern. In allen Punkten ist die Realität je nach Projekt beliebig komplexer.

Bei der Projektgesellschaft liegt damit die **Funktion der Projektleitung**. Die Projektgesellschaft ist aus Sicht des Lean Project Management damit im Kern eine ausschließlich auf diese Aufgabenstellung zugeschnittene Zweckgesellschaft. Der einzige Zweck dieser Gesellschaft besteht im optimalen Management des Projekts. Andere Aufgaben sind ausgeschlossen. Wenn diese dennoch übernommen werden, stellen sie einen Bruch des Verständnisses des PPP-Modells dar.

Es haben sich zwischenzeitlich Standards für das Management von PPP-Projekten herausgebildet. Diese betreffen alle Phasen, sei es das Aufsetzen von PPP-Projekten, die Entwicklung, die Umsetzung, der operative Betrieb oder gegebenenfalls die „Rückgabe" des Projekts an den Konzessionsgeber nach z.B. zehn, 20 oder 30 Jahren. Dies dokumentieren zahlreiche und sehr gut lesbare Handbücher [27].

PPP ist zwar ein arbeitsteiliges Modell mit speziellen (Teil-)Projektverantwortungen. Jeder Projektbeteiligte trägt aber gleichzeitig Verantwortung für den Erfolg des Gesamtprojekts. Damit sind alle Beteiligten des PPP-Modells in den **Wertstrom integriert**. Der Wertstrom ist in der PPP allerdings auch verallgemeinert und im Rahmen des Business-Modells zu betrachten. Fällt ein Glied dieses Wertstroms aus oder gibt es nicht anforderungsgerechte Beiträge, kippt das Modell. Dies ist der Fall, wenn beispielsweise im politischen Feld Diskussionen zur Rückführung des PPP-Modells in ein rein öffentliches Modell geführt werden und der Konzessionsgeber die Konzession kündigen muss oder wenn der Finanzdienstleister ausfällt oder der private Gesellschafter einer Projektgesellschaft in Konkurs geht. Würde man in weitere Details gehen, müsste man auch die Wertströme auf der operativen Ebene betrachten. Die Wertströme auf beiden Ebenen stehen in direkter Beziehung. Wesentliche Störungen auf einer dieser beiden Ebenen erzeugen Probleme auf der jeweils anderen Ebene. Bei großen PPP-Projekten wird deshalb ein unabhängiger Consultant mit der Bezeichnung „Third Party Consultant" von der Projektgesellschaft eingesetzt, der allen Projektbeteiligten den Stand und die zu erwartende Entwicklung des PPP-Projekts vermittelt. Diese Funktion ist eine Mischung aus Berater (inhaltliche Evaluation und „Sparringspartner") und Projektmanagement (Projekt-Monitoring).

Der öffentliche Partner eines PPP-Projekts ist verantwortlich dafür, dass die öffentliche Leistung, die durch das PPP-Projekt realisiert wird, über die Projektlaufzeit im erwarteten Umfang nachgefragt ist und dass das Projekt über teilweise lange Laufzeiten politisch wie öffentlich die erforderliche Unterstützung findet.

Der privatwirtschaftliche Partner, die Projektgesellschaft mit ihren Gesellschaftern, steht dafür gerade, dass die öffentliche Leistung im geplanten Umfang bereitgestellt wird und das Projekt in den vertraglich zugesicherten Bahnen verläuft. Dies beinhaltet auch, dass die Projektgesellschaft alle wirtschaftlichen, finanziellen und technischen Erfordernisse im Griff hat und das Projekt in jeder Phase durchsteht. Jede Projektgesellschaft steht bei PPP-Projekten auch in engem Bezug zur Politik und Öffentlichkeit. Sie muss jederzeit mit diesen Bezugspunkten des Projekts professionell umgehen können.

Der Finanzierungspartner, in Großprojekten ein Konsortium von Banken, Versicherungen, Hedgefonds usw., trägt Verantwortung für die Bereitstellung einer geeigneten Finanzierung, muss diese sicher über alle Klippen der Finanzwirtschaft (Finanzkrisen, neue politische Anforderungen an die Finanzwelt etc.) führen und prinzipielles Vertrauen in das PPP-Projekt und ihre Partner haben.

Bei den Kunden bzw. Nutzern ist vorgesehen, dass sie die durch das PPP-Projekt bereitgestellte Leistung im prognostizierten Umfang annehmen. So gesehen hat jedes PPP-Projekt mindestens zwei Wertgesichtspunkte im Auge zu haben:

- den **Wert** des Ergebnisses des PPP-Modells an sich (gesellschaftlicher Wert),
- den **Wert** der Leistung für die Nutzer einer Infrastruktur etc. (Wert für den Nutzer).

Das PPP-Modell an sich hat keinen eigenen Wert, es dient dem Zweck, den Wert zu erzeugen.

Schließlich stellen Generalunternehmer (Bau) oder Systemintegratoren (Systeme) sowie Unternehmen, die den Betrieb der Anlage oder eines Systems übernehmen (Betreiber), die eigentlichen gegenständlichen Leistungen und Services zur Verfügung.

Jedes PPP-Projekt setzt bei allen Partnern die Fähigkeit und Bereitschaft voraus, die jeweiligen Potenziale und Grenzen der anderen Partner zu kennen und auf Veränderungen flexibel zu reagieren. PPP ist kein „technisches", sondern ein „politisches" und „ökonomisches" Modell. In dem Maße, in welchem die eine oder andere Voraussetzung nicht erfüllt ist, entsteht Handlungsbedarf bis hin zur Krisenbewältigung und zur Bewältigung eines Sanierungsfalls. Dies alles ist Teil des Lean Project Management.

Das Lean Project Management ist in diesem Zusammenhang insbesondere gefordert, eine angemessene **Projektkultur** zu ermöglichen. Im PPP-Modell treffen unterschiedliche Welten aufeinander.

Entscheidende kulturelle Merkmale für das Funktionieren eines PPP-Modells sind:

- Transparenz, d. h. die offene Kommunikation aller Belange aller Projektpartner,
- präventive Managementorientierung, d. h. vorausschauendes Erkennen nachteiliger Situationen oder vorhandener Chancen und entsprechendes frühzeitiges Handeln,
- Anpassungsfähigkeit und Flexibilität, d. h. hohe Reaktionsfähigkeit und Bereitschaft, starre Positionen aufzugeben.

6.3.2 Vision und Wert in der Lean PPP

Was bedeutet im PPP-Projekt Lean? Hier ist wieder an den **Werten**, an dieser Stelle den Werten des PPP-Projekts, anzusetzen. Da die abstrakte Diskussion über die Realisierung von Werten im PPP-Projekt nur bedingt hilfreich ist, soll das Thema an dieser Stelle anhand eines konkreten Falls, des geplanten dritten Istanbuler Flughafens, dargestellt werden.

Istanbul hat heute zwei Flughäfen: den Atatürk-Flughafen in der südwestlichen Peripherie von Istanbul (europäische Seite) und den Flughafen Sabiha Gökçen im asiatischen Teil der rund 14 Millionen Einwohner zählenden Metropole am Bosporus. Der Atatürk-Flughafen ist der Hauptflughafen mit Linienverkehr, Sabiha Gökçen ist in erster Linie Charterflügen vorbehalten. Der Atatürk-Flughafen mit jährlich knapp 40 Millionen Passagieren, knapp 900 000 Tonnen Luftfracht und knapp 300 000 Flugbewegungen platzt aus allen Nähten. Dies wird jedem ersichtlich, der schon einmal den heutigen Atatürk-Flughafen als Umsteigemöglichkeit nutzte oder nach Istanbul reiste. Für den neuen Standort entschied sich die Regierung, weil die Ausbaumöglichkeiten des Atatürk-Flughafens begrenzt sind.

Die türkische Regierung blickt nach vorne. Der dritte Istanbuler Flughafen ist Teil der **Vision**. Die Regierung verfolgt das Ziel, die Türkei als Wirtschaftsstandort zur Nummer zehn der Welt zu entwickeln. Der dritte Istanbuler Flughafen soll hierbei zu einem entscheidenden globalen Standortfaktor werden, ein globales Flugdrehkreuz für Passagiere und Fracht und Hauptstandort einer ebenfalls massiv wachsenden Turkish Airlines. Es geht also nicht um einen schönen neuen Istanbuler Flughafen, sondern um eine Wirtschafts- und verkehrspolitische Strategie für die Türkei. Damit ist der Wert dieses künftigen Flughafens durch den Projekteigentümer, den türkischen Staat, festgelegt.

Dies verdeutlichen die Pläne der Regierung für den dritten Istanbuler Flughafen, wobei hier vereinfachend nur auf die Auslegung des Flughafens nach Passagierzahlen hingewiesen werden soll. Beim dritten Istanbuler Flughafen handelt sich um eine Flughafeninfrastruktur mit 90 Millionen Passagieren pro Jahr in der ersten Ausbaustufe und 150 Millionen Passagieren im Endausbau.[1] Dies wäre definitiv zu viel für einen Flughafen für die Metropole Istanbul oder einen Flughafen für die Türkei mit nur regionaler Hub-Funktion.

Die Ausschreibung des zunächst 25 Jahre laufenden BOT-Projekts hat im Frühjahr des Jahres 2013 ein türkisches Joint Venture namens Limak-Cengiz-Kolin-Mapa-Kalyon OGG gewonnen. Die fünf Namen stehen für die Gesellschafter dieses Joint Venture. Das Investment für den Flughafen wird auf sieben Milliarden Euro geschätzt. Das Joint Venture bot der türkischen Regierung 21,1 Milliarden Euro (ohne Mehrwertsteuer) als Transferzahlung aus den Einnahmen des Betriebs über die Laufzeit an. Dieses Joint Venture zeichnet für die Projektgesellschaft verantwortlich, die die Finanzierung, die Planung, den Bau, den Betrieb und schließlich den Transfer des Flughafens an den Projekteigentümer sowie eine Reihe anderer Aufgaben umfasst. Das Projekt befindet sich aktuell (Anfang 2014) in der Verhandlungs- und Mobilisierungsphase.

Eine Spezialität türkischer Ausschreibungen ist, dass die Bieter bei der Abgabe ihres Angebots keine Finanzierungszusage von Bankenseite mitliefern, sondern das Finanzierungskonzept erst nach Abschluss des Vertrags erarbeitet wird bzw. die Finanzierung erfolgt. Im vorliegenden Fall gehen führende Banken davon aus, dass es rund ein Jahr dauert, bis die Finanzierung steht. Der Vertrag zwischen Projekteigentümer und Bieterkonsortium sieht trotzdem einen sofortigen Projektstart vor.

Lean Project Management bedeutet aus Sicht der **„Baugesetze" des Projekts** Folgendes:

Das den Planungen zugrunde gelegte enorm steigende Passagier- und Frachtaufkommen des dritten Istanbuler Flughafens ist vermutlich nur dann realistisch, wenn das Land politisch stabil bleibt, es die Türkei als Volkswirtschaft schafft, sich in Richtung Nummer zehn der Weltwirtschaft zu entwickeln, die Turkish Airlines zu den global führenden Luftverkehrsunternehmen aufsteigt und die Türkei zu einem globalen Luftverkehrsknoten entwickelt werden kann. 90 Millionen Passagiere pro Jahr in der ersten Phase sind mehr als eine Verdoppelung der heutigen Passagierzahlen, 150 Millionen Passagiere pro Jahr bei Endausbau beinahe eine Vervierfachung.

Diese Voraussetzungen können ausschließlich von der türkischen Regierung, d. h. letztlich dem Projekteigentümer, geschaffen bzw. positiv beeinflusst werden. Die Projektgesellschaft des dritten Istanbuler Flughafens hat in diesen Punkten keinerlei Handhabe; der Erfolg der Projektgesellschaft ist aber davon entscheidend abhängig. Mit dem Passagieraufkommen, den Starts und Landungen, dem Flächenbedarf der Dienstleister (einschließlich staatlicher Einrichtungen wie Zoll, Flughafensicherheit etc.) und dem kommerziellen Bereich des Flughafens ist die Einnahme der Projektgesellschaft und damit die Finanzierung des BOT-Projekts unmittelbar verknüpft (in der ersten Phase gibt es ein regierungsseitig der Projektgesellschaft zugesichertes Mindestaufkommen an Passagieren). Einzige Einflussgröße der Projektgesellschaft an diesem Punkt ist, mit

---

[1] Zum Vergleich aktuelle Passagierzahlen existierender globaler Hubs (offizielle Passagierzahlen aus den Jahren 2011 oder 2012, gerundet): Atlanta 96 Millionen Passagiere pro Jahr, Peking 78 Millionen, London Heathrow 70 Millionen, Paris Charles-de-Gaulle 63 Millionen, Frankfurt am Main 58 Millionen.

einer professionellen Entwicklung und einem einwandfreien Betrieb des dritten Istanbuler Flughafens in der globalen Öffentlichkeit zum positiven Image des Flughafens beizutragen. Negativ-Schlagzeilen sind bei Megaprojekten nicht nur für das Objekt, sondern für das gesamte Projektumfeld imageschädigend. Im Falle eines international aufsehenerregenden Regierungsprojekts wie dem dritten Istanbuler Flughafen wird dies global wahrgenommen.

Aus Sicht des Lean Project Management ist Folgendes festzuhalten: Dem geplanten Flughafen liegt ein Wertkonzept zugrunde, dessen Voraussetzungen erst noch zu erfüllen sind. Damit sitzen Projekteigentümer und Projektgesellschaft im gleichen Boot. Best Practice auf beiden Seiten führt zu einem Spitzenergebnis und einer Win-win-Situation, Mindererfüllung zu Problemen oder im weitestgehenden Fall zu einem Desaster. Einfacher wäre es für eine Lean PPP, wenn die Wertgrundlage bereits geschaffen ist. Dies kann man sich jedoch bei einem Projekt, das zu einem erheblichen Grad von künftigen Entwicklungen abhängig ist, nicht aussuchen. Man kann nur im Vorfeld möglichst rational die tatsächlichen Entwicklungen abschätzen und sollte sich nicht von Überlegungen abseits jeglicher Realität leiten lassen.

Ein wesentliches Prinzip des Lean Project Management besteht in der **Verzahnung von Vorphase, Hauptphase und Nachphase** eines Projekts. In öffentlichen Projekten besteht eine relativ strikte Trennung von Vorphase und Vergabe von Projekten. In der Vorphase werden die Weichen gestellt, die dann in der Hauptphase von dem Auftragnehmer zu realisieren sind. Lobbyismus durch mögliche künftige Auftragnehmer ist gegebenenfalls sogar ein Problem von Compliance.

Die Erfolgsstory des Megaprojekts dritter Istanbuler Flughafen hängt aus einem weiteren Grund eng mit den getroffenen Vorentscheidungen zusammen. In der Vorphase des BOT-Projekts wurde die Entscheidung für einen Standort nördlich Istanbul, Richtung Schwarzes Meer getroffen. Die Grundstücke sind weitgehend gesichert. Der Großteil der Fläche befindet sich auf Waldgebiet, wobei wegen der sehr hohen Sensibilität dieses Punkts umfassende ökologische Ausgleichsmaßnahmen vorgesehen sind. Dieser Sachverhalt ist auch politisch sensibel. Beide, Projekteigentümer wie Projektgesellschaft, übernehmen hier während des gesamten Projektverlaufs eine besondere Verantwortung. Die Standortentscheidung und ihre möglichen Folgen für das Projekt liegen ebenfalls und ausschließlich im Verantwortungsbereich des Projekteigentümers. Der Projekteigentümer hat insofern im Projekt diesem Thema hohe Priorität einzuräumen und nicht nur zu reagieren oder mögliche Probleme auf die Projektgesellschaft abzuladen. Soweit die Projektgesellschaft oder ihre Unterauftragnehmer durch fehlerhaftes oder unsachgemäßes Verhalten in dieser Frage Probleme hervorrufen, liegt dies in der Verantwortung des privatwirtschaftlichen Partners (zum Beispiel unprofessionelle Verpflanzung der Bäume).

Es ist also außerordentlich wichtig, dass die Regierung ab Vergabe des BOT-Projekts nicht die passive Rolle des „Projekt-Monitors" einnimmt („man hat ja die Aufgabe vergeben und nun soll sich die Projektgesellschaft um den Rest sorgen"). Sie sollte sich vielmehr in den Punkten, die in ihrer Verantwortung und in ihrem Einflussbereich liegen, als aktiver **Treiber des Projekts** verstehen. Reagieren wäre in einem Megaprojekt von der Größenordnung des dritten Istanbuler Flughafens von vornherein ein problematisches Verhalten.

Die Flughafenbehörde (DHMI) wird für das Projekt einen Expertenstab bzw. eine Art Project Office einrichten. Es wird Aufgabe dieses Project Office sein, die Vorgänge und Fortschritte bei der Projektgesellschaft im Blick zu haben und als Sparringspartner der Projektgesellschaft offensiv das Projekt voranzutreiben. Gleichzeitig sollte das Project Office auch Treiber in Richtung der eigenen Organisation, nicht zuletzt der Regierung sein.

Flughäfen sind keine Standardlösungen. Auf einen Großflughafen, dessen Größenordnung schon in der ersten Phase an Atlanta, den heute weltweit größten Hub in den USA heranreicht, trifft dies erst recht nicht zu. Und man will nicht den Flughafen heutiger Generation, sondern ein zukunftsfähiges Projekt realisieren. Die Tücke liegt also im Detail. Weder der Vertrag noch die Richtlinien noch andere Vorlagen wie Masterpläne oder Ähnliches helfen der Projektgesellschaft in dieser Situation wirklich fundamental weiter.

Im Lean Project Management ist der Wert des Projektergebnisses Maßstab für das Management des Projekts. Auf den dritten Istanbuler Flughafen bezogen, stellen sich vor diesem Hintergrund auf allgemeiner Ebenen zwei Fragen:

1. Wie wird dieses Projekt tatsächlich ausgerichtet und gesteuert, damit am Ende der dritte Istanbuler Flughafen das Vorzeigeobjekt ist, das den Ansprüchen des weltgrößten Flughafens, gleichzeitig Heimatflughafen einer weltweit führenden Fluggesellschaft, und parallel eines globalen Luftverkehrsknotens der wichtigsten Luftverkehrsgesellschaften, deren Partner und Kunden entspricht?
2. Wie muss man sich alle Details dieses Flughafens unter Maßgabe der angestrebten Werte tatsächlich vorstellen, wie bleibt dieses Vorzeigeprojekt finanzierbar, werden im Flughafenbetrieb die notwendigen Umsätze und Margen realisiert und was macht den Flughafen wettbewerbsfähig? Wie sieht der Flughafen nach 25 Jahren aus, d. h. zum Zeitpunkt des Transfers?

Die gestaltende Aufgabe, vor der die Flughafenbehörde (DHMI), die Projektgesellschaft und parallel sowie nachgeordnet alle weiteren Projektbeteiligten in der aktuellen Mobilisierungsphase des Projekts stehen, ist nicht zu unterschätzen.

Aus Sicht einer Lean PPP ist mit Blick auf den angeführten Punkt eins unter anderem an Folgendes zu denken:

- Aufbau eines „Lean Project House", in dem die Projektmanagementteams und Schlüsselexperten der wesentlichen Projektbeteiligten physisch vertreten sind (Organisation der kurzen Wege; hat sich vor allem in Krisenprojekten bestens bewährt). Dies betrifft nicht nur die Projektmanager und Schlüsselexperten der Projektgesellschaft, sondern auch der DHMI, des Generalunternehmers, der Planer, der Luftverkehrsgesellschaften und anderer größerer Nutzergruppen (unter anderem wegen maßgeschneiderter Lösungen etc.). Für eine optimale Ausschöpfung der Lean-Potenziale soll ein Lean-orientierter Koordinator als übergreifender „Orchestrator" eingesetzt werden.
- Es soll eine, der Lean-Philosophie verpflichtete Projektkommunikationsinfrastruktur (Informations- und Kommunikationsplattform) aufgebaut werden. Darin sind alle wesentlichen Projektbeteiligten einzubinden. Diese sorgt für hohe Transparenz und

liefert alle notwendigen übergreifenden und detailorientierten projektbezogenen Informationen. Darüber hinaus soll ein systematisierter Informationsaustausch, allerdings nach dem Hol-Prinzip, zu positiven Entwicklungen des Projekts und unter Berücksichtigung des Kontinuierlichen Verbesserungsprozesses (KVP) eingerichtet werden.

- In monatlichen Lean-Meetings der führenden Projektmanager und Experten aller Projektbeteiligten werden zusätzliche Potenziale diskutiert und wird deren Ausschöpfung veranlasst.

Punkt zwei ist konzeptionell-inhaltlicher Natur. Es geht darum, dass das Lean Project Management dafür sorgt, in einem kreativen wie rationalen gestalterischen Kraftakt den künftigen Flughafen im Detail so zu konzipieren, dass ein optimaler Gestaltungsmix für die Betreiber, Dienstleister (Luftverkehrsgesellschaften, öffentliche Funktionsträger usw.), Einzelhändler, die Gastronomie und das Hotelgewerbe und nicht zuletzt für Passagiere und Besucher entsteht. Das Projektmanagement des beabsichtigten Primus der Flughäfen wird nicht nur Trends in der Flughafenentwicklung der letzten Jahre kopieren, es wird auch beitragen müssen, neue Trends zu setzen. Innovation und Konventionelles werden ineinanderfließen. Zeit ist heute einer der Schlüsselfaktoren des Erfolgs eines Flughafens: Zeit für Starts und Landungen, für die Abfertigung, das Einsteigen, die Sicherheit, das Einchecken usw. Die meisten Nutzer des Flughafens sind darauf angewiesen, dass die Prozesse beschleunigt werden (Luftverkehrsgesellschaften, luftfahrtseitige Dienstleister, Geschäftsreisende etc.), die anderen profitieren von der gewonnenen Zeit (Einzelhandel, Gastronomie, Dienstleister). Diejenigen, für die Zeit heute wenig bis gar keine Rolle spielt (z. B. Grenzschutz), werden im Dienst des Erfolgs des dritten Istanbuler Flughafens den Faktor Zeit für sich erfinden müssen. Das Lean Project Management wird auch hier Subprojekte anstoßen. Auf einen einfachen Nenner gebracht, kommt es darauf an, dem **Flow-Prinzip** des Lean Project Management zum Durchbruch zu verhelfen. Im Flughafen der Zukunft werden alle heutigen Abläufe der Kontrolle, des Eincheckens usw. auf Basis weitgehend automatisierter Vorgänge (unter Anwendung moderner Sensoren, des Profilings etc.) abgewickelt.

Heutige Flughafenplaner sind Spezialisten ihres Faches: Architektur, Bau, Technik, Organisation, Sicherheit, Energie usw. Das übergreifende Ganze und insbesondere die Verbindung mit der Wertdimension des Flughafens liegen häufig außerhalb ihres engeren Bezugsrahmens. Fachliche Standards und eine Orientierung am Nächstgelegenen stehen meist im Vordergrund. Gleiches gilt für Genehmigungsbehörden sowie weitere Organisationen und Institutionen. Das Projektmanagement des dritten Istanbuler Flughafens wird in dem Maße zum Erfolg beitragen, in dem es diese Partikularismen abbauen bzw. neutralisieren hilft. Die Lean-Philosophie bietet hier maßgebliche Unterstützung.

Flughäfen sind teure Pflaster, für alle. Gemeint sind hier nicht nur hohe Einzelhandels-, Gastronomie- und Hotelpreise, sondern auch die Preise für alle luftfahrt- wie landseitigen Dienstleistungen, für Sicherheit usw. Die Nutzer des dritten Istanbuler Flughafens werden sich Gedanken über ihre Kosten der Nutzung dieser Infrastruktur machen. Der Eigentümer und Betreiber eines Flughafens profitiert nur vordergründig von erhöhten Preisen, sie können auch kontraproduktiv sein. Die Entscheidung einer ausländischen

Fluggesellschaft, den dritten Istanbuler Flughafen in ihr globales Netz als Hub zu integrieren, wird zwar nicht nur, aber eben doch auch von den Kosten für Starts und Landungen sowie für die Dienstleistungskosten am Boden bestimmt. Die Projektgesellschaft als Errichter und Betreiber des Flughafens ist für die Preise nicht verantwortlich. Sie trägt aber mit ihren Preisen für Infrastrukturen (Mietpreise etc.) mit zum hohen Preisniveau bei.

Damit ist der Kreis zum Projekt geschlossen. „Klassisches" Projektmanagement versucht, mit allen zur Verfügung stehenden Mitteln die geplanten Projektkosten einzuhalten. Dies ist gut und richtig. Lean Project Management versucht darüber hinaus, mit aller Konsequenz und laufend die Projektkosten zu minimieren. Dies ist eine andere Zielstellung. Sie ist auch deshalb anders, weil das Lean Management immer auch die Folgekosten, d.h. Life Cycle Costs und insgesamt den Betrieb des Flughafens im Auge hat. Die Projektlaufzeit und Managementperspektive im „klassischen" Projektmanagement umfasst mehr oder minder die Investitionsphase. Bei der Lean PPP gibt es genau genommen drei Hauptphasen: a) die Entscheidungsphase, b) die Investitionsphase und c) die Betriebsphase. Die eigentliche Nachphase ist nach dem Transfer (25 Jahre oder gegebenenfalls später). Dies resultiert aus dem erweiterten Projektbegriff.

Die 25 Jahre, die die Projektgesellschaft für dieses BOT-Projekt zur Verfügung hat, hören sich hinlänglich lang an, sind aus Sicht der (Re-)Finanzierung aber begrenzt. Jedenfalls hat die Projektgesellschaft in dieser Zeit die Investitionssumme des Flughafens, die Transferzahlung an das Verkehrsministerium, die Betriebskosten, Finanzierungskosten und Modernisierungen aus dem Betriebsergebnis zu erwirtschaften. Jede Verzögerung z.B. im Bau verringert das Geschäftsvolumen. Unabhängig davon sind in der Betriebsphase des Projekts kontinuierliche Verbesserungen auszuschöpfen, die zu Mehreinnahmen führen. Dieses Erfordernis lässt sich recht einfach in ein Buch schreiben. Es kann sich sogar die Projektgesellschaft in ihrem Leitprogramm hierauf problemlos verpflichten. Entscheidend ist aber, dass man tatsächlich und kontinuierlich zur Verbesserung (**Kaizen** = KVP) beiträgt.

Wie in jedem neuen Flughafen werden auch beim dritten Istanbuler Flughafen nach Eröffnung Anpassungen erforderlich sein. Nach der ersten Betriebsphase sinkt jedoch – wie überall – sehr rasch die Bereitschaft, an weiteren Verbesserungen zu arbeiten, was psychisch auch verständlich ist. Das „Projekt" soll endlich abgeschlossen werden und man selbst ungestört arbeiten können (Normalität!). Aus Sicht der Lean PPP ist genau diese Haltung falsch. Kein Mitarbeiter von Toyota würde sie auch nur im Ansatz verstehen. Vielmehr kommt es in der Betriebsphase ganz wesentlich darauf an, die Marge gegenüber Plan im Projektverlauf bis zu 15 % durch kontinuierliche Verbesserungen zu erhöhen. Dies ist machbar und trägt zur Dämpfung des Preisniveaus des dritten Istanbuler Flughafens bei.

Auch im Projektgeschäft und bei langjährigen Großprojekten gibt es Betriebsblindheit. Um solche Faktoren auszuschließen, wird ein externes Consulting-Unternehmen von der Projektgesellschaft eingesetzt, das dieser als Sparringspartner zur Verfügung steht. Dieses Consulting-Unternehmen hat auch die Aufgabe, die Projektleistungen des Generalunternehmers bzw. EPC (Engineering Procurement Contracting) zu bewerten und der Projektgesellschaft als unabhängiger Experte den Projektstand zu dokumentieren sowie insgesamt als Sachverständiger den Schlüsselparteien des Projekts unparteiisch Auskunft zu geben. Diese Schlüsselparteien sind im vorliegenden Fall a) das Verkehrsministerium und hier das DHMI als unmittelbarer Vertreter des Projekteigentümers, b) die Finanzierungsgesellschaften und c) die Projektgesellschaft. Dieses Consulting-Unternehmen hat als „Trusted Partner" Zugang zu allen Projektunterlagen.

In der aktuellen Mobilisierungsphase des Projekts ist es zu früh, auch nur in Umrissen erkennen zu können, wie die Projektgesellschaft das Thema Generalunternehmer bzw. EPC für Planung, Bau und Ausrüstung lösen wird. Die Partner des Joint Venture kommen selbst aus der Baubranche und werden zum einen ihre eigenen Kapazitäten und Ressourcen formieren. Zum anderen hat dieses Projekt eine Größenordnung, die eine breite Palette von Planern, Ingenieurfirmen, Ausrüstern usw. zusammenführt. Professionelles „klassisches" Projektmanagement ist insbesondere in der Investitionsphase des BOT-Projekts gefragt und Teil der Lean-PPP-Strategie der Projektgesellschaft. Darüber hinaus empfiehlt es sich, dass auch der Generalunternehmer die Schlüsselkonzepte der Lean-Philosophie in seiner Positionierung und seinen Prozessen anwendet, wie überhaupt in der Zusammenarbeit des Generalunternehmers mit der Projektgesellschaft ein wesentlicher Hebel für die Werterzielung liegt. Positioniert sich der Generalunternehmer branchentypisch, werden im Projekt die Optionen, die die Lean-Philosophie bietet, nicht ausgeschöpft. Verfolgt er das Lean-Konzept, wird das Generalunternehmen einige branchentypische Grundsätze über Bord werfen müssen – zum Vorteil aller.

Der operative Betrieb des dritten Istanbuler Flughafens liegt noch in einiger Ferne. Die Aufnahme des Betriebs ist terminlich fixiert. Im Rahmen der Lean PPP wäre es jedoch fatal, würde man sich von der Überlegung leiten lassen, die betriebsseitigen Planungen auf die lange Bank zu schieben. Im Gegenteil, Architektur und Bau ohne klares und optimiertes Betriebskonzept mit direktem Bezug zum Wertbeitrag des Gesamtprojekts führen zu suboptimalen Ergebnissen. Suboptimal bedeutet unter anderem zu lange Wege, zu viel Personal, zu viele Wartezeiten etc. und führt damit über Jahrzehnte zu Verschwendung, Zusatzbelastung, Margenbeeinträchtigung, Imageschäden, Abwanderung von Fluggesellschaften usw.

Ein Beispiel: Der globale Hub eines Tourismuslandes wie der Türkei sollte seinen Fluggästen bei Ankunft um 00:30 Uhr und auch zu anderen Tageszeiten keine Wartezeiten von 30 Minuten oder länger an der Passkontrolle zumuten. Fünf Minuten sind das Maximum. Die „betriebliche" Lösung, ein Mix aus fortschrittlicher Technik, neuen Prozessen und einer Änderung im Mindset der Behörde, muss in groben Zügen bekannt sein, bevor die Lage, der Flächenbedarf und in den späteren Detailplanungen das tatsächliche Design der Einrichtungen für die Passkontrollen in den technischen Plänen festgeschrieben wird (Wert = Passkontrolle Tourismusland).

Das Lean Project Management geht folgendermaßen an das Thema heran. Es stößt bei den künftigen Nutzern des Flughafens frühzeitig die Erarbeitung eines Lean-optimierten Betriebskonzepts an, moderiert den Prozess und erzielt mit den wesentlichen Nutzern bzw. Nutzergruppen ein Commitment. Dieses Betriebskonzept legt es den Architekten und Ingenieuren als Planungsmaßgabe vor und organisiert einen Planungsprozess mit Nutzerbeteiligung, in dem die Architektur- und Ingenieurplaner mit den betrieblichen Lösungen konfrontiert werden. Der Planungsprozess wird dadurch zwar verlängert, die Optimierung der Architektur und des Baus führt jedoch zur Vermeidung der genannten Beeinträchtigungen bzw. zur Findung von Optima mit langfristigen positiven Folgen (wie z.B. die Olympiade in Sydney zeigt).

Die Großbanken und andere Finanzierungsgesellschaften der Türkei verfolgen mit großem Interesse die Entwicklungen im Projekt, sind jedoch noch nicht direkt eingebunden. Sie sind erst gefordert, wenn die Regierung mit dem Joint Venture des Bieters den Vertrag geschlossen hat. Es wird eine zunächst und in erster Linie türkische Projektfinanzierung geben. Die internationale Finanzwelt wird in die Projektfinanzierung einsteigen, wenn die einseitige Risikozuschreibung aufseiten des Joint Venture als wesentliche Hürde beseitigt ist (diese Hürde ist der Ausschreibung zu entnehmen). Die relativ späte Einbindung des Finanzsektors hat Vorteile, vielleicht auch Nachteile. Immerhin hatten sich die Bieter laut Ausschreibung zu verpflichten, mit Vertragsschluss die Arbeiten aufzunehmen. Die entstehende Finanzierungslücke von z.B. einem Jahr könnte aufseiten des Joint Venture zu Finanzierungsengpässen und damit im Projekt zu Verzögerungen oder in den Planungen zu einem „Notlauf" führen. Dies ist jedoch reine Spekulation. Das Joint Venture wird diesen Punkt in seinem Business-Plan sorgfältig berücksichtigt haben.

Worin liegt der besondere Beitrag des Lean Project Management im Zusammenhang mit der Finanzierung des dritten Istanbuler Flughafens? Die Finanzierungskosten eines Projekts korrelieren mit dem Projektrisiko, genauer mit der Risikoeinschätzung durch die Finanzierungsträger. Dies gilt auch für das gegenständliche Projekt. Die Risikobewertung durch die eingebundenen Finanzierungsgesellschaften (ebenfalls ein Konsortium!) wird von einer Vielzahl von Faktoren abhängen. Ein wesentlicher Faktor wird dabei die Einschätzung der Finanzierungsträger sein, wie sich die Partner im Projekt positionieren. Steht also z.B. die Regierung ohne Wenn und Aber zum Projekt? Was ist z.B. bei Gegenwind seitens der Öffentlichkeit, bei Regierungswechsel, bei Nicht-Erreichen einer der Voraussetzungen des Wertkonzepts für den Flughafen, bei technischen Problemen? Stemmt das Joint Venture das Projekt? Stehen genügend Planungs- und Baukapazitäten im aktuellen Bauboom zur Verfügung? Welche technischen Risiken hat das Projekt? Sind die Schnittstellen klar definiert? Die Zahl der Fragen der Projektfinanzierer ist Legion; die Zahl der Antworten noch höher. Und es wird immer ein Grad an Unsicherheit bleiben.

Was in dieser Situation hilft, sind konzeptionelle Stringenz und Transparenz.

Stringenz und Transparenz in der Konzeption
Konzeptionelle Stringenz meint den Nachweis, dass das Megaprojekt ausgehend von den Voraussetzungen, verfolgten Werten, der Organisation und Zusammenarbeit der Partner im BOT-Modell bis in die letzten Verästelungen der Technik und des Betriebs durchdacht ist, und dass erwartet werden kann, dass dieses Konzept mit Engagement umgesetzt wird. Transparenz meint die Politik der offenen Bücher der Projektbeteiligten auch und gerade in möglichen Krisensituationen oder möglichst noch lange davor. Stringenz und Transparenz sind Grundanliegen des Lean Project Management.

Letztlich bestimmt auf Finanzierungsseite das Vertrauen in die konzeptionelle Stringenz und Transparenz an diesem Punkt die Bewertung des Projektrisikos. Tatsächlich abschließende Erkenntnisse werden zum Zeitpunkt der Finanzierungszusage nicht vorliegen.

6.3.3 Stärken und Schwächen der Lean PPP

Das vorangehende Beispiel des dritten Istanbuler Flughafens kann damit plausibilisieren, an welchen Punkten das Lean Project Management ansetzt und wie es vorgeht. Die Stärken des Lean Project Management sind damit belegt. Wie in den vorausgehenden Beispielen stellt Lean PPP ein Schlüsselkonzept für eine Vielzahl von Projekten dar, die weltweit mehr oder minder mit Erfolg durchgeführt werden.

Über Schwächen von PPP wird viel diskutiert (z. B. Entstehen von Schattenhaushalten). Diese Diskussionen sind nicht Gegenstand dieser Betrachtung. Der Blick ist ausschließlich auf das Lean Project Management gerichtet. Die entscheidenden Schwächen der Lean PPP liegen weniger im Lean Project Management als in dessen Anwendung durch die Projektbeteiligten. So ist in vielen PPP-Projekten zu beobachten, dass ein wesentlicher Hemmschuh in der Projektkultur liegt. Die Projektbeteiligten finden zwar in einem Lean-Projekt zusammen, handeln aber tatsächlich wie in einem normalen Projekt.

Die öffentliche Hand schreibt Projekte entsprechend Vergaberegeln und üblicher Kriterien aus, wählt gegebenenfalls den preisgünstigsten Bieter aus und vergisst dabei, dass nicht der Preis, sondern weitere Kriterien für die Partnerwahl ausschlaggebend sind. In der Projektgesellschaft finden sich Gesellschafter, welche die üblichen Egoismen entfalten, und vergessen dabei, dass nur unter Ausnutzung der Synergien ein Optimum erzielt werden kann. Genehmigungsbehörden konzentrieren sich auf ihre Kontrollfunktion, ohne zu verstehen, dass diese als Sparringspartner wesentlicher Teil des Projekterfolgs werden können und für ihre organisatorische Zielstellung mehr als ein reines Kontrollorgan erreichen können.

Architekten, Planer und Ingenieure verfolgen Ziele ihrer Profession, ohne ihre Ergebnisse auf den tatsächlichen Wert des Projekts auszurichten. Die Liste ließe sich erheblich erweitern. Entscheidend ist, dass sich alle Projektbeteiligten auf die Umsetzung der Lean-Philosophie in deren täglicher Arbeit einlassen.

Zusammenfassend betrachtet sollten die drei dargestellten Beispiele für Produkte des Lean Project Management Folgendes deutlich machen:

- „One size fits all" für das Projektmanagement – mit oder ohne Lean – funktioniert in der Praxis nicht.
- Jedes Projekt ist als spezieller Fall zu betrachten, in dem die Lean-Prinzipien angewendet werden können. Welche der Prinzipien jedoch in welcher Ausprägung berücksichtigt werden, ist von den Werten abhängig, die mit dem Projekt verwirklicht werden.

- Die durch Lean Project Management ausschöpfbaren Optimierungspotenziale sind enorm.
- Die Projektkultur, insbesondere das Change Management von der bisherigen Vorgehensweise zu Lean Project Management, stellt den springenden Punkt für die Ausschöpfung der Lean-Potenziale dar.

Lean Project Management ist nicht zum „Nulltarif“ zu erhalten, diese Philosophie und die Prinzipien konsequent angewendet, stellen jedoch einen Meilenstein für die Weiterentwicklung des Projektmanagements dar und führen nicht zuletzt zur Erhöhung des Erfolgs von Projekten.

7 Praxisleitfaden Lean Project Management

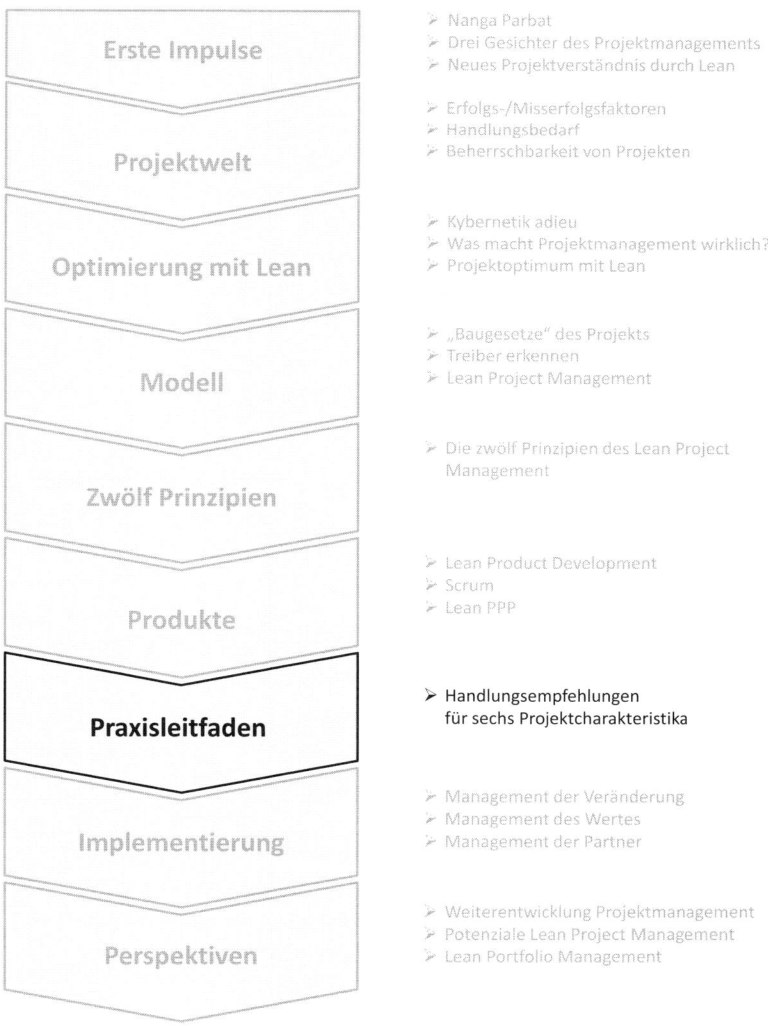

Bild 7.1 Kapitelübersicht

Aus den bisherigen Überlegungen sollte eines deutlich hervorgehen: Patentrezepte oder Erfolgsgarantien für Projekte gibt es nicht. Bei jedem Projekt müssen aufs Neue die Weichen richtig gestellt werden. Was ist richtig? Dies bestimmt sich jeweils aus einer Vielzahl von Faktoren. Viele sind gut planbar. Andere sind situationsabhängig, wieder andere im Projektverlauf variabel. Schließlich gibt es Faktoren, die vom Projekt aus nicht wirklich beherrscht werden können.

Entscheidend ist, dass alle Projektbeteiligten über ein ausreichend großes Repertoire an Bewertungs-, Entscheidungs- und Handlungsmöglichkeiten verfügen. Je differenzierter diese mit Projektsituationen umgehen können, desto eher sind optimale Projektergebnisse zu erwarten. Der folgende Praxisleitfaden konzentriert sich ausschließlich auf Elemente des Lean Project Management. Es stellt sich die Frage, was bei unterschiedlichen Projektvoraussetzungen wie z. B. bei eigenfinanzierten oder Risk-Sharing-Projekten, in Vorzeigeprojekten oder Sanierungsfällen, in kleinen oder großen Projekten usw. am meisten hilft.

In einem Projekt müssen täglich auf jeder Ebene kleinere oder größere Entscheidungen getroffen werden. Dabei besteht stets die Möglichkeit, eine richtige oder falsche Richtung oder beides gleichzeitig einzuschlagen. Wir wissen heute, dass die Lean-Philosophie nicht nur in der Produktion, sondern auch in der Projektwelt Erfolgschancen erhöht. Fatal wäre es, wenn diese Chancen nicht genutzt würden.

Praxisleitfäden können ganze Bücher füllen. Im vorliegenden Praxisleitfaden wird bewusst dem Prinzip „weniger ist mehr" gefolgt. Die Empfehlungen je Sachverhalt werden deshalb auf wenige begrenzt.

Bild 7.2 gibt einen Überblick, welche Projektgegebenheiten in die nähere Betrachtung gezogen werden.

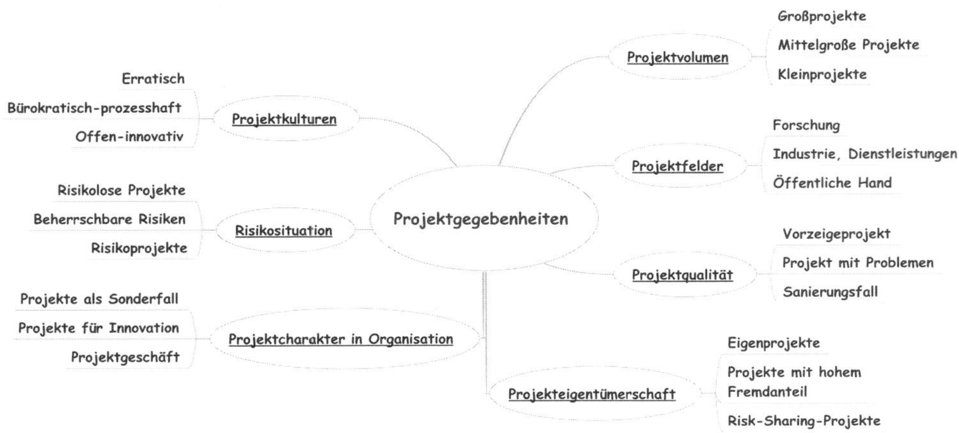

Bild 7.2 Überblick unterschiedlicher Projektgegebenheiten

7.1 Projektvolumen

Die Größe eines Projekts ist ein guter Indikator für den Anspruch und die Herausforderungen dieses Projekts. Die Größe eines Projekts ist relativ. Was im einen Fall bereits ein Großprojekt oder ein Megaprojekt ist, kann im anderen Fall z. B. gerade noch ein mittelgroßes Projekt, gegebenenfalls sogar ein kleineres Projekt sein. Wenn ein Unternehmen mit einem jährlichen Durchschnittsumsatz von 30 Millionen Euro ein Projekt von 100 Millionen Euro gewinnt, sprengt dieses Projekt mit sehr hoher Wahrscheinlichkeit die Fähigkeiten dieses Unternehmens. Deshalb empfiehlt sich, im ersten Schritt immer die relative (!) Größe des Gesamtprojekts und aller Subprojekte zu bestimmen:

→ Bestimmen Sie die **Größe** des Projekts im Verhältnis zu allen im Projekt vorhandenen Ressourcen, Erfahrungen, Assets usw. der Projektbeteiligten. Differenzieren Sie nach Gesamtprojekt (d. h. alle Leistungen und Beiträge, die Projekteigentümer, Projektunterstützer und Dritte zusammen erbringen müssen) und Subprojekten der Projektbeteiligten. Sie erhalten die in Bild 7.3 dargestellten Aussagen zu relativen Projektgrößen.

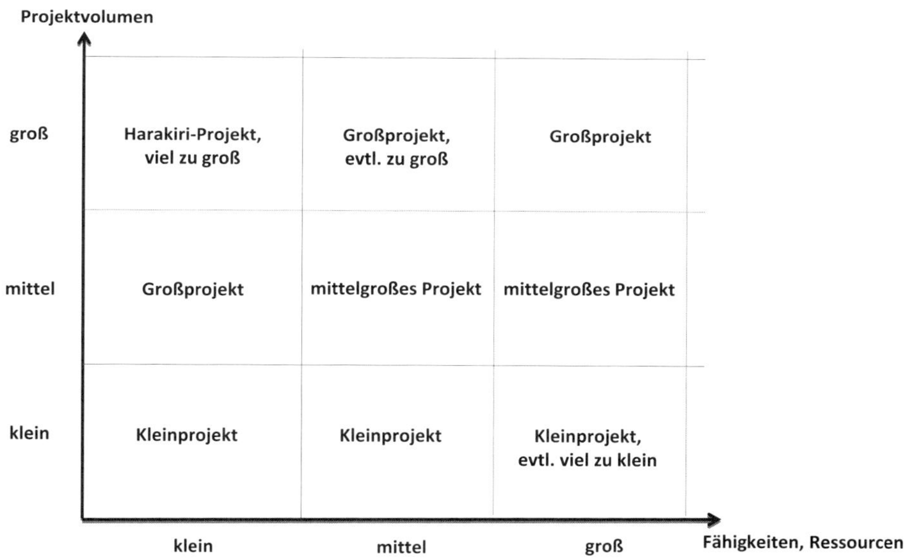

Bild 7.3 Relative Projektgrößen

→ Bewerten Sie, ob die resultierende Größenstruktur **Inkonsistenzen** enthält. Inkonsistenzen bestehen z. B., wenn für einen der Projektbeteiligten ein an sich kleineres Projekt ein „Großprojekt" ist oder wenn für einen oder mehrere Projektbeteiligte das Projekt sogar um Nummern zu groß ist.

Im Fall von Inkonsistenzen beurteilen Sie, ob Handlungsbedarf besteht. Sind solche Inkonsistenzen bereits im Vorfeld eines Projekts erkennbar, treten Sie mit den möglichen Projektpartnern in einen konstruktiven Dialog. Erkennen Sie dieses Thema in der Angebotsphase, prüfen Sie genau, welche Gefährdungspotenziale daraus für das Gesamtprojekt und einzelne Subprojekte resultieren, und entscheiden Sie, ob Sie anbieten, oder – falls noch möglich – treten Sie mit den möglichen Projektpartnern in einen konstruktiven Dialog. Erkennen Sie die Inkonsistenz erst in der Bearbeitungsphase, treffen Sie gemeinsam mit Ihren Projektpartnern Vorkehrungen, dass der Ernstfall nicht eintritt. Ist dieser bereits eingetreten, erarbeiten Sie mit Ihren Projektpartnern eine der Größenordnung des Projekts bzw. Problems angemessene Lösung. Tritt der Fall erst in der Nachphase ein, handeln Sie entsprechend.

7.1.1 Großes oder mittelgroßes Projekt

Handelt es sich um ein **Großprojekt oder ein mittelgroßes Projekt**, analysieren Sie mit großer Sorgfalt die mit dem Projekt verfolgten Werte:

➔ Gibt es im Projekt handlungsanleitende Werte oder nur hoch abstrakte Willensbekundungen? Unterscheiden Sie auch hier zwischen Gesamtprojekt und Teilprojekten (d. h. durch den Projekteigentümer verfolgte Werte und Wertstrom aller Subprojekte). Akzeptieren Sie nur solche Werte, die auch wirklich handlungsanleitend sind bzw. sein können. Ist dies nicht der Fall, treten Sie mit den relevanten Projektbeteiligten in einen konstruktiven Dialog. Gibt es Werte, die auf die eine oder andere Weise durch das Gesamtprojekt oder Teilprojekte nicht erfüllt werden können, treten Sie ebenfalls mit den Projektbeteiligten in einen konstruktiven Dialog. Führen Sie in angemessenen Abständen im Projektverlauf, insbesondere bei wichtigen Meilensteinen, einen konstruktiven Wertedialog. Beurteilen Sie dabei mögliche Veränderungen in der Struktur der Werte und ob mit den gegebenen Projektstrukturen, Fähigkeiten, Ressourcen usw. die angestrebten Werte noch realisierbar sind. Treiber an diesem Punkt soll der Projekteigentümer sein. Kommt der Projekteigentümer dem nicht nach, ist es Aufgabe der Projektbeteiligten, diesen Dialog zu fordern.

Ein weiterer wichtiger Punkt gerade bei **großen und mittelgroßen Projekten** liegt in der wertorientierten Ausrichtung des Projekts:

➔ Analysieren Sie, welche Leistungsbeiträge im Projekt erforderlich sind und wer welche Leistungsbeiträge tatsächlich erbringt. Gibt es weiße Flecken? Maßgebend ist ein erfolgreicher Projektverlauf mit optimaler Werterzielung. Stellen Sie sich die Frage, ob das (Gesamt-)Projekt so strukturiert ist, dass das zu erwartende Projektergebnis am Ende auch die beabsichtigten Werte erfüllt. Was müssen die Projekteigentümer, was die Projektunterstützer, was Dritte beitragen? Sind diese in der Lage und bereit bzw. so aufgestellt, dass sie die erwarteten Beiträge erbringen? Wollen und können die Projektbeteiligten die erforderlichen Kräfte mobilisieren? Sind die richtigen Player an Bord bzw. fehlen entscheidende Partner? Sind alle Projektbeteiligten auf den Projekterfolg ausgerichtet? Die Entwickler eines Projekts müssen auf diese Fragen zu jedem Zeitpunkt stichhaltige Antworten geben können. Sie sollen sich nicht mit allgemeinen Floskeln zufriedengeben. Gleiches gilt für die Business Developers möglicher Auftragnehmer, die zu diesem Projekt beitragen sollen. Geben Sie als Business Developer sich und den Projektentwicklern keine Spielräume für Allgemeinplätze. Je mehr die Projektentwickler gefordert werden und je mehr Sie sich als Business Developer selber fordern, desto besser werden die Konzepte und Lösungen für das gesamte Projekt und seine Teile. Noch detaillierter wird der Sachverhalt in Angebots- und Entscheidungsphasen. Nutzen Sie als Angebotsleiter in der Angebotsphase ausgiebig die Möglichkeit, dem Kunden Fragen zu stellen (selbst wenn Mitbewerber mitbekommen, was Sie als wichtig beurteilen). Und perfektionieren Sie diese Vorgehensweise im eigenen Verantwortungsbereich. Überprüfen Sie als Projektverantwortlicher im Projektverlauf mehrfach, inwieweit die Ausgangsbedingungen noch zutreffen und weiteres Gegensteuern erforderlich ist. Jegliche Inkonsistenz zwischen Werterfüllung und dagegenstehender Projektrealität soll zu einem konstruktiven Dialog mit den relevanten Projektbeteiligten führen.

Insbesondere bei **Großprojekten** spielt „Politik“ in den Projekten eine nicht zu unterschätzende Rolle. Auf bestimmten Ebenen kann „Politik“ konstruktiv zur Werterzielung beitragen, meist ist es für die Erzielung eines Werts eher störend, wenn an den Grundfesten des Projekts, dem Management des Projekts, den Methoden oder Ähnlichem gezerrt wird:

→ Analysieren Sie deshalb, wo und in welcher Form „Politik“ im und für das Projekt eine wichtige, das Projekt unterstützende Funktion aufweist, und wo sie im Projekt eliminiert bzw. neutralisiert werden muss. Wo „Politik“ hinderlich ist: „Packen Sie den Stier bei den Hörnern“. „Politik“ gibt es auf der Seite des Projekteigentümers, beim Projektunterstützer und Lieferanten wie bei Dritten. Treten Sie in einen konstruktiven Dialog mit den relevanten Projektbeteiligten und weisen Sie rational nach, wie und in welchem Umfang deren „Politik“ dem Projekt schadet. Schrecken Sie vor einem solchen Vorgehen selbst dann nicht zurück, wenn Sie als Auftragnehmer erkennen, dass „Politik“ auf Kundenseite Ihren Projekterfolg oder den Projekterfolg des Gesamtprojekts gefährdet.

Große und mittelgroße Projekte ohne Anwendung gezielter Projektmanagementmethoden und Einrichtung eines Project Management Office führen im Projekt in ein Chaos. Es ist vom Projekttyp abhängig, ob und inwieweit „klassisches“ Projektmanagement, projektinhaltliche Verfahren und/oder geeignete Business-Modelle im Projekt eingesetzt werden. Was immer für das Projekt erforderlich ist:

→ Machen Sie im Hinblick auf die eingesetzte Projektmanagementmethodik keine halben Sachen. Bei Nutzung der Methoden des „klassischen“ Projektmanagements, planen und implementieren Sie in Ihren Projekten alle (!) wesentlichen Werkzeuge. Gleiches gilt bei den inhaltlichen Verfahren und in Ihrem Business-Modell. Sparen an diesem Punkt führt zu überproportionalen Mehrkosten im Projekt und in Ihrer Organisation. Sorgen Sie in Ihrem Projekt für volle Transparenz über alle Projektbeteiligten und Projektteile hinweg. Etablieren Sie in Ihrem Verantwortungsbereich ein professionelles Project Management Office. Rechnen Sie je 50 Millionen Euro Projektvolumen mit mindestens einer Vollzeitarbeitskraft („full-time equivalent“). Wenn Sie also ein 200-Millionen-Euro-Projekt verantworten, benötigen Sie vier Vollzeitarbeitskräfte im Project Management Office. Hat Ihr Projekt einen Unterauftragnehmer, der 100 Millionen Euro verantwortet, benötigt dieser noch mal ein Project Management

Office mit zwei Vollzeitarbeitskräften, und vergibt dieser aus seinem Budget 50 Millionen Euro an einen Sublieferanten, benötigt dieser auch noch mal eine Vollzeitarbeitskraft für seinen Verantwortungsbereich. Kaskadenmodelle sind aufseiten des Projektmanagements Kostentreiber. Unterschätzen Sie den Aufwand nicht. Und etablieren Sie die Project Management Offices als verlängerten Arm des Projektleiters bzw. Teilprojektleiters und in jeder Hinsicht als Aktivposten und Treiber im Projekt (das Wörtchen „Management“ soll dies ausdrücken; in die Projektrealität ist diese Erkenntnis häufig noch nicht immer durchgedrungen). Der Projektleiter und das Project Management Office sind die Promotoren der Lean-Philosophie. Existiert, wie bei Scrum, keine spezielle Projektleitung, sind die Teams selbst die Promotoren der Lean-Philosophie.

➔ Handeln Sie in folgendem Punkt „radikal“: Ansprüche an das Projekt, die mit der Werterzielung durch das Projekt nichts zu tun haben, sind kategorisch abzulehnen, zu eliminieren oder zu neutralisieren! Nutzen Sie also das Projekt in keinem Fall als Vehikel für andere Ziele (z. B. Finanzlöcher anderer Projekte stopfen, Marktposition gegen kooperierenden Projektpartner aufbauen, Abteilungsziele realisieren, Auslandsmarkt aufbauen). Und treten Sie in kritischen Dialog, sollte dies von anderer Seite angestrebt werden.

Erst wenn Sie in **großen und mittelgroßen Projekten** die genannten Voraussetzungen geschaffen haben, können Sie an die eigentliche Umsetzung der Lean-Prinzipien im Projekt herangehen.

➔ Ziehen Sie die Umsetzung der Lean-Prinzipien stabsmäßig durch.

7.1.2 Kleines Projekt

In **kleinen Projekten** kann der eine oder andere vorgenannte Hinweis ebenfalls wichtig sein, entscheidend ist aber Folgendes:

➔ Zwingen Sie sich, die von Ihnen mit dem Projekt angestrebten Werte klar zu sehen und zu definieren. Geben Sie sich nicht mit den vordergründigen Zielen des Projekts zufrieden. Sprechen Sie mit Experten, nehmen Sie an einschlägigen Seminaren teil, führen Sie Gespräche mit Projektleitern ähnlicher Projekte usw. Konzentrieren Sie sich dabei auf die Werte, die Sie mit Ihrem Projekt anstreben, und übernehmen Sie nicht vorgefertigte Schablonen. Lernen Sie Ihr Projekt aus Ihrer eigenen Sicht kennen und verstehen. Verzetteln Sie sich in dieser Phase nicht mit architektonischen, finanziellen, technischen, organisatorischen oder ähnlichen Fragestellungen. (Zeitaufwand: drei bis vier Wochen.)

➔ Suchen Sie gezielt nach den Freiheitsspielräumen des Projekts und im Projekt. Akzeptieren Sie, dass immer mehr Spielräume vorhanden sind, als man üblicherweise annimmt. Orientieren Sie sich dabei an den Lean-Prinzipien. Wenn Ihnen keine realen Spielräume auffallen, binden Sie einen Sparringspartner in das Projekt ein, der Ihnen dabei hilft. Wenn Sie selbst keine Spielräume entdecken können, werden Sie in den Gesprächen mit Ihrem Sparringspartner zu einer „Geht-nicht-Haltung“ neigen.

Verzichten Sie bei der Ideenfindung auf Gegenargumente bzw. -beweise. Was wirklich „geht", wird sich in der nachfolgenden Phase der Ideenbewertung zeigen. Als Projekteigentümer werden Sie zuletzt ohnehin selbst entscheiden müssen, mit welchem Konzept Sie am Ende die von Ihnen angestrebten Werte am besten realisieren können. Langjährig im Projektthema tätige Experten, Planer, Lieferanten oder Ähnliches sind als Sparringspartner nicht geeignet. Sie neigen dazu, deren „althergebrachte" Erkenntnisse in Ihrem Projekt aufzufrischen. Erst bei der Projektrealisierung sind die Vorgenannten die richtigen Partner und werden Ihnen sagen, was von Ihren Überlegungen geht und was nicht und wo die Kostentreiber liegen. (Zeitaufwand: eine Woche.)

- ➔ Als Projekteigentümer werden Sie Ihr Projekt nicht voll in die Hände der Experten, Planer, Lieferanten etc. legen können. Diese verwirklichen tendenziell nicht Ihr Projekt, sondern deren eigene Vorstellungen zum Projekt. Diese können wesentlich abweichen. Damit deren Vorstellungen über Ihr Projekt möglichst deckungsgleich sind, treten Sie mit diesen zu Beginn deren Einsatzes und in geeigneten Perioden im Projektverlauf in einen konstruktiven Dialog zu den Werten, Konzepten usw. Ihres (!) Projekts. Und prüfen Sie, ob die vorgeschlagenen Lösungen wirklich Ihren Vorstellungen entsprechen. (Zeitaufwand: eine Woche.)
- ➔ Wenn Sie als Projekteigentümer Ihr Projekt zum Erfolg führen wollen, werden Sie sich in erheblichem Umfang selbst in das Projekt einbringen müssen. Dies bedeutet auf Ihrer Seite Engagement und Zeit. Treffen Sie also Vorkehrungen dafür, dass Sie bei der Vorbereitung und während Ihres Projekts das erforderliche Engagement und die notwendige Zeit aufbringen können, ohne an ihre persönlichen Leistungsgrenzen zu gehen. (Zeitaufwand: ein bis zwei Tage wöchentlich.)

Aus Sicht eines professionellen Lean Project Management ist es wichtig, dass Sie beim Zuschnitt Ihrer Projekte darauf achten, dass Sie diese nicht von vornherein **zu klein oder zu groß** dimensionieren:

- ➔ Prüfen Sie die von Ihnen verfolgten Werte. Achten Sie auf eine angemessene Dimensionierung Ihrer Erwartungen (rechtlich, finanziell, technisch, organisatorisch machbar?). Ihre Erwartungen dürfen weder zu groß noch zu klein sein.
- ➔ Stellen Sie sicher, dass Ihre angestrebten Werte mit den Mitteln des geplanten Projekts tatsächlich erfüllbar sind.
- ➔ Bereiten Sie Ihr Projekt professionell vor. Achten Sie genau darauf, wer welche Wertbeiträge tatsächlich erbringen kann. Lagern Sie z.B. keine „Hausaufgaben" aus, die Sie als Projekteigentümer nur selbst erfüllen können. Externe werden bei der Erfüllung dieser Aufgaben immer mehr oder minder scheitern.
- ➔ Achten Sie als Projekteigentümer, Projektunterstützer und Drittbeteiligter auf faire Projektbedingungen. Maximalvorstellungen auf Kundenseite, die vollständige Externalisierung von Risiken und andere einseitige Knebelbedingungen oder Unsicherheiten können rasch zu explosionsartig steigenden Projektanforderungen führen. Die vorhandenen Optimierungspotenziale des Lean Project Management können dann gegebenenfalls nicht mehr greifen. Schlechte Erfahrungen mit Knebelverträgen, schlecht vorbereiteten Projekten usw. führen zu Risikoaversion und damit letztlich zum Verzicht, sich künftig an solchen Projekten zu beteiligen.

7.2 Projektfelder

Projekte gibt es heute in allen Branchen. Die Methoden des Projektmanagements finden deshalb in allen Branchen Eingang. Für die Nutzung des Lean Project Management sind für die unterschiedlichen Anwendungsfelder folgende Schwerpunkte festzustellen.

7.2.1 Forschung

In der **wissenschaftlichen Forschung** hat Projektmanagement erst rudimentär Eingang gefunden. In der **industriellen Forschung** ist der Verbreitungsgrad des Projektmanagements höher. Aber auch hier sind es eher die für das Gesamtunternehmen geltenden Projektmanagementvorgaben denn eine „Liebesbeziehung“ zwischen industrieller Forschung und Projektmanagement, die den erhöhten Verbreitungsgrad des Projektmanagements bestimmen.

Betrachtet man einzelne Forschungsprojekte bis hin zu Großforschungseinrichtungen etwas detaillierter, werden enorme Chancen eines gezielten Lean Project Management deutlich.

Sie sind in leitender Funktion in der Forschung tätig, mit dem Einwerben von Forschungsgeldern für Projekte betraut oder arbeiten an größeren Forschungsprojekten mit; wie können Sie Lean Project Management für sich produktiv nutzen? Im Kern sind dies folgende Potenziale:

- → Nutzen Sie Lean Project Management bereits in der Frühphase Ihrer Ideenfindung für ein Forschungsprojekt, Sie werden sehen, dass Sie das konsequente Denken in Werten auch in Ihrer engeren wissenschaftlichen Fragestellung voranbringt. Sie werden genauer, spezifischer, besser zu wirklich klaren Hypothesen finden.
- → Besonders deutlich werden diese Vorteile, wenn Sie Ihre Projektideen in Zusammenarbeit mit anderen Forschungseinrichtungen formulieren, wenn also alle Projektbeteiligten gehalten sind, in die gleiche Richtung zu denken, und dann ausgehend von dieser gemeinsamen Position ihre jeweiligen Forschungsthemen formulieren.
- → Überzeugen Sie Ihre Auftraggeber oder Finanzierungsträger, dass Sie es mit der „Wissensproduktion“ ernst nehmen, also nicht – dem Vorurteil entsprechend – in den Tag hinein forschen, sondern wirklich gezielt, strukturiert, kontrolliert usw. arbeiten, eben mit Lean Project Management. Lean Project Management wird sich in den kommenden Jahren auch in der Forschung durchsetzen (stagnierende Budgets bei einer exponentiell steigenden Zahl von Forschungsaufgaben). Je früher Sie sich mit Lean Project Management anfreunden, desto eher profitieren Sie von diesem Vorsprung.
- → Wenden Sie im laufenden Projekt konsequent die Prinzipien des Lean Project Management an. Sie werden Ihr Forschungsbudget deutlich entlasten, die Qualität Ihrer Forschung wird steigen, und Sie werden mehr Zeit für die eigentlich interessierenden Fragestellungen finden.
- → Wissensmanagement ist die Kehrseite der Wissensproduktion. Betrachten Sie den

Abschluss des laufenden Projekts als Chance für eine Vielzahl neuer Projektideen und Projekte. Werten Sie Ihre Ergebnisse und Erkenntnisse aus dem Projekt gezielt in diese Richtung aus.

In Summe eröffnen „lean" organisierte Forschungsprojekte gegenüber herkömmlich aufgesetzten und durchgeführten Projekten ein Optimierungspotenzial bis zu 40 % (Zeit, Budget, Qualität usw.).

7.2.2 Industrie, Dienstleistung

In der industriellen Produktion hat sich Lean Management durchgesetzt. Welcher Betrieb verwendet heute nicht auf die eine oder andere Weise Value Stream Mapping, Kanban, KVP, TQM, Six Sigma und viele andere Methoden des Lean Management.

In der **Produktentwicklung** sowie anderen **vorwärtsgerichteten Bereichen der Industrie**, in welchen das Projekt als Organisationsform vorherrscht, ist inzwischen ebenfalls eine neue Rationalisierungswelle angerollt. Dies ist der Grund für den Bedeutungszuwachs von „klassischem" Projektmanagement sowie davon abweichenden Projektmanagementmethoden in der Industrie. „Klassisches" Projektmanagement hilft, reicht aber nicht mehr, die neuen Projektherausforderungen zu stemmen. Lean Project Management ist die adäquate Antwort auf diese Herausforderung. Was empfiehlt sich aus der Sicht des Lean Project Management?

- → Nutzen Sie Lean Project Management bereits in der Ideenfindung und bei der Marktbetrachtung. Gehen Sie vor Ort, erleben Sie als verantwortlicher Produktentwickler selbst, wie die möglichen Kunden über Ihre Produktidee denken, welche besonderen Anforderungen sie an Ihr Produkt stellen, was sie wirklich erwarten.
- → Überzeugen Sie Ihre Projektsponsoren und Ihr Entwicklerteam mit Ihrer wertorientierten Sicht des Marktes und Entwicklung des künftigen Produkts.
- → Erarbeiten Sie für Ihr neues Produkt ein Produktentwicklungskonzept, das durch 20 % reduzierte Entwicklungskosten, deutlich verkürzte Entwicklungszeiten und ein deutlich verbessertes Qualitätsversprechen sowie reduzierte Entwicklungsrisiken besticht.
- → Nutzen Sie in Ihrem Produktentwicklungsprojekt Lean Project Management als teamübergreifenden Motivationsansatz und als Methode, im gegebenenfalls globalen Entwicklerteam den Schulterschluss zu finden.
- → Incentivieren Sie in Ihrem Projekt maßgebliche Verbesserungsvorschläge, sei es beim Produkt, im Prozess, in der Kultur, in der Zusammenarbeit mit den Lieferanten oder anderswo. Maßstab für Verbesserung ist die Erzielung erhöhter Wertbeiträge.
- → Führen Sie Ihr Entwicklerteam und die Entwicklungsprozesse unter konsequenter Anwendung eines auf Ihr Projekt zugeschnittenen Lean-Project-Management-Ansatzes.
- → Nachdem die Entwicklung des Produkts, somit das Projekt abgeschlossen ist, lösen Sie die Kernmannschaft des Projekts nicht auf, sondern führen Sie diese als virtuelle

Einheit weiter und organisieren Sie einen auf dieses Produkt bezogenen Lern- und Verbesserungsprozess.

Das **industrielle und dienstleistungsorientierte Projektgeschäft** steht vor erheblichen Herausforderungen. Zum einen steigen die Anforderungen der Kunden und Projekte exponentiell, zum anderen gibt es einen deutlichen Innovationsstau sowohl bei den Produkten, der Projektfinanzierung und im Projektmanagement als auch in der Projektkultur und an vielen anderen Stellen. Das „Innovationskapital", bedingt durch Innovationsschübe im Projektgeschäft in den 1960er- bis 1990er-Jahren, ist aufgebraucht. Das Projektgeschäft benötigt neue Impulse.

Lean ist das Konzept, das im Projektmanagement die erforderlichen neuen Impulse bieten kann. Die Impulse resultieren aus folgenden Punkten: a) eine erheblich erweiterte, übergreifende Sicht auf die Projektrealitäten, b) die konsequente Nutzung aller synergistischen Vorteile, c) der gleichzeitige Blick auf die Werte des Projekts und die Ausschöpfung von Projektpotenzialen (einschließlich Rationalisierungspotenzialen).

Was sei den Projektverantwortlichen in diesem Geschäftszweig ganz besonders empfohlen? Auf einen einfachen Nenner gebracht die Quintessenz dieses Buches:

- ➔ Rücken Sie den Wert des Projektergebnisses in den Mittelpunkt Ihres Projekts.
- ➔ Richten Sie Ihr Projekt auf die Erzielung dieser Werte aus. Eliminieren oder neutralisieren Sie in Ihrem Projekt, was nicht zur Werterzielung beiträgt.
- ➔ Denken Sie dabei nicht nur an Ihren Part bei der Werterzielung des Projekts. Projekteigentümer (Auftraggeber), Projektunterstützer (Auftragnehmer) und Dritte (z.B. Genehmigungsbehörden) müssen konstruktiv zum Projekterfolg beitragen. Ist diese Voraussetzung nicht gegeben, ist das Projekt gefährdet.
- ➔ Weichen des Projekts werden in allen Phasen gestellt (Vor-, Leistungserstellungs-, Nachphase). Haben Sie Interesse an einem bestimmten Geschäft bzw. Projekt, beteiligen Sie sich in allen Phasen des Projekts in angemessenem Umfang (kann teuer werden!). Dabei ist wichtig: Der Hauptakteur des Projekts muss im Mittelpunkt des Geschehens stehen, vor Ort sein. Business Developer, Repräsentanten etc. können Sparringspartner des künftigen Projektleiters sein, jedoch nicht Hauptansprechpartner des Kunden.
- ➔ Nutzen Sie in Ihrem Projekt konsequent die aufgezeigten Prinzipien des Lean Project Management.

7.2.3 Öffentliche Hand

In staatlichen Projekten, allen voran bei staatlichen Infrastrukturprojekten, Hochbauten, aber auch bei Technologieprojekten, militärischen Beschaffungen und einer Reihe weiterer staatlicher Aufgabenstellungen mit Projektcharakter sind „Projektsteuerung" und „Projektmanagement" seit Langem Standard. Dennoch ist aus Sicht von Lean Project Management eine Reihe von Maßnahmen zu empfehlen, die speziell mit Projekten der öffentlichen Hand in Verbindung stehen:

- → Beachten Sie bereits in der Vorphase die gegebenenfalls hochkomplexe Interessenlage im Zusammenhang mit Ihrem Projekt. Machen Sie so früh wie möglich öffentlich transparent, welche Werte Sie mit Ihrem Projekt verfolgen. Die Wertdiskussion ist entscheidend. Übernehmen Sie als Projektentwickler die Promotion und Moderation der Wertdiskussion. Warten Sie nicht, bis der eine oder andere öffentliche oder private Interessenträger auf Sie zukommt; binden Sie diesen von vornherein aktiv ein. Er ist Teil des Projekts. Sie haben die „Bringschuld". Ihre „Hausaufgabe" als öffentlicher Projektentwickler besteht darin, die politische Seite zu klären. Schließen Sie die Vorphase des Projekts erst ab, wenn zu den Werten, die mit dem Projekt verfolgt werden, öffentlich (weitgehend) Konsens besteht. Verzichten Sie auf Machtpromotion; Überzeugung ist entscheidend. Mehrheitsentscheidungen sind heute kein Garant mehr für die Akzeptanz von Projekten.
- → Binden Sie Ihre späteren Projektpartner (Investoren, Bauunternehmen, andere interessierte Unternehmen, Genehmigungsbehörden usw.) bereits frühzeitig in Ihr Projekt ein und erwarten Sie von diesen nicht Akklamation, sondern ernst zu nehmenden Rat. Lernen Sie von diesen auch, wo deren Wertbeiträge tatsächlich liegen werden. Holen Sie auch hier keine Wunschbilder ab, sondern realistische Einschätzungen. An diesem Punkt haben Sie ebenfalls eine „Bringschuld". Sie wollen ein erfolgreiches Projekt entwickeln. Sie müssen wissen, wo Sie und Ihre Projektpartner tatsächlich mit Ihrem Projekt stehen werden.
- → Wenn Sie größere bzw. große Teile Ihres Projekts ausschreiben, achten Sie auf faire Ausschreibungsbedingungen und eine adäquate Bezahlung der Leistungen. Analysieren Sie die Angebote bis ins Detail. Billigstangebote sind grundsätzlich suspekt, es sei denn, dieser Bieter kann Alleinstellungsmerkmale geltend machen, die den niedrigeren Preis tatsächlich rechtfertigen. Entscheidend ist, dass Ihr künftiger Auftragnehmer das Projekt erfolgreich bis zum Ende durchsteht und Sie die angestrebten Werte des Projekts realisieren. Daran sollten Sie die Bieter messen. Achten Sie bei Ihrer Ausschreibung darauf, dass Sie nur solche Aufgaben vergeben, die der Auftragnehmer tatsächlich bewältigen kann.
- → Stellen Sie im Projekt sicher, dass Sie als Projekteigentümer über ausreichend Fähigkeiten und Ressourcen verfügen, um dieses Projekt erfolgreich zu verwirklichen. Selbst wenn Sie den Großteil der Aufgaben nach außen vergeben, können Sie sich nicht auf eine reine Monitoring-Funktion zurückziehen. Sie müssen der Treiber des Projekts bleiben – auf allen Ebenen und in alle Richtungen. Sie sind der entscheidende Ansprechpartner aller Stakeholder des Projekts. Stellen Sie sicher, dass Sie diesen aktiv und professionell gegenübertreten und sich selbst nicht nur als Projekteigentümer, sondern mit Ihrem Team auch als erster bzw. oberster „Dienstleister" im Projekt verstehen.
- → Achten Sie darauf, dass alle Projektbeteiligten die erforderlichen Kenntnisse, Erfahrungen und Ressourcen in das Projekt mitbringen. Es liegt zunächst und in erster Linie an Ihnen, fehlende Fähigkeiten wahrzunehmen und Lösungen vorzuschlagen. Auch Genehmigungsbehörden müssen z.B. die richtigen Mitarbeiter für die Betreuung Ihres Projekts beauftragen. Wenn Sie hier Schwächen erkennen, liegt es an Ihnen, mit dieser Behörde eine adäquate Lösung zu suchen.

→ Trimmen Sie Ihr Projekt auf „Lean“. Suchen Sie mit den Projektbeteiligten unter Anwendung der Lean-Project-Management-Prinzipien nach dem Optimum Ihres Projekts. Identifizieren Sie mit den Projektbeteiligten Stärken, Schwächen, Chancen und Risiken; helfen Sie ihnen, die Optimierungsmöglichkeiten zu implementieren.

In Summe werden Sie also erkennen, dass Ihr Projekt bei Anwendung dieser Empfehlungen erheblich besser als im Normalfall läuft.

7.3 Projektqualitäten

Lean Project Management trägt wesentlich dazu bei, dass aus Projekten Vorzeigeprojekte werden. Lean Project Management kann auch dazu beitragen, bereits sehr gut laufende Projekte weiter zu optimieren. Nicht jedes Projekt ist und muss ein Vorzeigeprojekt sein. Projekte sollen jedoch definitiv nicht zu Problemprojekten und Sanierungsfällen werden. Tritt diese Situation ein, kann Lean Project Management ebenfalls eine wesentliche Hilfe sein, diese Projekte wieder auf die richtige Spur zu bringen. Die folgenden Empfehlungen verdeutlichen, wie Ihnen die Anwendung der Lean-Philosophie im Projektmanagement Ihres Projekts Vorteile bringt.

7.3.1 Vorzeigeprojekte

Eine Garantie, dass Ihr Projekt mit Anwendung des Lean Project Management automatisch zu einem Vorzeigeprojekt wird, gibt es nicht. Sie steigern jedoch erheblich die Wahrscheinlichkeit hierzu, wenn Sie die Lean-Philosophie in Ihrem Projekt anwenden. Berücksichtigen Sie hierbei folgende Empfehlungen:

→ Akzeptieren Sie, dass die Anwendung der Lean-Philosophie in Ihrem beabsichtigten Vorzeigeprojekt zu Zusatzinvestitionen im Projektmanagement führen wird. Die Mehrkosten amortisieren sich mehrfach im Projektverlauf.

→ Sollten Sie in Ihrem Unternehmen oder Ihrer Organisation häufiger mit Problem- und Krisenprojekten konfrontiert sein, ziehen Sie bereits in der Projektentwicklungsphase externen Lean-Project-Management-Sachverstand bei. Gleiches gilt, wenn in Ihrem Unternehmen bzw. Ihrer Organisation Lean Project Management noch nicht oder nur halbherzig angewendet wird. Nutzen Sie Ihr Projekt zum Aufbau von Lean-Project-Management-Kompetenz.

→ Planen und organisieren Sie bereits die Projektentwicklungsphase als professionelles Projekt und nutzen Sie dabei konsequent die Prinzipien und Methoden des Lean Project Management. Wie gesagt, „konsequent“! Binden Sie schon in dieser Phase die künftig wichtigsten Projektbeteiligten ein. Akzeptieren Sie diese als Ihre Berater und verdeutlichen Sie diesen, worin der Zusatznutzen der Anwendung von Lean Project Management liegt.

- ➔ Überzeugen Sie möglichst alle (!) Projektbeteiligten, d. h. auch Unterauftragnehmer und Dritte, dass diese in deren Vorgehen die Lean-Philosophie anwenden. Helfen Sie ihnen dabei. Sie müssen das Vorbild sein! Wer die Lean-Philosophie ablehnt, ist für Ihr Projekt als Projektpartner mit hoher Wahrscheinlichkeit nicht geeignet. Wie wollen Sie mit solchen ein wirkliches Optimum finden?
- ➔ Wenn Sie die Philosophie und Prinzipien des Lean Project Management bereits anwenden und mit Ihrem Projekt bereits ziemlich zufrieden sind, geben Sie sich einen Ruck! Es ist noch mehr drin! Lassen Sie nicht locker.

7.3.2 Projekte mit Problemen

Probleme in Projekten sind nichts Außergewöhnliches. Professionelle Projektmanager sind gewohnt, mit Problemen rational umzugehen und diese zu lösen. Manche Projektmanager laufen gerade in solchen Situationen zur Hochform auf. Vorausgesetzt ist, dass die Probleme mit Mitteln des Projektmanagements beherrschbar sind. Ist „klassisches" Projektmanagement bereits am Ende der Weisheit angelangt, bestehen für Lean Project Management noch erhebliche Möglichkeiten für ein gezieltes und Erfolg versprechendes Eingreifen. Dies ist vor allem der Fall, wenn bereits beim Aufsetzen bzw. im Verlauf des Projekts nicht den Grundprinzipien eines „lean" organisierten Projekts gefolgt wurde. Was ist aus Sicht des Lean Project Management zu empfehlen, dass Probleme erst gar nicht auftreten? Und wie kann gehandelt werden, damit einzelne Probleme oder größere Problemlagen in Projekten umgehend und nachhaltig gelöst werden?

- ➔ Seien Sie zu jedem Zeitpunkt wachsam und erkennen Sie mögliche Probleme oder Problemlagen, schon lange bevor sie virulent werden. Die Lean-Philosophie und die Prinzipien des Lean Project Management geben Ihnen eine Vielzahl von „Methoden" in die Hand, die Sie wachsam werden lassen.
- ➔ Im Gesundheitswesen und anderswo spricht man von Prävention. Prävention ist auch im Lean Project Management ein höchst empfehlenswertes Konzept. Es werden in Projekten Vorkehrungen getroffen, die Probleme erst gar nicht entstehen lassen. Wer die Lean-Philosophie und die Prinzipien sowie Methoden des Lean Project Management konsequent anwendet, betreibt genau genommen bereits Prävention. Besonders schlagkräftig ist dieses Konzept, wenn man es mit einem vorausschauenden Risikomanagement verbindet.
- ➔ Wenn in Ihrem Projekt bereits Probleme oder größere Problemlagen existieren, handeln Sie nicht überhastet, sondern wohlüberlegt. Lehnen Sie sich zurück. Nehmen Sie zunächst eine Vogelperspektive ein. Gehen Sie an den Ort des Geschehens. Versuchen Sie, das Problem zu verstehen, lernen Sie, die Problemursachen wirklich zu erkennen. Gehen Sie der Sache auf den Grund und geben Sie sich nicht mit „Ad-hoc-Problemlösungen" zufrieden. Wenn die Lösung so einfach wäre, käme es gar nicht zu diesem Problem.
- ➔ Suchen Sie die Ursachen des Problems nicht alleine im operativen Projekt oder in der operativen Projektmannschaft des Projekts bzw. deren möglichem Unvermögen. Die

Ursache des Problems kann in der Frühphase der Projektentwicklung, beim Kundenvertrag, bei Dritten usw. liegen. Wenn Sie z. B. als Auftragnehmer erkennen, dass Sie gar nicht der Verursacher des Problems sind, wird Ihnen dies zunächst nicht viel helfen. Der Projekteigentümer wird trotzdem auf Vertragserfüllung pochen. Sie werden aber zu einem tatsächlich zutreffenden Verständnis der Problemursachen gelangen und zumindest keine unsinnigen „Notmaßnahmen" treffen. Liegt die Ursache des Problems tatsächlich bei Ihren Projektpartnern, besteht bei rationaler Argumentation eine Chance, zu einer umfassenden Problemlösung zu gelangen. Drohverluste für den Fall des Scheiterns eines Projekts gibt es auf allen Seiten.

7.3.3 Projekte als Sanierungsfall

Rund ein Drittel der Projekte werden zu Sanierungsfällen. Echte Sanierung von Projekten gelingt selten. Ein sogenanntes „Begräbnis zweiter Klasse" ist in solchen Fällen bereits ein Erfolg. Beim „Begräbnis zweiter Klasse" wird dieses Projekt mit „Anstand" abgeschlossen, es gibt keinen richtigen Verlierer, aber auch keinen richtigen Gewinner. Projekteigentümer, Projektunterstützer und Dritte sind mit einem „blauen Auge" davongekommen. Häufiger wird der Fall eintreten, dass das Projekt abgeschlossen wird, wobei ein oder zwei Parteien echte Verlierer sind. Der einzige Grund für die Fertigstellung des Projekts liegt darin, dass keine „Ruine" hinterlassen wird, die zu erheblichen Imageschäden (Negativ-Referenz) oder wo der Abbruch des Projekts zu höheren Kosten als die Fertigstellung führt. Schließlich kommt es nicht selten zum Scheitern und Abbruch des Projekts mit allen denkbaren Negativ-Folgen.

Projekte werden zu Sanierungsfällen, wenn die meisten oder alle Prinzipien des Lean Project Management verletzt werden, wenn also a) die angestrebten Werte nicht erzielt oder solche gar nicht wirklich angestrebt werden, in hohem Maße Ressourcen verschwendet werden, den umfassenden Problemen nicht wirklich auf den Grund gegangen wird usw. Des Weiteren ist bei Sanierungsfällen b) meist viel „Politik" im Spiel. Zudem werden vorhandene Freiräume für eine erfolgreiche Produktdurchführung und Ergebniserzielung nicht genutzt. Notwendige Techniken und Dienstleistungen für ein erfolgreiches Projektergebnis werden nicht beherrscht. Schließlich werden die Methoden des Projektmanagements nur rudimentär oder gar nicht angewendet.

Nehmen wir an, Sie sind der Projektsanierer. Was kann Ihnen empfohlen werden? Aus Sicht des Lean Project Management sind dies folgende Punkte:

- ➔ Auditieren Sie Ihr Projekt (oder lassen Sie dieses von unabhängiger Seite auditieren). Konzentrieren Sie sich dabei auf die Schlüsselthemen des Lean Project Management und folgen Sie beim Audit den in Bild 7.4 dargestellten Schritten.
- ➔ Achten Sie auch hier darauf, dass das Gesamtprojekt und alle Teilprojekte in Betracht gezogen werden.
- ➔ Definieren Sie die Sanierungsmaßnahmen. Die Sanierungsmaßnahmen sollen in Summe dazu beitragen, dass die ursprünglich festgelegte Werterzielung erreicht wird (Bild 7.5). Vergessen Sie dabei nicht, in die Sanierung alle Projektbeteiligten einzu-

beziehen. Sanierungsfälle erfordern meist projektteilnehmerübergreifende Maßnahmen. Sanierung aus nur einer Brille betrachtet ist meist nicht erfolgreich.

Bild 7.4 Audit von Sanierungsfällen

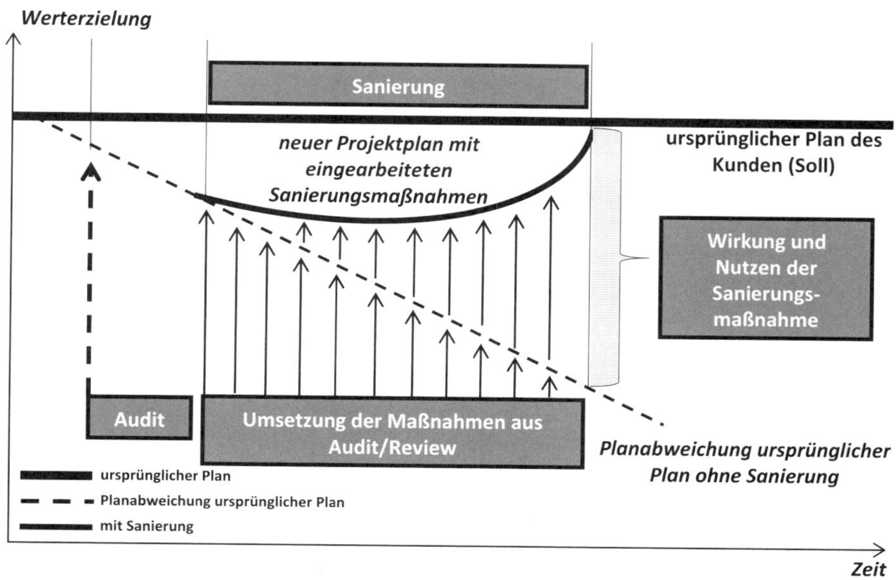

Bild 7.5 Wirkungen und Nutzen der Sanierung

Führen Sie die eigentliche Sanierung unter Anwendung der Lean-Philosophie und der Prinzipien des Lean Project Management durch. Nutzen Sie die vorhandenen betriebswirtschaftlichen, Organisationsentwicklungs- und Change-Management-Methoden.

7.4 Projekteigentümerschaft

Was ist bei unterschiedlichen Projekteigentümerstrukturen zu empfehlen? Es sind grundsätzlich Eigenprojekte, Eigenprojekte mit hohem Fremdleistungsanteil und Risk-Sharing-Projekte zu unterscheiden. Eigenprojekte führt der Projekteigentümer mit eigenem Projektbudget (gegebenenfalls unter Nutzung staatlicher Förderung und/oder externer Finanzierung) im eigenen Haus durch. Fremdressourcen finden keine Anwendung oder haben eine untergeordnete Bedeutung. Eigenprojekte mit Fremdunterstützung unterscheiden sich dadurch, dass erhebliche Projektteile nach außen vergeben werden. Die unterstützenden Unternehmen haften nur für die vertragliche Leistung. Im Falle von Risk-Sharing-Projekten wirken mehrere Projekteigentümer bei eigenem Risiko mit.

Tendenziell nehmen die Ansprüche an das Lean Project Management und an die Projektbearbeitung sowie die Schwierigkeit von Projekten in der genannten Reihenfolge zu. Es gibt aber keine feste Regel. Auch reine Eigenprojekte können aus Sicht des Lean Project Management höchst anspruchsvoll sein. Risk-Sharing-Projekte sind immer anspruchsvoll.

7.4.1 Eigenprojekte

Eigenprojekte maßgeblicher Größe und Bedeutung finden sich in erster Linie in der privaten Wirtschaft (F&E, Strategie- und Produktentwicklung, Organisationsentwicklung und Transformation usw.). Sie werden aus dem erwirtschafteten Ergebnis oder gegebenenfalls unter Verwendung von Fremdfinanzierung durchgeführt. Die Freiheitsgrade der Beteiligten sind – verglichen mit anderen Formen der Eigentümerschaft von Projekten – erhöht. Sieht man von Projekten ab, die mit Unternehmensfusionen und anderen Unternehmenszusammenschlüssen in Verbindung stehen, ist eine Besonderheit von Eigenprojekten, dass sie häufig in gewachsenen Strukturen durchgeführt, geleitet und bearbeitet werden. Meist wird die eine oder andere Innovation aus eben diesen gewachsenen Strukturen heraus durchgeführt. Gewachsenes ist auf der einen Seite Garant für Stabilität, auf der anderen Seite tendieren die Organisation und im Gefolge das Projekt dazu, in althergebrachten Mustern bearbeitet zu werden. Für die Bearbeitung von Eigenprojekten ergeben sich deshalb aus Sicht des Lean Project Management folgende Empfehlungen:

- → Nutzen Sie Lean Project Management als Chance, sich von „angestaubten“ Mustern der Projektbearbeitung in Ihrem Unternehmen zu befreien. Bringen Sie frischen Wind in die Projektlandschaft Ihres Unternehmens.

- → Sie werden dabei auf Widerstand stoßen. Ihre Kollegen und Mitarbeiter werden auf erfolgreiche Pfade der Projektstrukturierung und -bearbeitung hinweisen. Lassen Sie sich davon nicht beeindrucken. Wenn Sie wollten, würde es Ihnen leichtfallen, den tatsächlichen Erfolg dieser „alte Pfade" infrage zu stellen. Dies müssen Sie jedoch nicht. Lean Project Management spricht für sich. Sie werden rasch Mitstreiter finden, die fähig und bereit sind, die Lean-Philosophie und Lean-Prinzipien in Projekten anzuwenden. Diese müssen Sie für Ihr Projekt gewinnen. Alleine „Jugend forscht" ist allerdings auch keine Lösung.
- → Wenn in Ihrem Unternehmen „klassisches" Projektmanagement konsequent angewendet wird und Sie sich von diesem mit einem neuen Lean-Project-Management-Konzept abheben, wird es zu Mischformen bisheriger und neuer Methoden kommen. Achten Sie darauf, dass dies nicht zu einer gegenseitigen Blockade führt.
- → Radikalität ist verpönt. An dieser Stelle werden Sie aber explizit zu Radikalität aufgefordert. Seien Sie radikal bei der Ausschöpfung von Freiheitsspielräumen. Öffnen Sie sich und geben Sie Ihrer Umgebung ebenfalls die Chance, vorhandene Freiheitsspielräume „radikal" zu nutzen. Schwimmen Sie sich frei in Ihrem Denken, Ihren Konzepten, Ihren Lösungen und in der Art und Weise, wie Sie Ihre neuen Ansätze kombinieren und implementieren. In ehemals hoch innovativen Unternehmen und Branchen kann immer noch ein Innovationskult existieren. Kult hilft nicht. Die Innovation muss in der Realität stattfinden. Überwinden Sie selbst solche Barrieren.

7.4.2 Eigenprojekte mit hohem Fremdleistungsanteil

Die vorgenannten Überlegungen gelten auch für Eigenprojekte mit hohem Fremdleistungsanteil. Der Unterschied zu diesem Typ Projekt liegt im hohen Ausmaß der Fremdleistungen, die entweder im Rahmen von Dienstleistungsaufträgen (einschließlich Arbeitnehmerüberlassung) oder Werkverträgen durchgeführt werden. Der Fremdleistungsanteil in Eigenprojekten kann bis zu 80% des Projektvolumens oder höher liegen. In öffentlichen Projekten geht der Fremdleistungsanteil bis zu 98%. Mit steigendem Fremdleistungsanteil wird **Integration** eine, vielleicht die entscheidende Aufgabe des Lean Project Management. Hierauf sollen sich deshalb die folgenden Empfehlungen fokussieren:

- → Sorgen Sie zunächst in Ihrem eigenen Gestaltungsbereich des Projekts für eine optimale Ausrichtung auf die Werte des Projektergebnisses und für optimale Strukturen und Prozesse. Die Lean-Philosophie und die Prinzipien des Lean Project Management sollen im eigenen Gestaltungsbereich Ihres Projekts voll umgesetzt sein.
- → Legen Sie dann besonderen Wert darauf, dass Sie beim Einkauf der Fremdleistungen nicht bereits den Keim für den späteren Misserfolg Ihres Projekts legen. Die zentrale Empfehlung lautet: Lassen Sie Ihrer „Abteilung Einkauf" nicht (!) ihren „08/15-Job" machen. Einkäufer denken und handeln nicht „lean". Das Patent- und Erfolgsrezept des Einkäufers ist der kurzfristige Erfolg bei Vertragsabschluss, nicht der Erfolg Ihres Projekts.

- → Bevor Sie also Fremdleistungen vergeben, denken Sie sehr genau darüber nach, wie Ihr Lean-Integrationskonzept aussieht. Wie kann es gelingen, dass sich Ihre Auftragnehmer voll und ganz den Werten Ihres Projekts verpflichten? Wie können die Auftragnehmer bereits in deren Angebote Potenziale, die aus einer konsequenten Anwendung der Lean-Philosophie und der Lean-Prinzipien resultieren, einfließen lassen? Wie kann unter dieser Voraussetzung ein tatsächliches Win-win-Verhältnis zwischen Auftraggeber und Auftragnehmer realisiert werden? Wie können Lernprozesse im Laufe des Projekts für beide Seiten gewinnbringend genutzt, wie einschneidende Veränderungen im Projekt (gegebenenfalls auch zum Schlechteren) flexibel von beiden Seiten aufgefangen werden?
- → Muten Sie Ihrem Projekt, Ihnen und Ihren Auftragnehmern nicht zu, dass Letztere nur auf Basis einer schriftlichen Spezifikation und eines Kundengesprächs ein verbindliches Angebot unterbreiten. Missverständnisse unter Anwendung eines solchen Vorgehens sind schon bei vergleichsweise standardisierten kleineren Aufgaben beobachtbar. In Großprojekten ist dies fast die Norm. Entwickeln Sie hingegen mit Ihren Auftragnehmern in Angebots-Workshops klare Vorstellungen darüber, wie Ihr Projekt unter Nutzung und Optimierung der Kapazitäten des Auftragnehmers optimal durchgeführt werden kann, und erwarten Sie erst dann ein schriftliches Angebot. Sorgen Sie für bestmögliche Transparenz in diesen Workshops und betrachten Sie Ihre möglichen Auftragnehmer als Sparringspartner. Diese kennen sich in ihren Spezialgebieten vielleicht sogar besser aus als Sie. Wenn Sie die möglichen Auftragnehmer wirklich ernst nehmen, werden auch diese die Rahmenbedingungen Ihres Projekts besser verstehen und sich danach ausrichten.
- → Legen Sie Wert darauf, dass die von Ihnen beauftragten Auftragnehmer die Lean-Philosophie und Lean-Prinzipien entsprechend Ihren Vorstellungen in allen Projektphasen im eigenen Verantwortungsbereich konsequent anwenden. Lassen Sie sich während des Projektverlaufs nicht nur zu den Ergebnissen der Auftragnehmer berichten, sondern arbeiten Sie mit diesen teamartig zusammen. Verpflichten Sie sich gegenseitig zu voller Transparenz. Greifen Sie die Notwendigkeit aller Beteiligten zu langfristiger Zusammenarbeit, d. h. nicht nur in diesem Projekt, aktiv auf. Wer in laufenden Projekten aufeinander zugeht, hat nicht nur in diesem Projekt, sondern zieht auch für Folgeprojekte klare Vorteile.

7.4.3 Risk-Sharing-Projekte

Risk-Sharing-Partner in Projekten ziehen am gleichen Strang. Risk Sharing ist zunächst und in erster Linie eine Partnerschaft zur Eröffnung neuer Chancen, wenn man so will „Chancen-Partnerschaft“. Alleine würde man das Projekt nicht bewältigen können und sucht deshalb den Schulterschluss mit anderen Partnern. Insofern ist der Begriff „Risk Sharing“ einseitig und defensiv. Es wird das Risikomoment in den Vordergrund gestellt.

Risk Sharing kann auch wörtlich genommen werden. Wenn einer der Partner fällt, fällt das gesamte Projekt. Gibt es auf einer Seite einen vollständigen Ausfall, muss der andere Risk-Sharing-Partner die Agenda übernehmen („several and joint liability“). Es gibt Beispiele, in welchen der eine Risk-Sharing-Partner in einem nur wenige Wochen dauernden M&A-Prozess (Merger & Acquisition) den anderen Partner übernimmt, damit das Projekt nicht gefährdet ist. Wir sprechen hier von projektbedingten Unternehmensübernahmen. Wenn die Projekte entsprechend wichtig sind, kann es sich um erhebliche Übernahmekosten handeln.

Aus Sicht des Lean Project Management stellt sich die Frage, wie man durch professionelles Vorgehen Chancen erhöhen und Risiken vermeiden kann. Hierzu gibt es folgende Empfehlungen:

- → Halten Sie das Heft bei der Partnersuche und marktbezogen in der Hand. Konzentrieren Sie sich geschäftlich auf Märkte und Marktsegmente, in welchen Sie tatsächliche Wertbeiträge liefern können und wo Ihre Fähigkeiten zusammen mit Partnern den Projekterfolg sichern. Beginnen Sie, lange bevor es zu Ausschreibungen auf diesem Gebiet kommt, die Partnersuche. Führen Sie Gespräche, analysieren Sie das mögliche Partnerunternehmen, suchen Sie mit einem möglichen und gut passenden Partner nach geeigneten Projekten.
- → Erweitern Sie bei der Partnersuche die Liste Ihrer Bewertungskriterien. Die angebotene Technologie oder der Zugang zum Kunden als Hauptkriterium für den strategischen Fit greift zu kurz. Die Erweiterung der Bewertungskriterien ist insbesondere wichtig, wenn das Projektvolumen verglichen mit der wirtschaftlichen Stärke Ihres Unternehmens sowie der des Partnerunternehmens vergleichsweise hoch ist und es sich beim Projekt um einen Langläufer handelt. Berücksichtigen Sie hier auch die Projektmanagementfähigkeiten Ihres möglichen Partners. (Seien Sie allerdings auch nicht zu verzagt bei Ihrer Entscheidung, Partner und Projekte ohne Risiken gibt es nicht.)
- → Haben Sie ein mögliches gemeinsames Projekt identifiziert, prüfen Sie mit Ihrem Partnerunternehmen zusammen und im Detail, ob die Kooperation auch einen guten strategischen Fit mit dem Projekt hat. Diese Prüfung erfolgt häufig eher oberflächlich. Konzentrieren Sie sich beim Thema Projektmanagement auf die Schlüsselfragen des Lean Project Management.
- → Entwickeln Sie bereits für das Angebot ein aussagekräftiges wie realistisches Projektmanagementkonzept. Legen Sie ein Angebot nur dann vor, wenn Sie sicher sind, dass Ihr Projektmanagementkonzept Erfolg versprechend ist. Erfolg versprechend ist Ihr Projektmanagementkonzept, wenn dieses zugleich zum Kundenprojekt und zu Ihrer Kooperation passt. Nehmen Sie das Thema Projektmanagement mindestens ebenso wichtig wie die inhaltlichen Fragestellungen. Orientieren Sie die Kosten des Projektmanagements am Auftragsvolumen. Das Verhältnis Projektvolumen zu Kosten des Projektmanagements soll sich in keinem Fall zuungunsten des Projektmanagements entwickeln.
- → Beginnen Sie bei der Mobilisierung des Projekts mit dem Aufbau des Lean Project Management. Versuchen Sie zu erreichen, dass die projektbeteiligten Unternehmen und Organisationen im Projekt angemessen beteiligt sind. Die Angemessenheit orientiert sich an deren Wertbeiträgen.
- → Sorgen Sie für einen projektübergreifenden Spirit des Projekts und eine projektüber-

greifende Motivation der Projektmitarbeiter. Jeder Projektmitarbeiter soll die mit dem Projekt angestrebten Werte kennen und seine Tätigkeit mit diesen Werten in Verbindung bringen können. Verwenden Sie dabei Methoden des Visual Management.

→ Wenden Sie in allen Schritten die Methoden des Lean Project Management an.

7.5 Projektkulturen

Das Thema der Kultur in Unternehmen und Projekten wird in diesem Fachbuch mehrfach angesprochen, da hierin eines der Schlüsselelemente des Lean Project Management liegt. Zweifellos ist eine Veränderung der Projektkultur eine zeitraubende und schwierige Aufgabe. Dennoch sollte man kontinuierlich an einer entsprechenden Veränderung arbeiten, wenn es als erforderlich angesehen wird, und nicht von vornherein „die Flinte ins Korn werfen".

In den nachfolgenden Ausführungen werden drei verschiedene Projektkulturen vorgestellt und aus der Sicht des Lean Project Management bewertet. Ziel ist dabei, dem Leser Hinweise für das Erkennen einer problematischen Projektkultur zu geben und darüber Empfehlungen für Wege aus dieser Problemsituation zu gegeben.

7.5.1 Erratische Projektkultur

Eine erratische Projektkultur ist durch eine unklare oder völlig fehlende Beschreibung des Werts des Projektergebnisses gekennzeichnet. Kein Projektteammitglied hat eine konkrete Vorstellung, was eigentlich das Ergebnis sein soll. Der Projektleiter äußert sich auf Nachfrage unklar und mit Aussagen, die mit vielen Abkürzungen gespickt sind und lediglich eine Aufzählung von möglichen Ergebniseigenschaften darstellen. Letztere werden auch häufig ohne erkennbaren Grund geändert.

Die Projektarbeiten werden quasi „auf Zuruf" verteilt. Die Teammitglieder wissen heute nicht, welche Aufgaben morgen übernommen werden sollen. Die Projektdokumentation ist lückenhaft, der aktuelle Status des Projekts ist unklar, eine Regelkommunikation gibt es nicht und Audits werden sporadisch durchgeführt. Die Liste ließe sich fortführen, doch viele Leser werden ähnliche Projektsituationen in der Praxis erlebt haben.

In dieser Chaoskultur ist ein Projekterfolg sehr unwahrscheinlich und Handlungsbedarf dringend geboten, denn ein Projekt bzw. ein Projektteam kann keine stabilen Organisationsstrukturen aufbauen, um konstruktive und systematische Arbeit zu leisten. Selbst wenn das Chaos nicht so ausgeprägt und offensichtlich ist wie beschrieben, so kann man diese Projektkultur daran erkennen, dass Teammitglieder immer wieder den Wunsch äußern, es möge jemand die Führung des Projekts übernehmen, der eine klare Ordnung und Struktur hat, der den Sinn der Arbeiten vermittelt und der dem Projekt einen stabilen Rahmen gibt, in welchem sich das Team einrichten kann.

Vielfach wird die erratische Kultur mit dem Argument verteidigt, es handle sich bei dem Projekt ja schließlich um die Durchführung kreativer Aufgaben, wie z. B. den architektonischen Plan für ein Gebäude oder eine technische Erfindung, und Kreativität und Genialität könnten nicht in einen starren Rahmen gezwungen werden. Interessante Gebäude und geniale Erfindungen werden in der Praxis aber selten aus dem Chaos geboren, sondern aus disziplinierter und strukturierter Arbeit. Deshalb können folgende Empfehlungen für den Umgang mit dieser Projektkultur gegeben werden:

- → Beginnen Sie umgehend mit der Veränderung der Projektkultur. Liegt die Ursache in der Person des Projektleiters (in Scrum-Projekten der Product Owner und der Scrum Master), ist dieser umgehend auszutauschen. Liegt das Problem in Defiziten in der Projektorganisation (kein belastbarer Projektplan, keine Regelkommunikation der Partner, keine Methoden zur Projektsteuerung), so ist umgehend die Grundlage für ein professionelles Projektmanagement zu legen. Notfalls, wenn in der eigenen Organisation die Kompetenz hierzu fehlt, ist Hilfe von außen in Form von Experten bzw. Beratern notwendig.
- → Erster wichtiger Schritt des neu strukturierten Projektmanagements ist die Entwicklung und Kommunikation einer Vision des Projektergebnisses. Diese baut auf einer fundierten und mit dem Nutzer bzw. Kunden abgesprochenen Wertdefinition des Projektergebnisses auf.
- → Mit den Projektteammitgliedern wird ein Projektplan nach den Prinzipien des Lean Project Management erarbeitet. Dieser ist einerseits eine strukturierte Aufstellung der Projektarbeiten z. B. in Form eines Projektstrukturplanes, andererseits gibt der Plan dem Team den nötigen Freiraum zur Selbstorganisation der Arbeiten.
- → Wenn das Projekt in geordnete Bahnen gebracht ist und das Team eine motivierende Vision erhalten hat, können kontinuierlich und konsequent die Prinzipien des Lean Project Management umgesetzt werden.

7.5.2 Bürokratische Projektkultur

Eine bürokratische Projektkultur findet man vor allem in großen Unternehmen oder Organisationen. Das Projektmanagementhandbuch ist über viele Jahre hinweg erweitert worden und füllt inzwischen mehrere Aktenordner. Jedes Projekt muss umfangreich dokumentiert werden, laufend sind verschiedene Managementebenen und Zuständigkeiten in standardisierten Berichten zu informieren. Die Zahl der Meetings, an welchen der Projektleiter teilnehmen muss, ist über die Jahre dramatisch gewachsen, sodass nur noch wenig Zeit für die eigentliche Aufgabe bleibt. Die Zahl der Audits ist ebenfalls angestiegen, sodass viel Zeit des Projektteams hierfür aufgewendet werden muss.

Der Projektplan ist auf den Tag genau zu erstellen, und es wird viel Zeit in die Planung investiert. Die Daten für manche Arbeitspakete (Budget, Zeit) sind „Hausnummern“, da zum Planungszeitpunkt nur eine unklare Vorstellung über die Details des Inhalts besteht. Dennoch werden die Mitarbeiter gezwungen, detailliert zu planen. Schon eine Woche nach Projektbeginn ist der Plan nicht mehr zutreffend und müsste geändert werden.

Gerät das Projekt in den kritischen Bereich des Budgetüberzugs oder der Zeitüberschreitung, steigt die Belastung des Projekts mit administrativen Aufgaben noch einmal drastisch an. Beinahe täglich muss der Projektleiter dem Management „berichten". Jetzt wird aus dem Projekt wirklich ein Krisenprojekt, in welchem die Projektkultur dem Projekt das „Grab mitschaufeln hilft".

Das dargestellte Bild mag überzeichnet sein. Dennoch ist es in der Praxis in der einen oder anderen Art und Weise anzutreffen. Da diese Kultur kein „schlankes" Projektmanagement ermöglicht, ist auch hier Handlungsbedarf gegeben.

- → Die erste Aufgabe ist, die Notwendigkeit der Veränderung zu verdeutlichen und die Entscheidungsträger im Unternehmen oder der Organisation davon zu überzeugen, dass eine Überbürokratisierung den Projekterfolg nicht sichert, sondern im Gegenteil häufig sogar verhindert. Gelingt dies nicht, öffnet sich auch kein Weg zum Lean Project Management.
- → Das Projektmanagementhandbuch oder eine ähnliche Arbeitsgrundlage für das Projektmanagement muss „entschlackt" werden. Regelungen und Anweisungen, die sich bewährt haben, bleiben erhalten. Die vielen „unnötigen" Vorschriften für Berichte und überzogene Anforderungen an die Detailliertheit der Planung werden auf ein sinnvolles Maß reduziert bzw. flexibler gehandhabt.
- → Die Informationsanforderungen der verschiedenen Managementebenen werden im Umfang reduziert, die Statusberichte werden standardisiert und an dem Prinzip des Visual Management ausgerichtet (die wichtigsten Informationen in knapper Form, sodass die Kernaussage sofort erkannt werden kann).
- → Meetings mit dem Projektleiter werden vom Umfang her reduziert. Die Agenda wird auf die Belange des Projekts zugeschnitten, Meetings werden mit einer Zeitbeschränkung belegt und auf die Belange des Projekts konzentriert.
- → Informationsanforderungen anderer Abteilungen oder Bereiche der Organisation oder des Unternehmens, die nicht direkt mit dem Projekt zu tun haben, werden als Hol-Schuld definiert. Standardisierte Berichte des Projektstatus können diesen Abteilungen z. B. im Intranet zur Verfügung gestellt werden.

7.5.3 Offene und innovative Projektkultur

Offene und innovative Projektkulturen finden sich sehr häufig in neu gegründeten Unternehmen, Unternehmen mittlerer Größe, die in einem dynamischen Wettbewerbsumfeld positioniert sind, und Unternehmen der IT-Branche, für die Veränderung und Innovation Teil der Unternehmenskultur ist. In diesen Unternehmen werden neue Ansätze, wie das Lean Project Management oder die agile Softwareentwicklung schnell aufgegriffen, auf den Nutzen für die Projektarbeit hin geprüft und dann umgehend implementiert. In diesen Unternehmen wird auch darauf geachtet, dass Regelwerke für das Projektmanagement immer wieder an das sich verändernde Umfeld angepasst werden und keine „bürokratische Zwangsjacke" für Projekte darstellen.

In einem Unternehmen oder einer Organisation Lean Project Management einzuführen, erscheint auf den ersten Blick als eine einfache Aufgabe. Allerdings ist zu berücksichtigen, dass Lean Project Management keine „One-size-fits-all-Methodik" ist. Scrum und Lean Product Development wenden zwar die gleichen Lean-Prinzipien an, unterscheiden sich in der Projektorganisation aber erheblich. Deshalb können folgende Empfehlungen gegeben werden:

- → Analysieren Sie die Art der Projekte, die in Ihrem Unternehmen durchgeführt werden, anhand der zwölf Prinzipien des Lean Project Management ganz genau. Verschaffen Sie sich Klarheit über die Anforderungen der Kunden/Nutzer an die Projektergebnisse. Beschreiben Sie den Wertstrom im Projektverlauf für die wichtigsten Projekte. Finden Sie heraus, wie sich der Wert im Projektverlauf entwickelt und wie dieser durch die Zusammenarbeit mit dem Kunden verändert wird. Bestimmen Sie die Bedeutung der Lieferanten und anderen Fremddienstleister in den Projekten.
- → Wenn Sie anhand der Analyse der Projekte mithilfe der zwölf Prinzipien des Lean Project Management ein zutreffendes Bild über die Bedeutung und die Anwendbarkeit erlangt haben, kann über die konkrete Ausgestaltung eines „maßgeschneiderten Lean Project Management" nachgedacht werden.
- → Steht die Entwicklung von Produkten im Vordergrund, ist das Lean Product Development die erste Wahl. Allerdings muss das Konzept an die konkreten Anforderungen des Marktes bzw. der Branche angepasst werden. Im Flugzeugbau sind die hohen Anforderungen an die Qualität und Sicherheit sowie die gesetzlichen Vorgaben ein Gestaltungsmerkmal.
- → Wird Software im Kundenauftrag entwickelt, ist Scrum ein Vorbild für die Gestaltung. Allerdings ist auch hier der Blick fürs Detail erforderlich. Software für Web-Anwendungen haben andere Anforderungen als Software für die Flugregelung von Verkehrsflugzeugen.

Wie deutlich wurde, gibt es keine Patentrezepte für die konkrete Ausgestaltung des Lean Project Management. Der Weg zum optimalen Projektmanagement ist um einiges steiniger, wenn man das „klassische" Projektmanagement im Vergleich zum Lean Project Management sieht. Allerdings lohnt sich der Aufwand, wenn am Ende des Weges ein für das anwendende Unternehmen maßgeschneidertes Projektmanagement entstanden ist.

7.6 Risikosituationen für Projekte

Wie im „klassischen" Projektmanagement, so stellen auch im Lean Project Management Risiken eine Bedrohung für den Erfolg dar. Unterschiede gibt es deshalb nicht bei der Analyse der potenziellen Risiken, sondern im Umgang mit den Risiken. Im Lieferanten von Projektleistungen z. B. kann einerseits ein Risiko gesehen werden, welches Juristen mit umfangreichen Vertragswerken auf den Plan ruft. Andererseits ist auch ein partnerschaftliches Verhältnis möglich, welches zu einer ganz anderen Art der Risikobewältigung führt. Dies soll nachfolgend genauer betrachtet werden.

7.6.1 Risikoloses Projekt

Ein risikoloses Projekt gibt es nicht. Wir können uns ein ideales Projekt vorstellen, in dem alles stimmt: Die Aufgabe ist überschaubar (z. B. Bau eines Lagerhauses für eine Spedition), die Stakeholder sind leicht identifizierbar und wenig komplex (inhabergeführte Spedition als Auftraggeber, ein Bauunternehmen, welches für alle Leistungen verantwortlich ist), die externen Risiken sind gering (der Bau soll über den Sommer durchgeführt werden, die beteiligten Unternehmen sind wirtschaftlich stabil und die Auftragslage der Spedition ist mittel- bis langfristig gut).

Dennoch bestehen Risiken, die möglicherweise aber eine sehr geringe Eintrittswahrscheinlichkeit haben (die Marktsituation des Auftraggebers ändert sich durch neue Wettbewerber dramatisch). Es gibt aber auch Risiken, die nicht einmal vorhergesehen werden können (der Inhaber der Spedition erleidet einen schweren Unfall und ist für längere Zeit nicht entscheidungsfähig, ein kompetenter Stellvertreter ist nie aufgebaut worden).

Genauso wenig, wie im Einkauf vieler Unternehmen der Kraftwerksunfall in Fukushima/Japan als potenzielle Bedrohung der Lieferfähigkeit japanischer Teilelieferanten erkannt wurde, können alle Risiken im Rahmen eines wie auch immer gestalteten Risikomanagements einbezogen werden. Deshalb folgende Empfehlungen:

- → Selbst wenn nach gründlicher Risikoanalyse bedeutende Risiken nicht erkennbar sind, sollten Sie unvorhergesehene Bedrohungen für den Projekterfolg berücksichtigen und auch solche Risiken in einer qualitativen Liste als Merkposten einbeziehen.
- → Je höher die Flexibilität Ihres Projektmanagements, desto eher können Sie mit überraschend auftretenden Risiken umgehen. Flexibilität bedeutet in diesem Zusammenhang keine starren Projektpläne, sondern genügend Freiraum, um auf Veränderungen reagieren zu können.
- → Risiken, die aufseiten der Lieferanten und Fremddienstleister entstehen, lassen sich nicht in allen, aber in vielen Fällen partnerschaftlich besser bewältigen als in einem Vertragsstreit, der vor Gericht endet.

7.6.2 Risikoprojekt

Das Risikoprojekt ist durch bereits zu Beginn erkannte und in Bezug auf Schadensausmaß und Eintrittswahrscheinlichkeit bedeutende Risiken gekennzeichnet. Im „klassischen" Projektmanagement steht hierfür das Risikomanagement als Instrument zur Verfügung. Fatal ist, wenn das Risikomanagement entweder aus Kostengründen auf einen inakzeptablen Minimalstandard heruntergefahren wird oder die Risiken unterschätzt und einfach ausgeblendet werden.

Worin liegt die Besonderheit des Umgangs mit Risiken im Lean Project Management? Hierzu ist die Differenzierung der Risiken in zwei Kategorien hilfreich. Eine Kategorie betrifft Risiken, die sich dem Einfluss des Projektmanagements weitgehend entziehen. Als Beispiel kann hier das Wetter in Bauprojekten, ein Kraftwerksunfall des Ausmaßes von Fukushima oder die Konjunkturentwicklung genannt werden. Hier muss, soweit sich das Risiko hinreichend abschätzen lässt, durch Maßnahmen wie Zeitpuffer, eine zweite Einkaufsquelle oder Budgetpuffer das Risiko angemessen im Projekt berücksichtigt werden.

Außerdem gibt es Risiken, die, wenn sie frühzeitig erkannt werden, in der Auswirkung abgemildert werden können. Darüber hinaus gibt es Risiken, die durch eine kooperationsorientierte Lösungsstrategie bewältigt werden können. Die Vorzugsstrategie des Lean Project Management liegt hier in einer Zusammenarbeit mit Projektbeteiligten, die für das Projekt zu einem Risiko führen können. Deshalb folgende Empfehlungen:

- → Setzen Sie bei Verträgen mit Lieferanten oder Fremddienstleistern Juristen ein, die mit der Lean-Philosophie vertraut sind. Es gilt unter Juristen die Weisheit, dass ein Vertrag dann gut ist, wenn beide Vertragspartner unzufrieden sind“ (vgl. Quelle [28], S. 8). Einen Juristen, der so denkt, sollten Sie nicht mit der Erstellung des Vertrags beauftragen. Diese Juristen haben eine einseitige Fixierung auf mögliche Rechtsrisiken und die Vermeidung von Streitigkeiten vor Gericht. Deshalb sollten Verträge auf eine kooperative Lösung von Konflikten und eine faire Verteilung von Risiken ausgelegt sein.
- → Erkennen Sie Risiken frühzeitig im Projekt. Mitigieren Sie die Risiken frühzeitig und reduzieren Sie damit die möglichen negativen Wirkungen und Folgekosten. Das im Kapitel 6.1 dargestellte Front-Loading in der Produktentwicklung ist ein Beispiel für diese Vorgehensweise. Bearbeiten Sie Fragen der technischen Machbarkeit in einer Frühphase des Projekts.
- → Genehmigungsbehörden und öffentliche Verwaltungen können, wie das Beispiel Flughafen Berlin zeigt, ein „Engpass“ bei der plangerechten Durchführung eines Projekts sein. Nehmen Sie frühzeitig Kontakt zu diesen Behörden auf, sodass alle potenziellen Risiken aus einer verzögerten oder gar verweigerten Genehmigung und Zulassung in der Projektarbeit berücksichtigt werden können.
- → Führen Sie das Risikomanagement im Projekt in Zusammenarbeit mit den Projektbeteiligten durch. Hierzu müssen die Bereitschaft und die Sachkompetenz, z. B. bei Lieferanten, vorhanden sein. Dies hat den Vorteil, dass die Wissensbasis bezüglich der Risiken hierdurch erweitert wird. Außerdem können Sie eine faire Aufteilung der Übernahme von Risiken vereinbaren.

Verträge im Lean Project Management
Es ist nicht immer einfach, einen Juristen zu finden, der einen Vertrag für ein Projekt erstellt, der den Prinzipien des Lean Project Management entspricht. Das Silo-Denken und die Copy-and-Paste-Mentalität vieler Juristen stehen dem entgegen. Um einem Juristen die Problematik eines Vertrags nach „klassischem“ Muster zu verdeutlichen, kann man folgendermaßen vorgehen (Idee übernommen aus [28], S. 14):

Sagen Sie dem Juristen, er solle Verträge für ein neues Projekt entwerfen. Es handelt sich um ein unternehmensweites Managementinformationssystem, an welchem 250 Entwickler in fünf verschiedenen Ländern arbeiten werden. Daran sind vier Dienstleistungsunternehmen beteiligt, mit denen noch nie zusammengearbeitet wurde. Die Laufzeit des Projekts wird zwischen drei und vier Jahren liegen. Nach dieser Projektbeschreibung stellen Sie dem Juristen folgende Fragen:

Wie viele Stunden (bitte genau) wird es dauern, mit den externen Dienstleistern den Vertrag auszuhandeln und zu verfassen?

Wie viele Worte (bitte genau) werden die Verträge enthalten?

Wie hoch werden die Kosten (bitte genau) sein?

Sie wissen, was der Jurist auf diese Fragen antworten wird. So wenig, wie der Jurist die gestellten Fragen präzise beantworten kann, so wenig ist es möglich, das vorgestellte Softwareprojekt vom zeitlichen Umfang, dem Endergebnis und den Kosten genau zu spezifizieren. ■

7.6.3 Krisenprojekt

Ein Krisenprojekt gleicht einem Patienten, bei dem die Ärzte nicht wissen, ob es noch eine Überlebenschance gibt oder der Tod unausweichlich ist. Im Projekt stehen die verantwortlichen Entscheider vor der Frage, das Projekt sofort zu beenden und die Investitionen weiterer Ressourcen zu stoppen. Oft verhindern aber strategische Überlegungen diese Maßnahme. Der Verlust des Ansehens für das Unternehmen und potenzielle Projekte in diesem Marktsegment oder mit diesem Kunden stehen auf dem Spiel. Deshalb wird nach einer Lösung gesucht, die das Projekt zwar nicht zu einem Erfolg, aber zumindest zu einem halbwegs akzeptablen Projektabschluss führt, der allen Beteiligten die Möglichkeit gibt, das Gesicht zu wahren.

Wie ein Krisenprojekt in der Praxis aussehen kann, ist äußerst vielfältig. Die Spanne reicht von Problemen der technischen Machbarkeit in Produktentwicklungsprojekten bis hin zur ausstehenden Genehmigung bzw. Zulassung von Bauprojekten, wie dem Berliner Flughafen, oder der Abnahme von technischen Produkten durch den Auftraggeber und die Genehmigungsbehörden, wie bei den ICE-Zügen von Siemens. An dieser Stelle sollen deshalb keine allgemeinen Empfehlungen gegeben werden, sondern soll anhand eines Praxisbeispiels aufgezeigt werden, wie das Krisenmanagement in einem Projekt aus einer zu erwartenden „Beerdigung erster Klasse" eine Erfolgsgeschichte machen kann.

Fallbeispiel: Ein Forschungsprojekt in der Krise

Einer der Autoren dieses Fachbuches wurde vom Geschäftsführer eines Unternehmens gefragt, ob die Bereitschaft zur Übernahme der Projektleitung in einem ausgesprochenen Krisenprojekt besteht. Die Lage erschien dem Autor zwar aussichtslos, dennoch wurde in dieser Anfrage eine Herausforderung gesehen, dessen Annahme sich lohnen könnte.

Die Ausgangssituation

Eine Bundesanstalt hatte einen Forschungsauftrag an ein Beratungsunternehmen vergeben, in welchem ein Problem im Gütertransport analysiert und Maßnahmen zur Lösung des Problems entwickelt werden sollten. Es ging dabei um technische, aber auch organisatorische Lösungsansätze. Das Beratungsunternehmen hatte dabei den Part für die organisatorischen Lösungen übernommen, eine Universität den technisch orientierten Teil.

Der erste Projektleiter hat von Anfang an den Kontakt zum zuständigen Mitarbeiter der Bundesanstalt nur sporadisch gesucht. Die Projektarbeit hatte sich schnell in oberflächlichen Analysen verloren und im „Wald" der reichlich vorhandenen Unterlagen „verirrt". Die Zwischenberichte, die dem Mitarbeiter der Bundesanstalt übergeben wurden, waren aus der Auftraggebersicht mehr als unbefriedigend. Die Erwartungen wurden nicht auch nur annähernd erfüllt.

Der Geschäftsführer des Beratungsunternehmens wurde von dem Mitarbeiter der Bundesanstalt kontaktiert und vor die Wahl gestellt, das Projekt zu beenden oder Ergebnisse zu liefern, die den Anforderungen entsprachen. Das Projektvolumen war für das Beratungsunternehmen eher mittelgroß, die Bedeutung des Kunden jedoch außerordentlich hoch, da regelmäßig Forschungsaufträge für diesen Kunden durchgeführt wurden. Um dem Kundenverlust und dem Imageschaden zu begegnen, wurde ein „Krisenprojektbudget" freigegeben, um das Projekt zu retten.

Erste Maßnahmen des neuen Projektleiters

Der neue Projektleiter kontaktierte umgehend den Mitarbeiter der Bundesanstalt. Er stellte die Situation ungeschminkt und in aller Offenheit dar. Es wurden keine Versprechungen gemacht, die möglicherweise nicht einhaltbar waren. Es wurde ein Termin in zwei Wochen vereinbart, in welchem ein Konzept für die Fertigstellung des Forschungsberichts vorgestellt werden würde.

Das vorhandene Material wurde gesichtet, und die bereits erstellten Zwischenberichte wurden geprüft. Letztere waren für die weitere Projektarbeit völlig unbrauchbar, da weder ein Problembewusstsein noch ein irgendwie erkennbares Konzept vorlag.

Mithilfe einer ganzheitlichen Sicht wurden zunächst das Problem und das gesamte dazugehörende Umfeld in eine erste Analyse einbezogen. Dabei wurde auch die Lean-Methode des Hinterfragens von Problemursachen

(5W-Methode) eingesetzt, um den wahren Problemursachen auf den Grund zu gehen. Hierbei entstand eine Systematik, die als Grundlage für hoch wirksame Maßnahmen organisatorischer Art zur Lösung des Problems dienen konnte.

Nach zwei Wochen war ein Bericht erstellt worden, der dem Mitarbeiter der Bundesanstalt in einer Präsentation vorgestellt wurde. Dieser war mehr als überzeugt und geradezu begeistert, was in dieser kurzen Zeit an substanzieller Arbeit geleistet wurde. Die weiteren Projektarbeiten und der Abschluss des Projekts waren nur noch eine Frage der konsequenten Umsetzung des Lösungsansatzes mit praxisorientierten Konzepten.

Die Bilanz am Ende des Projekts war ausgesprochen positiv. Das Krisenbudget wurde nur zum Teil aufgebraucht, der Kunde war hochzufrieden und das Image des Unternehmens in diesem Forschungsfeld wurde nachhaltig gestärkt. ■

Ziel dieses Praxisleitfadens ist, zu zeigen, wie in unterschiedlichen Projektwelten mit Lean Project Management umzugehen ist. Es wurden dabei für ausgewählte Situationen Handlungsempfehlungen gegeben. Die Sichtweise ist projektorientiert. Im folgenden Kapitel geht es um die Organisationen und Unternehmen, die Lean Project Management insgesamt in die Governance ihrer Projekte einführen möchten. Die Vorgehensweise wird dabei auf drei Konstellationen aus Projekttyp und Organisation zugeschnitten.

8 Implementierung von Lean Project Management

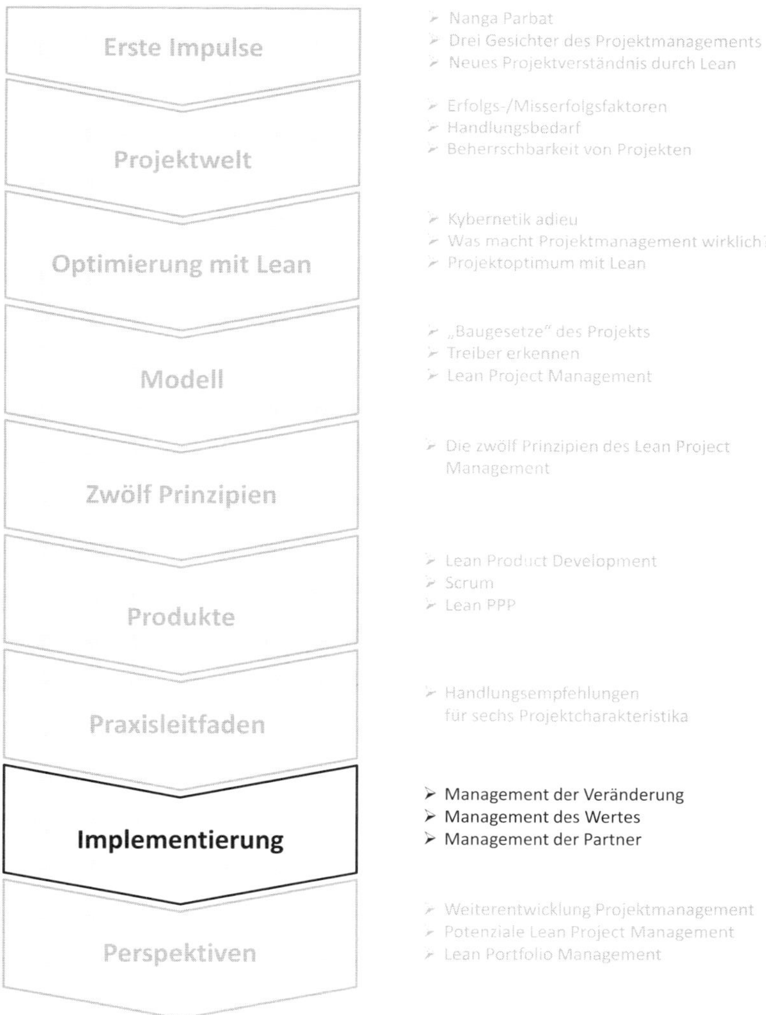

Bild 8.1 Kapitelübersicht

8.1 Implementierungsszenarien

Lean Project Management ist keine „One-size-fits-all-Lösung", sondern unterscheidet sich in der konkreten Ausprägung in Abhängigkeit vom Implementierungsszenario. Zur Typisierung der Szenarien können drei Kriterien herangezogen werden. Zum einen ist dies die **Art der Projekte**, die in diesem Szenario bevorzugt bearbeitet werden. Hier stellt sich die Frage, ob sich die Aufgabenstellungen von Projekt zu Projekt unterscheiden oder ständig wechseln. Entsprechend ergibt sich hieraus auch die Frage der Stabilität der Projektteams.

Das zweite Kriterium ist das **Projektumfeld**, genauer gesagt geht es hierbei um die Organisation, in welcher Projekte durchgeführt werden. Dies kann auf der einen Seite innerhalb eines Unternehmens sein, auf der anderen Seite kann dies eine Projektgesellschaft oder ein Projektmanagement-Dienstleistungsunternehmen sein, welches sich ganz unterschiedlichen Aufgabenstellungen für wechselnde Kunden widmet.

Drittes Kriterium ist der **Kunde bzw. Nutzer des Projektergebnisses**. Hier kann die Struktur relativ einfach sein, wenn es z. B. um das eigene Unternehmen geht, welches das Projektergebnis nutzt. Die Struktur kann aber auch sehr komplex sein, wenn mehrere Organisationen oder Unternehmen das Projektergebnis finanzieren und nutzen.

Auf der Grundlage dieser Kriterien können drei Implementierungsszenarien definiert werden. Die Implementierung von Lean Project Management wird sich entsprechend unterschiedlich gestalten. Sowohl die Anwendbarkeit der Prinzipien des Lean Project Management als auch die der Schwerpunkte bei der Implementierung unterscheiden sich. Die drei im Folgenden vorgestellten Implementierungsszenarien stellen Haupttypen dar. Darüber hinaus gibt es eine Vielzahl von Mischtypen und eher selteneren Fällen, die späteren Analysen vorbehalten sind.

Diseconomies-of-Scale-Szenario

Das erste Szenario ist die Implementierung von Lean Project Management unter Bedingungen der Diseconomies of Scale, kurz: Diseconomies-of-Scale-Szenario. Diese ungünstigen Voraussetzungen sind häufig unter Bedingungen eines Großunternehmens mit hochgradiger Differenzierung und Matrixorganisation anzutreffen. Die Herausforderung bei diesem Szenario liegt im Management der Veränderung.

Projekte

- Relativ stabile Projektteams,
- gleiche oder gleichartige Aufgabenstellungen,
- hohe Kontinuität in der Projektarbeit.

Projektumfeld

- Große projektdurchführende Unternehmen und Organisationen,
- Diseconomies of Scale,
- Standards für „klassisches" Projektmanagement,
- festgelegtes Projektergebnis.

Kunden/Nutzer

- Kundenanonyme Produktion oder Auftragsproduktion, oft einzelstückorientierte Linienproduktion, d. h. entweder ein definiertes Marktsegment oder Kundenauftrag,
- relativ einfache Struktur = wenig Abweichungen zwischen den Anforderungen der Kunden und Nutzer.

Beispiele: Produktentwicklung (Automobilindustrie, Flugzeugbau, Pharmaindustrie), Auftragsentwicklung Maschinenbau.

Fraktalszenario

Das zweite Szenario ist die Implementierung von Lean Project Management unter dynamischen Bedingungen einer fraktalen Organisation, kurz: Fraktalszenario. Die Herausforderung bei diesem Szenario liegt im Management des Werts.

Projekte

- Kernmannschaft in wechselnden Projektteams,
- gleiche oder ähnliche Aufgabenstellungen,
- Kontinuität in der Projektarbeit.

Projektumfeld

- Flexible und dynamische Organisationsstruktur,
- flache Hierarchien,
- innovationsfreudig gegenüber neuen Methoden,
- Variabilität des Projektergebnisses.

Kunde/Nutzer

- In der Regel Auftragsentwicklung,
- Kunde häufig ungleich Nutzer,
- häufige und größere Veränderungen der Anforderungen an das Projektergebnis im Laufe des Projekts.

Beispiele: Softwareentwicklung, Forschung und Entwicklung in Unternehmen, Entwicklung innovativer Produkte der IT-Technik.

Spezialfallszenario

Das dritte Szenario ist die Implementierung von Lean Project Management unter Bedingungen der Integration komplexer Projektstrukturen für ein spezielles Projekt (Organisation für eine einmalige Aufgabe), kurz: Spezialfallszenario. Die Herausforderung bei diesem Szenario liegt im Management der Projektpartner bzw. Beteiligten.

Projekte

- Wechselnde Projektteams,
- sich häufig ändernde Aufgabenstellungen,
- keine Kontinuität in der Projektarbeit,
- oft Großprojekte, Langläufer, Einmalprojekte.

Projektumfeld

- Fragiles, volatiles Umfeld,
- Projektgesellschaften/ Projektmanagementdienstleister,
- Konsortien,
- festgelegtes und wenig variierbares Projektergebnis.

Kunde/Nutzer

- Meist öffentliche Hand oder Konsortien,
- sehr komplexe Kunden/Auftraggeber/Nutzerstruktur.

Beispiele: Großprojekte der öffentlichen Hand, Infrastrukturprojekte, Großaufträge von privatisierten Verkehrsträgern.

In den folgenden Kapiteln wird detaillierter auf die drei Implementierungsszenarien und die Hindernisse und Strategien bei der Implementierung von Lean Project Management eingegangen.

8.2 Das Management der Veränderung

Auf den ersten Blick scheint die Implementierung von Lean Project Management für das Diseconomies-of-Scale-Szenario relativ einfach zu sein. Die Stabilität der Projektteams und des Umfelds sollte eigentlich zu einer schnellen und relativ einfachen Implementierung von Lean Project Management führen. Das Gegenteil ist der Fall. Die im vorhergehenden Kapitel genannten Diseconomies of Scale sind die größte Hürde bei der Einführung. Gemeint ist hier die Trägheit und Inflexibilität großer Organisationen, in welchen eine permanente Resistenz gegen Veränderungen besteht.

Eine der schwierigsten Aufgaben in einem Unternehmen oder einer Organisation ist die Initiierung und Durchführung von Veränderungen. Jeder Manager fürchtet diese Aufgabe, da sie mit hohen Risiken für die zukünftige berufliche Entwicklung verbunden ist. Hat ein Manager nicht die Chance oder besser gesagt das Glück, ein Unternehmen „auf der grünen Wiese" aufzubauen, setzt die etablierte Organisation mit den sichtbaren und unsichtbaren Strukturen Grenzen, die nur mit einer beachtlichen Kraftanstrengung überwunden werden können. Wie demotivierend die Struktur großer Unternehmen sein kann, werden viele Leser aus eigener Erfahrung wissen.

Man stelle sich einen Projektleiter in einem der großen Unternehmen vor. Dort wird Projektmanagement nach den anerkannten Standards durchgeführt. Entweder wird nach PMI oder PRINCE2 oder anderen etablierten Methoden des Projektmanagements verpflichtend gearbeitet. Diese sind auch Grundlage des Qualitätsmanagementsystems des Unternehmens. Die Projektleiter werden von zertifizierten Bildungseinrichtungen im Projektmanagement geschult. Nach der in Kapitel 4 aufgestellten Hypothese müsste unter diesen Voraussetzungen jedes Projekt ein Erfolg im Hinblick auf Kosten, Zeit und Qualität werden.

Wie sieht aber die Realität der Projektleiter in diesen Unternehmen aus. Die Projektleiter befinden sich im „controlled flight into terrain“. Dieser Begriff aus der Luftfahrt beschreibt eine Situation, in welcher die Piloten der festen Überzeugung sind, dass das Flugzeug unter Kontrolle ist. Alle Instrumente vermitteln einen perfekten Flug, und es gibt keine Anzeichen einer sich anbahnenden Katastrophe. Diese geschieht aber, da sich die Piloten über den tatsächlichen Zustand des Flugzeuges im Irrtum befinden.

Wie kommt es für die Projektleiter in großen Unternehmen zu dieser Situation? Die Diseconomies of Scale sorgen „gnadenlos“ für einen Absturz des Projekts unter „kontrollierten“ Bedingungen.

- Die Projektleiter „verschwenden“ in endlosen Meetings wertvolle Zeit, die besser mit Projektarbeit verbracht wäre, um jedem „Bedenkenträger“ den Projektstand zu erklären.
- Jeder der auch nur annähernd glaubhaft ein Interesse am Projekt bekundet, wird in den Informationstransfer eingebunden und möchte laufend informiert werden und mitreden.
- Entscheidungen bei wichtigen Projektmeilensteinen, welche für den Beginn der nächsten Arbeitspakete notwendig sind, werden aufgeschoben, da die Interessen vieler Abteilungen im Prozess mitberücksichtigt werden müssen. Dies erfordert weit mehr Zeit als eingeplant.
- Die Freigabe zusätzlicher Ressourcen bei unerwarteten Problemen zögert sich endlos hinaus.
- Neue Projektmitarbeiter, die in das Projekt integriert werden sollen, müssen vom Kernteam erst informiert und eingearbeitet werden. Dies vermindert deutlich die Kapazität für die eigentliche Leistungserstellung. Das Projekt kommt noch weiter in Verzug. Es werden deshalb weitere Mitarbeiter angefordert, womit sich das Problem in gleicher Weise wiederholt, usw.
- Dem Projektleiter werden ständig ausführliche Berichte an alle Führungsebenen und Fachabteilungen über den Projektstatus abverlangt, die umso umfangreicher werden, je kritischer das Projekt ist.

Nachdem der dritte Projektleiter dann in einem solchen Projekt „verheizt“ wurde und qualifizierte und bis zum Beginn des Projekts noch motivierte Projektleiter „aus dem Rennen“ sind, wird das Projekt nach dem unrühmlichen Abschluss dann in der Firmenzeitung noch als Erfolg gefeiert, obwohl weder das Management noch die Projektmitarbeiter und vor allem der Kunde mit dem Ergebnis wirklich zufrieden sind.

Um in einem solchen Umfeld Lean Project Management umzusetzen, genügt es nicht, mal eben eine neue und gerade aktuelle Methode aus den Schmieden der Managementwissenschaften hervorzuzaubern und in einem schnellen Kraftakt zu implementieren. Der Leser, der zu Beginn des Buches geglaubt hat, Lean Project Management kann schnell und einfach im Unternehmen implementiert werden, sieht sich getäuscht. Es ist ein echtes und hartes Veränderungsmanagement notwendig. Dies bedeutet weder „schnell“ noch „einfach“, sondern es ist ein mit beachtlichem Zeitaufwand verbundenes Unterfangen, wobei es erhebliche Barrieren gibt, die es zu überwinden gilt. In den folgenden Ausführungen soll dieser Veränderungsprozess näher beleuchtet werden.

Eine in der Praxis bewährte Vorgehensweise beruht auf der Methodik von John P. Kotter [12], welche einen Acht-Stufen-Prozess zur Erreichung großer Veränderungen im Unternehmen beschreibt. Dieser Prozess wird im Folgenden zugeschnitten auf die Einführung von Lean Project Management dargestellt.

Stufe 1: Das Bewusstsein für Veränderungen schaffen

Jedem Leser ist die Weisheit bekannt, dass Veränderungen nur dann in Angriff genommen werden, wenn die Notwendigkeit hierzu besteht. Deshalb ist es auch bei der Einführung von Lean Project Management erforderlich, diese Notwendigkeit zur Veränderung allen Mitarbeitern und vor allem den Führungskräften deutlich zu machen.

In Gesprächen mit den Mitarbeitern der verschiedenen Ebenen wird zwar immer wieder betont, dass ein Bewusstsein für die ständige Veränderung in dem Markt, in welchem das Unternehmen operiert, eher die Regel als die Ausnahme ist. Neue Wettbewerber treten im Markt auf, Kundenanforderungen verändern sich, neue Technologien erfordern eine ständige Anpassung der Produkte, und die Kunden werden immer anspruchsvoller. Was das eigene Umfeld im Unternehmen betrifft, wird daraus aber kein Veränderungsbedarf abgeleitet. Das eigene Tagesgeschäft und die eigene Selbstzufriedenheit stehen dem entgegen. Deshalb wird aus dieser Welt heraus immer Widerstand gegen Veränderungen zu erwarten sein, der teils auch mit glaubwürdigen Argumenten belegt wird („Never change a running system").

Wirft man einen Blick in eine typische Firmenzeitschrift, so scheint auch hier die Welt in Ordnung. Projekte werden als erfolgreich abgeschlossen dargestellt (obwohl bei genauer Betrachtung Zweifel angebracht sind), und langjährige Mitarbeiter werden gefeiert. Kritische Beiträge findet man dagegen fast nie („... was sollen da unsere Kunden sagen?").

Kotter ([12], S. 44) schlägt deshalb drastische Maßnahmen vor, um diese scheinbar „so heile Welt" infrage zu stellen, um die Notwendigkeit zur Veränderung nicht als reines Lippenbekenntnis erscheinen, sondern die Mitarbeiter dies auch spüren zu lassen. Folgende Aktionen können hierfür in Betracht gezogen werden:

Vorbereitungsmaßnahmen von Veränderungsprozessen

- Eine Zufriedenheitsbefragung deckt die tatsächliche Einschätzung des Erfolgs von Projekten durch die Kunden auf. Die Beauftragung einer externen Firma ist vorteilhaft, weil damit eigene Abteilungen weitestgehend „aus der Schusslinie genommen werden" und die Objektivität bzw. Anerkennung der Ergebnisse durch die Mitarbeiter wahrscheinlicher ist. Das Ergebnis, auch wenn Bedenken bestehen, sollte in der Unternehmenszeitschrift veröffentlicht, zumindest aber unternehmensintern kommuniziert werden.
- Eine Evaluierung der Beziehungen zu Projektpartnern und Lieferanten von Projektleistungen kann viele Probleme, die im Unternehmen weitestgehend unbekannt sind, aufdecken. Auch hier ist es empfehlenswert, die Ergebnisse im Unternehmen zu kommunizieren.

- In den meisten Unternehmen werden die Manager der verschiedenen Hierarchieebenen auf der Basis von Zielvereinbarungen gesteuert. Wenngleich die Wirkung auf den Unternehmenserfolg, vor allem im Hinblick auf die Prinzipien des Lean Management, hierdurch nicht gewährleistet ist („Sie bekommen, was Sie messen"), sollten diese Ziele keineswegs leicht erreichbar sein, sondern eine absolute Herausforderung darstellen.
- Die Messung dieser Leistungsziele soll nicht allein auf das direkte Umfeld bezogen sein, sondern auf die Geschäftseinheit oder das gesamte Unternehmen.
- Erfreuliche Nachrichten und Berichte in der Unternehmenszeitschrift haben weiterhin einen Platz in dieser Publikation, müssen aber durch herausfordernde Berichte, z. B. über neue Wettbewerber oder neue Technologien, ergänzt werden. Hier muss deutlich gemacht werden, wie diese Herausforderungen die Wettbewerbsfähigkeit des Unternehmens gefährden können.
- Einzelnen Abteilungen werden Mitteilungen zugestellt, in welchen neue Geschäftsmöglichkeiten oder neue Methoden des Projektmanagements vorgestellt werden, die exzellente Möglichkeiten für die Fortentwicklung des Unternehmens bieten. Gleichzeitig wird erklärt, dass das Unternehmen wegen der begrenzten Fähigkeiten und Bereitschaft zur Veränderung diese Opportunitäten nicht nutzen kann. ■

Mittels dieser Maßnahmen soll der Boden für Veränderungen aufbereitet werden. Die Selbstzufriedenheit soll Zweifeln weichen, ob man in der bisherigen Art und Weise weiterarbeiten kann.

Stufe 2: Bildung einer Führungsgruppe als Treiber der Veränderung

Einem einzelnen Manager, selbst wenn es sich um den CEO handelt, wird die Veränderung der Projektwelt des Unternehmens zum Lean Project Management niemals gelingen. Diese Veränderung muss deshalb von einer motivierten und „eingeschworenen" Gruppe von Führungskräften initiiert und vorangetrieben werden. Der CEO muss dieser Gruppe nicht nur angehören, sondern sich aktiv in dieser Gruppe engagieren (ein „Sich-berichten-Lassen" ist nicht ausreichend). Andernfalls ist das Vorhaben von vornherein zum Scheitern verurteilt. Diese aus der Praxis kommende Forderung darf nicht ignoriert werden. Steht der CEO nicht hinter der Einführung von Lean Project Management, sollte das Vorhaben schnell und konsequent eine „Beerdigung erster Klasse" erfahren.

Wie soll nun diese Gruppe von Führungskräften zur Implementierung von Lean Project Management zusammengesetzt sein?

Implementierung von Lean Project Management: Führung der Veränderung

- Position innerhalb der Führung des Unternehmens: Alle Manager, die eine Schlüsselposition innerhalb der Führungsgruppe einnehmen und für das Management der Projekte maßgeblich sind, sollen in diese Gruppe aufgenommen werden. Ein Blockieren der Durchführung beschlossener Maßnahmen soll damit verhindert werden.
- Fachkompetenz: Lean Project Management ist zwar für das Unternehmen ein neues Aktivitätsfeld, dennoch sollte Lean-Management-Wissen in der Führungsgruppe vertreten sein. Sehr hilfreich kann ein Manager sein, der z. B. in der Automobilindustrie Lean Management in der Produktion kennengelernt und angewendet hat. Dieser kann die Lean-Philosophie innerhalb der Gruppe vermitteln.
- Glaubwürdigkeit: Die meisten Manager dieser Führungsgruppe müssen von den Mitarbeitern des Unternehmens als „glaubwürdig" anerkannt sein. Entsprechend werden Entscheidungen und Aussagen des Führungsteams ernst genommen.
- Führungsqualität: Nach Kotter ([12], S. 25) gibt es Führungskräfte und Manager. Letztere sind Verwalter einer Leitungsstelle. Diesen fehlt die Eigenschaft einer echten Führungskraft, die in der Lage ist, eine Innovation im Unternehmen zu initiieren, die Mitarbeiter mit einer überzeugenden Vision zu motivieren und zur Mitarbeit an der Veränderung der Projektmanagementwelt anzuspornen. Der Typus des „echten Managers" sollte in der Gruppe unbedingt vertreten sein. ■

Dass sich in dieser Gruppe Skeptiker befinden, die zunächst Lean Project Management kritisch gegenüberstehen, ist nicht auszuschließen. Oft befürchten diese Teammitglieder Nachteile für ihre Abteilung. Diese auszuräumen und die Teammitglieder von dem Nutzen zu überzeugen ist die erste Aufgabe. Regelmäßige Gruppentreffen, idealerweise außerhalb des Unternehmens, kombiniert mit Freizeitaktivitäten sind Erfolg versprechende Methoden, um die Teambildung zu erreichen und eine schlagkräftige Gruppe zu formieren.

Stufe 3: Entwicklung einer Unternehmensvision und -strategie

So wie in jedem Projekt eine Vision die Grundlage der Projektarbeit darstellt, so muss auch für die Implementierung des Lean Project Management im Unternehmen eine Vision entwickelt werden. Diese beschreibt, wie das Management von Projekten des Unternehmens in der Zukunft in einem idealen Zustand aussehen soll. Wie werden Projekte durchgeführt, welche Ergebnisse werden von jedem Projekt erwartet, wie soll die Zufriedenheit der Kunden sein, wie schätzen die Projektmitarbeiter das Projekt nach der Beendigung ein, wie fühlen sich Mitarbeiter, die in diesen Projekten integriert sind? All diese Fragen können in ein idealisiertes Szenario einfließen und die Vision bilden.

Zusätzlich kann der Weg zum Ziel beschrieben werden. In Form einer Strategie wird die Realisierung des Idealzustands aufgezeigt, der in der Vision beschrieben wird. Wert ist dabei auf die Machbarkeit der Zwischenziele auf dem Weg zur Vision zu legen.

Stufe 4: Kommunikation der Vision und der Strategie

Wer kennt nicht die komplexen und mit vielen Managementbegriffen und Fachausdrücken versehenen Botschaften der obersten Führungsebene. Ernst genommen werden diese kaum noch, da sie vielen Mitarbeitern unverständlich und fern der Projektrealität sind. Dieser Fehler sollte bei der Kommunikation der Vision und der Strategie auf dem Weg zum Lean Project Management nicht gemacht werden.

Eine Vision besteht aus wenigen Sätzen, ist leicht verständlich und begeistert oder fördert zumindest die Aufmerksamkeit der Mitarbeiter. Hierzu werden alle Kanäle der Kommunikation zwischen Führungsgruppe und Mitarbeitern eingesetzt: Initiativveranstaltungen, Firmenzeitschriften (interner und externer Zielgruppenorientierung), das Intranet, Betriebsversammlungen, Plakate an hervorragenden Stellen (Schwarze Bretter, Eingang Kantine etc.) und Fortbildungsveranstaltungen für die Mitarbeiter. Diese Aktionen sollten regelmäßig wiederholt werden.

Die Vorbildfunktion der Führungskräfte stellt eine wesentliche Grundlage dieses Kommunikationsprozesses dar. Deshalb ist besonderer Wert auf die Motivation und Schulung der Führungskräfte zu legen. Insbesondere die Projektleiter, die das schlanke Projektmanagement in der täglichen Arbeit vorleben und das Projektteam bei der Umsetzung motivieren und unterstützen sollen, sind an erster Stelle in den Implementierungsprozess zu integrieren.

Stufe 5: Befähigung der Projektleiter und der -mitarbeiter zur Umsetzung

Bei der Realisierung des Lean Project Management im Unternehmen werden zahlreiche Hürden erkennbar, die auf dem Weg zum Erfolg „aus dem Weg geräumt werden müssen". Die wichtigsten Hürden und der Umgang damit sollen im Folgenden aufgezeigt werden.

- **Die Projektmitarbeiter verfügen nicht über die erforderlichen Fähigkeiten zur Realisierung von Lean Project Management.**
  Die erste Runde zur Überwindung dieser Hürde ist die Schaffung der Grundlagen für das Verständnis. Hierzu kann ein Training der Mitarbeiter dienen. Dies reicht aber bei Weitem nicht aus. Die nachfolgende Qualifizierung erfolgt im Rahmen der Projekte. Hierzu kann Hilfe in Form von externen oder internen Experten hinzugezogen werden. Wesentlich ist, innerhalb eines Projekts (vergleiche Stufe 6 Pilotprojekt) den Kristallisationskern von Experten zu schaffen, der anschließend dieses Wissen in weitere Projekte des Unternehmens trägt.
- **Die Organisation des Unternehmens behindert die Umsetzung.**
  Die in funktional organisierten Unternehmen typischen Abteilungsgrenzen hindern die Projektleiter und deren Mitarbeiter an einer Umsetzung von Lean Project Management. Hierzu zählen z. B.: Personalressourcen einzelner Abteilungen werden aus Abteilungsegoismus nicht in der geforderten Qualifikation freigegeben, Informatio-

nen werden dem Projektteam nicht zugänglich gemacht oder sachlich nicht gerechtfertigte Informationen laufend dem Projektleiter abgefordert. Gerade hier ist eine konsequente Anwendung der Lean-Prinzipien notwendig, um das Projektteam bei deren Arbeit zu unterstützen. Dies ist Aufgabe der Mitglieder des Führungsteams, in deren Zuständigkeit ist, diese kontraproduktiven „Zäune“ zwischen den Abteilungen zu beseitigen.

- **Vorgesetzte verhindern die Veränderung zum Lean Project Management.** Gerade im Bereich des mittleren Managements ist Widerstand zu erwarten, da ein Einflussverlust befürchtet wird. Außerdem bestehen möglicherweise Zweifel an der Wirksamkeit des Lean Project Management. Es ist Aufgabe des Führungsteams, diese Probleme zu erkennen und schnell und konsequent zu lösen. Training und Qualifizierung der Manager sind ein möglicher Ansatzpunkt, wenn der Manager der Veränderung grundsätzlich positiv gegenübersteht. Das Problem der Verlustangst wird dadurch aber nicht gelöst. Gelingt es nicht, diese auszuräumen und von der Notwendigkeit der Veränderung zu überzeugen, müssen Konsequenzen gezogen werden.

Stufe 6: Kurzfristige Erfolge erreichen und kommunizieren

Nichts ist überzeugender als der Erfolg. Deshalb ist es notwendig, kurzfristige Erfolge zu erzielen. Die beste Möglichkeit hierzu ist ein Pilotprojekt, in welchem die Prinzipien des Lean Project Management zum ersten Mal angewendet werden. Hierzu ist am besten ein Projekt geeignet, welches eine relativ überschaubare Struktur hat und ein relativ kleines Projektteam erfordert.

Vorteilhaft ist, für dieses Projekt entweder interne Experten, soweit vorhanden, oder externe Experten zu engagieren, die mit den Prinzipien des Lean Project Management vertraut sind. Sehr vorteilhaft ist es, in dieser Stufe Experten aus beiden Welten, der des „klassischen“ Projektmanagements und des Lean Project Management, zu integrieren, um die Bedeutung beider Welten angemessen im Projekt zu berücksichtigen.

Der erreichte Erfolg soll nach Abschluss des Projekts im Unternehmen kommuniziert werden, um den Weg für die Ausweitung auf andere Projekte zu ebnen. Darüber hinaus sollen das erworbene Wissen und die Erfahrungen genutzt werden, um zu einem „maßgeschneiderten“ Lean Project Management für das Unternehmen zu gelangen.

Stufe 7: Die erreichten Erfolge absichern und die Einführung von Lean Project Management weiter vorantreiben

Ein häufiges Phänomen in Veränderungsprozessen ist der Rückfall in überkommene Strukturen. Jeder Leser, der einmal einen Veränderungsprozess begleitet hat, kennt dies. Im Lean Management wird dieser Rückfall durch Etablierung eines Standards verhindert. Ist also einmal eine erfolgreiche Methodik im Projektmanagement erreicht worden, wird ein Standard festgeschrieben und dokumentiert, der in zukünftigen Projekten eingehalten werden muss. Die Einhaltung wird regelmäßig in Audits überprüft.

Der Standard wird aber nicht „für alle Zeiten“ festgeschrieben, sondern stellt lediglich die Grundlage für die nächsten Verbesserungen dar. Dieses Kaizen oder der Kontinuierliche Verbesserungsprozess ist eines der Basisprinzipien des Lean Management auf dem Weg zur Perfektion. Damit wird einerseits ein Rückfall in alte Strukturen verhindert, andererseits wird die ständige Verbesserung vorangetrieben.

Im Rahmen der Ausweitung des Lean Project Management wird schnell die Kapazität der Führungsgruppe zur Steuerung des Veränderungsprozesses überschritten. Deshalb ist in dieser Phase eine Verlagerung des Veränderungsprozesses auf die unteren Führungsebenen notwendig. Auch hier ist Überzeugungsarbeit einerseits und gegebenenfalls die Nutzung der Machtposition andererseits erforderlich, damit dieser Übergang der Lean-Initiative nahtlos gelingt.

Stufe 8: Verankerung des Lean Project Management in der Unternehmenskultur

In der zu Beginn dieses Kapitels geschilderten Organisationsstruktur, die mit Diseconomies of Scale charakterisiert wurde, ist die Veränderung der Unternehmenskultur ohne jeden Zweifel der schwierigste Teil der Implementierung von Lean Project Management. Eine Unternehmenskultur, die Lean Project Management unterstützt, ist gekennzeichnet durch:

- Mitarbeiter, welche die Lean-Prinzipien verinnerlicht haben, in der selbständigen Problemlösung geschult sind und die ständige Verbesserung von Prozessen und Methoden betreiben,
- Vorgesetzte, die sich nicht als Kontrolleure der Mitarbeiter und deren Aufgabe in der Vergabe von Anweisungen verstehen, sondern sich als Coach der Mitarbeiter sehen, deren Aufgabe in der Befähigung zur Problemlösung besteht,
- eine Einstellung gegenüber Fehlern und Problemen, die willkommener Anlass für Verbesserungen sind.

Die Kulturveränderung in die dargestellte Richtung ist nicht in wenigen Wochen oder Monaten vollzogen. Hierfür werden viele Jahre benötigt. Dies widerspricht in der Mehrzahl der Fälle der Berufsplanung der meisten Führungskräfte. Es gibt aber auch viele Beispiele für Unternehmen, in welchen diese Kulturveränderung mit Erfolg gelungen ist. Deshalb sollten Führungskräfte, diese Veränderung aktiv angehen und hier einer eigenen Vision folgen, sich hierfür ausreichend Zeit nehmen und den Fokus auf eine langfristige Prosperität des Unternehmens lenken.

In Bild 8.2 ist der Acht-Stufen-Prozess der Veränderung in einer Übersicht dargestellt.

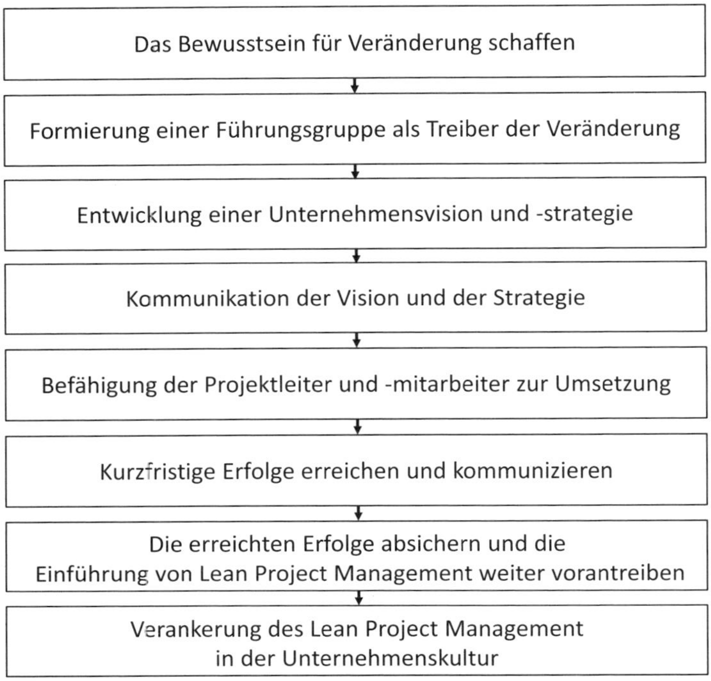

Bild 8.2 Acht-Stufen-Prozess der Veränderung

Praxisbeispiel: Lean-Initiativen

Dr. Martin Philipp

Senior Consultant Business Excellence, Astrium Consulting

Lean-Projekte: Gesagt – getan?

Anwendung und Wirksamkeit von Lean-Methoden und -Techniken im Entwicklungsprozess sind gut dokumentiert, auf Konferenzen werden regelmäßig erfolgreiche Fallbeispiele gezeigt. Warum ist die Umsetzung dann kein Selbstläufer? Warum werden sie dann nicht überall gleichermaßen angewendet?

Aus der Analyse verschiedener Lean-Initiativen, an denen Experten von Astrium Consulting[1] beteiligt waren, ergeben sich vier Gründe:

1. die Priorität des operativen Geschäfts,
2. die Notwendigkeit zur Adaption,
3. die Adressierung der emotionalen Komponente einer Veränderung (Change Management),
4. die Diskrepanz zwischen Theorie und Praxis.

[1] Astrium Consulting ist inzwischen eingebettet in die neu formierte Airbus Defense and Space.

Diese sind in unterschiedlichem organisatorischem Maßstab (lokal, bereichsbezogen, divisional) gleichermaßen relevant.

Die Priorität des operativen Geschäfts

Sobald über Lean-Projekte gesprochen wird, kommt unmittelbar die Frage auf: „Wann sollen wir das auch noch tun?“, und zwar nicht nur bei Mitarbeitern, sondern auch auf den unteren Führungsebenen. Klar ist, dass die Einführung von Lean zunächst einmal mit Aufwand, sprich Investition von Zeit und damit auch Budget, verbunden ist. Jedoch sind alle Kapazitäten ausschließlich nach dem Bedarf im operativen Geschäft geplant und bereitgestellt worden. Hier bedarf es einer klaren Entscheidung und der Vorgabe eines Rahmens, nicht jetzt sofort, aber innerhalb eines angemessenen Zeitraums ein Lean-Projekt zu starten. Die Führungskräfte können sich dann mit ihren Teams so organisieren, dass mittelfristige Schwankungen in der Auslastung genutzt werden.

In denjenigen Initiativen, in denen ein solcher Rahmen geschaffen und von allen drei beteiligten Parteien (Leitungsebene, durchführungsverantwortliche Führungskräfte und Mitarbeiter) auch verbindlich eingehalten wird, ist die Akzeptanz und damit schlussendlich die Qualität des Erreichten deutlich größer als bei starren Vorgaben. Fehlt ein solcher Rahmen, schlafen Lean-Initiativen meist bei der erstbesten Gelegenheit wieder ein.

Die Notwendigkeit zur Adaption

Gelegentlich kann man bei Lean-Experten bzw. den mit der Unterstützung in der Einführung von Lean-Techniken Betrauten einen gewissen Hang zur Verwendung von „Fachchinesisch“, hier eher „Fachjapanisch“, beobachten. Hinzu kommen Verweise auf den klassischen Protagonisten für den erfolgreichen Einsatz von Lean-Gedankengut und -Techniken: den Toyota-Konzern. Unter Hinweis auf dieses Unternehmen wird versucht, die Intentionen und Vorgehensweisen anhand dessen industriellen Umfelds zu erläutern. Gleiches gilt für den Versuch, Lean-Prinzipien in einer Entwicklungsorganisation anhand von Beispielen aus der Produktion aufzuzeigen: Auf diese Weise wird regelmäßig das Missverständnis erzeugt, dass Lean-Techniken direkt zu übernehmen seien, was aber in einem anderen industriellen, funktionalen oder kulturellen Umfeld nicht angemessen ist.

Astrium Consulting verwendet hier den Begriff der „Copy-Paste-Barriere“ (Bild 8.3), um zu verdeutlichen, dass weder über die Grenzen unterschiedlicher industrieller Kontexte hinweg noch aus dem näheren Umfeld bekannte Lösungen eins zu eins in einen anderen Kontext übertragen werden können. Vielmehr ist immer eine Analyse der unter der Oberfläche verborgenen Wirkmechanismen erforderlich, die dann im eigenen Kontext geeignet realisiert werden müssen. Damit wird auch aufgezeigt, dass die Einführung von Lean nicht bedeutet, schematisch Praktiken von Dritten zu übernehmen, sondern spezifische eigene Lösungen zu entwickeln, was bei den Beteiligten, gerade im Entwicklungsumfeld, wegen der kreativen Herausforderung als attraktiv wahrgenommen wird.

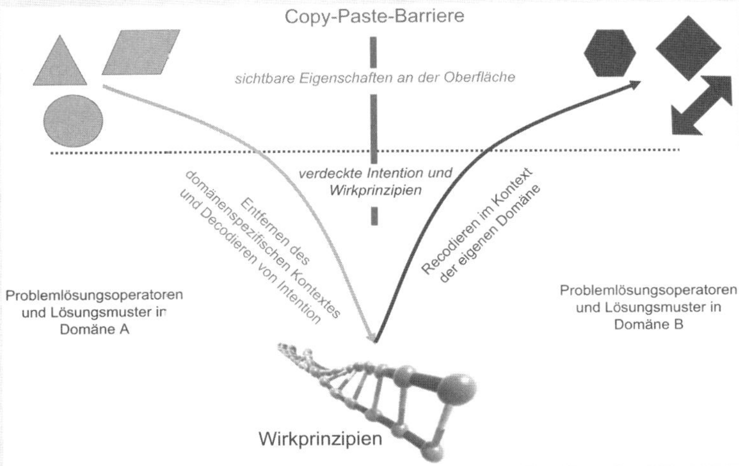

Bild 8.3 Copy-Paste-Barriere

Die Notwendigkeit zur Adaption beinhaltet auch, einen Kanon an verschiedenen Lean-Techniken anzubieten, der unterschiedliche Bedarfe anspricht, anstatt auf der Einführung einer einzelnen Technik zu bestehen. Ein solcher Kanon kann z. B. bestehen aus:

- Value Stream Mapping als Modul zur ganzheitlichen Analyse eines Prozesses,
- A3-Methode und ihre Anwendung für Problemlösung, Wissenssicherung oder Priorisierung von Kundenanforderungen,
- Visual Management für die Koordination von Projektgruppen und Abteilungen sowohl lokal mit physischen Medien als auch verteilt mit elektronischen Medien,
- Set-Based Concurrent Engineering als fortgeschrittener Methode, um Entwicklungsrisiken zu mitigieren.

Mit einem solchen Angebot sind die Führungskräfte in der Lage, gemäß ihrer jeweiligen Situation angemessen zu handeln. Es sollte aus einer sorgfältigen Beobachtung mit fundierter Kenntnis der Zielorganisation entwickelt und über die Zeit gegebenenfalls angepasst werden.

Die Adressierung der emotionalen Komponente einer Veränderung (Change Management)

Nicht selten wird der Begriff „Lean" von Mitarbeitern in einem Wörterbuch nachgeschlagen, sobald die Ankündigung einer Lean-Initiative erfolgt ist. Aus den typischen Übersetzungen, die fast vollständig eine negative Konnotation haben, entsteht dann automatisch eine negative Erwartungshaltung. Auch der Umstand, dass Lean-Initiativen in der Regel im Zusammenhang mit Kostenoptimierungsprogrammen gestartet werden, erzeugt negative Erwartungen.

Insofern ist der Umgang mit diesen Erwartungen ein notwendigerweise integraler Bestandteil einer Lean-Initiative. Konkret sind auf folgende Aspekte klare Antworten zu erarbeiten und zu kommunizieren:

- Vision: die mittel- bis langfristige Zielvorstellung des Unternehmens bzw. Bereichs. Hier bietet sich an, dass Führungskräfte aus der Leitungsebene die Initiative im Kontext der Bereichsstrategie vorstellen.
- Motivation und Anreiz: der Nutzen für die Mitarbeiter. Die Vision muss verknüpft werden mit einem attraktiven Anreiz für die Mitarbeiter. Im Entwicklungsumfeld kann dies z. B. sein, dass frei gewordene Kapazität für Forschung und Entwicklung oder Kostenreduktionen für die Akquisition neuer Aufträge verwendet werden. Glaubhaftigkeit und Verbindlichkeit solcher Aussagen sind zwingend, da sie in jedem Fall hinterfragt werden.
- Ressourcen: Wenn die Durchführung von Lean-Initiativen von Bedeutung ist, dann ist es erforderlich, dafür auch angemessene Ressourcen bereitzustellen.
- Fähigkeiten: die Bereitstellung von Unterstützung in der Umsetzung oder Schulungsmaßnahmen.
- Vorgehensplan: das Aufzeigen eines orchestrierten Vorgehens und des schon Erreichten.

Es bestätigt sich immer wieder, dass die Kommunikation zum einen möglichst spezifisch auf den Kreis der Zuhörer zugeschnitten werden muss, und dass sie zum anderen entsprechend dem Fortschritt in der Einführung und den veränderten Erwartungshaltungen regelmäßig aktualisiert werden muss. Dies ist eine Führungsaufgabe.

Die Diskrepanz zwischen Theorie und Praxis

Zwei Faktoren bergen das Risiko einer schnellen Überforderung und Verunsicherung der durchführenden Führungskräfte und Mitarbeiter:

- eine zu intensive und umfängliche Schulung in Lean-Techniken und -Methoden, also ein Überangebot dessen, was in Angriff genommen werden könnte;
- voreilig zu hoch angesetzte Zielvorstellungen und -vorgaben oder das völlige Fehlen derselben.

Beides führt meist dazu, dass zu große Themen auf einmal in Angriff genommen werden. Infolgedessen erfolgt eine Überbetonung der Methode aus dem Gedanken heraus, dass ihre konsequente und umfängliche Anwendung den Erfolg leisten wird.

Tatsächlich scheitern solche Unterfangen und führen zu Frustration und Ablehnung. Der geeignete Umgang und die sinnhafte Anwendung von Methoden müssen genauso wie in allen anderen Anwendungsgebieten (z. B. Projektmanagement, Entwicklungsmethodik) durch praktische Erfahrung eingeübt werden, bevor sukzessiv größere Herausforderungen angegangen werden können. In einem solchen Vorgehen werden Erfolge kurzfristig sichtbar und bestärken die Akzeptanz. Es hat sich gezeigt, dass Teams und Organisationen, die Lean-Projekte nach diesem Prinzip des Lernens durch Tun in Angriff genommen haben, quantitativ mehr Verbesserung erreicht haben. Häufig entstand mit der Zeit eine Eigendynamik, die Verbesserungsaktivitäten in das operative Handeln integriert, ohne dass es eines äußeren Anstoßes bedarf.

Astrium Consulting führt unter dem Titel „Improvement Leadership and Lean Awareness" regelmäßig Veranstaltungen für Führungskräfte durch, in denen daraus Strategien zur Einführung von Lean im operativen Umfeld abgeleitet werden.

Ergänzend dazu ist es gerade in größeren Initiativen sinnvoll, eine Unterstützungsorganisation aufzubauen. Deren Mitglieder rekrutieren sich idealerweise aus dem unmittelbaren fachlichen Zusammenhang. So wird sichergestellt, dass die Unterstützenden mit dem fachlichen und prozessualen Kontext vertraut sind und bedarfsgerecht und situativ Methoden und Techniken eingebracht werden können. Dies ist regelmäßig wirksamer als das Schulen im Vorhinein und ohne konkreten Bezug. Ein solches Unterstützungsangebot lässt sich sehr gut mit einem Methodenkanon kombinieren. Der Ressourceneinsatz für eine angemessene Unterstützungsorganisation, die auch koordinierende und kommunikative Aufgaben übernimmt, ist klein im Vergleich zum erzielten Nutzen, das heißt, sie ist wirtschaftlich.

Fazit

Aus der Beratung bei der Umsetzung von Lean-Initiativen und der Begleitung von Projektteams in konkreten Verbesserungsprojekten hat Astrium Consulting unter dem Titel „Improvement Leadership and Lean Awareness" ein Seminar für Führungskräfte entwickelt, in dem die beschriebenen Erkenntnisse praktisch dargestellt und den Teilnehmern konkrete Handlungsmöglichkeiten aufgezeigt werden. Der Schwerpunkt liegt auf den hier beschriebenen Erfolgsfaktoren:

- Schaffen eines verbindlichen, flexiblen Zeitrahmens,
- Adaption anstelle von simpler und schematischer Übernahme von Lean-Techniken,
- kontinuierliche und adaptive Kommunikation als wesentliches Mittel der Führung,
- Aufbau einer idealerweise eingebetteten Unterstützungsorganisation,
- Fördern des Vorgehens in kleinen Schritten.

Der Erfahrungsaustausch zwischen den Teilnehmern zeigt, dass es notwendig ist, diese Erfolgsfaktoren immer wieder neu und akzentuiert in das Bewusstsein zu rücken: Führungskräfte, die am Anfang einer Lean-Initiative stehen, begrüßen die konkreten Hilfestellungen, bereits erfahrene Führungskräfte reflektieren das Erreichte und nehmen neue Anregungen mit. ■

8.3 Das Management des Werts

Die Herausforderung des Fraktalszenarios liegt in der hohen Dynamik der Veränderung der Anforderungen an das Projektergebnis im Verlauf des Projekts. Diese Veränderungen sind nicht die Ausnahme, sondern die Regel. Es wird hier von Fraktalszenario gesprochen, weil die Unternehmen und Organisationen, in welche Lean Project Management implementiert wird, hochgradig fraktal aufgebaut sind. Dies bedeutet:

- Eigenverantwortliche Unternehmenseinheiten im Unternehmen erbringen die Leistungen, die Kernprojektleistungen sind,
- hohe Reagibilität auf Veränderungen der Kundenanforderungen,
- Ausrichtung der Mindsets der Mitarbeiter des Unternehmens auf eine gemeinsame Entwicklung des Werts des Projektergebnisses mit dem Kunden bzw. Nutzer,
- Ähnlichkeit der Ziele und Prozesse bei allen Unternehmen im Unternehmen.

Die Implementierung von Lean Project Management in fraktalen Organisationen muss auf der Ebene der Unternehmen ansetzen. Auf zentraler Ebene wird dieses Modell des Projektmanagements allenfalls durch positive Rahmenbedingungen gefördert. Gleichzeitig müssen diese Unternehmen im Unternehmen die Fähigkeit mitbringen, dass in jedem Kundenprojekt das Lean Project Management angewendet wird. Andernfalls käme es zu einer Interessendivergenz zwischen Auftragnehmer und Kunde. (Diese Unternehmen arbeiten ausschließlich in Kundenprojekten.)

Halten Sie es für möglich, dass man eine Erfindung planen kann? Weiß ein Kunde zu Beginn eines Projekts genau, was dabei herauskommen soll? So wenig wie kreative Prozesse exakt planbar sind, so wenig kann einem Kunden, der eine Leistung bestellt, eine präzise Definition des Ergebnisses abverlangt werden. Dennoch stellt jeder Kunde zu Beginn der Verhandlungen zu einem Projektauftrag die Frage: Wie lange dauert das Projekt und was kostet es? Wie also kann man mit den präzisen Fragen zu den Leistungskenndaten einerseits und der Variabilität des Projektergebnisses andererseits umgehen?

Hilfreich bei der Beantwortung dieser Frage kann ein vielfach in der Industrie etablierter Prozess aus dem Supply Chain Management sein. Just-in-time-Anlieferungen sind das Ergebnis der konsequenten Eliminierung von Verschwendung in der Supply Chain in Form von Lagerbeständen. Lagerbestände sind Verschwendung, da diese in keiner Weise zum Wert des Produkts beitragen. Vergleicht man zwei Unternehmen, das eine benötigt Bestände zur Sicherung der Verfügbarkeit der Produkte, das andere nicht, so wird ein Kunde auf die Frage nach dem Wert der Lagerbestände für sich selbst immer negativ beantworten, da durch die Bestände zwar Kosten, aber keinerlei Wert generiert wird.

Die Herausforderung der Just-in-time-Belieferung von Produktionsprozessen liegt zum einen in der zeitgenauen Anlieferung der Teile, zum anderen aber in der Anlieferung genau der Menge an Teilen, die für die nächsten Stunden des Produktionsprozesses benötigt werden. Diese Menge konkretisiert sich Schritt für Schritt mit der Detailliertheit des Produktionsplanes aufseiten des Hersteller- bzw. Abnehmerunternehmens. Die exakte Menge und gegebenenfalls die Sequenz (Reihenfolge der Teile bei Teilevarianten) bekommt der Lieferant erst wenige Stunden vor dem Liefertermin mitgeteilt. Wie sieht die Vereinbarung zwischen Lieferant und Kunden in einem derart dynamischen und auf Flexibilität beruhenden System des Leistungsaustausches aus?

Diese in der Automobilindustrie häufig anzutreffende Lieferanten-Kunden-Beziehung wird über zwei Vertragsbestandteile geregelt. Zunächst werden in einem Rahmenvertrag alle fixen Elemente der Austauschbeziehung geregelt, also z. B. ein Großteil der Konditionen wie Stückpreise, Logistikkonzept, Notfallpläne etc. Der tägliche Abruf hinsichtlich Stückzahl und Sequenz ist hingegen bis zum zuletzt möglichen Zeitpunkt flexibel und wird den Anforderungen des Produktionsplanes angepasst. Da der Produktionsplan von den Bestellungen der Endkunden abhängt und die Produkte kundenindividuell hergestellt werden (einzelstückorientierte Linienproduktion), bewahrt sich das Herstellerunternehmen ein Höchstmaß an Flexibilität und kann seinen Kunden einen einzigartigen Wert bieten: Anpassung des Produkts an die kundenindividuellen Wünsche und Änderung dieser Wünsche bis kurz vor Produktionsbeginn.

Dieser Sachverhalt aus der Produktion und dem Supply Chain Management soll hier nun für die Thematik in fraktalen Unternehmen des Projektgeschäfts nutzbar gemacht werden.

Das Management der Veränderung des Projektergebnisses im Laufe des Projekts ist deshalb kein Problem, sondern lediglich eine Frage der Organisation eines entsprechend konzipierten und beherrschten Prozesses. Die Implementierung dieses Prozesses ist folglich in diesem Szenario die wesentlichste Aufgabe bei der Umsetzung von Lean Project Management. In einer allgemeinen Form kann ein entsprechender Prozess wie in Bild 8.4 gestaltet werden.

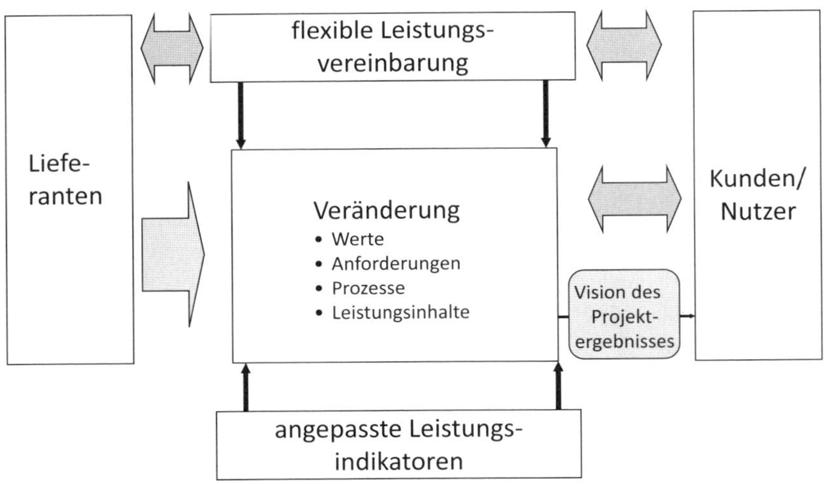

Bild 8.4 Prozess zur Entwicklung des Werts

Im „klassischen" Projektmanagement steht am Beginn eines Projekts eine Definition des Inhalts und Umfangs, die z. B. in die Form einer Spezifikation mündet, die auf dem

Projektprozessschritt „Anforderungen Sammeln" beruht. Änderungen des Inhalts und Umfangs lösen in der Praxis ein oft zeitraubendes Claim Management aus, das nicht selten Juristen auf den Plan ruft, um Konflikte aus unterschiedlichen Bewertungen von Änderungen zu lösen. Aus der Lean-Sicht steckt in diesen Abläufen sehr viel Verschwendung, da das Projektergebnis letztlich nicht an Wert gewinnt. Der Wertzuwachs durch eine Änderung ist erwünscht, die Verschwendung von Ressourcen für das Änderungsmanagement nicht. Dies ist der Grund, weshalb man in fraktalen Unternehmen nur schwer mit dem „klassischen" Projektmanagement zurechtkommt.

Deshalb soll der zur Diskussion stehende Prozess auf ein schlankes Management dieser laufenden Änderungen ausgelegt sein. Da hier der Wert im Vordergrund steht, ist es zunächst notwendig, eine überzeugende Vision für das Projekt zu entwickeln, die das Endergebnis des Projekts in knapper, verständlicher und begeisternder Form beschreibt. Die Vision, die mit dem Kunden bzw. Nutzer abgestimmt wird, dient zum einen als eine Art „Kompass", der im Laufe des Projekts ständig die Zielrichtung vorgibt, zum anderen zur Motivation des Projektteams. Damit soll erreicht werden, dass das eigentliche Ziel des Projekts vom Team nie aus den Augen verloren und eine sinnstiftende und motivierende Wirkung im Team erreicht wird. Hierauf wurde zuvor bereits hingewiesen.

Wie gelangt man zu einer Vision, die den genannten Anforderungen genügt? Auf einer allgemeinen Basis ist es kaum möglich, diese Frage zu beantworten. In der Fachliteratur findet sich ein Beispiel für eine Produktvision, welches den Inhalt veranschaulicht:

„Für *(Kunden)*
die *(Beschreibung des Bedarfes oder der Gelegenheit)*
ist das *(Produktname)* eine *(Produktkategorie)*
die *(Hauptvorteile, Grund dieses Produkt zu kaufen)*;
anders als *(Alternative des Wettbewerbs)*
kann unser Produkt *(Beschreibung des Hauptunterschieds)*."
Quelle: [13], S. 121.

Nach der Entwicklung der Vision werden die Rahmenbedingungen festgelegt. In Scrum-Projekten werden diese Constraints genannt. Damit werden die „Eckdaten" des Projektergebnisses beschrieben bzw. festgelegt. Am Beispiel eines Produkts als Projektergebnis wären dies der Produktpreis im Zielmarkt, wesentliche Produkteigenschaften, eingesetzte Technologie, Kundengruppe, Design, rechtliche Anforderungen, Standards, Kosten, potenzielle Lieferanten und deren Einbeziehung in die Produktentwicklung. Dies entspricht dem Rahmenvertrag zwischen Lieferant und Hersteller bei Just-in-time-Anlieferung.

Darüber hinaus wird in der Leistungsvereinbarung festgelegt, welche Freiheitsgrade für die Gestaltung des Projektergebnisses bestehen. Damit wird die Leistungsvereinbarung im Hinblick auf definierte Aspekte oder Bestandteile des Projektergebnisses flexibel gestaltet, und es wird möglich, Änderungen im Hinblick auf das Projektergebnis innerhalb des festgelegten Rahmens zu erzielen, ohne dass aufwendige Abstimmungs- und Genehmigungsprozesse zwischen den Vertragspartnern erforderlich sind.

Auch die Leistungsindikatoren, die anzeigen, ob die Prozesse innerhalb des Projekts in die beabsichtigte Zielrichtung gehen, müssen an die flexible Leistungsvereinbarung angepasst werden. Das eiserne Dreieck des Projektmanagements, Zeit, Kosten und

Ergebnis oder Qualität, ist nicht mehr anwendbar. Stattdessen orientieren sich die Leistungsindikatoren an der festgelegten Rahmenvereinbarung und dem (sich im Projektverlauf ändernden) aktuellen Wert des Projektergebnisses. Da sich der Wert aus der Zusammenarbeit von Auftragnehmer und Auftraggeber ergibt (Co-Creation of Value, vgl. [26], S. 1140 ff.), ist nicht mehr eine vertraglich fixierte Spezifikation die Grundlage für die Leistungsindikatoren und damit eine Messgröße für den Erfolg eines Projekts, sondern der Wert und letztlich die Kundenerwartung.

Zusammenfassend ist festzustellen, dass das Management des Werts den Schlüsselfaktor bei der erfolgreichen Implementierung des Lean Project Management für dieses Szenario darstellt. Da, wo Flexibilität im Hinblick auf das Projektergebnis gefordert ist und der Kunde bzw. Nutzer des Projektergebnisses gemeinsam mit dem Auftragnehmer an der Entwicklung des Werts arbeitet, erweist sich die Implementierung und souveräne Beherrschung des dargestellten Prozesses als Erfolg versprechende Implementierungsstrategie. Auf eine Darstellung des Vorgehensmodells von Kotter wird hier verzichtet, da diese Vorgehensweise des Change Management auf eher bürokratische Organisationen zugeschnitten ist. Alternativ soll die Vorgehensweise am nachfolgenden Praxisfall dargestellt werden. Das in diesem Praxisfall dargestellte Muster ist für diese Art von Unternehmen typisch.

Praxisfall: Einführung von Scrum

Philipp Eisbacher

Scrum Master, Netconomy GmbH

Firmengründung

Netconomy wurde im Jahr 2000 in Graz, Österreich gegründet. Mitten im Platzen der New-Economy-Blase war unser (noch eher unscharf formuliertes) Ziel, österreichische Unternehmen bei der immer stärker den Markt bestimmenden Digitalisierung zu unterstützen. „Das Internet" war für uns damals trotz der wirtschaftlichen Realität die klare Zukunft.

Als kleines Unternehmen arbeiteten wir von Beginn an crossfunktional, was bedeutete, dass jeder Mitarbeiter für alles im Unternehmen zuständig war. Dieses bereichsübergreifende Arbeiten war aber eher auf einen Mangel an Alternativen zurückzuführen als das Ziel, agile Prozesse zu verfolgen. Wir verfolgten im Grunde keinen definierten Entwicklungsprozess, und dadurch flossen Kundenwünsche zu jeder Zeit in die Entwicklung ein, ohne dass sich jemand damit wirklich bewusst auseinandersetzte. Mit dieser Arbeitsweise konnten wir nur durch unverhältnismäßig hohen zeitlichen Einsatz sicherstellen, dass unsere Software auch die Anforderungen unserer Kunden in Bezug auf Features und Qualität erfüllte.

Durch starken Einsatz, hohe Motivation und die richtige Mischung aus Gespür und Glück konnten wir mit erfolgreichen Projekten unseren Kundenstamm stetig ausbauen und unser Unternehmen vergrößern.

Mit zunehmender Größe fokussierten wir auch unseren Tätigkeitsbereich stärker, wobei wir uns mit der Zeit vor allem auf das Thema Multichannel E-Commerce konzentrierten.

Erstes Wachstum – Einführung Scrum

Im Jahr 2008 mit einer Größe von ca. 20 Mitarbeitern, mehreren Entwicklungsteams und immer größeren und komplexeren Projekten erkannten wir, dass wir, um weiter erfolgreich zu sein, unsere mittlerweile zwar vorhandenen, aber noch nicht ausreichenden Prozesse stark professionalisieren mussten. Mehrere Mitarbeiter hatten sich bereits in der Theorie mit agilen Methoden beschäftigt, und so wurde schnell klar, dass Scrum für uns ein geeignetes Framework sein könnte. Mehrere Key-Personen aus dem Unternehmen besuchten daraufhin eine Scrum-Master-Schulung, um sich mit den Abläufen detaillierter auseinanderzusetzen.

Ausgestattet mit dem nötigen theoretischen Hintergrundwissen beschlossen wir, bald Scrum im Unternehmen einzuführen. Wir begannen damit, je einen Entwickler aus den bestehenden Teams als „Teilzeit"-Scrum-Master zu nominieren und die Anforderungen in User Stories zu formulieren. Anschließend wurde die Arbeit in den Entwicklungsteams in Sprints organisiert und wurden Scrum-Meetings abgehalten, zu diesem Zeitpunkt noch ohne Beteiligung der Kunden.

Schnell stellten sich erste Erfolge ein: Die Arbeit in den Teams wurde spürbar effizienter und ruhiger, der Zeitaufwand für die Umsetzung von Releases sank, und die Qualität der gelieferten Software stieg. Auch wurden Probleme in der Umsetzung (zeitliche Verzögerungen, Qualitätsmängel, fehlende Informationen usw.) sehr schnell sichtbar.

Die größte Schwierigkeit bei der Einführung von Scrum war, allen Beteiligten das Prozesswissen bzw. vor allem das „agile Mindset“ zu vermitteln. Vor allem für Projektverantwortliche, die vor der Scrum-Einführung als „Projektleiter“ arbeiteten, ist die Umstellung beim Wechsel in die Product-Owner-Rolle groß. Ohne tiefes Verständnis der agilen Grundwerte und vor allem der relevanten Rollen ist diese Umstellung fast nicht zu meistern. Auch der Balanceakt zwischen Freiraum und Eigenverantwortung kann für viele Personen, die einen klassischen Projektmanagementansatz gewohnt sind, herausfordernd sein.

Ein Fehler, den wir bei der Einführung von Scrum machten, war auch, dass das Level of Done von den Entwicklungsteams übermotiviert definiert wurde (absolute Testabdeckung usw.). Nachdem wir dies korrigierten und ein klar formuliertes und auch erreichbares Level of Done definierten, konnten wir eine weitere deutliche Performance-Steigerung erzielen.

Zweites Wachstum – Scrum für alle!?

Durch die fortlaufende Akquise und neue Bedürfnisse von Bestandskunden war es möglich, zwischen 2010 und 2013 von 36 auf 104 Mitarbeiter zu wachsen. Jedes Team wurde mit ein bis vier Projekten bedacht. Diese umfassten die Weiterentwicklung von bestehenden Kundenplattformen und Neuentwicklungen. Drei große Problemfelder wurden durch dieses Wachstum aufgetan, die sich direkt oder indirekt auf die Produktivität des Teams auswirken.

Betreuung von Bestandskunden

Bestandskunden wurden von den Umsetzungsteams weiterbetreut, und die Entwicklung von neuen E-Commerce-Lösungen wurde sowohl von neuen, gewachsenen Teams als auch von den bestehenden Teams übernommen. Diese Aufgaben kamen häufig ungeplant auf das Entwicklungsteam bzw. den Product Owner zu. Laufende Neuentwicklungen wurden hierdurch unterbrochen, und die Planbarkeit dieser litt darunter.

Um diese unplanmäßigen Arbeiten optimal zu kanalisieren, wurde eine eigene Abteilung, der Customer Service, geschaffen. Diese hat die Aufgabe, durch Skilled Support alle inhaltlichen und einen guten Teil der technischen Probleme abzufangen, um die laufenden Projekte wenigen Störungen auszusetzen.

Halten und Steigern der Qualität

Durch die immer vielseitigeren Aufgaben war es bald nicht mehr möglich, alle Projekte durch Personen, die „von Anfang an" in einem Projekt waren, zu besetzen, bzw. wurden viele Personen in mehreren Positionen eingesetzt. Dieser Fokusverlust führte zu einem steigenden Problem mit Fehlern, die oft erst in den Testphasen bei den Kunden gefunden werden konnten. Aus diesem Grund wurde eine Abteilung zur Qualitätssicherung eingeführt. Diese betreut die Rollouts und macht interne Abnahmen für Funktionalitäten.

Experimente mit Mitarbeitern aus der Abteilung SDQA (Service Delivery & Quality Assurance), die direkt in den Teams arbeiteten, bzw. solche, die „nach der Entwicklung" in das Geschehen einstiegen, brachten zutage, dass proaktive Qualitätsarbeit durch den gesamten Entwicklungsprozess, vom Aufnehmen der Anforderung bis zur Auslieferung, den Gesamtaufwand verringert und der schnellere Feedback-Rhythmus auch den Entwicklern einen einfacheren Umgang mit auftretenden Problemen ermöglicht.

Arbeit für und mit dem Kunden

Durch das Wachstum war es nicht mehr möglich, das Tagesgeschäft eines Product Owner mit dem Zukunftsgeschäft unter einen Hut zu bringen. Aus diesem Grund wurde eine Abteilung geschaffen, die sich mit Solution Architecture und Consulting beschäftigt.

Durch das Verwenden einer existierenden E-Commerce-Plattform gab und gibt es gewisse Einschränkungen, mit denen der Kunde entweder nahe am Standard sehr schnell eine Lösung bekommen kann oder, wenn er sich zu weit vom Standard entfernt, auch große Anpassungen in Auftrag geben muss.

Mit der Solution Architecture wird versucht, dem Kunden ein Konzept in die Hand zu geben, das ihm seine E-Commerce-Lösung mit all den möglichen Funktionalitäten aufzeigt und auch veranschaulicht, wie sich diese in seine IT-Landschaft einfügt. Die Balance zwischen einer technischen

Einschränkung (big upfront design) und der Befriedigung der Kundenbedürfnisse ist in diesem Bereich eine große Herausforderung. Um die Kundenbedürfnisse so gut wie möglich an das Team zu kommunizieren, werden Konzepte grundsätzlich als User Stories formuliert. Dieses Format stellt jede Anforderung an das System in den Kontext des Benutzers und vermittelt auch die Erwartungshaltung der jeweiligen Person an das Feature. Zusätzlich werden Kunden und Entwickler in Kundenbesuchen bzw. Workshops beim Kunden nahe zusammengebracht, um ein einheitliches Bild der E-Commerce-Lösung durch alle beteiligten Ebenen zu kommunizieren.

Zusätzlich zu dieser Abteilung wurde auch noch in die Professionalisierung von Scrum investiert und ein bzw. nach weiteren zehn Monaten ein zweiter hauptberuflicher Scrum Master eingestellt.

Durch diese Entscheidung sollte vor allem vermieden werden, dass die einzelnen Abteilungen eine in sich voranschreitende Optimierung betreiben, die jedoch den Prozess von der Kundenvision bis zur lauffähigen Software verlangsamt. Agile crossfunktionale Teams arbeiten mit dem Kunden daran, den Nutzen für den Kunden zu maximieren.

2014 werden wir versuchen, unsere Kunden noch weiter in den agilen Prozess einzubinden und uns gegenseitig zu einer engeren Zusammenarbeit im Prozess zu verpflichten. Dadurch wollen wir sicherstellen, dass man sich klar zur „Customer Collaboration“ bekennt und nicht in der Kundenbeziehung in ein Wasserfallmodell verfällt, das eine große Konzeption voranstellt, die dann zwar iterativ umgesetzt, aber trotzdem erst wieder am Ende der Projektlaufzeit abgenommen wird.

Sowohl Solution Architecture als auch SDQA sollen wieder näher mit dem „Kern“-Entwicklungsteam zusammenrücken, um hier Overhead durch Hands-off zu vermeiden. Zentral werden hier die „Zeremonien“, die Scrum vorschreibt, gesehen. In diesen Meetings soll die gesamte Kompetenz aller verschiedenen Sichtweisen aufeinandertreffen, um die beste Lösung auf dem besten Weg für den Kunden zu finden.

Auch das Änderungsmanagement wird in diesem Zusammenhang auf zwei Ebenen vereinfacht bzw. werden Änderungen in den Prozess integriert, um auf die Bedürfnisse am Markt optimal reagieren zu können. Durch die Formulierung von User Stories, die sich auf den Kundennutzen fokussieren, werden konkrete Designentscheidungen weiter nach hinten in den Entwicklungsprozess verschoben. Der größtmögliche Wissensstand wird genutzt, um die endgültigen Entscheidungen zu fällen, um Änderungen erst gar nicht notwendig zu machen. Zusätzlich bekommen die Kunden ihr Produkt früher „in die Hand“, um Änderungsbedarf frühzeitig zu erkennen und damit die notwendigen Änderungen so gering wie möglich zu halten. ■

8.4 Das Management der Projektpartner

Das hier zur Diskussion stehende Spezialfallszenario ist dadurch gekennzeichnet, dass die Implementierung des Lean Project Management auf diesen einmaligen Sonderfall zugeschnitten ist. Dieser Sonderfall ist durch eine komplexe Struktur der Projektpartner, eine relativ lange Laufzeit der Projekte und den Einfluss politischer und gesamtwirtschaftlicher Aspekte auf das Projekt gekennzeichnet. Beispiele sind das bereits vorgestellte Flughafenprojekt in Istanbul oder aber auch Infrastrukturprojekte, wie der Bau von Autobahnen. Große Beschaffungsprojekte, wie beispielsweise von der Bahn, eines Verteidigungsministeriums oder supranationaler Einrichtungen, können ebenfalls als Beispiel für dieses Implementierungsszenario herangezogen werden. Die Implementierung des Lean Project Management unterscheidet sich wesentlich von den vorangehend dargestellten Szenarien.

In Bild 8.5 ist die kaskadenartige Einführung des Lean Project Management im gegenständlichen Einmalprojekt dargestellt. Diese entscheidet der Projekteigentümer und macht sie für alle Projektbeteiligten verbindlich. Projekteigentümer sind meist Behörden oder Staatsbetriebe, es gibt aber auch im privatwirtschaftlichen Bereich Projekte dieser Art, insbesondere beim Bau großer Gebäude oder bei großen Beschaffungsprojekten. Grundsätzlich können und werden entsprechende Projekte mit der klassischen Methode des Projektmanagements durchgeführt. Gerade im Feld der Bauprojekte, die in der Regel ein klar spezifizierbares Projektergebnis beinhalten, ist diese Methode bewährt und führt bei konsequenter Anwendung zum Erfolg. Bei alleiniger Nutzung des „klassischen" Projektmanagements wird allerdings auf die Potenziale der verbesserten Nutzung der Ressourcen verzichtet. Hinzu kommen die Nachteile des Verzichts auf die holistische Betrachtung, dabei insbesondere auf die Optimierung der „Baugesetze" und Ausrichtung der Treiber des Projekts auf die Werterzielung.

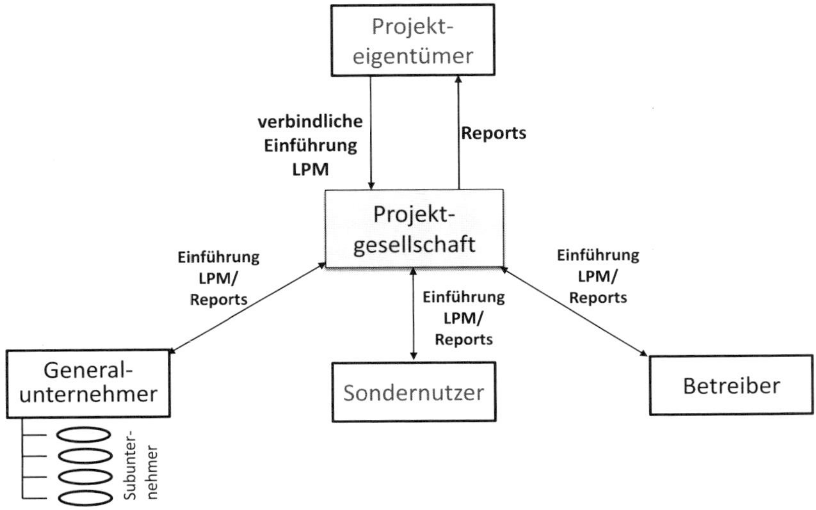

Bild 8.5 Management der Projektpartner mit Lean Project Management (LPM)

Projekte dieser Art und Weise zeichnen sich durch eine lange Vorphase aus, wobei sich empfiehlt, auch in dieser Lean Project Management einzusetzen. Die Investitionsphase des Projekts dauert zum Teil viele Jahre, und dadurch kann die Feinoptimierung nach Lean-Prinzipien erheblichen Nutzen bringen. Der Abschluss des Projekts ist in vielen Fällen nicht die Investitionsphase. Häufig schließt sich eine Betriebsphase an, die bis zu 25 Jahre oder länger dauern kann und Teil des Projekts ist. Lean Project Management bringt in dieser Phase wegen der langen Laufzeit und dann vergleichbaren Vorgehensweisen wie in industriellen Prozessen (z. B. Kontinuierlicher Verbesserungsprozess) weiteren Nutzen.

Die Einführung des Lean Project Management orientiert sich an den Stufen des Change Management von Kotter (vgl. Quelle [12]):

Stufe 1: Das Bewusstsein für Veränderungen schaffen

Der Schlüssel für die Einführung des Lean Project Management liegt bei diesem Implementierungsszenario bei der **projektführenden Organisation („Projekteigentümer")**. Diese Organisation legt die Rahmenbedingungen für die Steuerung von konkreten Projekten intern fest („Project Governance"). Sie ist dabei allerdings in erheblichem Umfang von externen Rahmenbedingungen (Gesetze, Vergaberichtlinien etc.) abhängig. Und auch die Innovationsbereitschaft ist in diesen Organisationen begrenzt. Das Trägheitsmoment ist gegebenenfalls sogar stärker als beim dargestellten ersten Szenario.

Wie lässt sich in einer Behörde oder einer anderen „bürokratischen" Organisation Lean Project Management einführen? Auch hier ist es im ersten Schritt erforderlich, Bewusstsein für Veränderung zu schaffen. Diese Innovation muss mindestens an drei Ebenen ansetzen:

- an den gültigen Regelwerken und den politischen Verfahren der Entscheidungsfindung einschließlich der gängigen Praxis von deren Anwendung,
- an der Project Governance in der Organisation,
- am Bewusstsein (Mindset) aller Projektverantwortlichen und -mitwirkenden.

Projekte dieses Typs entstehen in einem stark verrechtlichten Raum. Dies gilt für die Projektentwicklung, die Vergabe von Projekten, die Steuerung der Durchführung von Projekten wie auch für deren Abschluss. Weltweit existieren in allen Ländern Regelwerke, also Gesetze, Verordnungen und Richtlinien, die anzuwenden sind (oder wären). Teilweise werden auch Regularien supranationaler Organisationen (mit) berücksichtigt. Neben den Regelwerken gibt es eine gängige Praxis: Bei der Anwendung der Regelwerke im konkreten Einzelfall werden Freiheitsgrade ausgeschöpft. Die Praxis in den Ländern unterscheidet sich erheblich an diesem Punkt. (Es gibt z. B. Länder, in welchen es gängige Praxis ist, Ausschreibungen „einzukassieren", wenn nicht der „richtige" Bieter beim Wettbewerb gewinnt – Vergaberecht hin oder her). Lässt sich Lean Project Management bzw. lassen sich Elemente des Lean Project Management als Maßgabe ordnungsgemäßer Projektentwicklung und -führung unter solchen Voraussetzungen in Regelwerken verankern? Optimisten meinen Ja, es ist allerdings ein langer, steiniger Weg mit unbestimmtem Ausgang.

Regelwerke sind ein Zeichen der Zeit, in der sie entstehen, und meist der dann jeweils aktuelle Versuch, Lösungen für die Beseitigung von Missständen zu schaffen. Sind sie einmal formuliert, beeinflussen sie über Jahrzehnte das Projektgeschehen; dies unabhängig davon, ob die jeweiligen Voraussetzungen noch gegeben sind. Gleiches gilt für die Anwendung der Regelwerke in der Praxis.

In einigen Ländern ist die Zeit reif für Innovationen auf diesem Gebiet. Beispiel Deutschland: Aufgeschreckt von die Vielzahl von größeren und großen Vorhaben, die schon in der Projektentwicklungsphase im Sande verlaufen, sowie von Projekten, die aus unterschiedlichen Gründen erheblich verzögert oder gegebenenfalls kurz vor Abschluss infrage gestellt werden, hat sich ein Krisenbewusstsein durchgesetzt. „Nichts geht mehr." Die Gedankenwelt des Lean Project Management kann in dieser Situation zwar nicht den Stillstand restlos beseitigen, aber zu einer optimierten Projektentwicklung und -durchführung sowie insgesamt zu einem verbesserten Projektverständnis beitragen. Einige der bekannten Krisenprojekte wären erfolgreicher gelaufen, wenn beispielsweise bereits in der Projektentwicklung mehr Augenmerk auf eine verbesserte Wertdefinition gelegt worden wäre oder insgesamt das erweiterte Projektverständnis des Lean Project Management Anwendung fände. Für die erheblich verzögerte und maßlos verteuerte Inbetriebnahme eines Großflughafens z. B. aus Gründen des Brandschutzes kann ein Lean Project Manager kein Verständnis finden. In der verspäteten und verteuerten Inbetriebnahme drückt sich nicht nur ein Unvermögen beteiligter Personen aus. Es liegt auch an Problemen und Defiziten in den Regelwerken und deren Anwendung.

Verglichen mit dem vorgenannten Punkt ist es einfacher, die Gedankenwelt des Lean Project Management in die Project Governance der Behörden und anderer projektdurchführender Organisationen zu tragen. Konkrete Regularien für die Gestaltung und Durchführung von Projekten sind bereits in vielen Organisationen vorhanden. Im nächsten Schritt kommt es darauf an, dass die Welt des Lean Project Management auch hier systematisch Anwendung findet.

Die öffentliche Hand steht heute vor ähnlichen Herausforderungen wie seinerzeit Toyota: Der Mangel ist ubiquitär! Projektmanagement soll dazu beitragen, dass Projekte ordentlich geplant und durchgeführt werden. Erfolgreiche Projekte bei gegebenem Mangel zu entwickeln und zu organisieren ist die Domäne des Lean Project Management. Öffentliche Projekte stehen heute unter enormer Beobachtung, sei es seitens der politischen Mandatare und Entscheidungsträger, der Bevölkerung, von Nichtregierungsorganisationen oder vielen anderen. Ein Bewusstsein der Veränderung und Druck auf die projektführenden Organisationen sind vorhanden. Es kommt allerdings nicht nur auf politische Erneuerung an. Wichtig ist auch der rationale Umgang mit den Projekten in der Mangelsituation.

Es liegt in der Hand der Behörden und anderer projektführender Organisationen, die Lean-Philosophie in ihrer Project Governance zu etablieren. Kommen die Behörden und Organisationen nicht selbst auf diese Idee, werden sie zu Getriebenen. Die Lean-Philosophie passt bestens in die Denkwelt der selbst ernannten Projektkontrolleure und -gestalter. Oder wie ist es anders zu verstehen, dass bei einem bekannten Bahnhofsprojekt die Projektgegner den Wert dieser Infrastruktur an sich infrage stellen und – gemessen an ihrer Wertdefinition – auch noch Analysen liefern, um nachzuweisen, dass mit der geplanten Infrastruktur eine erhebliche Verschwendung öffentlicher Gelder verbunden ist.

> Viele Unternehmen, in welche die Lean-Philosophie Eingang gefunden hat, arbeiten am Mindset ihrer Organisation und versuchen, den Mitarbeitern die Lean-Philosophie näherzubringen. Gleiches ist bei Behörden und anderen projektführenden Organisationen erforderlich. Die Anwendung des Konzepts ist kein Selbstläufer. ■

Wird Lean Project Management von Behörden und anderen projektführenden Organisation angewendet und propagiert und bei Ausschreibungen gefordert, ist eine rasche Diffusion der Lean-Philosophie zu erwarten. Projektgesellschaften oder andere Projektnehmer, an die Teilaufgaben des Projekts ausgelagert werden, sind normalerweise fähig und bereit, flexibel solche Impulse aufzugreifen.

Auch ohne expliziten Wunsch des Auftraggebers empfiehlt es sich für Projektgesellschaften oder andere Projektnehmer, die Lean-Philosophie und Lean-Prinzipien in ihrem Projektbereich anzuwenden, um die erheblichen Projektpotenziale auszuschöpfen.

Stufe 2: Bildung einer Führungsgruppe als Treiber der Veränderung

Für die Einführung des Lean Project Management innerhalb von Behörden und Organisationen gilt Ähnliches wie bei Unternehmen. Diese muss von der Führungsmannschaft gewollt und bewusst vorangetrieben werden. Details sind dem entsprechenden Abschnitt für Szenario 1 zu entnehmen.

Projekte des vorliegenden Szenarios führen stets mehrere, zum Teil sehr unterschiedliche Organisationen in Projekten zusammen. Wird Lean Project Management von nur einer der beteiligten Organisationen gezielt eingesetzt, ist dies bereits ein Vorteil. So kann das Lean Project Management im Rahmen eines Projekts auch auf andere Projektbeteiligte und deren Einflussbereich ausstrahlen. Der größte Nutzen für das Projekt und damit die Erzielung der Wertbeiträge ist zu erwarten, wenn es der projektführenden Organisation gelingt, organisationsübergreifend unter Anwendung des Lean Project Management in Projekten zusammenzuarbeiten, also auf diese Weise den Schulterschluss zu finden. Organisationsübergreifende Besprechungen unter Beteiligung der wesentlichen Projektbeteiligten sind in Projekten dieses Typs gang und gäbe. Die Realität dieser Besprechungen ist allerdings dadurch gekennzeichnet, dass jeder Beteiligte mehr oder minder seine spezifischen Gesichtspunkte und Interessen einbringt. Worauf es darüber hinaus ankommt, ist die Ausschöpfung der Synergiepotenziale des Projekts. Was kann also aus Gesamtsicht des Projekts die unterstützende Behörde B gezielt tun, damit die projektführende Behörde A mit ihrem Projekt ein Optimum erzielt usw.? Dies hört sich idealistisch an, ist es aber nicht. Ein optimal verlaufendes Projekt gereicht allen Projektbeteiligten zum Vorteil. Zudem wird Behörde A ähnlich verfahren, wenn Behörde B ein Projekt führt.

Solche Konstellationen sind nur projektabhängig organisierbar, weil sich die tatsächlichen Projektteilnehmer je nach Projekt unterscheiden. Der wohl einfachste Ansatz besteht darin, dass sich bereits während der Phase der Projektentwicklung die wichtigsten Projektbeteiligten auf die Anwendung des Lean Project Management als „Steuerungsmethode" für dieses Projekt einigen und das Vorgehen entsprechend ausrichten; sich also bereits bei der Projektdefinition und bei allen Vorarbeiten auf ein klares Wertkonzept einschwören sowie die wesentlichen Koordinaten aus Sicht des Lean Project Management festzurren. So können bereits im Rahmen der Projektentwicklung wichtige Weichen richtig gestellt werden, dies abgestimmt, übergreifend und optimiert. Die Verantwortung und Koordination übernimmt die projektführende Organisation.

Damit nicht jedes Mal das Rad neu zu erfinden ist, empfiehlt es sich für Organisationen, die wiederkehrend Projekte dieser Art durchführen, einen Lean-Project-Management-Werkzeugkasten vorzuhalten, der situationsabhängig angewendet und angepasst wird.

> Wichtige Voraussetzung ist, dass in allen Organisationen das nötige Grundlagenwissen zum Lean Project Management vorhanden ist und der Einsatz dieser Projektphilosophie bei den Verantwortlichen und Projektbeteiligten positiv belegt ist. ■

Dies führt zu folgendem Punkt.

Stufe 3: Entwicklung einer Vision und einer Strategie

Die Implementierung von Lean Project Management als Strategie und Maßnahme der Ausschöpfung von Potenzialen und des erfolgreichen Abschlusses in Projekten dieses Szenarios setzt bei den Verantwortlichen und Beteiligten eine wichtige Erkenntnis voraus: Die Entwicklung und Durchführung von Projekten, zumal von Großprojekten, bei Anwendung herkömmlicher Vorgehensweisen im Projektmanagement stößt an Grenzen.

Es gibt grundsätzlich zwei Wege, Lean Project Management zu verankern: die flächendeckende Einführung neuer Verfahren der Projektdefinition, -vergabe, -steuerung und -kontrolle von Projekten unter Berücksichtigung der Lean-Philosophie und -Prinzipien im Rahmen einer „kleinen Verwaltungsreform". Dieser Weg ist lang, kennt viele Gremien und Beteiligte, und am Ende weiß man nicht, ob dieses konstruktive Konzept nicht zerredet wird. In wesentlichen Teilen der Industrie ist die Lean-Philosophie (in der Produktion und teilweise darüber hinaus) verankert. Dies hat drei Jahrzehnte gedauert und zu Beginn einen „Kulturschock" mit Auftragseinbußen vorausgesetzt. Die Politik, Verwaltung und Öffentlichkeit, die mit diesem Projekttyp wesentlich zu tun haben und am Beginn der Kette stehen, lassen sich nicht so leicht „schockieren" (und der Steuerzahler als Finanzier mangelnder Verwaltungsrationalisierung hat nicht den Einfluss, einen solchen „Schock" zu erzeugen). Es ist also nicht zu empfehlen und zu erwarten, dass Lean Project Management über diesen Kanal zum Durchbruch kommen könnte.

Eine erfolgreiche Implementierung des Lean Project Management kann einzig über den zweiten Weg laufen, über Organisationen mit Flaggschiffprojekten dieses Typs. Flaggschiffprojekte werden immer auch mit dem Anspruch verbunden, dass sie Vorzeigeprojekte werden. Und selbst wenn dieser hohe Anspruch nicht im Vordergrund steht, ist die professionelle Projektentwicklung und -durchführung ein hinreichender Grund, sich der Lean-Philosophie zu bedienen.

In jedem Land sind die Organisationen mit Flaggschiffprojekten leicht identifizierbar, und deren Vorhaben und Projekte einschließlich des jeweiligen Status und der Diskussionen rund um das Projekt sind den Medien zu entnehmen. Die Überzeugungsarbeit für die Einführung von Lean Project Management in diesen Organisationen muss und wird wesentlich über die Consulting-Wirtschaft und spezialisierte projektführende Institutionen der öffentlichen Hand laufen. In den projektführenden Organisationen wird dieses Konzept in erster Linie bei den politisch und administrativ für Flaggschiffprojekte Verantwortlichen auf fruchtbaren Boden fallen. Hier kommt es nun darauf an, dass diese den Nutzen des Lean Project Management nicht als „Commodity“ für die Steuerung ihrer laufenden Projekte erkennen, sondern als Managementansatz, der weit über das „klassische“ Projektmanagement hinausgeht. Wer in einer solchen Position die wirkliche treibende und konsensbildende Kraft des Wertverständnisses im Lean Management für Flaggschiffprojekte erkennt, wird dieses Konzept in allen Phasen, insbesondere auch bei der Projektentwicklung künftiger Vorhaben, konsequent nutzen wollen.

Ist die Überzeugungsarbeit geleistet, stellt sich die Frage, wie anschließend die eigentliche Implementierung in der Organisation und in den Einmalprojekten erfolgt. Hier ergeben sich wieder zwei Möglichkeiten. Die eine läuft über die Berücksichtigung des Lean Project Management in den wie immer gearteten Leitlinien der Organisation für die Entwicklung und Durchführung von Projekten. Wir können hier von einer Top-down-Strategie der Implementierung des Lean Project Management sprechen. Der andere Weg läuft über die Flaggschiffprojekte selbst, also bottom-up. Da Lean Project Management eine „gelebte“ Strategie sein muss, ist die Bottom-up-Strategie der einzig zielführende Weg, die Berücksichtigung des Lean Project Management in Leitlinien ist als eine unterstützende Begleitmaßnahme zu verstehen.

Wie wird nun das Lean Project Management Teil des Verhaltensrepertoires und der Methodik auf den nächsten Ebenen in diesen Organisationen und nicht zuletzt auf der Ebene der operativen Leitung von Flaggschiffprojekten. Dies erfolgt am ehesten über Pilotanwendungen in ausgewählten Projekten. Es finden sich bei entsprechender Unterstützung der obersten Führungsebene in diesen Organisationen vereinzelt immer innovationsbereite Abteilungsverantwortliche und Projektleiter von Flaggschiffprojekten, die fähig und bereit sind, Lean Project Management in ihren Projekten zu implementieren. Bei diesen liegt dann die Verantwortung für die weitere Promotion des Lean Project Management in der Projektkaskade, d. h. den projektunterstützenden und anderweitig eingebundenen Projektbeteiligten.

Entscheidend ist, in der Projektvision auch eine klare „visionäre“ Promotion des Lean Project Management zu berücksichtigen, mit dem eindeutigen Bekenntnis, dass Lean Project Management in diesem Flaggschiffprojekt ein Garant für den Projekterfolg sein wird.

Die Erkenntnisse der Anwendung des Lean Project Management im Flaggschiffprojekt X werden in die Organisation diffundieren. Erst dann ist es sinnvoll, mit systematischer Schulung aller mit Flaggschiffprojekten betrauten Projektverantwortlichen zu beginnen.

Stufe 4: Kommunikation der Vision und der Strategie

Die Promotion des Lean Project Management durch die Führungskräfte stellt auch bei diesem Projekttyp eine wesentliche Grundlage des Kommunikationsprozesses für die Implementierung des Lean Project Management dar. Da einem eher „informellen" Bottom-up-Ansatz das Wort geredet wird, stehen in der Initiierungsphase eher „informelle" Kommunikationsmuster im Vordergrund. In den nachfolgenden Projektphasen werden dann die Vision und die Strategie des Lean Project Management auch über formale Kanäle kommuniziert, und im Pilotprojekt wird in den Dokumenten das Lean Project Management als solches festgeschrieben und als Verfahren verbindlich gemacht.

Stufe 5: Befähigung der Projektleiter und der -mitarbeiter zur Umsetzung

Die Befähigung der Projektleiter und Mitarbeiter im Pilotprojekt ist am ehesten durch eine Mischung aus Coaching und Training sowie dem Kennenlernen erfolgreicher Projekte mit Lean zu erzielen.

Stufe 6: Kurzfristige Erfolge erreichen und kommunizieren

Was sind Erfolge des Lean Project Management in Flaggschiffprojekten, und wann sollen solche an wen kommuniziert werden? Ein großer Erfolg des Lean Project Management wäre es, wenn die Projektentwicklung für ein Flaggschiffprojekt, das gleichzeitig Pilotprojekt für die Einführung eines Lean Project Management ist, zu einem trag- und konsensfähigen Wertkonzept führt. Trag- und konsensfähig bedeutet in diesem Zusammenhang, dass eine „qualifizierte" Mehrheit der Projektbeteiligten (entsprechend Lean Project Management einschließlich politischer Entscheidungsträger, Öffentlichkeit, Medien etc.) diesen Werten zustimmt und als Grundlage für die Durchführung des Projekts anerkennt. Erfolg wäre darüber hinaus, wenn diese Werte – abgesehen von notwendigen Anpassungen – über den gesamten Projektverlauf handlungsbestimmend sind. Ein ganz großer Erfolg aus Sicht des Lean Project Management wäre die durchgehende und nachhaltige Anwendung der Lean-Philosophie und Lean-Prinzipien durch alle Projektbeteiligten, dies vom Beginn des Projekts bis zum Abschluss.

Lean Project Management ist am Ende ein Fachkonzept. Insofern wird die Kommunikation von Erfolgen an die breitere Öffentlichkeit des Flaggschiffprojekts und darüber hinaus wenig Sinn haben. Die Adressaten für Erfolgsmeldungen sind in erster Linie die Promotoren, Initiatoren und Projektverantwortlichen in der projektführenden Organisation des Pilotprojekts sowie deren Pendants bei Projektunterstützern/Auftragnehmern. Eine zu frühe Erfolgsmeldung, etwa bereits nach ersten Hinweisen auf Erfolge, ist in diesem Feld nicht angebracht. Vielmehr wird eine Kommunikation von Projekterfolgen nach erfolgreichem Abschluss von Projektphasen, gegebenenfalls Meilensteinen, empfohlen. In internen Projektbesprechungen und Berichterstattungen über das Flaggschiffprojekt sind Informationen zu Erfolgen des Lean Project Management empfehlenswert. Anwender von Lean Project Management in einem Pilotprojekt haben als „Berater" anderer Flaggschiffprojekte eine wichtige Funktion (nicht aufdrängen, führt dazu, dass nur die Schwächen am Konzept gesucht werden!).

Stufe 7: Die erreichten Erfolge absichern und die Einführung von Lean Project Management weiter vorantreiben

Sind Erfolge des Lean Project Management im erwähnten Flaggschiffprojekt nachhaltig, empfiehlt es sich, das Konzept für andere Flaggschiffprojekte vorzuschlagen und dieses dort ähnlich wie beim Pilotfall zu implementieren. Das Flaggschiffprojekt muss in diesem Fall noch nicht abgeschlossen sein. Bereits nach erfolgreichem Abschluss der Projektentwicklungsphase ist das Konzept des Lean Project Management auf andere Projektentwicklungen „ausrollbar". Dabei ist darauf zu achten, was beim Pilotprojekt besonders gut gelaufen ist, was noch verbessert werden könnte und was insgesamt zu berücksichtigen ist. Jedes Projekt ist anders, weshalb die Zweit-, Dritt- und Mehrfachanwendung des Konzepts auch immer Änderungen unterworfen sein wird. Entscheidend ist, dass das Lean Management Mindset in allen Fällen und auf allen Ebenen Berücksichtigung findet. Nach dem dritten Positiv-Fall scheint es angebracht, das Lean Project Management in den Regularien festzuschreiben und für alle Projekte verbindlich zu machen. Damit ist allerdings noch nicht gewährleistet, dass das Lean Project Management wirklich Eingang in die Organisation und die künftigen Projekte findet. Dies wird erst im nächsten, dem schwierigsten Schritt möglich.

Stufe 8: Verankerung des Lean Project Management in der Organisations- und Projektkultur

Lean Project Management ist keine abgeschlossene Methode, eher eine Vorgehensweise, allem voran ein Mindset. Damit bewegen wir uns wieder auf der Ebene der Organisations- und Projektkultur. Die projektführenden Organisationen des gegenständlichen Projekttyps sind noch immer und keineswegs despektierlich gemeint „bürokratische" Organisationen (entsprechend Max Weber). Aufweichungen dieser Organisationsform sind zu beobachten (entsprechend Niklas Luhmann). Darüber hinaus gibt es heute auch in einigen Teilen „systemfremde" Elemente in diesen Organisationen. Und weltweit betrachtet sind die Organisationen nicht immer nach dem gleichen Muster gestrickt. Für alle gilt jedoch, dass die Verankerung eines neuen Mindset, einer neuen Kultur in den Organisationen und in den Projekten zäh verläuft. Vieles ist über Bord zu werfen, das Organisationen und Projekte so stark behindert:

- Beispiel Korruption: In vielen Ländern werden Projekte erst in Gang gebracht oder Meilensteine abgenommen, wenn die „Richtigen" hiervon persönlich profitieren. (An dieser Stelle und unter Berücksichtigung internationaler Benchmarks sei ausdrücklich angemerkt, dass dieses Problem im deutschsprachigen Raum so nicht existiert.)
- Beispiel professionelle Standards und Zugangsregularien: In vielen Ländern existieren gesetzliche Bestimmungen oder Richtlinien von Berufsverbänden, die sich in Projekten restriktiv auswirken.

- Beispiel kulturelle Wertvorstellungen: Wer mit wem wann und wo in Projekten reden oder verhandeln darf, ist in vielen Ländern von (teilweise stark überkommenen) kulturellen und gesellschaftlichen Standards bestimmt.
- Beispiel Organisations- und Unternehmensregeln: Hierarchien, funktionale Arbeitsteilungen (Vertrieb/Programm/Operations/Projekt) oder ähnliche organisatorische Regelungen, aber auch bestehende Organisations- und Unternehmenskulturen zementieren den Status quo.

Es ist Optimismus und Engagement erforderlich, das Lean-Project-Management-Konzept in den Organisationskulturen zu implementieren. Ein Patentrezept hierfür gibt es nicht, außer der klaren Ansage, dass man damit beginnen muss. Auch in japanischen Unternehmen ist die Lean-Philosophie nicht von einem auf den anderen Tag entstanden. ■

Mit diesem Kapitel ist die eigentliche Betrachtung des Lean Project Management abgeschlossen. Der Bogen, der über das nähere Verständnis der Grenzen des „klassischen" Projektmanagements, der Darstellung des holistischen Ansatzes des Lean Project Management, seiner Prinzipien bis hin zur Implementierung des Lean Project Management in unterschiedlichen Szenarien gespannt wurde, sollte dem Leser einen Eindruck über die Kraft dieses Konzeptes geben. Im nachfolgenden Kapitel geht es darum, dieses Konzept in seinem weiteren Umfeld zu betrachten.

9 Perspektiven

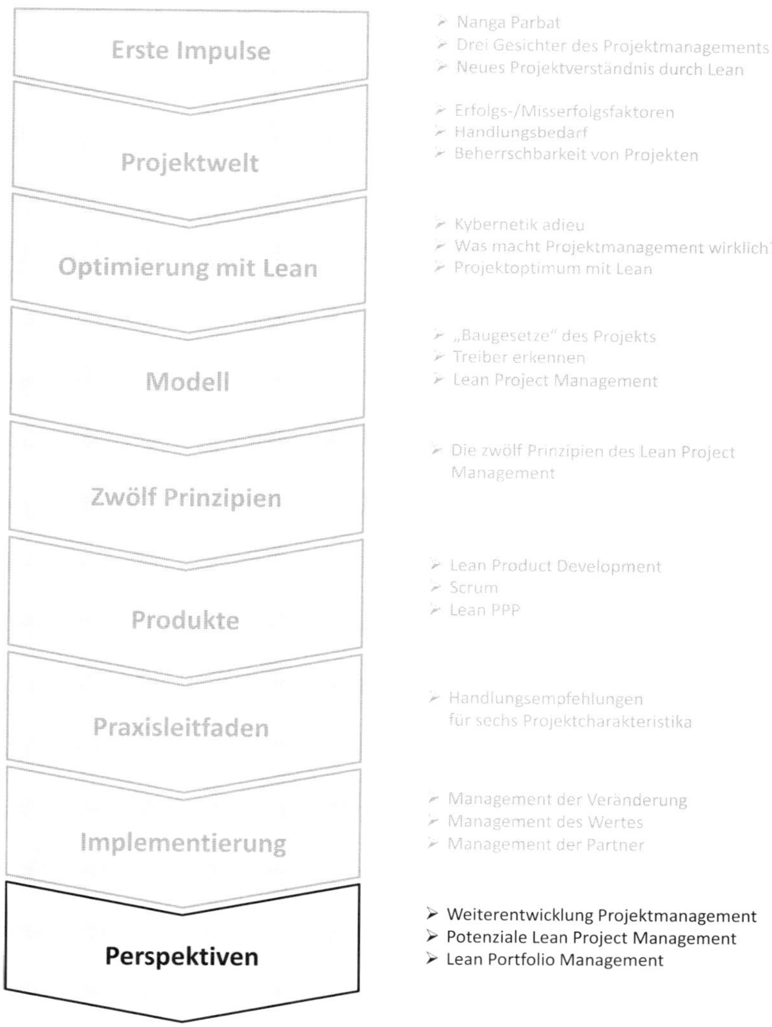

Bild 9.1 Kapitelübersicht

9.1 Weiterentwicklung des Projektmanagements

Weltweit gibt es rund 1 Mio. zertifizierte Projektmanager. Die zertifizierenden Organisationen legen viel Wert darauf, dass die Projektmanager ihr erworbenes Wissen kontinuierlich auffrischen und weiterentwickeln. Der einzelne Projektmanager investiert also Zeit und Geld in seine Ausbildung. Die detaillierte Kenntnis des Projektmanagements hilft ihm dabei, Projekte zu bewältigen, und ist auch im Lebenslauf ein willkommener Aktivposten.

Im vorliegenden Fachbuch wurden drei Positionen eingenommen:

- Das „klassische" Projektmanagement ist unverzichtbarer Bestandteil in der Projektwelt. Es entfaltet dort seine Stärken, wo in Projekten in sich geschlossene und vom Projekt heraus steuerbare Aufgaben zu bewältigen sind.
- Das „klassische" Projektmanagement stößt dort an seine Grenzen, wo der Projekterfolg von einer integrierten Projektbearbeitung über die Vor-, Leistungserstellungs- und Nachphase hinweg abhängig ist. Diese Grenzen sind teilweise auch gesetzlich zementiert, haben also mit dem „klassischen" Projektmanagement im engeren Sinn nichts zu tun. Allerdings ist in der Projektsicht des „klassischen" Projektmanagements die nicht integrale Sichtweise akzeptiert.
- Die Welt des „klassischen" Projektmanagements ist technisch. Dort kommen zwar auch Kosten, Einkauf, Kommunikation, Risiken und Ähnliches vor. Die eigentliche unternehmerische Dimension von Projekten fehlt. Die Rezepte, z.B. für die Sanierung eines Projekts, fallen deshalb immer technisch aus und greifen damit zu kurz. Die eigentlich wichtigen Fragen in solchen und anderen Situationen bleiben ausgespart.
- Das „klassische" Projektmanagement vernachlässigt die inhaltlich orientierten Verfahren in seinen Konzepten.

Wird damit das aufgebaute Gerüst der Zertifizierungsorganisationen, werden die Zertifikate der Projektmanager damit wertlos? Die Antwort ist klar und eindeutig: Nein! Entscheidend ist allerdings, die eigenen Grenzen zu erkennen. Es ist keinem Kunden oder Projekteigentümer geholfen, wenn ein Projektmanager mit einer begrenzten Sicht und in der falschen Situation versucht, ein Projekt „professionell" aufzubauen, das ein anderes oder erweitertes Verfahren erfordert. Es kann unter dieser Voraussetzung keine professionelle Lösung entstehen.

Das „klassische" Projektmanagement verallgemeinert die Projektsituation der 1950er-, 1960er- und gegebenenfalls der 1970er-Jahre. Die Welt der schönen stabilen Projekte ist noch nicht ganz vorbei, existiert aber nur noch in einem Bruchteil der Projekte. Die Promotoren des „klassischen" Projektmanagements und die Projektmanager in der Praxis haben die Wahl: **Modernisierung des Projektmanagements in den Grundfesten** und **Anpassung in den Details** an die heutige Projektwelt oder zunehmende Marginalisierung. Es wäre wünschenswert, wenn der erste Weg gegangen würde.

Ein weiteres Gesicht des Projektmanagements sind die inhaltlichen Verfahren. Wichtig ist, auch die inhaltlichen Aspekte im Projektmanagement zu berücksichtigen. Die IT-

Branche hat schon immer die Besonderheiten ihrer Projektwelt in den Methoden fokussiert. Hier stellt sich die Frage: Wie sehen Projektmanagementmethoden in anderen Branchen aus, die ähnlich wie in der IT-Branche inhaltlich-methodische Fragestellungen beachten?

Spezielle Methoden für das Projektmanagement als Business-Modell gibt es in der Praxis nicht. Es finden hier die üblichen betriebswirtschaftlich-organisatorischen Ansätze Anwendung. Darüber hinaus werden Methoden, die aus den verschiedensten Köchern stammen, berücksichtigt. Eine Weiterentwicklung ist also auch auf diesem Gebiet erforderlich.

Wie immer die Ergebnisse dieser Weiterentwicklung aussehen werden, die Erkenntnisse des Lean Project Management müssen angemessen berücksichtigt werden. Die ersten Erfahrungen mit Lean stammen zwar ebenfalls aus dem letzten Jahrhundert, in der Welt der Projekte sind sie jedoch erst in den innovativen Branchen angekommen.

9.2 Potenziale für das Lean Project Management

Vor diesem Hintergrund stellt sich die Frage, auf welchen Gebieten sich insbesondere Weiterentwicklungs- und Verbreitungschancen für das Lean Project Management ergeben. Dies ist insbesondere dort der Fall, wo der Ansatz besonderen Nutzen entfaltet. Bild 9.2 zeigt die qualitative Bewertung des Ansatzes bei unterschiedlichen Voraussetzungen. Wenn also Lean Project Management angewendet wird oder wenn es angewendet werden sollte, sind die in der Übersicht genannten Voraussetzungen gegeben. Hieraus resultieren die Potenziale, die in diesem Ansatz liegen.

Projektbedingungen	**Projektdimensionen**	**Lean Project Management**	"klassisches" Projektmanagement	inhaltliches Projektmanagement	Projektmanagement als Business-Modell
Denkansätze in Projekten	kybernetisch/systemtheoretisch	◔	●	◔	◔
	sequenziell/linear	◔	◔	●	◔
	holistisch	●	◔	◔	◔
Orientierungsparameter	"politisch"	◕	◔		◑
	technisch/organisatorisch	◕		●	◕
	methodisch	◕	●	◑	◑
	Freiräume/Grenzen	◕			
	Effizienz	●			◑
	Effektivität	●	◑	◑	◑
Projektmanagementorientierung	Vision/Wert	●			◔
	Prinzipien Lean Project Management	●	◔		◔
	Prozesse "klassisches" Projektmanagement	●	◑	◑	◑
	inhaltliche Verfahrensweisen	◕		●	◑
Projektanforderungen	planbar, stabil	◔	●	◑	◑
	kraftvoll, anpassungsfähig	●	◕	◕	◕
	dynamisch, hoch flexibel	●			◑

Bild 9.2 Besonderer Nutzen des Lean Project Management

Chancen sind überall dort vorhanden, wo in den Kreisdiagrammen „schwarze Flecken“ erkennbar sind.

Das Lean Project Management ist ein **holistischer Ansatz**, ausgerichtet auf die jeweils notwendigen Herausforderungen der Praxis. Deshalb wird sich Lean Project Management insbesondere in Projekten durchsetzen, die einen holistischen Ansatz erfordern. Dies ist grob geschätzt in 80 % der Projekte der Fall. Damit ist nicht gesagt, dass kybernetisch-systemtheoretische oder andere Ansätze wertlos sind. Im Gegenteil erweist sich ein möglichst vielfältiges Bild von der Wirklichkeit als Vorteil.

Das Lean Project Management orientiert sich an einer Reihe von **Parametern**. Im Vordergrund steht die Effizienz, die mit Wertbetrachtung von Projekten zusammenhängt. Effizienz bedeutet Ausrichtung der Projekte und Aktivitäten am Wert und die Vermeidung von allem, was nicht damit verbunden ist. Weiterer Parameter des Lean Project Management ist der konsequente Umgang mit „politischen“, technisch-organisatorischen und anderen entscheidenden Projektgegebenheiten. Lean Project Manager haben hier in der Regel eine hohe Sensibilität und auch Vorstellungen, wie diese Orientierung in konkreten Projekten berücksichtigt wird. Dies wird der Verbreitung von Lean Project Management zu einem weiteren Schub verhelfen.

Eine spezielle Frage ist die **Projektmanagementorientierung** im engeren Sinn, die das Lean Project Management mitbringt. Das Thema Vision und Wert, die Prinzipien des Lean Project Management, Prozesse des „klassischen“ Projektmanagements und auch inhaltliche Verfahrensweisen sind bereits klar ausgeprägt. Von Effizienz und den anderen Punkten wird viel gesprochen. Worauf es hier insbesondere ankommt, ist, diese Orientierungen in die Projekte der Praxis zu tragen und konsequent sowie kreativ anzuwenden.

Lean Project Management passt auf die eine oder andere Weise auf die unterschiedlichen **Projektanforderungen**. Der Vorteil von Lean Project Management unter hoch dynamischen Projektvoraussetzungen ist nachgewiesen. Lean Project Management ist allerdings auch von erheblichem Vorteil, wenn die Projektanforderungen zwar einen „Tanker“ erfordern, der jedoch auch bis zu einem gewissen Grad „Speed-Boat-Eigenschaften“ mitbringen muss. Deshalb stellen diese Voraussetzungen für die Verbreitung von Lean Project Management hier die besten Chancen für eine weitere Verbreitung dar.

Weniger von Bedeutung ist die Anwendung von Lean Project Management in gut planbaren, stabil laufenden Projekten, die bereits in hohem Maße rationalisiert sind. Hier können allenfalls noch Verbesserungsmaßnahmen von Vorteil sein.

Der Fokus in Bild 9.3 ist die Verbreitung von Lean Project Management im Status quo. „Weiße Flecke“ in den Diagrammen bedeuten hier noch nicht realisierte Chancen.

Bei welchen Projekten ist Lean Project Management bereits etabliert? Das Who's Who der Unternehmen ist beachtlich. Betrachtet man die einzelnen **Projektcharakteristika**, so zeigt sich, dass der Verbreitungsgrad des Lean Project Management noch vergleichsweise niedrig ist bzw. in welchem Maße sich für die Anwendung von Lean Project Management Chancen ergeben.

Projektbedingungen	Projektdimensionen	Lean Project Management	"klassisches" Projektmanagement	inhaltliches Projektmanagement	Projektmanagement als Business-Modell
Projektcharakteristika	Größe (klein, mittel, groß)	◔	◑	◑	◔
	Qualitäten (Vorzeige-, Problem-, Sanierungsfall)	◔	◑	◑	◑
	Eigentümerschaft (Eigen-, Risk-Sharing-Projekte)	◔	◕	◑	●
	Kulturen (erratisch, bürokratisch, offen-innovativ)	◔			
	Risikosituationen (risikolos bis Risikoprojekt)	◔	◕	◑	◑
Projektfelder	universitäre/privatwirtschaftliche Forschung		◔	◔	
	Industrie (Produktentwicklung, Reorganisation)	◔	●	●	◔
	industrielles/ Dienstleistungsprojektgeschäft	◔	●	●	◔
	öffentliche Infrastruktur/Technologiebeschaffung		●	●	◔
Projektstrukturierung	übergreifende Gesamtstruktur	◑	◕	◕	◔
	operatives Projekt	◔	◑	◑	●
	Spezialthemen	◔	◔		●
Projektmanagementprodukte	maßgeschneidert	◔	◑	◑	◕
	standardisiert		◕	●	◑
Organisationen	bürokratisch		●	◕	
	Matrix	◔	●	◕	◑
	fraktal	◔		◕	
	Spezialfall		◕	◕	◔

Bild 9.3 Status quo der Verbreitung von Lean Project Management

Auch die Betrachtung der **Projektfelder** im Status quo verdeutlicht die enorme Verbreitungsmöglichkeit von Lean Project Management. In der universitären wie privatwirtschaftlichen Forschung hat Lean Project Management noch kaum Eingang gefunden. Gleiches gilt für öffentliche Projekte. In der Industrie sowie im Projektgeschäft ist Lean Project Management bereits verbreitet, sodass die wesentlichen Chancen bei einer weiteren Diffusion des Ansatzes liegen.

Die Darstellung und Bewertung des Status quo der Anwendung des Lean Project Management in unterschiedlichen Bereichen der **Projektstrukturierung** orientiert sich ebenfalls am Anwendungsgrad im Status quo. Lean Project Management ist unschlagbar, wenn es sich um das Management von übergreifenden Gesamtstrukturen handelt. Der Hintergrund dafür ist die bereits im Konzept angelegte übergreifende Betrachtungsweise von Projekten. In operativen Projekten sowie bei der Bearbeitung von Spezialthemen führt die Anwendung ebenfalls zu einer maßgeblichen Erhöhung der Projekterfolge.

Eine wesentliche Stärke des Lean Project Management sind maßgeschneiderte, nicht über alle Branchen hinweg standardisierte **Projektmanagementprodukte** und die Bereitschaft, in diese Richtung zu investieren. Dies wird auch zu einem beachtlichen Entwicklungsschub an diesem Punkt führen.

In welchen **Organisationen** ist Lean Project Management im Status quo bereits heute verbreitet? In erster Linie ist dies in fraktalen Organisationen sowie in Großbetrieben mit Matrixorganisation und hier insbesondere in den Bereichen der Produktentwicklung der Fall. Diese werden auch künftig den Schwerpunkt bilden. Es ist jedoch ebenfalls zu erwarten, dass Lean Project Management in bürokratischen Organisationen wie auch in Spezialfällen (z. B. Zweckorganisationen auf Zeit) Verbreitung findet.

9.3 Lean Portfolio Management

Unternehmen, die im Projektgeschäft tätig sind, führen Projektportfolios. Diese Portfolios fassen (meist) thematisch nahe Cluster von Projekten zusammen. Diese Cluster bilden in der Regel eigene Geschäftseinheiten, also eine Art Unternehmen im Unternehmen in bevorzugt fraktalen Organisationen. Die betriebswirtschaftliche und organisatorische Führung des Gesamtunternehmens und der einzelnen Cluster im Unternehmen ist hier im Kern Portfoliomanagement. Betriebswirtschaftliche Kennzahlen wie Vorhaben- und Angebotsbestand, Auftragseingang, Umsatz, Kosten, Margen und Ergebnis werden auf Clusterebene ausgewiesen und alle Cluster im Unternehmensergebnis konsolidiert. Diese Organisationsform findet man bei kleinen IT- oder Beratungshäusern wie auch in Großkonzernen des Projektgeschäfts, und definitiv ist Lean Portfolio Management ein Thema für die Unternehmen des Projektgeschäfts.

Lean Portfolio Management ist eine eigene „Wissenschaft", also keineswegs Lean Project Management oder Projektmanagement auf anderer Ebene, wie gelegentlich vermutet wird. Lean Portfolio Management ist Teil der Unternehmens-, Bereichs- und Teamführung, unterliegt also eigenen „Gesetzen".

Dieses Fachbuch konzentriert sich auf Lean Project Management und hat damit das Projekt im Fokus. Im Portfoliomanagement stehen hingegen unternehmensstrategische Fragen im Vordergrund, also z. B.: Wie stellt sich der Markt für das im Projektgeschäft tätige Unternehmen oder für das jeweilige Portfolio dar? Wer sind die Mitbewerber? Wie positioniert sich das Unternehmen auf dem Markt, wie das einzelne Portfolio? Sind die Portfolios noch richtig geschnitten; kann die Wettbewerbsposition durch eine Umorganisation verbessert werden? Hat das Portfolio für seinen Marktauftritt eine unterkritische Größe, soll zugekauft werden, welche Teile des Portfolios passen nicht mehr in das Unternehmen? Welche Technologien müssen im eigenen Haus beherrscht werden, welche werden besser zugekauft? Näher am Projektgeschehen sind folgende Fragen: Wie sollen die Projektmanager geführt werden, a) als Mitarbeiterpool eines Kompetenzzentrums, aus dem dann die für das Einzelprojekt geeignetsten Projektmanager rekrutiert werden, oder b) in den Projektportfolios? Welche Funktionen (kaufmännisch, Personal, Einkauf usw.) sollen zentral, dezentral und/oder in den Projekten geführt werden? Wird F&E zentral, dezentral oder anderswo entschieden und angesiedelt? Entsprechend der Lean-Philosophie konzentriert sich das Lean Portfolio Management damit auf die Frage, wie sich das Unternehmen und dessen Einheiten aufstellen sollen, damit sie optimal auf die Erzielung von Kundenwerten ausgerichtet sind und z. B. alle Formen der Verschwendung als Unternehmen oder Untereinheit des Unternehmens vermeiden.

Das Lean Portfolio Management bewegt sich thematisch also auf anderer Ebene als das Lean Project Management. Dem Projektmanager soll das Thema Portfoliomanagement dennoch nicht fremd sein. In der fraktalen Organisation ist die Kenntnis dieser Welt sogar ein „Muss". Auf welche Projekte sich das Unternehmen im Unternehmen fokussiert, kleine, mittlere oder große, margenträchtige Spezialthemen oder Commodities usw., wird sehr rasch zu einer Frage, die auch den einzelnen Projektmanager unmittelbar tangiert. Viele Projektmanager, auch die, welche gern über Strategie, Portfolios usw.

nachdenken und in Organisationstransformationszeiten mitreden, sind jedoch auf diesem Auge blind. Alles Gerede beginnt und endet vielfach dann doch beim eigenen Projekt.

Es gibt allerdings eine Reihe von Themen, die noch vergleichsweise nahe an der hier thematisierten Fragestellung des Projektmanagements bzw. Lean Project Management anknüpfen. Der erste Punkt tangiert Fragen des „klassischen" Projektmanagements, der zweite inhaltliche Verfahren und der dritte das Projektmanagement als Business-Modell:

- Im Projektgeschäft gibt es die Funktion des Programmmanagements. Der Programmmanager ist – sofern es sich im Einzelfall nicht alleine um eine dekorative Statusbezeichnung eines verdienten Mitarbeiters handelt – für ein Cluster von Projekten verantwortlich. Wenngleich auch diese Funktion je nach Größe des Unternehmens oder der Branche sehr unterschiedlich „geschnitten" sein kann, ist ein enger Bezug zum Projekt bzw. einem Cluster von Projekten gegeben. Das Programmmanagement findet man in Abhängigkeit von der jeweiligen Organisation und Branche z. B. in der Geschäftsleitung (bei manchen Technologieunternehmen), als Partner (in Consulting-Unternehmen), in der Bereichsleitung, als eine Art Teamleiter oder auch anderswo. Gemeinsam ist allen Programmleitern, dass sie im Projektgeschäft die Schnittstelle des Projekts und Unternehmens zum Kunden darstellen („one face to the customer"). Der Projektleiter berichtet also in projektrelevanten Fragen dem Programmleiter und – sofern vorhanden und mit welcher Funktionsbezeichnung auch immer – ist der Programmleiter der Partner des Kunden in strategischen, vertraglichen usw. Fragen des Projekts. Soweit es sich also um Projektthemen handelt, mit welchen der Programmleiter konfrontiert ist, gilt deshalb für seine Kundenbeziehung und das Projekt alles, was zum Thema Lean Project Management gesagt wurde.

  Im Lean Portfolio Management stellt sich allerdings die Frage, ob die Funktion des Programmmanagements bzw. Programmmanagers noch zeitgemäß ist. Diese zementiert zum einen die Trennung von betriebswirtschaftlichen und technischen Funktionen im Projekt, was in keinem Fall der Lean-Philosophie entspricht; zum anderen hat sich diese Funktion in manchen Branchen nicht als Portfoliomanagement, sondern als eine Art Großprojektmanagement etabliert; dies auch in Branchen außerhalb des Projektgeschäfts. Der Programmmanager ist hier der Verantwortliche eines sehr großen Projekts mit vielen umfangreichen Teilprojekten. Schließlich behindert die Funktion in einigen Unternehmen die Einrichtung eines echten Lean Portfolio Management. Eine abschließende Antwort zu diesem Thema kann an dieser Stelle nicht gegeben werden. Es empfiehlt sich jedoch, dieses in den Themenspeicher für künftige Überlegungen zu nehmen.

- Scrum, Lean Product Development und mit inhaltlichem Projektmanagement verbundene Themen des Lean Project Management kommen aus der Welt der Technikentwicklung. Heute finden wir (allerdings nicht allzu häufig) Megaprojekte, in welchen nicht mehr nur Systeme, sondern „Systems of Systems" entwickelt und integriert werden. Es steht außer Zweifel, dass Lean Project Management auch bei dieser Art Megaprojekte anzuwenden ist. Die entscheidende Frage ist das „Wie". Projekte dieser

Art tangieren Kundenorganisationen als Ganze. Wenn hier von „Systems of Systems" gesprochen wird, segelt das Thema mindestens zu 50% unter falscher Flagge. Solche Projekte sind gleichzeitig Organisationsentwicklung und Transformationsprojekte, wobei die eigentliche Systementwicklung den einfacheren Part darstellt. Jedes Unternehmen, das auf diesem Gebiet tätig ist oder werden möchte, hat ein Portfoliomanagementthema. Heute gibt es weltweit vermutlich kein Unternehmen und keine Organisation, die wirklich in der Lage ist, die Organisationsentwicklung und Transformation von Organisationen bei solchen Megathemen zu stemmen. Konsequenz ist also, sich auf diesem Gebiet aufzustellen, gegebenenfalls mit anderen Unternehmen ein Joint Venture zu bilden. Für ein Einmalprojekt diese Fähigkeiten aufzubauen lohnt nicht. Deshalb ist die Entscheidung, sich auf diesem Gebiet zu stärken, untrennbar mit der Frage verbunden, ob und inwieweit ein kontinuierliches Geschäftsmodell, d.h. ein Lean Portfolio für das „Systems of Systems & Transformation"-Geschäft aufzubauen, Sinn gibt.

- Der dritte Punkt ist mit der vorangehenden Fragestellung eng verbunden. Die Bauindustrie, Flughäfen, Häfen, Bahnen und viele andere hochgradig spezialisierte staatliche, halbstaatliche und private Unternehmen erweitern ihr Geschäftsmodell. Die Gründe hierfür können unterschiedlich sein. Im Kern vermarkten sie ihre „Herkunftsreferenz" und übernehmen die Entwicklung, Realisierung und den Betrieb von großen Infrastrukturen wie Flughäfen, Häfen, Bahninfrastruktur und Ähnliches. Diese Aufgabenstellungen sind stets Projekte. Die Frage, ob in das eine oder andere Projekt eingestiegen werden soll, ist jedoch zunächst und in erster Linie eine Frage des Portfoliomanagements, genauer des Lean Portfolio Management. Dass an dieser Stelle noch keine Stabilität eingetreten ist, lässt sich daran erkennen, dass auf diesem „Markt" eine erhebliche Volatilität besteht. Unternehmen steigen in dieses Geschäft ein, nach fünf Jahren – z.B. bei Vorstandswechsel oder einem gescheiterten Projekt – wieder aus, dann vielleicht nach weiteren fünf Jahren wieder ein usw. Die entscheidende Frage ist also, wie an diesem Punkt durch Lean Portfolio Management mehr Kontinuität erzielt werden kann.

9.4 Schlussbemerkung

Eingangs wurde eine spannende Reise in die Welt des Lean Project Management versprochen. Die Reise hat mit dem Bergsteigerbeispiel von Reinhold Messner begonnen, der sich in jeglicher Hinsicht vom Ballast überkommener Traditionen der Himalaja-Expeditionen befreit und die Lean-Philosophie verinnerlicht hat. In diesem Kapitel schließt sich der Bogen zu neuen Perspektiven für das Lean Project Management. Das „klassische" Projektmanagement ist zur Commodity geworden. Die Gründe wurden dargestellt, die Folgen sind verhängnisvoll. Jeder benötigt in seinen Projekten Projektmanagement, gleichzeitig weisen die Vereinigungen der Projektmanagementwelt selbst nach, wie schwierig es offensichtlich ist, damit Erfolge zu erzielen. Lean Project Management ist ein Konzept, das einen Weg aus dieser unbefriedigenden Situation aufzeigt. Wir haben zu keinem Zeitpunkt das Ziel verfolgt, ein schöngefärbtes Bild an die Wand zu werfen. Lean Project Management stellt einen Schritt nach vorne dar. Es kommt darauf an, eine Vielzahl von Projektmanagern und Verantwortlichen zu begeistern, und wir hoffen, dass dies zumindest im Ansatz gelungen ist.

Literaturverzeichnis

[1] Project Management Institute: *A Guide to Project Management Body of Knowledge (PMBOK Guide).* 4. Ausgabe, Atlanta 2008

[2] Herrligkoffer, K. M.: *Kampf und Sieg am Nanga Parbat.* Stuttgart 1971

[3] Messner, R.: *Alleingang Nanga Parbat.* München 1979

[4] Gorecki, P.; Pautsch, P.: *Praxisbuch Lean Management. Der Weg zur operativen Excellence.* München 2013

[5] Sutherland, J.: *Scrum Handbook.* Boston 2010

[6] Pautsch, P.: „Risikoanalyse von Betreibermodellen für Produktionsanlagen". In: *PPS Management* 13, 2008, S. 47 - 50

[7] Morgan, J. M.; Liker, J. K.: *The Toyota Product Development System.* New York 2006

[8] Litke, H.-D.: *Projektmanagement.* 5. Auflage, München 2007

[9] DeMarco, T.; Lister, T.: *Bärentango. Mit Risikomanagement Projekte zum Erfolg führen.* München 2003

[10] Gaitanides, M. (Hrsg.): *Prozeßmanagement. Konzepte, Umsetzungen und Erfahrungen des Reengineering.* München, Wien 1994

[11] Hughes, J.; Ralf, M.; Michels, B.: *Supply Chain Management.* Landsberg am Lech 2000

[12] Kotter, J. P.: *Leading Change.* Boston 1996

[13] Gloger, B.: *Scrum. Produkte zuverlässig und schnell entwickeln.* 4. Auflage, München 2013

[14] Ward, A. C.: *Lean Product and Process Development.* Cambridge 2009

[15] Altfeld, H.-H.: *Commercial Aircraft Projects.* Farnham 2010

[16] Liker, J. K.: *The Toyota Way.* New York 2004

[17] Liker, J. K.; Choi, T. H.: „Building Deep Supplier Relationships". In: *Harvard Business Review* Dec. 2004 (Reprint R0412G)

[18] Lawrence, P.; Scanlan, J.: „Planning in the Dark: Why Majort Engineering Projects Fail to Achieve Key Goals". Paper Submitted for Publication to the *Journal of Technology Assessment and Strategic Management*

[19] Reinertsen, D. G.: *The Principles of Product Development Flow. Second Generation Lean Product Development.* Redondo Beach 2009

[20] Larman, C.; Voddee, B.: *Practices for Scaling Lean & Agile Development: Large, Multisite, & Offshore Product Development with Large-Scale Scrum.* Pearson Education 2010

[21] Kotler, P. et al.: *Grundlagen des Marketing.* 3., überarbeitete Auflage, München 2003

[22] Deutsche Gesellschaft für Projektmanagement e. V.: *Misserfolgsfaktoren in der Projektarbeit. Kurzfassung der Ergebnisse einer Studie der Fachgruppe Neue Perspektiven in der Projektarbeit 2012 - 2013.* Nürnberg 2013

[23] Jones, C. G. et al.: „Strategies for Improving Systems Development Project Success". In: *Issues in Information Systems* Vol. XI, No. 1, 2010, S. 164 - 173

[24] Eman, K. E.; Koru, A. G.: „A Replicated Survey of IT Software Project Failures". In: *IEEE Software*, Sept./Oct. 2008, S. 84 - 90

[25] Abegglen Management Consultants AG: *Lean Management Studie 2009. Wege zu höherer Wettbewerbsfähigkeit.* Zürich 2009

[26] Chang, A. et al.: „Reconceptualising mega project success in Australian Defence: Recognising the importance of value co-creation". In: *International Journal of Project Management* 31, 2013, S. 1139 - 1153

[27] United Nations ESCAP: *A Guidebook on Public Private Partnership in Infrastructure.* Bangkok 2011

[28] Arbogast, T.; Larman, C.; Vodde, B.: *Agile Contracts Primer.* 2012

[29] Erne, R.: „Lean Project Management". In: http://www.gpm-infocenter.de/PMMethoden/Lean ProjectManagement (Abrufdatum 27. 12. 2013)

[30] Ballard, G.; Howell, G. A.: „Lean project management". In: *Building Research and Information* 31, (2) 2003, S. 119 - 133

[31] Womack, J.; Jones, D.; Roos, D.: *The Machine That Changed the World. The Story of Lean Production.* New York 1990

[32] Mascetelli, R.: *The Lean Product Development Guidebook.* Northbridge 2007

[33] Office of Government Commerce: *Managing Successful Projects with PRINCE2™.* Norwich 2009

[34] IPMA OCB: *IPMA Organisational Competence Baseline.* Zürich 2013

[35] Leach, L. P.: *Lean Project Management.* Boise 2005

[36] Leach, L. P.; Leach, S. P.: *Lean Project Leadership.* Boise 2010

Index

L

M

N

O

P

R

S

T

Die Autoren

Peter Pautsch ist Professor für Wirtschaftswissenschaften an der Technischen Hochschule Georg Simon Ohm in Nürnberg. Dort lehrt er die Fächer „Material- und Produktionswirtschaft", „Distribution und Supply Chain Management", „Logistik und Supply Chain Controlling" sowie „Operations Management" und „International Logistics" in internationalen Studiengängen. Vorher war er bei der European Aeronautics Defence and Space Company (EADS)/Dornier in Friedrichshafen Leiter der Abteilung Logistik Prozessmanagement.
Kontakt: peter.pautsch@th-nuernberg.de

Siegfried Steininger hat nach dem Studium der Sozial- und Wirtschaftswissenschaften in Linz an der Donau an den Universitäten Linz und Bochum gearbeitet. 1987 hat er bei der Firma Dornier GmbH in Friedrichshafen eine Consulting-Tätigkeit aufgenommen, zunächst als Systemplaner in der Gesundheitsberatung, dann in dieser Reihenfolge als Leiter der Beratungsfelder Wirtschaftsentwicklung, Logistik, Marktentwicklung und Innovationsmanagement sowie Aerospace/Security. Heute ist Siegfried Steininger der Business Developer der Dornier Consulting GmbH.